飞行技术专业新工科系列教材

飞行性能与配载计划

主 编 王 可
副主编 肖艳平 刘羽宇 刘志强
　　　　周泽友 陈丹丹 王 杰

清华大学出版社
北京

内 容 简 介

本书以飞机驾驶者为主要对象，帮助学习者掌握飞行性能分析手段，建立分析和解决飞行领域复杂工程问题的能力。本书共分为3部分、10章内容。第1部分（1~5章）为飞行性能，介绍了飞行性能前置知识、起飞性能分析方法及典型优化手段、航路性能分析方法、着陆性能分析方法。第2部分（6~7章）为配载平衡，介绍了航空器载重平衡控制的规章要求和基础知识、小型和大型飞机载重平衡计算方法。第3部分（8~10章）为飞行计划，介绍了航班飞行计划制定的目的和内容及相关规章要求、航班燃油计划的计算方法和识读方法、ICAO飞行计划的内容和格式。

本书主要作为高等航空院校飞行技术专业本科生的专业教材，也可作为交通运输专业和相关专业学生的教材，还可作为非航空院校学生及飞行爱好者的参考用书。

版权所有，侵权必究。举报：010-62782989，beiqinquan@tup.tsinghua.edu.cn。

图书在版编目（CIP）数据

飞行性能与配载计划 / 王可主编. -- 北京：清华大学出版社，2025.1（2025.7重印）. -- （飞行技术专业新工科系列教材）.
ISBN 978-7-302-67791-8

Ⅰ．V271

中国国家版本馆 CIP 数据核字第 2025RQ2300 号

责任编辑：王　欣
封面设计：常雪影
责任校对：欧　洋
责任印制：刘　菲

出版发行：清华大学出版社
网　　址：https://www.tup.com.cn, https://www.wqxuetang.com
地　　址：北京清华大学学研大厦A座　　　　邮　编：100084
社 总 机：010-83470000　　　　　　　　　　邮　购：010-62786544
投稿与读者服务：010-62776969, c-service@tup.tsinghua.edu.cn
质量反馈：010-62772015, zhiliang@tup.tsinghua.edu.cn
印 装 者：三河市龙大印装有限公司
经　　销：全国新华书店
开　　本：185mm×260mm　　印　张：21　　字　数：511千字
版　　次：2025年1月第1版　　　　　　　　印　次：2025年7月第2次印刷
定　　价：76.00元

产品编号：109500-01

FOREWORD

总序

习近平总书记多次强调,民航业是重要的战略产业,新机场是国家发展一个新的动力源。这意味着国家对民航业增强动力功能、更好地服务国家战略的要求进一步提高,新时代的民航发展必须不断丰富内涵和外延,承担起国家赋予的新的历史使命。

《新时代民航强国建设行动纲要》中指出,民航作为国家战略性产业,在开启全面建设社会主义现代化强国的新征程中发挥着基础性、先导性作用。建设民航强国,既是更好地服务国家发展战略,满足人民美好生活需求的客观需要,也是深化民航供给侧结构性改革,提升运行效率和服务品质,支撑交通强国建设的内在要求。如今,我国民航对世界民航增长贡献率超过20%,在安全水平、行业规模、服务能力等方面取得了巨大的发展成就,基本实现了从民航大国向单一航空运输强国的跨越,但距离多领域民航强国乃至全方位民航强国还有很大差距,在民航创新、人才培养等方面仍然任重而道远。

《"十四五"民用航空发展规划》将"人才强业工程"设置为六个重大工程专栏之一,进一步提出了民航人才队伍建设的具体任务举措。按照民航强国建设新目标要求,飞行技术专业需培养高层次、复合型、应用型的专业人才,以有效应对运行环境的深刻变化给飞行员能力要求带来的长期挑战。

2017年以来,教育部积极推进新工科建设,提倡以立德树人为引领,以应对变化、塑造未来为建设理念,以继承与创新、交叉与融合、协调与共享为主要途径,以一流人才培养、一流本科教育、一流专业建设为目标,培养未来多元化、创新型卓越工程人才。基于新工科的飞行技术专业人才培养模式,为新时期飞行人才培育提供了良好的教育实践。

作为全球民航职业飞行员培养规模最大、安全性最好、质量过硬,享誉国内、在世界民航有着较高影响力的高等学府,中国民用航空飞行学院以民航可持续发展为己任,结合自身的办学特色,整合飞行技术专业人才培养资源优势,在多年教学实践、探索与总结的基础上,组织编写了"飞行技术专业新工科系列教材"。

该系列教材既满足新工科建设的教学目标和要求,体现了"面向工业界、面向世界、面向未来"的工程教育理念,凸显了新工科的人才培养特色,又紧扣飞行技术专业特色,高度契合飞行技术专业"理论+实训"的培养模式,适应现代民航运输航空飞行员核心胜任能力教学体系,兼具实践性与专业性。

期冀本系列教材为我国民航飞行人才培养做出贡献,探索形成领跑全球的、基于新工科的飞行技术专业人才培养的中国模式和中国经验,推动多领域民航强国建设,助力高等教育强国建设。

是为总序!

2022 年 6 月

FOREWORD 序

中国民航的飞机性能工作经历了从无到有、从简单到全面、从自发到规范的过程。自1949年11月9日设立中国民用航空局（以下简称"民航局"）以来，中国民航多年来一直是政企合一的体制。至于飞机性能，大家以前的认识也比较模糊，没有专门的部门管理，曾发生多起因为没有考虑飞机性能限制而出现紧急情况导致严重后果的事件。

从20世纪80年代开始，民航局、航空公司、民航院校的管理人员和技术人员，发挥主观能动性和聪明才智，在对飞机性能了解十分匮乏的基础上，一边学习国外经验，一边积极钻研摸索，通过近40年的坚持，逐步形成了今天既有规章牵引又有工程理论支撑的完整体系，并具备了通过计算机仿真更好为飞行机组提供有效支持的能力。对飞机性能历史感兴趣的读者，可参看教材附录B中初步整理的"中国民航飞机性能工作历程"。

飞机性能工作是伴随着我国的改革开放和民航快速发展而逐步发展壮大的，飞机性能已在保证中国民航的飞行安全、提高航空公司运营效益、节约机场建设投资和运营成本等方面发挥了重要作用，但它仍然不能满足当前民航高质量发展的需要，需要不断完善。"十四五"期间，中国民航进一步将"支持国产民用飞机运行"作为深化民航改革的重要内容，着力支持ARJ21飞机成功运营和C919飞机的交付运行，争取在飞机性能、经济性方面达到国际水平。

《飞行性能与配载计划》的读者，特别是未来驾驶载客运输飞机的飞行学员，应不忘初心、牢记使命，根据国家的需要，学习科学知识、培育科学精神、掌握思维方法，培养实事求是的科学态度，拓展思路、奋发图强，创造性地开展各项学习和工作，增强分析问题、解决问题的实践本领，推动中国民航飞机性能工作再上新台阶，把爱国情、强国志、报国行自觉融入建设社会主义现代化强国、实现中华民族伟大复兴的奋斗之中。

2023年9月

PREFACE 前言

本书作为飞行技术专业系列教材之一,主要面向飞行技术专业本科学生,是编者在多年教学实践和国产民用飞机性能工程仿真实践的基础上积累而成。教材内容充分考虑了教育部关于新工科人才培养目标和中国民用航空规章《民用航空器驾驶员合格审定规则》(CCAR-61-R5)的要求,能够满足"学历+执照"的双重需要。

本书以飞机驾驶者为对象,以民用航线运输飞机起飞、上升、巡航、下降和着陆五大飞行阶段为主线,横跨民航制造业(适航审定)和民航运输业(运行评估),综合空气动力学、飞行原理、航空器动力、航空气象等专业知识,从"人-机-环-法"的角度,讲授评估民用航线运输飞机能力表现的工程方法和技术,帮助学习者掌握飞行性能分析手段,培养分析和解决飞行领域复杂工程问题的能力。

本书分为3部分,共10章内容:

第1部分为飞行性能,对应第1~5章的内容。第1章从性能研究对象及决定飞行性能的大气、机场、动力等方面对学习性能的前置知识进行了整理和介绍;第2章介绍了起飞性能的关注要点及分析方法;第3章介绍了通过调整可控影响因素来优化起飞性能的典型手段;第4章为航路性能,介绍了高速飞行阶段的性能关注要点及分析方法;第5章为着陆性能,介绍了着陆性能的关注要点及分析方法。

第2部分为配载平衡,对应第6章和第7章的内容。第6章介绍了航空器载重平衡控制的规章要求和基础知识;第7章介绍了小型和大型飞机载重平衡计算的具体方法。

第3部分为飞行计划,对应第8~10章的内容。第8章介绍了航班飞行计划制订的目的、内容及相关规章要求;第9章介绍了航班燃油计划的计算方法和识读方法;第10章介绍了ICAO飞行计划的内容和格式。

本书的编写得到了中国民用航空飞行学院教务处、飞行技术学院及飞行力学教研室的大力支持,并参阅了众多业内同行的相关文献,在此深表谢意。同时,特别感谢中国商飞上海飞机设计研究院、中国商飞上海飞机客户服务有限公司、中航西飞民机有限公司、中国国际航空、中国南方航空、中国东方航空、深圳航空、成都航空、华夏航空、天骄航空、春秋航空等多年来为编者提供的宝贵的工程与运行实践及交流机会,进一步加深了编者对专业知识的理解和认识。此外,张严、王一慈、祝心怡、曾小红对书稿做了认真细致的校对,在此一并表示感谢。

因本书主要针对飞行技术专业本科学生及民航飞行人员等群体,为最大程度保持与其工作和实践情况一致,在不影响阅读的前提下,所使用的图表、术语、缩写、单位、符号等尽量与民航规章、机型手册保持一致。

由于时间仓促,加之编者水平有限,文中存在的疏漏和不妥之处在所难免,恳请广大读者批评指正。

作　者

2024 年 7 月

SYMBOL DESCRIPTION
符号说明

符号	含义	符号	含义
$\%N_1$	低压压气机转子转速	lb	磅
$\%N_2$	高压压气机转子转速	m	为变量时代表质量,为单位时代表米
acc	加速度	Ma	马赫数
AF	备降燃油	m/s	米每秒
c	音速或当地音速	MK	气动效率
c_0	标准大气海平面音速,取 661kn 或 340m/s	M_{LRC}	长航程巡航马赫数
		M_{MO}	最大使用马赫数
CF	不可预期燃油	M_{MRC}	最大航程巡航马赫数
C_L	升力系数	MPH	英里每小时
$C_{时}$	每小时需要支付的费用(除油费外)	$M_{经济}$	经济巡航马赫数
$C_{油}$	燃油价格	N	全发工作
D	阻力	N-1	一发失效
dec	减速度	NAM	空中距离
ETP	等时点	NGM	地面距离
EW	航路当量风	n_y	载荷因素
FF	燃油流量	p_0	标准海平面气压
FF_m	平均燃油流量	PA 或 h_p	气压高度
ft	英尺	p	气压或当前位置处的气压
g	重力加速度	QNH	修正海平面压强
HF	最后储备燃油	$Q_{油}$	油费
HF_{15}	目的地机场等待 15min 的燃油	$Q_{时}$	时费
h_{geo}	几何高度	$Q_{定}$	常值费用
H 或 h	高度	R	气体常数,取 287J/(kg·K)
k	压缩性修正系数或空气绝热指数,取 1.4	S	机翼面积
K	升阻比	s 或 sec	秒
kg	千克	T	推力
K_{max}	最大升阻比	t	时间或温度
kn 或 kt	节,海里每小时	t_0	海平面标准大气温度
L	在描述受力关系时代表升力,在描述距离关系时代表距离	T_0 或 t_0	标准海平面温度
		TF	航程燃油

续表

符 号	含 义	符 号	含 义
t_{flight}	总飞行时间	V_Y	快升速度
T_{ISA} 或 t_{ISA}	当前位置处的标准温度	V	速度
T_{OAT} 或 t_{OAT}	当前位置处的环境温度	$V_{\text{上}}$	上升速度
TOF	起飞燃油	$V_{\text{下}}$	下降速度
TOW	起飞重量	W	重力
T_R	平飞所需推力	WS	风速
T_{REF} 或 t_{REF}	参考温度,也称平台温度	W_m	平均等待重量
V_C 或 CAS	校正空速	$W_{\text{油}}$	燃油消耗量
V_E 或 EAS	当量空速	ZFW	无油重量
V_G 或 GS	地速	δ	压强比
V_I 或 IAS	指示空速	ΔD	剩余阻力
V_{LE} 或 M_{LE}	最大起落架放下速度或马赫数	ΔN	剩余功率
$V_{\text{LO EXT}}$	最大放起落架速度	ΔT	剩余推力
$V_{\text{LO RET}}$	最大收起落架速度	ΔV_P	位置误差
V_{LO} 或 M_{LO}	最大起落架收放速度或马赫数	θ	温度比,在受力方程中也代表运动轨迹与水平面的夹角
V_{MD}	最小阻力速度		
V_{MO}	最大使用速度	$\theta_{\text{上}}$	上升角
V_{MP}	最小功率速度	$\theta_{\text{下}}$	下降角
V_T 或 TAS	真速,真空速	ρ	当前位置处的空气密度
V_W 或 WS	风速	ρ_0	标准海平面处的空气密度
V_X	陡升速度	σ	密度比

CONTENTS 目录

第 1 章　性能基础 ··· 1
　1.1　性能概述 ·· 1
　　1.1.1　性能的定义 ·· 1
　　1.1.2　性能研究的内容 ·· 2
　　1.1.3　性能规章 ·· 3
　　1.1.4　性能分类 ·· 4
　　1.1.5　性能相关手册 ··· 6
　1.2　大气环境 ·· 9
　　1.2.1　大气概述 ·· 9
　　1.2.2　国际标准大气 ··· 11
　　1.2.3　国际标准大气参数表 ·· 12
　　1.2.4　高度与飞机性能 ·· 13
　　1.2.5　温度与飞机性能 ·· 17
　1.3　机场环境 ·· 18
　　1.3.1　机场概述 ·· 18
　　1.3.2　跑道标高 ·· 19
　　1.3.3　跑道坡度 ·· 19
　　1.3.4　跑道宽度 ·· 20
　　1.3.5　风向、风速 ··· 21
　　1.3.6　可用距离 ·· 21
　　1.3.7　对正距离 ·· 24
　　1.3.8　ACR 和 PCR ·· 26
　1.4　动力装置 ·· 27
　　1.4.1　涡扇发动机 ··· 27
　　1.4.2　推力特性 ·· 28
　　1.4.3　常用参数 ·· 29
　　1.4.4　常用工作状态 ·· 30

	1.4.5 发动机引气	32
	1.4.6 剩余推力	33
1.5	速度及限制	35
	1.5.1 速度类型	35
	1.5.2 限制速度	37
复习思考题		40

第 2 章 起飞性能 … 42

2.1	起飞的定义	42
	2.1.1 起飞航迹与起飞飞行航迹	42
	2.1.2 起飞可能性	44
	2.1.3 全发起飞与继续起飞	45
	2.1.4 全发中断与一发中断	46
2.2	起飞速度及限制	48
	2.2.1 起飞操作速度	48
	2.2.2 起飞限制速度	50
	2.2.3 速度限制关系	54
2.3	起飞距离及限制	56
	2.3.1 起飞距离的定义	56
	2.3.2 起飞距离的影响因素	59
	2.3.3 起飞距离限制	60
	2.3.4 不平衡 V_1 与平衡 V_1	61
	2.3.5 场长限重	64
2.4	起飞飞行航迹及限制	72
	2.4.1 起飞飞行航迹	72
	2.4.2 净起飞飞行航迹	75
	2.4.3 起飞航径区	76
	2.4.4 转弯影响	77
	2.4.5 改平方式与障碍物限重	78
	2.4.6 一发失效应急离场程序	79
2.5	限制最大起飞重量的因素	79
	2.5.1 手册审定重量限制	80
	2.5.2 起飞场地长度限制	80
	2.5.3 爬升梯度限制	81
	2.5.4 障碍物限制	83
	2.5.5 轮胎速度限制	83
	2.5.6 刹车能量限制	83
	2.5.7 航路最低安全高度限制	85
	2.5.8 最大着陆重量限制	85

复习思考题 ··· 87

第 3 章 起飞性能优化 ·· 89

3.1 提升最大起飞重量 ·· 89
  3.1.1 调整发动机引气 ·· 89
  3.1.2 调整襟翼角度 ··· 90
  3.1.3 使用备用前重心 ·· 92
  3.1.4 优化起飞速度 ··· 93
  3.1.5 优化起飞速度实例 ··· 94

3.2 减推力起飞 ·· 96
  3.2.1 减额定功率法 ··· 96
  3.2.2 假设温度(灵活温度)法 ··· 97
  3.2.3 两种减推力方法比较 ·· 99

3.3 起飞性能分析表 ··· 100
  3.3.1 起飞性能分析表的使用方法 ·· 100
  3.3.2 起飞性能分析表实例 ··· 101
  3.3.3 波音机型起飞性能分析表实例 ···································· 102
  3.3.4 空客机型起飞性能分析表实例 ···································· 104

复习思考题 ·· 106

第 4 章 航路性能 ·· 108

4.1 上升性能 ·· 108
  4.1.1 上升运动的特点 ·· 108
  4.1.2 上升方式与上升策略 ·· 113
  4.1.3 上升性能图表的用法 ·· 116

4.2 巡航性能 ·· 120
  4.2.1 巡航性能分析 ·· 120
  4.2.2 巡航经济性 ··· 126
  4.2.3 最大运行高度 ·· 130
  4.2.4 巡航性能表的用法 ·· 130

4.3 下降性能 ·· 134
  4.3.1 下降运动的特点 ·· 134
  4.3.2 下降方式与下降策略 ·· 137
  4.3.3 特殊下降 ·· 138
  4.3.4 下降性能表的用法 ·· 143

复习思考题 ·· 152

第 5 章 着陆性能 ·· 154

5.1 着陆速度 ·· 154

         5.1.1　着陆最小操纵速度 ………………………………………………… 154
         5.1.2　着陆进场参考速度 ………………………………………………… 155
         5.1.3　最后进近速度 ……………………………………………………… 155
         5.1.4　接地速度 …………………………………………………………… 156
    5.2　着陆距离 …………………………………………………………………… 156
         5.2.1　审定着陆距离 ……………………………………………………… 157
         5.2.2　所需着陆距离 ……………………………………………………… 157
         5.2.3　运行着陆距离 ……………………………………………………… 158
    5.3　着陆距离的影响因素 ……………………………………………………… 159
         5.3.1　进场高度和进场速度 ……………………………………………… 159
         5.3.2　襟翼角度 …………………………………………………………… 159
         5.3.3　风 …………………………………………………………………… 160
    5.4　着陆制动措施 ……………………………………………………………… 160
         5.4.1　刹车及刹车防滞系统 ……………………………………………… 160
         5.4.2　扰流板 ……………………………………………………………… 161
         5.4.3　反推 ………………………………………………………………… 162
    5.5　最大着陆重量的限制因素 ………………………………………………… 162
         5.5.1　最大审定着陆重量限制 …………………………………………… 163
         5.5.2　可用场地长度限制 ………………………………………………… 163
         5.5.3　复飞爬升限制 ……………………………………………………… 163
         5.5.4　复飞越障限制 ……………………………………………………… 165
         5.5.5　轮胎速度限制 ……………………………………………………… 165
         5.5.6　最大刹车能量与快速过站限制 …………………………………… 165
    5.6　着陆性能分析表的使用 …………………………………………………… 166
         5.6.1　中国商飞 ARJ21 着陆性能分析表的使用 ………………………… 166
         5.6.2　波音机型着陆性能分析表的使用 ………………………………… 168
         5.6.3　空客机型着陆性能分析表的使用 ………………………………… 168
    5.7　湿跑道和污染跑道的运行 ………………………………………………… 170
         5.7.1　湿跑道和污染跑道的相关定义 …………………………………… 170
         5.7.2　湿跑道和污染跑道的运行要求 …………………………………… 171
         5.7.3　滑水现象 …………………………………………………………… 172
         5.7.4　湿跑道和污染跑道对加速运动的影响 …………………………… 174
         5.7.5　湿跑道和污染跑道对减速运动的影响 …………………………… 175
    复习思考题 ………………………………………………………………………… 175

第 6 章　载重平衡控制 ……………………………………………………………… 176
    6.1　载重平衡基础 ……………………………………………………………… 176
         6.1.1　航空器载重平衡 …………………………………………………… 177
         6.1.2　航空器配平 ………………………………………………………… 183

6.2 重量 ··· 185
6.2.1 重量术语 ··· 185
6.2.2 最大起飞重量 ··· 187
6.2.3 最大业载 ··· 189
6.2.4 地板承重限制 ··· 190
6.3 重心 ··· 193
6.3.1 重心计算原理 ··· 194
6.3.2 重心的查找与调整 ··· 194
6.3.3 重心包线 ··· 197
复习思考题 ··· 199

第7章 载重平衡计算 ··· 200
7.1 小型通用飞机载重平衡计算 ··· 200
7.1.1 小型通用飞机载重平衡计算步骤 ··· 200
7.1.2 小型通用飞机载重平衡计算方法 ··· 201
7.2 大型运输飞机载重平衡计算 ··· 210
7.2.1 载重表 ··· 211
7.2.2 平衡图 ··· 218
7.2.3 电子舱单 ··· 224
复习思考题 ··· 227

第8章 飞行计划基础 ··· 228
8.1 飞行计划简介 ··· 228
8.2 飞行计划的制订流程 ··· 229
8.3 飞行计划剖面 ··· 229
8.3.1 飞行任务部分 ··· 229
8.3.2 储备部分 ··· 230
8.3.3 轮挡时间和燃油 ··· 231
8.4 航空器运行管理规则 ··· 231
8.4.1 飞行计划保存 ··· 231
8.4.2 巡航高度和飞行高度层 ··· 231
8.4.3 起飞和着陆的最低天气标准 ··· 231
8.4.4 备降机场的选择 ··· 232
8.4.5 备降机场的最低天气标准 ··· 233
8.5 航空器加油量规定 ··· 234
8.5.1 燃油计算条件 ··· 234
8.5.2 燃油计算政策 ··· 234
复习思考题 ··· 236

第 9 章 飞行计划制作 237

9.1 航线风计算 237
9.1.1 平均风速与平均温度 237
9.1.2 当量风速与当量温度 237
9.1.3 空中距离和地面距离换算 238

9.2 飞行计划计算逻辑 240

9.3 简易飞行计划 241
9.3.1 简易飞行计划图表 241
9.3.2 简易飞行计划综合实例 246

9.4 特殊飞行计划 248
9.4.1 二次放行飞行计划 248
9.4.2 延程运行飞行计划 254

9.5 计算机飞行计划 263
9.5.1 标准飞行计划 264
9.5.2 二次放行飞行计划 267
9.5.3 延程运行飞行计划 268

复习思考题 269

第 10 章 空中交通服务飞行计划 272

10.1 飞行计划的内容 272
10.1.1 目视飞行规则飞行计划 272
10.1.2 仪表飞行规则飞行计划 272

10.2 ICAO 飞行计划的提交 273
10.3 ICAO 飞行计划的内容 273
10.4 ICAO 飞行计划的识读 274
10.4.1 编组构成 274
10.4.2 结构和标点 275
10.4.3 编组内容 276
10.4.4 示例 286

复习思考题 287

参考文献 288

附录 A 相关图表 290

附录 B 中国民航飞机性能工作历程 307

附录 C 缩写词汇 316

第1章

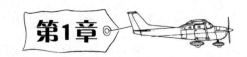

性能基础

1.1 性能概述

1.1.1 性能的定义

飞机性能(aircraft performance)是飞机在质量力、空气动力和发动机推力等外力作用下表现出来的运动能力,是飞机在特定条件下的飞行表现。飞机性能侧重于评价飞机按预期方式或途径的运动效果,以安全性和经济性为主,如图1.1.1所示。

飞机飞行表现的好坏受到多种因素影响,这些因素被称为飞行条件,主要包括气动特性、动力特性、大气环境、机场环境、规章要求等。飞机性能分析工作是在飞行活动开展前,在既定飞行条件下,评估飞机从 A 点飞至 B 点的表现是否能够达到安全预期和经济预期。

从保守的角度研究飞机的运动表现是飞机性能的研究特点,特别是在安全相关研究中,所考虑的飞行条件既不是最好条件也不是平均条件,而是最不利条件。因此,开展飞机性能分析可以提高飞机在实际运行中的可靠性。

图 1.1.1 飞机性能的关注点

在飞机性能研究过程中会涉及大量参数指标。这些参数指标,特别是与安全相关的参数指标,多源于航空规章要求或飞机手册要求。它们专注于评估飞机安全飞行的能力,具有科学性、合理性、严肃性和指导性。人们基于过往航空活动的经验和教训,从概率学和统计学的角度开展论证并经局方或制造商慎重评估后定立了这些参数指标。尽管部分参数指标定立的背景和过程早已湮没在航空活动的历史长河中,但并不影响它们对当前航空活动的指导意义。

值得注意的是,这些参数指标不一定是单次飞行活动中引导飞行员的操作目标,而是对最不利条件下开展若干次飞行活动所设定的底线。它们是人们为了研究飞机运动特性而设立的约束条件或边界条件。飞行员只有熟悉并掌握这些参数指标,才能够在复杂、多变的实际运行条件下对自己所驾驶飞机的安全性了然于胸。

1.1.2 性能研究的内容

飞机性能研究起源于飞行力学,是在飞行器设计和应用领域,以空气动力学、航空推进理论为基础对飞行器的运动规律和特性开展综合研究,并逐步形成的系统化内容,如图 1.1.2 所示。受编写目的所限,本书主要围绕飞行员应了解和掌握的民用运输飞机性能知识展开。

图 1.1.2 飞机性能的学科渊源

学习飞机性能需要读者具有一定的航空理论基础,并能够实际运用,具体如下:
(1) 空气动力学、飞行力学、航空动力装置、大气物理、航空仪表等;
(2) 质点的加减速运动、圆周运动等基本牛顿运动和受力分析方法;
(3) 航空相关的物理量和指标参数,如升力、阻力、重力、推力、升力系数、阻力系数、地面摩擦系数、高度、温度、密度、速度、时间、距离、油耗等;
(4) 基本工程分析思想,如分步积分求解、迭代循环求解等;
(5) 工程数据表达方法,如图形法、表格法、曲线法等;
(6) 飞行能力描述方法,如最小速度、最大速度、最小爬升梯度、最大距离、最大重量、最小高度、最大高度等。

民用运输飞机在执行飞行任务时会经历起飞、离场、爬升、巡航、下降、进近、着陆等阶段,特殊情况下还可能经历中止起飞、中止着陆、应急下降、单发下降、单发巡航等阶段。上述部分或全部阶段的航迹组合被称为飞行剖面,并可进一步分为垂直剖面和水平剖面。飞机性能多关注垂直剖面内的运动问题,如图 1.1.3 所示。

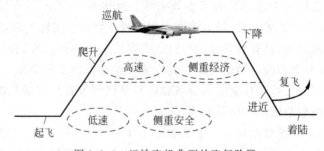

图 1.1.3 运输飞机典型的飞行阶段

飞机性能研究的侧重点也因飞行阶段而异。在起飞、离场、进近、着陆等低空低速飞行阶段,飞机的稳定性和操纵性较差且易面临复杂的气象和地形条件,此时确保飞行安全是第一要务，研究内容多为速度是否合理、距离是否超限、梯度是否达标、航迹能否越障、重量是否超限等与安全相关的内容。

而在爬升、巡航、下降等高空高速飞行阶段，飞机的稳定性和操纵性较好且气象和地形条件干扰减少，研究内容多为飞行时间是否短、飞行距离是否长、飞行油耗是否低、飞行成本是否高等与经济相关的内容。

1.1.3　性能规章

民用运输飞机是飞机制造厂商生产的产品，它必须由所在国家或地区民航当局开展适航审定后，才能交付公共航空承运人投入航空运输服务。公共航空承运人使用这些产品来开展运输活动的过程同样受到民航当局监管。许多国家尽管拥有自己的航空管理机构，但不一定发展自己的审定和运行规章体系，而是接受国际民航组织（International Civil Aviation Organization，ICAO）、美国联邦航空管理局（Federal Aviation Administration，FAA）或欧洲航空安全局（European Union Aviation Safety Agency，EASA）的条例及由其批准的飞机飞行手册。

在 20 世纪 50 年代，即喷气式客机时代的初期，全球的民航管理机构较多，如美国联邦航空管理局、英国民用航空局、澳大利亚民用航空局、德国联邦航空局、法国民用航空局、日本民用航空局、加拿大交通运输部等。20 世纪 80—90 年代，随着英国、法国和德国共同组建成立了联合航空局（Joint Aviation Authorities，JAA），规章条例缩减为只剩 FAA 和 JAA 规章条例。到 2002 年，一个新的机构，欧洲航空安全局（EASA）承担了集中行使其各成员国民航管理主权的职责，并在 2020 年更改中文名称为欧盟航空安全局。

成立于 1944 年的国际民航组织（ICAO）负责全球多个国家民航组织的协调工作。ICAO 发布的附件包括各缔约国必须遵守的标准和建议采纳的措施，其中附件 8 是航空器适航性要求，附件 6 是运行规章。

在我国，中国民用航空局（Civil Aviation Administration of China，CAAC）监管的航空公司需要遵守的规章条例被称为中国民用航空规章（China Civil Aviation Regulations，CCAR）。与适航相关的部分是《运输类飞机适航标准》（CCAR-25-R4），与运行相关的部分是《大型飞机公共航空运输承运人运行合格审定规则》（CCAR-121-R8），如图 1.1.4 和图 1.1.5 所示。

在美国，FAA 监管的运营人执行的规章条例被称为联邦航空法规（FAR），其中与航空公司运行相关的部分主要是《运输类飞机适航标准》（FAR-25）及《国内、国际和补充运行合格审定规则》（FAR-121）。

在欧洲，EASA 监管的航空公司需要遵守的规章条例被划分为两大类别，其中与适航相关的部分由 EASA 以审定规范（certification specifications，CS）的形式发布，如 CS-25，与运行相关的部分由欧盟（EU）以实施规则（implementation rules，IR）的形式发布且具有强制性，如 IR-OPS-CAT。

FAA 和 CAAC 常以咨询通告（advisory circular，AC）的形式，EASA 则多以可接受的符合性方法（acceptable method of compliance，AMC）和指导材料（guidance materials，GM）

图 1.1.4 CCAR-25 和 CCAR-121

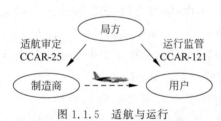

图 1.1.5 适航与运行

的形式对其规章条例涉及的条款内容进行进一步解释或形成更加具有指导性的技术规范,进而明确操作实施细节。因此,飞行员需要对涉及飞机性能的规章条款和相关规范有较为全面的了解和认识。

近年来,随着 ARJ21-700 支线喷气式客机和 C919 干线喷气式客机的研制、试飞、生产、运行等活动日益广泛地开展,中国民航不断加强适航审定能力建设。"十三五"期间,中国民航局适航审定部门已在建设基础能力、提高审定能力、完善规章体系、拓展国际合作等方面取得显著成就。"十四五"期间,中国民航进一步将"支持国产民用飞机运行"作为深化民航改革的重要内容,着力支持 ARJ21 飞机成功运营和 C919 飞机的交付运行,争取在飞机性能、运行控制及经济性方面达到国际水平。

1.1.4 性能分类

飞机制造厂商在将新机型投入商业使用前,需要开展设计、制造、试验试飞、适航取证试飞等复杂工作,如图 1.1.6 所示。以 C919 飞机为例,在取证试飞阶段所面临的风险与难度极高的试飞科目包括失速试飞、最小离地速度试飞和自然结冰试飞。这些试飞科目的内容均与飞行性能密切相关。在取证试飞过程中测量获得的性能数据,称为审定数据或演示数据,多由试飞员以规定的方法通过大量反复的飞行演示获得,是测量结果的统计值,可称为测量性能。

飞机制造厂商为了确保生产的机型在交付后能够胜任未来在全球不同地区和不同环境下的飞行任务,如平原地区、高原地区、炎热地区、寒冷地区、多风地区、多雨地区等,需要在

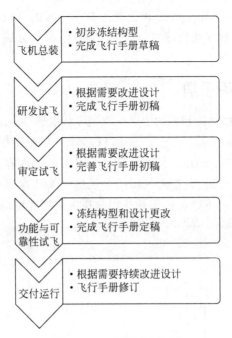

图 1.1.6　主要试飞阶段

测量性能的基础上进行调整,进而建立能够指导机队(多架飞机)运行的合理数据。这些调整后的数据是正常运维条件下该机队依循飞机飞行手册的要求开展飞行活动时能够达到的平均能力,通常称为总性能(gross performance)。总性能能够帮助使用者了解该型飞机机队的平均表现。

平均,是一种常用的统计方法,可表明各观测值相对集中的位置。因此,总性能只能反映机队的一般水平,即飞机表现的集中分布趋势,并不意味着该机队每一架飞机都能够达到总性能要求。在评估安全风险较高的性能内容时,如越障,若以总性能去判断机队的越障安全性,后果就十分严重。此时,有必要在总性能的基础上扣减一定的安全裕量,才能够获得该机队中任意个体皆能达到的能力水平,这就是净性能(net performance),如图 1.1.7 所示。

(a)
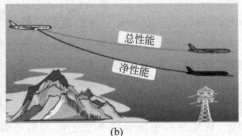
(b)

图 1.1.7　总性能与净性能关系示意图
(a) 一发失效后的爬升阶段;(b) 一发失效后的飘降阶段

从统计的角度出发,在总性能基础上扣减的裕量越大,获得的净性能水平越低,机队中能够达到该安全水平的飞机也就越多。如此一来,也意味着整个机队为了确保少数能力表现欠佳的飞机个体的安全,不得不放弃其余能力表现良好的飞机可能创造的收益。为了获得可在安全和收益之间取得平衡的净性能,人们需要依循局方颁布的规章条例确定在特定飞行情景下应削减多少裕量。

1.1.5 性能相关手册

飞行员常接触的与飞机性能相关的手册有飞机飞行手册(aircraft flight manual,AFM)、飞行机组操作手册(flight crew operating manual,FCOM)、快速参考手册或快速检查单(quick reference handbook,QRH)等,如图1.1.8所示。不同手册的内容、结构、对象和适用场景有所差异,因为飞机的优化、升级、改造会使得同一机型可能具有若干不同的配置,所以手册通常具有适配机型的标识号。飞行员核实并使用与执飞机型匹配的手册非常有必要。

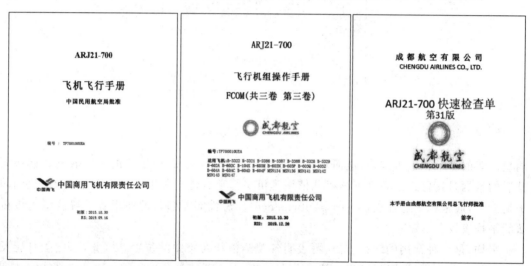

图1.1.8 ARJ21-700飞机的AFM、FCOM和QRH

1. AFM

CCAR-121.137条指出,每一种型号的民用运输飞机都应具有适航当局批准的飞机飞行手册(AFM)。它是飞机制造厂商编写的技术出版物,是飞机的产品说明书。它帮助使用者掌握与飞机取证安全水平等价的必要信息、使用限制、操作程序、性能信息等。

AFM具有行政性法律规范效力,是飞行机组操作手册(FCOM)、快速参考手册或快速检查单(QRH)、重量平衡手册(weight and balance manual,WBM)等其他手册的基础。AFM中诸如环境边界限制、重量限制、速度限制和AFM里其他限制都具有强制性。在AFM中提供了一部分性能信息,这些性能信息是依循CCAR-25及相关咨询通告要求建立的限制,从规范的角度管理并支配每一架飞机在起飞、着陆及其他飞行阶段的性能。

由于起飞和着陆是规章要求最多、最严格的飞行阶段,所以AFM手册中的起飞和着陆内容用以帮助飞行员确定一架飞机的最大重量,以符合规章中相关的速度限制、距离限制、爬升梯度限制和超障裕度限制等。只有当飞行员在某些极端情况下认为当前操作是保证安全所必需的,才有权抛开AFM的束缚。AFM侧重于与安全性相关的性能内容,对与经济性相关的参数,如巡航速度、等待燃油流量等性能的陈述较少。

2. FCOM 和 QRH

为向飞行员提供更具针对性的帮助，飞机制造厂商依据 CCAR-121.133 条(b)(8)款提供了飞行机组操作手册(FCOM)。在 FCOM 中提供的性能信息包括签派放行性能、飞行中性能等。FCOM 从满足飞行员执飞航线任务需要的角度进行编排，囊括了在所有预计航线飞行中安全和有效操作航空器所需的使用极限、操作程序、性能与系统资料等。FCOM 建立了具体的标准化操作程序和动作，常作为机组改装训练、复训和熟练检查的参考和指南。《航空器的持续适航文件》(AC-91-11 R2)明确了 FCOM 手册的主要内容包括使用说明、运行限制、正常程序、非正常程序、性能数据、航空器系统说明等。当 FCOM 与 AFM 内容冲突时，以 AFM 为准。非运输类航空器可以使用 AFM 来替代 FCOM。

快速参考手册(QRH)主要包含各类非常规和紧急情况下的操作程序和指导，侧重解决"发生了什么""怎么做"，以确保飞行员在飞行过程中遭受各种意外情况时能够快速应对。譬如，在本书 5.2 节提及的达到着陆评估，就需要机组在航班到达前通过 QRH 中提供的快速换算表格来获得到达着陆距离。

3. CDL、MEL

飞机制造厂商通常在 AFM 手册中提供允许缺损放行的相关内容，在经过局方审核批准后获得合法授权。对于飞行员，判断一架飞机在构型缺损后能否实施飞行需要依循构型缺损清单(configuration discrepancy list，CDL)。CDL 是 AFM 的附录，具有行政性法律规范效力。CDL 项目没有时效限制，经由 CDL 授权的带缺失部件的飞机可被视为是一种审定构型。

同样，判断飞机在设备故障后能否实施飞行需要依循最低设备清单(minimum equipment list，MEL)。放行一架带有非工作系统的飞机，常伴随某些限制，譬如重量限制、高度限制、速度限制等。此时，可能需要运营人对这类放行建立特殊保障及运行程序，还可能需要建立飞行员掌握的特殊程序。

民用运输飞机作为由数百万个零部件及设备组成的庞大系统，不排除在日常使用过程中会面临设备故障或部件缺损的情况，如果不区分是否影响飞机的安全水平就停止投入飞行活动，由此带来的关联影响和附加损失也是巨大的。毕竟在某些情况下确实有必要放行一架设备带故障的飞机或者放行一架外形结构出现缺损的飞机。

4. AFM 和 FCOM 中的性能内容

AFM 通常分为若干章，另有一个或多个附录。现以国产 ARJ21-700 飞机的 AFM 为例进行简要介绍，AFM 的基本结构见表 1.1.1。

表 1.1.1 ARJ21-700 飞机 AFM 的基本结构

名 称	简 介
00 章-正文前资料	内封、版权页、发送函、更改摘要、有效章节清单、飞机及附录有效性、设计更改清单、附录适用性、更改单记录、临时更改单记录、临时更改单目录
01 章-概述	目录、前言、说明、几何数据

续表

名 称	简 介
02章-限制	目录、一般使用限制、重量和装载、空速和运行参数、动力装置、系统
03章-应急程序	目录、前言、发动机火警、双发失效、反推装置非指令打开、发动机尾喷失火、烟雾或火警、空调和增压、APU、迫降、水上迫降、紧急撤离、电气、飞行操纵
04章-非正常程序	目录、前言、动力装置、单发操作、飞行操纵、电气、液压、燃油、起落架和刹车、自动飞行、导航、指示与记录、空调和增压、气源、防冰和除雨、杂项
05章-正常程序	目录、前言、外部安全检查、初始驾驶舱准备、外部检查、驾驶舱准备、推出或启动前、启动发动机、启动后、滑行、起飞前、起飞、爬升和巡航、下降、进近、着陆、复飞、着陆后、发动机关车、离机、地形告警系统、交通防撞系统、严重颠簸中飞行、风切变、结冰条件操作、ACARS、RVSM
06章-性能	目录、概要、推力设置、基准失速速度、抖振包线、最小操纵速度、起飞安定面调定，以及： • 起飞性能，包括起飞场长图、场长限重图、起飞爬升图、爬升限重图、刹车能量限重图、净起飞飞行航迹、越障参考爬升梯度图、起飞越障图、最大改平高度图、三阶段水平距离图、最后阶段净爬升梯度图、最后阶段速度图、转弯梯度损失图、起飞速度V_1图、起飞速度V_R图、起飞速度V_2图； • 航路性能，包括航路爬升净梯度图、航路爬升速度、正净梯度航路爬升重量图； • 进近和着陆爬升梯度，包括进近爬升梯度图、着陆爬升梯度图； • 着陆性能，包括进近爬升限重图、着陆爬升限重图、着陆场长图、进近爬升速度图、着陆爬升速度图、参考速度图； • 噪声级
07章-附录	目录、CDL

FCOM通常由三册或四册组成。现仍以ARJ21-700飞机的FCOM为例进行简要介绍，FCOM的基本结构见表1.1.2。

表1.1.2 ARJ21-700飞机FCOM的基本结构

名 称	简 介
第1册-系统描述	该部分提供与飞机相关的基本信息和系统介绍：飞机总述、空调增压、自动飞行、通信、电源、设备装备、防火、飞行控制、燃油、液压、防冰除雨、指示记录、起落架、照明、导航、氧气、气源、水和废水、中央维护系统、辅助动力装置、舱门、动力装置
第2册-操作程序	本部分提供安全有效地操纵飞机所需的操作程序和信息，包括运行通告、使用限制、非正常程序、应急程序、正常程序、补充程序。 • 非正常程序，"……本部分提供精简的非正常程序，这些程序源于系统故障或失效，或包含特殊系统的使用或常规系统的特殊使用。以此保护机组和乘客，使之不受严重伤害，并维持飞机的适航性……"； • 正常程序，"……本部分的正常程序包括一个或一系列行为，或防止错误的行为。这些程序行为如果没有被遵守，就可能给飞机的适航性或给乘客和机组的安全带来不利影响……"

续表

名　　称	简　　介
第 3 册-性能	本部分提供安全有效地操纵飞机所需的性能信息,包括使用数据、签派性能、飞行中性能、单发性能。其中: • 使用数据包括风分量图、速度转换、压力高度转换、几何高度转换、国际标准大气; • 推力设置包括工作状态、推力数据表; • 起飞包括起飞场长数据表、起飞速度数据表; • 爬升包括爬升策略、爬升数据表; • 巡航包括最佳和最大高度、远程巡航和固定速度巡航数据表; • 巡航中快速检查包括快速检查数据表、地面/空中距离转换表; • 等待包括等待数据表; • 下降包括下降策略、下降数据表; • 着陆包括进近爬升和着陆爬升速度、实际着陆距离、所需着陆距离; • 复飞包括复飞限制重量数据表; • 备降包括备降计划数据表、地面/空中距离转换表; • 简化飞行计划包括飞行计划剖面、简化飞行计划、地面/空中距离转换表; • 单发飞行包括单发巡航、单发等待、单发飘降

　　手册中的性能内容多以图表形式供机组使用。这些图表是设计者提供性能数据的智慧结晶,是传递飞机性能信息的工程手段。尽管对于大多数初次接触者来说较为复杂且不够直观,但只要掌握这些图表的组成特点和使用方法,使用者就能够更加深入地理解性能规律和特性。本书后续章节将对部分典型图表进行介绍。

　　随着现代计算机技术和机载设备技术的发展,越来越多的飞机制造厂商和航空公司用户尝试对纸质图表性能内容进行数字化改造,如图 1.1.9 所示。数字化能够大幅减少查图查表流程,提高生产运行效率,对于航空安全有积极的意义。然而,数字化的"所见即所得"也容易造成使用者对飞机性能内容遗忘生疏的结果,所以加深对图表的理解仍然是飞行员夯实专业基础进而掌握性能规律和特性的必要途径。

图 1.1.9　性能仿真软件

1.2　大气环境

1.2.1　大气概述

　　民用运输飞机的活动范围局限于大气环境以内,其飞行表现与大气状态密切相关,如图 1.2.1 所示。大气中富含的氧气是民用运输飞机动力装置产生动力的助燃物源泉,组成大气的空气微团通过相对运动帮助飞机获得升力及副产物阻力,因此,飞行员有必要了解大气的特性。

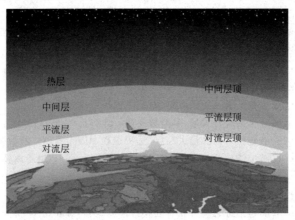

图 1.2.1　运输飞机的活动范围

大气热量的主要来源是太阳辐射。大部分太阳辐射通过加热地面,由地面释放出长波辐射来加热大气。近地面的空气受热膨胀后,密度减小,气压降低,热量逐步向高处传递,会使得空气气温随着海拔的升高而逐渐下降,达到某一高度后气温不再降低,该高度被称为对流层顶。以对流层顶为界,其下为对流层,其上为平流层,如图 1.2.2 所示。平流层底部的

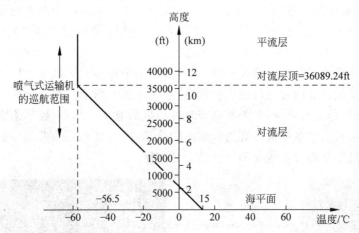

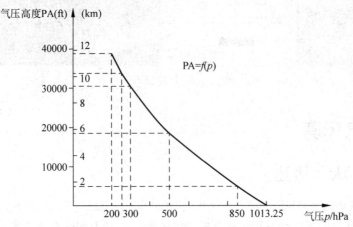

图 1.2.2　温度和气压随高度的变化特性

气温基本保持不变,对流层内的气温随高度增加线性递减。民用运输飞行活动主要发生在整个对流层及平流层底部。

大气的温度、气压、密度等物理性质受到与锋面系统相关的气压场、地面热力状况、季节等多种因素影响,这些影响因素随时间和地点而改变。同一架飞机在低纬度和高纬度地区或是在夏季和冬季均会表现出较大的性能差异,如图1.2.3所示。

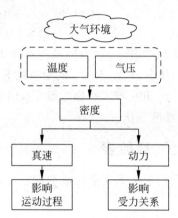

图 1.2.3　温度和气压影响飞机性能的途径

1.2.2　国际标准大气

飞机只有在相同的大气条件下获得的性能数据才具有可比性。因此,人为选定某一大气状态作为评价标准,有助于剥离大气物理特性多变带来的干扰。人们将定义的标准大气状态称为标准天,基于标准天条件得出的飞机性能数据不一定和基于实际天气条件得出的性能数据完全吻合,但这并不影响飞行员对安全的判断。

目前通用的标准天定义由国际民航组织(ICAO)于20世纪60年代制定,人们通常称其为国际标准大气(international standard atmosphere,ISA)。它是基于北半球中纬度地区长期大气物理特性的平均值建立的大气模型,与北半球中纬度的实际情况最接近,在极地和赤道地区开展飞行性能分析也常使用该大气模型。

本书中提到的ISA、ISA条件、ISA偏差均以ICAO制定的国际标准大气为依据。ISA是定义标准天的一组数字和变化规律,它描述了处于标准状态的整个大气环境,而非某一局部位置。曾有飞行员误以为ISA特指标准海平面处的物理参数,这种理解是狭隘的。

首先,ISA规定了海平面温度为59℉、15℃或288.15K,用T_0表示;海平面气压为1013.25hPa或29.92inHg,用p_0表示;海平面空气密度为1.225kg/m³,用ρ_0表示。

其次,ISA以对流层顶为界,分别描述了整个对流层和平流层下半部分的大气特性。在国际标准大气中,对流层顶的高度被精确定义为11000m或36089.24ft。

经验数据表明,对流层内大气温度随着高度的上升大致呈线性递减关系,所以ISA规定,高度每升高1000ft,温度降低2℃,或者高度每升高1000m,温度降低约6.5℃,该递减规律被称为温度递减率。由此,对流层内某高度的国际标准大气温度可由式(1.2.1)和式(1.2.2)计算得出:

开氏温度表达式:

$$\text{ISA OAT} = 288.15 - 0.0019812h \tag{1.2.1}$$

摄氏温度表达式：

$$\text{ISA OAT} = 15 - 0.0019812h \tag{1.2.2}$$

式中，h 为距 ISA 标准海平面的高度，ft。

同理，某高度处的国际标准大气气压可由式(1.2.3)计算得出：

$$p = p_0 \left(\frac{T_{\text{ISA}}}{T_0}\right)^{5.25588} = p_0 \left(\frac{288.15 - 0.0019812h}{288.15}\right)^{5.25588} \tag{1.2.3}$$

式中，p 为某高度 h 处的标准大气气压；p_0 为标准海平面的气压；T_{ISA} 为标准大气的温度；T_0 为标准海平面的气温。其中，T_{ISA} 和 T_0 的单位均为 K。

可见，已知标准海平面气压 p_0 和标准海平面气温 T_0，即可通过式(1.2.1)~式(1.2.3)求得任意高度的标准温度或国际标准气压。

1.2.3 国际标准大气参数表

为简化分析和易于研究，人们定义了 3 个无量纲数：δ、σ 和 θ，它们常出现在大多数机型手册的性能相关部分。

压强比：

$$\delta = \frac{p}{p_0} \tag{1.2.4}$$

密度比：

$$\sigma = \frac{\rho}{\rho_0} \tag{1.2.5}$$

温度比：

$$\theta = \frac{T}{T_0} \tag{1.2.6}$$

式中，p_0 为 ISA 海平面气压；ρ_0 为 ISA 海平面空气密度；T_0 为 ISA 海平面气温，K。

又由气体状态方程：

$$p = \rho RT \tag{1.2.7}$$

可得，在 ISA 海平面同样有

$$p_0 = \rho_0 R T_0 \tag{1.2.8}$$

将式(1.2.7)与式(1.2.8)相除可得

$$\frac{p}{p_0} = \frac{\rho}{\rho_0} \cdot \frac{T}{T_0} \quad \text{或} \quad \delta = \sigma\theta \tag{1.2.9}$$

可见，只需知道某高度处的温度比和压强比，就能获得该高度处的国际标准大气密度。这个关系同时适用于标准大气和非标准大气，在工程计算中被频繁使用，特别是当已知压强比(δ)和温度比(θ)求密度比(σ)时。

对于国际标准大气，对流层内的温度比、压强比、密度比的求解公式为

$$\theta_{\text{ISA}} = \frac{288.15 - 0.0019812h}{288.15} \tag{1.2.10}$$

$$\delta_{\text{ISA}} = \left(\frac{288.15 - 0.0019812h}{288.15}\right)^{5.25588} \tag{1.2.11}$$

$$\sigma_{\text{ISA}} = \left(\frac{288.15 - 0.0019812h}{288.15} \right)^{4.25588} \quad (1.2.12)$$

对于国际标准大气,平流层底部的温度比、压强比、密度比求解公式为

$$\theta_{\text{ISA}} = \frac{273.15 - 56.5}{288.15} \quad \text{或} \quad 0.7519 \quad (1.2.13)$$

$$\delta_{\text{ISA}} = 0.22336 e^{\frac{h - 36089.24}{20805.8}} \quad (1.2.14)$$

$$\sigma_{\text{ISA}} = 0.29707 e^{\frac{h - 36089.24}{20805.8}} \quad (1.2.15)$$

至此,得到了用于建立国际标准大气状态的所有必要数据。为了便于飞行员速查使用,飞机制造商也会将依据上述公式计算出的数据整理为从海平面到高空的国际标准大气参数表,见表 1.2.1。

表 1.2.1 从海平面到 45000ft 的国际标准大气参数表

几何高度 /ft	温度		θ	c/c_0	压 强			δ	σ
	OAT/°F	OAT/°C			inHg	lb/ft²	mbar		
0	59.0	15.0	1.0000	1.0000	29.920	2116.3	1013.2	1.0000	1.0000
2000	51.9	11.0	0.9862	0.9931	27.820	1967.7	942.1	0.9298	0.9428
4000	44.7	7.1	0.9725	0.9862	25.841	1827.7	875.1	0.8637	0.8881
6000	37.6	3.1	0.9587	0.9792	23.977	1695.9	812.0	0.8014	0.8359
8000	30.5	−0.8	0.9450	0.9721	22.224	1571.9	752.6	0.7428	0.7860
10000	23.3	−4.8	0.9312	0.9650	20.576	1455.4	696.8	0.6877	0.7385
12000	16.2	−8.8	0.9175	0.9579	19.029	1345.9	644.4	0.6360	0.6932
14000	9.1	−12.7	0.9037	0.9507	17.577	1243.2	595.2	0.5875	0.6500
16000	1.9	−16.7	0.8900	0.9434	16.216	1147.0	549.1	0.5420	0.6090
18000	−5.2	−20.7	0.8762	0.9361	14.941	1056.8	506.0	0.4994	0.5699
20000	−12.3	−24.6	0.8625	0.9287	13.750	972.5	465.6	0.4595	0.5328
22000	−19.5	−28.6	0.8487	0.9213	12.636	893.7	427.9	0.4223	0.4976
24000	−26.6	−32.5	0.8350	0.9138	11.596	820.2	392.7	0.3875	0.4642
26000	−33.7	−36.5	0.8212	0.9062	10.627	751.7	359.6	0.3552	0.4325
28000	−40.9	−40.5	0.8075	0.8986	9.725	687.8	329.3	0.3250	0.4025
30000	−48.0	−44.4	0.7937	0.8909	8.885	628.4	300.9	0.2970	0.3741
32000	−55.1	−48.4	0.7800	0.8832	8.105	573.3	274.5	0.2709	0.3473
34000	−62.2	−52.4	0.7662	0.8753	7.382	522.1	250.0	0.2467	0.3220
36000	−69.4	−56.3	0.7525	0.8675	6.712	474.7	227.3	0.2243	0.2981
38000	−69.7	−56.5	0.7519	0.8671	6.097	431.2	206.5	0.2038	0.2710
40000	−69.7	−56.5	0.7519	0.8671	5.538	391.7	187.5	0.1851	0.2462
42000	−69.7	−56.5	0.7519	0.8671	5.030	355.8	170.3	0.1681	0.2236
44000	−69.7	−56.5	0.7519	0.8671	4.569	323.2	154.7	0.1527	0.2031

1.2.4 高度与飞机性能

1. 气压高度

气压高度是飞机性能分析中的一个重要概念,是指由国际标准大气中气压与高度的函

数关系得出某一气压所对应的名义高度。例如,飞机在某天所处位置的环境气压是29.920inHg,根据定义可知,此处的气压高度是0ft,该值是由气压推测出的飞机距国际标准海平面的高度;又如,环境气压是28.854inHg,根据定义可知,此处的气压高度是1000ft,该值仍是由气压推测出飞机距国际标准海平面的高度;其他情况以此类推。

在对流层中,某一气压对应的气压高度可通过式(1.2.16)求得:

$$h_p = 145442.15 \times \left[1 - \left(\frac{p}{p_0}\right)^{0.190263}\right] \qquad (1.2.16)$$

式中,h_p 为气压高度,ft;p 为气压,p_0 为ISA海平面处的气压,二者单位相同。

在平流层底部,即36089ft以上时,气压高度的方程为

$$h_p = 36089.24 - 20805.8 \times \ln\left[4.47706\left(\frac{p}{p_0}\right)\right] \qquad (1.2.17)$$

在不涉及越障安全分析等特殊情况的性能工作中,气压高度比几何高度更有意义。这是因为,飞机和发动机的表现均与空气密度息息相关,而空气密度又受到气压和温度的直接影响,只有确定了气压高度和温度才能确定空气密度。在ISA框架下,气压、温度、密度被表示为气压高度的函数。例如,飞机位于真实海平面处,但受低压天气影响,该地气压仅有29.38inHg,那么飞机所处位置的气压高度是500ft,可视为飞机和发动机在标准大气条件下于气压高度500ft处运行。对于大多数飞机性能工作,如典型的飞行计划、巡航分析、燃油里程监控等,通过飞机的气压高度足以评估飞机的性能。

2. 几何高度

人们在日常生活中使用的身高、树高、楼高、山高等都是在几何概念上可通过标尺测量的高度,即几何高度,也称标尺高度。气象学和空中交通管制学中引入了高和高度的概念,这是因计量起点不同造成的相对和绝对两种不同表达方法在性能工作中会有所涉及。在气象学和领航学中,还引入了位势高度的概念,讨论了地球引力随高度变化所引起的高度测量误差,由于在运输飞机活动范围内高度误差较小,在性能工作中可以认为几何高度与位势高度是相同的概念。

值得注意的是,实际飞行中一旦涉及越障分析,如在高原地区计算飞机一发失效的飘降高度时,需要考虑满足安全要求的超障裕度,此时弄清飞机所处位置的几何高度就显得非常必要;又如,在起飞离场和进场着陆过程中,飞行员需要掌握飞机与机场跑道周边地形障碍物的准确关系,此时也需要使用几何高度才能够开展更为准确的分析。

气压高度和几何高度可以换算,二者的换算公式为

$$h_{\text{geo}} = h_p - 96.0343 \times \Delta \text{ISA} \times \ln\delta \qquad (1.2.18)$$

式中,h_p 为气压高度,ft;ΔISA 为ISA偏差,℃;δ 为 h_p 处的压强比。

3. 温度对高度的影响

如图1.2.4所示,ISA−30℃和ISA+30℃曲线反映了温度对高度带来的影响。当气压值为27.5inHg时,ISA−30℃线对应的几何高度为2000ft,ISA线对应的几何高度约为2280ft,ISA+30℃线对应的几何高度为2930ft。可见当实际温度偏离ISA框架时,飞机所处位置的几何高度与气压高度并不一致。

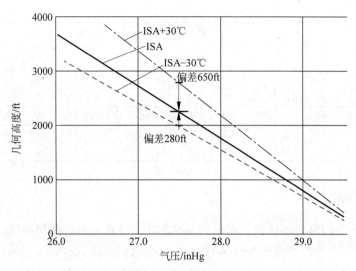

图 1.2.4　几何高度与气压高度随温度的变化规律

飞行员应特别注意气压式高度表这一缺点,尤其当气温低于标准气温时,飞机所处的几何高度低于仪表指示的气压高度。若飞机在障碍物上空飞行,由于气压式高度表的示数偏高,飞行员会误认为可以安全越障,但实际几何高度可能并不足以飞越障碍物,进而带来事故隐患,如图 1.2.5 所示。

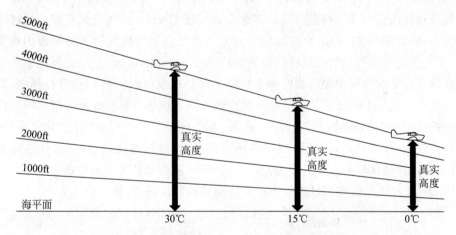

图 1.2.5　低温对几何高度与气压高度的影响规律

因此在低温运行时,相关部门也会提醒飞行员低温引起的高度表指示误差对飞行安全的危害,同时提供仪表修正信息。目前,ICAO 已经发布了高度表指示误差表(表 1.2.2),在低温地区定期运行航班的航空公司也会发布针对其公司麾下飞行员的修订表。

表 1.2.2　低温条件下高度表指示误差表

机场温度/℃	基于高度表所设标高值/ft												
	200	300	400	500	600	700	800	900	1000	1500	2000	3000	4000	5000
0	20	20	30	30	40	40	50	50	60	90	120	170	230	280

续表

机场温度/℃	基于高度表所设标高值/ft												
	200	300	400	500	600	700	800	900	1000	1500	2000	3000	4000	5000
-10	20	30	40	50	60	70	80	90	100	150	200	290	390	490
-20	30	50	60	70	90	100	120	130	140	210	280	420	570	710
-30	40	60	80	100	120	140	150	170	190	280	380	570	760	950
-40	50	80	100	120	150	170	190	220	240	360	480	720	970	1210
-50	60	90	120	150	180	210	240	270	300	450	590	890	1190	1500

4. 标高和QNH

标高,是以一个国家或地区统一规定的基准面作为计量起点的几何高度,我国规定以青岛附近黄海夏季的平均海平面作为标高的零点。机场标高(airport elevation)是机场场面内最高点距离平均海平面(mean sea level,MSL)的垂直距离,它同样是几何高度。对于已知标高的机场,机场实际气压偏离该处的标准气压越多,该机场气压高度与标高的误差也越大。航班运行时,飞行员既要知道起降机场的标高,又要知道任务当天的修正海平面气压(query normal height,QNH),才能够推算出飞机在该机场位置处的气压高度。

QNH并非一组词语的首字母缩写,而是20世纪初期广泛用于电讯发报的莫尔斯电码之一,也被称作"Q"字码。时至今日,这些缩写电码依然被广泛应用于航空和其他领域。世界上大部分地区的低空飞行都会用到修正海平面气压QNH。当气压式高度表的计量起点被设定为当地QNH值时,指示出的高度为当地大气条件下飞机距修正海平面的高度。因此,当一架处在机场跑道处的飞机将气压式高度表拨正为QNH时,气压式高度表的读数就是机场标高。由于在航图中障碍物距离平均海平面的高度(障碍物标高)已经标出,在离场和进场阶段使用QNH有助于飞行员直观和正确把握飞机与障碍物或地形剖面的高低。

在分析低空性能问题时(起飞、离场、进场、着陆),机组应注意QNH变化带来的影响。在低压日,气压较标准日低,气压高度比机场标高更高,空气密度减小,飞机性能降低。因此,飞行员若仍视低压日的气压高度与跑道标高相等,就会高估飞机的性能。

通过QNH和机场标高可以获得飞机所处跑道的气压高度,具体公式为

$$PA = 机场标高 + 145442.15 \times \left[1 - \left(\frac{QNH}{29.92}\right)^{0.190263}\right] \quad (1.2.19)$$

式中,QNH的单位为inHg;机场标高的单位为ft,若机场标高的单位为m,需将系数145442.15乘以0.3048。

飞机制造厂商为了降低机组负荷和减少错误风险,也提供了速查表,见表1.2.3。

表 1.2.3 依据QNH将几何高度修正为气压高度表

QNH/hPa	修正/ft	QNH/inHg
989~981	+1000	28.87~28.95
982~984	+900	28.96~29.05
985~988	+800	29.06~29.15
989~991	+700	29.16~29.25

续表

QNH/hPa	修正/ft	QNH/inHg
992~994	+600	29.26~29.35
995~997	+500	29.36~29.45
998~1001	+400	29.46~29.54
1002~1004	+300	29.55~29.64
1005~1007	+200	29.65~29.74
1008~1011	+100	29.75~29.84
1012~1014	0	29.85~29.94
1015~1018	−100	29.95~30.04
1019~1021	−200	30.05~30.14
1022~1025	−300	30.15~30.24
1026~1028	−400	30.25~30.34
1029~1031	−500	30.35~30.44
1032~1035	−600	30.45~30.54
1036~1038	−700	30.55~30.65
1039~1042	−800	30.66~30.75
1043~1045	−900	30.76~30.85
1046~1050	−1000	30.86~30.95

1.2.5 温度与飞机性能

1. 温度偏差

尽管已经建立了国际标准大气及 ISA 框架,但在真实飞行中并非每天恰好就是标准天。在非标准大气条件下飞行,意味着所在高度处的真实环境温度 OAT 与此处的标准温度 ISA 并不一致。

真实温度偏离标准温度的变化量通常用 OAT 温度与 ISA 温度的差值表示,被称为 ISA 偏差,记为 ISA+Δ 或 ΔISA。手册中诸如 ISA+10℃、ISA−5℃ 等形式的表达式就是具体的 ISA 偏差量。对于存在 ISA 偏差的非标准大气,其温度垂直递减率并不会发生改变。例如,任务当天某地海平面的实际温度为 25℃,可记为 ISA+10℃,该偏差量与高度变化无关,任务当天在该地其他高度处的实际温度仍可用 ISA+10℃ 形式表示。

日常生活中惯用 OAT,而在飞行中惯用 ΔISA。究其原因,首先,有利于机组掌握发动机工况,发动机推力(thrust)和燃油流量(fuel flow,FF)等主要指标均以 ΔISA 方式标定,只有将 OAT 换算为 ΔISA,才能够由发动机制造厂商提供的数据源获知推力和燃油流量的大小;其次,有利于机组正确评判温度偏差带来的影响。例如,任务当天,甲机场气压高度为 0ft,环境温度为 30℃,乙机场气压高度为 3000ft,环境温度为 25℃,哪个机场条件下飞机动力表现更差?若使用 OAT 比较,飞行员必然认为是甲机场。但若结合大气标准温度递减率进一步分析,甲机场的温度偏差为 ISA+15,乙机场的温度偏差为 ISA+16,显然前述判断不可靠。

2. 环境包线

飞机制造厂商通过局方适航审定批准在 AFM 中提供了飞机用户在运行中必须依循的

运行包线,也称环境包线。该包线的横轴为环境温度,纵轴为气压高度,并客观描述了飞机在不同气压高度下所能够容忍的 ΔISA 区间。环境包线所辖范围即飞机可以实施正常飞行活动的安全范围。AFM 的环境包线图同时提供了起降包线和飞行包线,飞行员应能够正确识读。现以国产 ARJ21-700 飞机环境包线图为例进行说明,如图 1.2.6 所示。

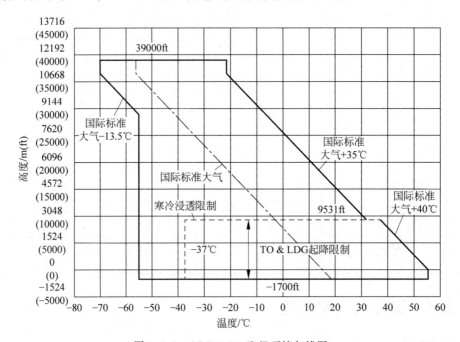

图 1.2.6 ARJ21-700 飞机环境包线图

例如,丙机场标高为 9500ft,任务当天 QNH=1010hPa,由表 1.2.3 可以查得修正后的气压高度为 9600ft,已超出该飞机起降包线高度上限 9531ft,故严禁起飞;又如,已知飞机拟在 20000ft 处飞行且该处实际环境温度为 20℃,可换算为 ISA+45,已超出该飞机飞行包线温度上限 ISA+35,故无法接受。

1.3 机场环境

1.3.1 机场概述

民用运输飞机在起飞和着陆阶段的性能表现与机场密切相关。我国幅员辽阔,高原众多,在《高原机场运行》(AC-121-FS-2015-21R1)中指出:一般高原机场和高高原机场统称高原机场,海拔高度在 1524m(5000ft)及以上但低于 2438m(8000ft)的机场为一般高原机场,海拔高度在 2438m(8000ft)及以上的机场为高高原机场。

机场跑道是经修整铺筑的一块长方形平整场地,用于飞机在其上实施起飞和着陆,如图 1.3.1 所示。

跑道受到机场地理环境制约,不同地区的机场跑道,在标高、长度、坡度等方面多有差异。跑道还受到所在地的气象条件制约,同一机场的同一跑道,在任务当天的气压、温度、风向风速及雨雪污染影响下,所发挥的效果不同,如图 1.3.2 所示。

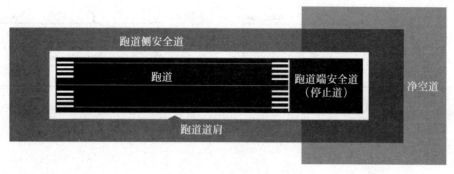

图 1.3.1　机场跑道示意图

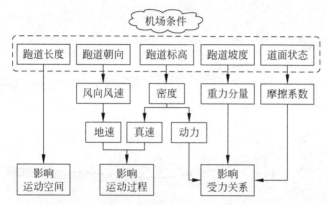

图 1.3.2　机场条件影响飞机性能的途径

1.3.2　跑道标高

跑道标高（runway elevation）通常是指跑道入口处的标高，它与机场标高在概念上有所差异，但在本书中不进行区分。跑道入口标高和机场标高均在国内航行资料汇编（national aeronautical information publication，NAIP）中予以公布。

在执飞航班任务时，因为飞行员常往返于不同机场，需要依据任务机场标高和 QNH 确定正确的气压高度，再进一步计算出该机场处的 ISA 偏差，才能够获得正确的飞机性能数据。在本书 1.2.4 节已讨论过标高和 QNH 对气压高度的综合影响，此处不再赘述。图 1.3.3 给出了飞机在标高为 600ft 的某机场跑道起飞时，997hPa 和 1027hPa 两种不同QNH 条件对飞机所处位置的气压高度的影响情况，其中使用了减小每百帕气压约对应高度增长 30ft 的简化模型。

1.3.3　跑道坡度

坡度（slope）是跑道的固有属性，在航行情报资料汇编中予以公布。它是跑道两端的高度差与跑道长度的比值，常以百分数的形式表示，如 0.5%。受地形影响，实际少有坡度为 0% 的跑道。地形起伏变化较为复杂的机场还会将跑道划分为多段，分别公布各段的坡度值。跑道坡度会造成飞机重力偏斜于道面进而影响飞机的加、减速能力。如图 1.3.4 所示，上坡不利于飞机加速，下坡不利于飞机减速。

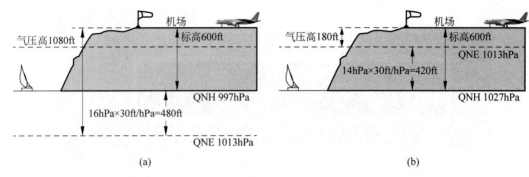

图 1.3.3　标高与气压高度关系示意图
(a) QNH 低于 1013hPa；(b) QNH 高于 1013hPa

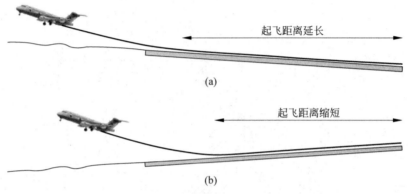

图 1.3.4　跑道坡度对起飞的影响示意图
(a) 上坡跑道起飞；(b) 下坡跑道起飞

大部分飞机制造厂商在 AFM 中限制其机型能够容忍的跑道坡度范围是上、下坡最大±2%。偶尔也有例外，若航空公司需要在某些大坡度跑道运营时，须以手册特殊附录的形式从厂商处购买并获得授权。设立最大±2%限制的确切原因已难以考证，有资料推测，它有利于飞行员实施非仪表程序目视进近时，获得足够的视野判断进近航迹。由于人的视觉习惯，当飞行员面对带坡度的跑道实施目视进近时，下坡跑道易使进近轨迹偏高，上坡易使进近轨迹偏低。

1.3.4　跑道宽度

为了满足不同飞机的起降需求，《民用机场飞行区技术标准》(MH 5001—2021)规定了不同等级机场的跑道标准宽度。通常，长度大于(含)1800m 的跑道的标准宽度为 45m，长度小于(不含)1800m 的跑道的标准宽度多为 30m。跑道宽度会影响飞机的地面最小操纵速度，从而影响起飞决断速度，进而影响继续起飞或中断起飞效果，这在我国国产民用飞机的海外推广过程中有所体现。

2023 年 4 月，ARJ21-700 喷气式新支线飞机在印度尼西亚投入商用。为了适应"一带一路"沿线发展中国家存在的大量短窄跑道机场，制造商增加了窄跑道条件下 V_{MCG} 限制的设计考量，优化了其对起飞重量的影响，以满足航空公司客户在短窄跑道安全运行和载量的需求。目前,ARJ21-700 飞机已经在印度尼西亚青山工业园(IMIP)私人机场 1890m(长)×30m(宽)的跑道上成功实施包机航线运行,达到或接近 100%客座率条件下的商业需求,为客户带来了较好的市场收益。

1.3.5 风向、风速

风向、风速是一个与跑道朝向共同影响飞机性能表现的环境因素。相同跑道朝向(计去向)在不同气象风风向(计来向)下呈现出不同的顺逆风和侧风关系,不同跑道朝向在相同气象风风向下也同样如此。性能分析工作主要关注沿跑道朝向分解后的顺逆风大小。

可以由机场 ATIS 的实况气象信息、管制塔台或地面管制无线电频率信号、机场的统计研究等渠道获得风向、风速。无论如何,飞行员应当注意,这些都是预报风。预报是指风的强度和方向由管制塔台或机场气象设施这样的发布源公布。预报风是在地表之上特定高度处测量获得,根据预报风开展性能分析时,飞行员使用的手册起降性能图表已由制造商提前完成下述 3 项修正:

(1)当预报风向与所飞跑道成一定夹角时,性能手册数据只计入平行于飞机滑跑方向的风分量影响,即跑道顺风、逆风。

(2)在塔台高度测量的预报风速与飞机机翼在地面遭受的风速并不相同,所以性能手册数据已对预报风进行了高度附面层修正,折算为机翼所在高度处的风速。

(3)CCAR-25 规定,性能手册数据须在预报风的基础上计入风速因子修正。因逆风有利于起降,手册数据将逆风积极效果强制缩小,修正因子为 0.5;因顺风不利于起降,手册数据将顺风消极效果强制放大,修正因子为 1.5。

注意:制造商在建立航路飞行的手册性能图表时,无须实施(2)(3)的修正。

1.3.6 可用距离

跑道提供了可供飞机起飞或着陆期间进行地面加速或减速的可用空间。为易于性能分析,人们定义了可用起飞滑跑距离(takeoff run distance available,TORA)、可用起飞距离(takeoff distance available,TODA)、可用加速停止距离(accelerate distance available,ASDA)和可用着陆距离(landing distance available,LDA)等概念,如图 1.3.5 所示,它们被统称为公布距离。其中,前三者面向起飞性能分析,后者面向着陆性能分析。

通常情况下,TORA 对应该条跑道的真实长度。TODA 和 ASDA 的长度会受到净空道和停止道的影响,LDA 的长度会受到入口内移的影响。具体概念如下:

(1)可用起飞滑跑距离(TORA)。TORA 用于供飞机地面滑跑,机场细则中公布的可用起飞滑跑距离是指可用并适于飞机起飞时进行地面滑跑的跑道长度。

(2)可用起飞距离(TODA)。TODA 用于供飞机地面滑跑和离场腾空时使用,机场细则中公布的可用起飞距离等于可用起飞滑跑距离加上净空道(如有)的长度,即

$$TODA = TORA + 可用净空道长度 \qquad (1.3.1)$$

(3)可用加速停止距离(ASDA)。ASDA 用于供飞机地面滑跑和中断减速时使用,机场细则公布的可用加速停止距离等于可用起飞滑跑距离加上停止道(如有)的长度,即

$$ASDA = TORA + 停止道长度 \qquad (1.3.2)$$

(4)可用着陆距离(LDA)。LDA 用于供飞机着陆时完成 50ft 过跑道头、下降、拉平和

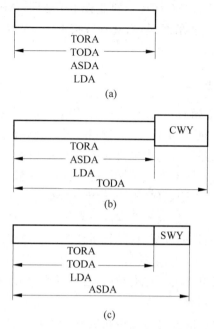

图 1.3.5 三种情况下的可用距离关系图

减速滑跑使用,机场细则中公布的可用着陆距离通常为跑道实际长度减去入口内移段(如设有)的长度,即

$$LDA = TORA - 入口内移段长度 \tag{1.3.3}$$

为便于理解,下面对停止道、净空道、跑道入口内移、平衡跑道进行说明。

1. 停止道(stop way)

停止道也称安全道,是指在沿起飞方向跑道中线延长线上,与跑道端头相接,宽度与其相接的跑道宽度一致,其道面强度应能承受飞机偶然进入而不致引起结构损坏,其表面摩阻特性不低于相接跑道的表面摩阻特性,由机场当局指定可用于中断起飞时飞机能够在其上减速并停住的一块区域,如图 1.3.6 所示。在性能分析中,跑道长度与停止道长度(若有)二者之和,构成了可供飞机实施中断起飞的可用空间,即 ASDA。当该跑道方向不具备停止道时,ASDA 与 TORA 相等。

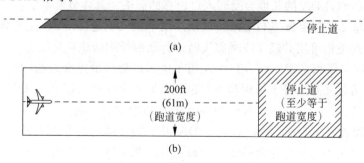

图 1.3.6 停止道示意图
(a) 侧视图;(b) 俯视图

2. 净空道(clear way)

净空道是指在沿起飞方向跑道中线延长线上，与跑道端头相接，对于仪表跑道其宽度不得小于 500ft(152.4m)，受机场有关方面管制，经选定或整备的可供飞机在其上空进行部分起始爬升至规定高度的陆地或水上划定的一块长方形区域，如图 1.3.7 所示。净空道是一个没有被任何物体或地形穿透的且梯度不大于 1.25% 的空间倾斜平面，如果跑道入口灯位于跑道两侧并且其高度不高于跑道末端 26in，则允许其穿透该平面。在性能分析中，跑道长度与净空道长度(若有)二者之和构成了可供飞机实施继续起飞的可用空间，即 TODA。当该跑道方向不具备净空道时，TODA 与 TORA 相等。

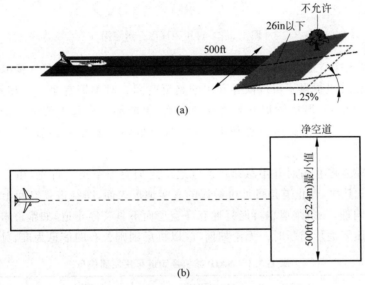

图 1.3.7 净空道示意图
(a) 侧视图；(b) 俯视图

净空道的可用长度受到严格限制，其长度不得超过跑道长度的一半。这源于规章要求可用起飞滑跑距离不得超过跑道实际有效长度。可以理解为，净空道可被用于起飞的部分不得超过飞机从离地点到离地 35ft 高度的水平距离的一半；还可以理解为，允许使用的最大净空道长度等于飞机起飞距离减去飞机起飞滑跑距离。

3. 跑道入口内移(displaced threshold)

跑道入口内移通常是指未被设在跑道端部的跑道入口。跑道入口是指跑道可用的着陆部分的起始位置。当有物体突出于进近面之上而又不能移除时，可以考虑将跑道入口永久内移。为满足进近时的障碍物限制要求，跑道入口最好沿跑道端部向内移动适当距离，以使障碍物不再突出进近面，但将跑道入口从跑道端部内移会造成可用着陆距离缩短，从而影响飞机的运行。跑道入口内移不影响 TORA、TODA、ASDA，只影响 LDA，如图 1.3.8 所示。

4. 平衡跑道

TODA 与 ASDA 相等的跑道被称为平衡跑道。拥有相同长度净空道和停止道的跑道

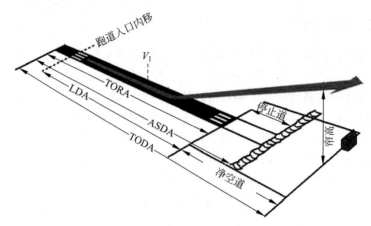

图 1.3.8 可用距离综合示意图

是平衡跑道,既无净空道也无停止道的跑道也是平衡跑道。平衡跑道从保障继续起飞和中断起飞的角度为飞机提供了可以同等利用的跑道空间。对于拥有净空道和停止道的跑道,其可用距离得到延长,既能够提升起飞安全裕度,也能够提升起飞载量,如图 1.3.8 所示。因此,是否能够开辟并提供净空道和停止道,对于短跑道机场和高温高原机场具有重要意义。

当跑道末端有停止道时并不意味着该跑道一定拥有净空道。首先,净空道和停止道的宽度定义不同;其次,停止道是可见可触摸的真实地形表面,净空道是空间上倾斜延伸的空间几何平面。同理,一条跑道也可能只拥有净空道而不具备停止道,如跑道末端的净空道下方为水面或断崖等地形间断时。无论如何,应以机场细则公布的信息为准,见表 1.3.1。

表 1.3.1　NAIP 某机场跑道可用距离信息

跑道号码	TORA/m	TODA/m	ASDA/m	LDA/m
14	2600	2900	2660	2600
32	2600	2600	2600	2600

1.3.7　对正距离

飞机进入跑道的端头被称为松刹车端(BRP),飞机离地腾空脱离跑道的端头被称为离地端(LOP)。绝大多数情况下,飞机经由滑行道从跑道松刹车端滑入对正跑道中线时,主起落架无法恰好位于松刹车端的端头处。飞机从滑行道进入跑道并对正跑道中线所耗费的跑道空间被称为预滑段(line-up allowance),其长度被称为对正距离(line-up distance)。预滑段在起飞中无法予以利用,精细计量 TODA 和 ASDA 时应当扣除这部分无法使用的跑道空间。

如图 1.3.9 所示,当飞机对正跑道中线时,从跑道头到主起落架所在位置之间的距离 A 是正常起飞或继续起飞情况下的预滑段距离,这是由于起飞距离的结束点通常计至主起落架处。中断起飞时的预滑段距离有所不同。由于飞机安全停止的极限情况是导向轮不超出跑道末端,因此从跑道头到飞机导向轮所在位置之间的距离 B 是中断起飞情况下的预滑段距离。民用运输飞机导向轮和主起落架的前后间距通常可达数十米。

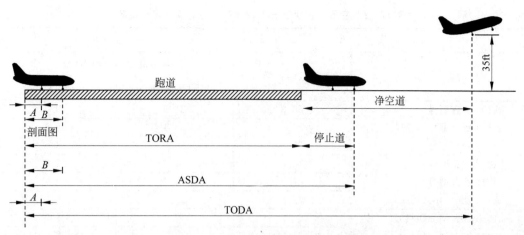

图 1.3.9 起飞和中断对预滑段的影响

预滑段同时受到滑行道进入方式和机型前后轮距的双重影响分别见图 1.3.10 和表 1.3.2。需要结合当次任务的进入方式和机型情况才能够确定预滑段距离。跑道进入方式大致可划分为无转弯直接进入（0°）、直角转弯进入（90°）、调头转弯进入（180°）等。由于机型多不胜数，所以预滑段长度最终通过机型手册公布，而非通过航行情报资料汇编公布。手册公布的预滑段长度是机型分别实施前述 3 种机动转弯所对应的最小值。实际飞行中，预滑段长度取决于机组技术，但不会低于手册公布值。

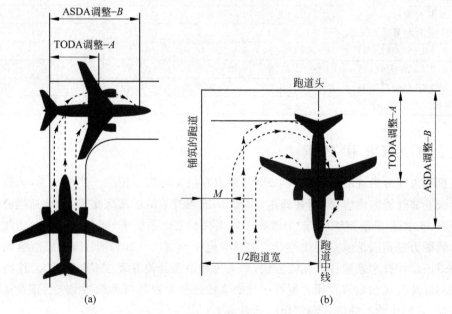

图 1.3.10 不同跑道进入方式的影响
（a）90°转弯进入；（b）180°转弯进入

在计算继续起飞可用距离和中断起飞可用距离时，是否扣除预滑段距离由运营人自行评估，扣除预滑段可使性能分析结果更加准确。

表 1.3.2　空客多种机型进入跑道方式与距离修正一览表

机　型	最大有效转弯角/(°)	进跑道的最小距离修正	
		TODA/m	ASDA/m
90°转弯			
A300 所有型号	58.3	21.5	40.2
A310 所有型号	56.0	20.4	35.9
A320 所有型号	75.0	10.9	23.6
A319 所有型号	70.0	11.5	22.6
A321 所有型号	75.0	12.0	28.9
A330-200(Mod47500)	62.0	22.5	44.7
A330-200(Mod46810)	55.9	25.8	48.0
A330-300(Mod47500)	65.0	22.9	48.3
A330-300(Mod46863)	60.5	25.1	50.5

机　型	对正跑道的最小修正距离		所需最小跑道宽度/m	在 60m 宽跑道上的名义对正距离	
	TODA/m	ASDA/m		TODA/m	ASDA/m
180°转弯					
A300 所有型号	26.5	45.2	66.1	38.0	56.7
A310 所有型号	23.3	38.8	61.6	29.0	44.5
A320 所有型号	16.5	29.1	28.7	16.5	29.1
A319 所有型号	15.1	26.2	31.1	15.1	26.2
A321 所有型号	20.9	37.8	33.1	20.9	37.8
A330-200(Mod47500)	30.1	52.3	68.2	43.3	65.5
A330-200(Mod46810)	31.9	54.1	81.6	55.0	77.1
A330-300(Mod47500)	33.2	58.5	70.0	47.9	73.3
A330-300(Mod46683)	34.2	59.6	78.8	55.4	80.8

1.3.8　ACR 和 PCR

　　飞机和道面分类等级(ACR-PCR)既与跑道相关又与机型相关。严格来说,飞机和道面分类等级并非性能的内容,但因其偶尔也会影响起飞或着陆的最大重量,故作适当介绍。

　　1981 年,国际民航组织(ICAO)颁布了以飞机和道面等级序号(ACN-PCN)为判断道面结构承载能力能否满足航空器使用要求的标准化评价方法。2012 年,国际民航组织开始使用新的道面设计技术来修订以往的方法,即飞机和道面分类等级(ACR-PCR)。这些概念被用于判别起降机场的跑道及相关运行区域的表面强度是否足以承载某型飞机正常运行且不遭受破坏,它们在跑道的修筑和使用时具有重要意义。

　　道面分类等级 PCR 表示道面承载强度,受道面铺筑材料和方式影响。道面 PCR 的固定格式包括 5 个部分：①PCR 值；②道面类型(刚性 R、柔性 F)；③道基强度(高 A、中 B、低 C、特低 D)；④由机场管理部门公布的最大允许胎压类型(无限制 W、高 X、中 Y、低 Z)；⑤该 PCR 值的评定方法(技术评定 T、经验评定 U)。国内各机场的 PCR 信息通常在《中国民航国内航空资料汇编》中予以公布,如 PCR 760/R/B/W/T。

飞机分类等级 ACR 表示飞机对道面产生影响强弱的数值。在过往,ACN 可从《民用机场飞行区技术标准》(MH 5001—2021)的附录 C 中获得,而在《民用机场飞行区技术标准》(MH 5001—2021)第一修正案中指出,ACR 应按照规定的标准程序确定。

实际运行中,机组应当注意,当 ACR≤PCR 时,可在规定胎压和飞机最大起飞重量(maximum take-off weight,MTOW)的条件下使用该跑道;当 ACR>PCR 时,只有满足下列条件才能有限制地超载运行:

(1) 道面没有呈现破坏迹象,道基强度未显著减弱期间。
(2) 柔性道面的 ACR 值应不超过道面 PCR 值的 110%。
(3) 刚性道面或以刚性道面为主的复合道面的 ACR 值不宜超过道面 PCR 值的 105%。
(4) 对 ACR 值超过道面 PCR 值的 105% 且不到 110% 的刚性道面或以刚性道面为主的复合道面,应进行专门的超载评估。
(5) 3 年超载允许的次数不超过设计年总允许次数的 5%。

1.4 动力装置

1.4.1 涡扇发动机

20 世纪 50 年代,民用运输飞机进入喷气时代。喷气发动机通过产生大量高能气体从涡轮和喷管排出,获得大小相等、方向相反的作用力,即推力。如图 1.4.1 所示,现代涡轮喷气发动机的工作过程是:吸入空气→压气机压缩空气→油气掺混→混合气燃烧→涡轮从高温燃气中提取部分能量转化为驱动压气机的机械能且燃气排出产生推力。

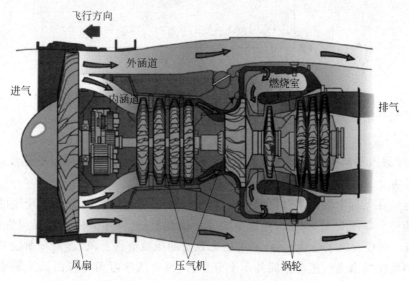

图 1.4.1 某型涡扇发动机示意图

在涡轮喷气发动机的演变过程中,涡扇发动机通过建立位于压气机上游的风扇获得更高的推力效率。涡扇发动机的外涵道空气流量与内涵道空气流量之比称为涵道比。现代发动机的涵道比可以达到 10 甚至更大,超过 80% 的推力皆由风扇产生。大涵道比优于小涵道比,可获得更佳的燃油效率。

发动机的革命性改变还表现在推力控制系统上。在早期的飞机上,机组对发动机的控制是机械式,驾驶舱中的油门杆和发动机均采用机械连接,调节进入燃烧室油量大小的燃油控制单元也是机械式。20世纪80年代,飞行员开始体验新的发动机控制方式,即监视控制,这种结构引入了独立的动力管理计算机(power management computer,PMC),部分早期机型的性能图表会考虑PMC是否工作对飞机性能带来的影响。时至今日,发动机已采用全权限数字电子控制系统(full authority digital engine control system,FADECS)进行控制,它完全支配燃油计量活门并改善驾驶舱显示,极大地促进了飞机操控、调度和维护,使飞行员能够更加灵活和便捷地控制发动机。

1.4.2 推力特性

1. 飞行速度对推力的影响

如图1.4.2所示,飞行速度对涡扇发动机推力的影响主要来自两个方面:首先,若飞行速度增大,空气在发动机进口的压缩程度会加剧,从而提高空气密度,增加空气质量流量,进而增大推力,这被称为"冲压效应";其次,若飞行速度增大,发动机进口处的空气动量也在增大,使得排气与进气二者的动量之差减小,进而又会降低发动机的净推力,这被称为"动量损失"。

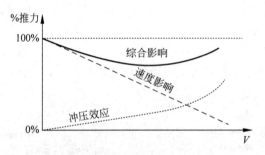

图1.4.2 涡扇发动机的推力特性

上述影响可结合发动机推力公式进行分析:

$$T = \dot{m}(V_j - V) \tag{1.4.1}$$

式中,$\dot{m}$表示进入发动机的空气质量流量;V_j表示气体离开发动机喷口的速度;V表示飞机的飞行速度。

若飞行员在飞行中保持油门位置不变,涡扇发动机的推力会随着飞机速度的增大呈先减后增的趋势。如图1.4.3所示,在较小的飞行速度时,速度增大使得动量损失占上风,推力有所下降;在较大的飞行速度时,速度增大致使冲压效应占上风,推力有所回升。由于推力的变化幅度在整个飞行速度区间并不十分显著,因此从学习角度可以认为涡扇发动机的推力随飞机飞行速度的改变基本不变,即"定油门,定推力"。

2. 温度和高度对推力的影响

空气密度对发动机的推力有决定意义,它是温度和压力的函数,直接影响空气的质量流量。如图1.4.4所示,当环境温度高于参考温度T_{REF}(也称平台温度)时,推力必然减小;

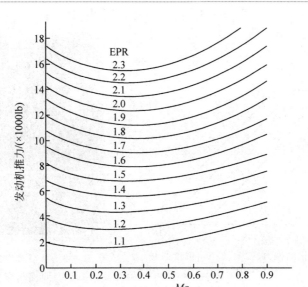

图 1.4.3　涡扇发动机的推力-马赫数曲线

如图 1.4.5 所示,气压越低或气压高度越高时,推力必然减小。正是因为温度和压力变化影响发动机推力,所以需要通过飞行环境包线来判定目标机型的能力边界。此外,湿度对喷气发动机推力的影响在性能分析工作中可以忽略不计。

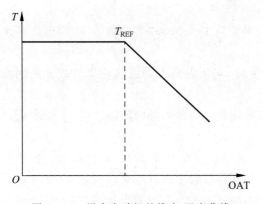

图 1.4.4　涡扇发动机的推力-温度曲线

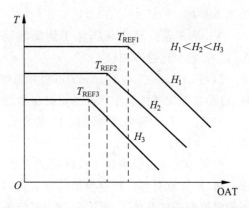

图 1.4.5　涡扇发动机不同高度下的推力-温度曲线

1.4.3　常用参数

飞行员控制和调定涡扇喷气发动机推力主要依据 N_1 或 EPR,它们都是表征推力状况的常用参数,如图 1.4.6 所示。此外,在航线运输机驾驶舱飞机电子集中监视系统(electronic centralised aircraft monitor,ECAM)显示屏动力页面还为机组提供了 N_2、EGT、FF 等辅助监控参数,如图 1.4.7 所示。

N_1 是多轴发动机低压转子的旋转速度,单位为 r/min。GE 公司的发动机和 CFM 公司的发动机多使用 N_1 作为推力设置的基本参数,常用 $\%N_1$ 表示标称参考值 N_1 的百分数。例如,某发动机的标称 N_1 值为 3900 r/min,如果低压轴当前的旋转速度就是 3900 r/min,则表示为 $100\%N_1$。通常制造商会选择起飞推力状态的转速作为参考转速,因此机组设置

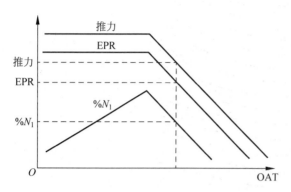

图 1.4.6 涡扇发动机的推力、EPR、%N_1-温度曲线

图 1.4.7 某空客机型驾驶舱 ECAM 显示页面示意图

起飞推力时发动机转速十分接近 100% 的转速。尽管某些发动机起飞的 %N_1 可能略大于 100% 转速,但并不意味着超过发动机的工作极限。

EPR(engine pressure ratio)称为发动机压比,它是发动机的两个指定位置即低压涡轮出口和低压压气机进口的总压之比。普惠发动机和罗罗发动机多使用 EPR 作为推力设置的基本参数。

N_2 是多轴发动机高压转子的旋转速度,单位为 r/min。通常,N_2 的旋转速度高于 N_1,二者的变化趋势相同。

EGT(exhaust gas temperature)称为排气温度,它是涡扇发动机涡轮出口截面处的温度,也是监控发动机工作状况的重要参数之一。

FF(fuel flow)称为燃油流量,它是发动机在单位时间内所消耗的燃油质量,通常以 kg/h 或 lb/h 为单位。

在某些发动机图表和飞机性能图表中,机组还可能接触换算参数,如换算 N_1、换算燃油流量、换算重量等。换算参数的意义是,若以非换算参数作为自变量绘制图表,那么在不同的温度和高度条件下,就需要制作多张不同的图表;一旦使用换算参数予以替换,就可以把不同温度和高度条件下的数据绘制在同一张图表上。这种工程方法称为数据归纳法。

1.4.4 常用工作状态

在性能学习中,飞行员需优先掌握发动机的常用工作状态。它是在不同飞行阶段,通过控制油门杆位调定的发动机状态,如图 1.4.8 所示。

涡扇发动机通常有多个工作状态,如图 1.4.9 所示。

1. 最大起飞推力

飞机起飞时的常用工作状态被称为最大起飞推力(take off thrust,TO)。该推力状态不适用于其他飞行阶段,且只能在起飞的有限时间内使用。起飞推力需要适航取证。目前,绝大多数民用运输飞机的最大起飞推力,在全发正常工作时为 5min,在一发失效工作时可

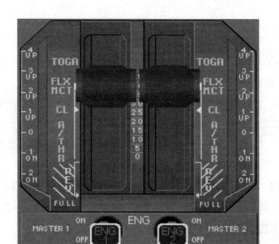

图1.4.8　某机型油门杆位示意图

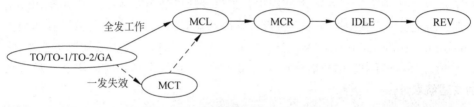

图1.4.9　涡扇发动机的常见工作状态

以延长至10min。部分机型需要获得制造商授权才可将最大起飞推力使用时间延长至10min。

2. 复飞推力

飞机复飞时的常用工作状态被称为复飞推力(go around thrust,GA),有时也称飞行中的起飞推力。该工作状态只能用于低速、低高度条件下的复飞阶段,进而保障飞机复飞中的爬升和增速能力。复飞推力同样需要适航取证。为了易于飞行员使用,在目前常见的主流机型驾驶舱中,最大起飞推力和复飞推力集成于同一个油门杆位,以"TOGA"标识。该油门杆位也是飞行员可选杆位中最靠前的油门杆位。

3. 最大爬升推力

飞机爬升时的常用工作状态被称为最大爬升推力(maximum climb thrust,MCL)。它是飞机在全发正常起飞条件下,当TOGA推力状态达到使用时间限制后,用于正常上升的推力。最大爬升推力无使用时间限制。

4. 最大巡航推力

飞机巡航时的常用工作状态被称为最大巡航推力(maximum cruise thrust,MCT)。它适用于巡航飞行,其推力略小于最大爬升推力。实际巡航中,飞行员使用的推力可以小于最大巡航推力,它只是正常巡航中可用推力的上限。最大巡航推力无使用时间限制。

5. 慢车工作状态

正常情况下,飞行员可选油门杆的最小位置对应着慢车推力(IDLE)状态。当油门杆置于慢车工作状态时,发动机处于低转速状态,所输出的功率仅维持飞机液压系统、电气系统、防冰系统等的正常工作。在航路下降和地面滑行过程中,飞行员常常接触空中慢车(AID)和地面慢车(GID)的概念。

6. 反推工作状态

若有必要,在中断起飞或着陆时的地面减速滑跑过程中,飞行员在解除油门限位器后还可以将油门杆进一步后调,此时就会触发发动机的反推工作(REV)状态。反推是一种帮助飞机有效减速的气动手段,只能在地面使用。

7. 最大连续推力

对于紧急情况,比如一发失效继续起飞且工作发动机最大起飞推力已用满 10min,又比如山区巡航时遭受一发失效并导致飞机进入飘降状态,工作发动机需要被设置为最大连续推力(maximum continue thrust,MCT)。最大连续推力仅在一发失效情况下使用,它是除 TOGA 推力之外,飞行中发动机能够产生的最大推力,且没有使用时间限制。最大连续推力也需要适航取证。

8. 减推力工作状态

当飞机装载少、重量轻时,飞行员可以使用比最大起飞推力更小的起飞推力起飞,且不降低起飞安全性,目的是延长发动机使用寿命,降低维护成本。现代民用运输机常使用两种类型的减推力方法:一种是减功率法(derate),另一种是假设温度(灵活温度)法(FLEX)。具体差异将在本书的起飞性能优化章节予以说明。发动机实施减功率法后的最大起飞推力可记为 TO-1、TO-2 等。

1.4.5 发动机引气

在飞行中,开启引气(bleed)会对发动机推力和燃油流量产生显著影响。当飞行员打开引气开关时,一部分进气不再参与燃烧而是另作他用,这将导致发动机在相同的额定工作状态(油门位置)下推力有所减小。这种影响会导致飞机在相同飞行条件下的性能表现有所降低。

如图 1.4.10 所示,在商用运输飞机驾驶舱中,常见的引气开关分为空调引气开关(air-conditioner,AC)和防冰引气开关(anti-ice,AI)。空调引气开关为飞行员提供了 off、low、norm、high 等引气流量大小的控制选择。防冰引气开关还可进一步细分为发动机防冰开关(engine anti-ice)和机翼防冰开关(wing anti-ice),二者的开闭组合形成了 all on、all off、engin on、wing on 等不同状态。

实际飞行中,是否打开空调和防冰引气由飞行员依据当前飞行环境作出选择,但飞行员应当了解由此导致的飞机性能变化。手册性能图表多会提供不同引气条件下的图表内容或修正内容(图 1.4.11),飞行员在研判飞行表现时需要给予引气影响足够的关注。

 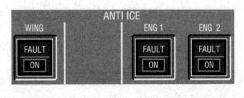

图 1.4.10　某空客机型空调及防冰引气开关面板

		ISA	ISA+10	ISA+15	ISA+20
LONG RANGE	ENGINE ANTI ICE ON	−200FT	−1000FT	−1700FT	−2500FT
	TOTAL ANTI ICE ON	−600FT	−3000FT	−4500FT	−6000FT
GREEN DOT	ENGINE ANTI ICE ON	−100FT	−1000FT	−1000FT	−1700FT
	TOTAL ANTI ICE ON	−800FT	−3000FT	−3600FT	−4400FT

图 1.4.11　性能图表中的引气状态

1.4.6　剩余推力

飞行中飞机受到的作用力通常包括：重力 W、升力 L、阻力 D 和推力 T。其中，W 与飞机载量相关，L 和 D 与飞机的气动特性相关，T 与飞机的动力特性相关。接下来，通过最具代表性的爬升运动说明飞机的受力特点及其与性能的密切关系。

如图 1.4.12 所示，尽管驾驶商业运输飞机的飞行员常常使用定速（等表速）爬升，但随着高度的增加，真速也增大，所以飞机的爬升运动实质上是一个变速运动，T 既要克服 D，还要帮助飞机增高和增速。此外，在爬升过程中若出现上升角的变化，L 不仅要克服重力分

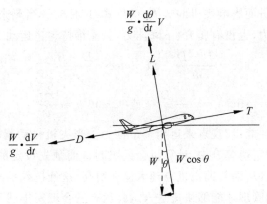

图 1.4.12　飞机飞行受力示意图

注：θ 为上升角，$\dfrac{\mathrm{d}V}{\mathrm{d}t}$ 为运动方向加速度，$\dfrac{\mathrm{d}\theta}{\mathrm{d}t}$ 为竖直面内的角速度。

量的影响,还要提供飞机在竖直面内做向心加速运动的能力。因此可以得到以下受力关系:

$$T - D - W\sin\theta = \frac{W}{g} \cdot \frac{dV}{dt}(沿运动方向) \quad (1.4.2)$$

$$L - W\cos\theta = \frac{W}{g} \cdot \frac{d\theta}{dt}V(沿运动方向的垂直方向) \quad (1.4.3)$$

如图 1.4.13 所示,W 决定了 L 的大小,飞行员无论调整迎角还是速度,均会影响 D 的大小。L 和 W 的守恒关系是飞机滞空的基础,默认由飞行员通过操纵自行保持。飞机性能侧重研究运动方向上 T 和 D 的此消彼长关系,参见式(1.4.2)。

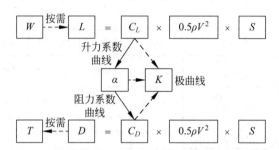

图 1.4.13　飞行中重力对升阻力影响的逻辑图

注:C_L 为升力系数,C_D 为阻力系数,α 为迎角,K 为升阻比,$0.5\rho V^2$ 为飞行动压,S 为机翼投影面积。

将式(1.4.2)变形,使各力集中于等号左侧后,可得到式(1.4.4):

$$\frac{T-D}{W} = \sin\theta + \frac{1}{g} \cdot \frac{dV}{dt} \quad (1.4.4)$$

尽管商用运输飞机的重力与载量的调整及燃油的消耗有关,但这并不影响读者分析 T 及 D 与飞机运动能力的关系。可以看出,在给定重力的条件下,推力和阻力是影响飞机空中加(减)速度和爬升(下降)梯度的主要因素。

推力与阻力之差,被称为剩余推力($T>D$ 时),有时也被称为剩余阻力($T<D$ 时),它是决定飞机飞行能力表现的核心要素。在飞机滑跑和平飞过程中,剩余推力影响加速度(减速度)的大小,进而影响飞机的动能,参见式(1.4.5)。在飞机爬升过程中,剩余推力影响上升角(下降角)的大小,进而影响飞机的势能,参见式(1.4.6)。当剩余推力为零($T=D$ 时),飞机既没有加、减速能力,也没有爬升、下降能力,只能维持匀速运动。

$$acc = \frac{T-D}{m} \quad 或 \quad dec = \frac{D-T}{m} \quad (1.4.5)$$

$$\sin\theta_上 = \frac{T-D}{mg} \quad 或 \quad \sin\theta_下 = \frac{D-T}{mg} \quad (1.4.6)$$

资深飞行员常使用"能量"观点来运用剩余推力。当飞机自动驾驶仪接通后,在油门保持最大爬升推力状态的定速爬升中,计算机会按制造商预先设定的能量分配比例将剩余推力分配给动能和势能,从而帮助飞机合理增速和增高,这种技术手段被称为能量管理。试飞员更加需要精通能量管理才能够快速进入试验状态及合理安排试飞工作顺序。

如图 1.4.14 所示,对于使用涡扇喷气式发动机的运输飞机,在给定油门条件下(T 不变)飞行时,剩余推力的大小主要受制于阻力,阻力的大小又受制于飞行速度的快慢。在稳定飞行状态下,随着飞行速度的增加,阻力总是呈现先减小后增大的变化趋势。如图 1.4.14(a)所示,当推力充足($T>D$)时,飞机在最小阻力速度V_{MD}下飞行时能够获得最大剩余推力;又如图1.4.14(b)所示,当推力不足($T<D$)时,飞机在最大可操作速度V_{MO}下可获得最大剩余阻力。

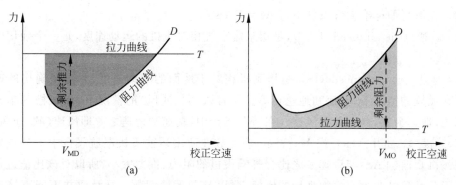

图1.4.14　推力、阻力与速度曲线图
(a) 推力充足;(b) 推力不足

气压高度、温度、速度、发动机额定状态、发动机引气等条件主要影响推力,襟翼、起落架、扰流板、重量、重心、速度、转弯坡度、载荷因数等条件主要影响阻力。合理区分影响推力和阻力的因素,掌握既定条件下推力和阻力的变化规律,有助于读者理解和掌握剩余推力(剩余阻力)对飞机性能的影响特性。

1.5　速度及限制

1.5.1　速度类型

飞行员在开展飞行活动时,会频繁接触表速、真速、地速、马赫数等与速度相关的概念,下面对常用的速度进行简单介绍,并将各速度关系表示为图1.5.1。

图1.5.1　常见的速度关系

(1) 表速(IAS/CAS/EAS),是对空速表(航空器速度指示器)指示读数的泛称,它反映了飞行动压的大小,即空气来流的动能大小。表速并非真正意义上的速度物理量,在大多数飞行场景中,空速表上的表速读数与飞机的真实空速并不相等。

(2) 指示空速(indicated airspeed,IAS)或V_I,以节(kn)为单位,有时也表示为KIAS。它是指已修正过仪表误差后显示在空速表上的速度。IAS通过测量总压与静压的差值获得,是动压的函数。

(3) 校正空速(calibrated airspeed,CAS)或V_C,以节(kn)为单位,有时也表示为KCAS。它是指现代民用运输飞机经过大气数据计算机(air data computer,ADC)修正了仪表误差和位置误差后显示在电子式空速指示器上的速度。由于机械式空速系统受飞机前部外形影响,不能精确地感应远前方自由大气的静压而导致速度显示存在的误差,称为位置误差或静压源误差,常记为 ΔV_p。在海平面标准大气条件下,CAS=TAS。

(4) 当量空速(equivalent airspeed, EAS)或 V_E,以节(kn)为单位,有时也表示为 KEAS。它是指在 CAS 基础上进行了空气压缩性修正后的速度,是 CAS 与压缩性修正值 k 的乘积。在海平面标准大气条件下,EAS=CAS。

(5) 真速(true airspeed, TAS),是指来流空气相对飞机的运动速度,是一个确切的速度物理量。

(6) 地速(ground speed, GS),是指飞机相对于地面的运动速度,它也是确切的速度物理量。在无风的情况下,真速和地速相等。在有风(顺、逆风)的情况下,尚未松刹车开始滑跑的飞机,地速为零,真速等于风速。在航路飞行中,真速和地速之差即风速(顺、逆风)。

(7) 马赫数,常用 Mach 或 Ma 表示,该参数在商用运输飞机巡航飞行中十分重要。人们发现飞机真速(TAS)与音速 c 之比会影响飞机的阻力、推力大小,所以对该比值进行了命名。由于马赫数是两个速度物理量的比值,所以它是无量纲数。马赫数并不能直接表征飞行速度的快慢,常用于表征空气来流的可压缩性强弱,即

$$Ma = \frac{TAS}{c} \tag{1.5.1}$$

$$c = 20.1\sqrt{t_{OAT} + 273.15} \tag{1.5.2}$$

式中,c 为飞机所飞位置处的音速,m/s;t_{OAT} 为飞机所飞位置处的温度,℃。

目前,大多数商用客机的巡航马赫数为 0.86 或者更低。然而,当飞机以马赫数超过 0.82 巡航时,机翼表面流过的气流既可能有亚音速气流也可能有超音速气流。因此,商用客机飞行员需要掌握激波分离、激波失速、高速抖振等相关知识。

常见速度概念的对比见表 1.5.1。

表 1.5.1 常见速度概念的对比

称谓涵盖关系			缩写符号	常用单位	物理意义
空速	表速	当量空速	EAS	kn	飞行动压
		校正空速	CAS	kn	
		指示空速	IAS	kn	
	真速		TAS	kn	速度
地速			GS	kn	
马赫数			Ma	—	空气压缩性

综上所述,在学习本书后续内容时,需要读者区分不同速度类型的适用场景,具体如下:

(1) 起降相关速度在机型手册中多以校正空速 CAS 的形式公布,如失速速度、最小操纵速度、抬轮速度、离地速度、起飞安全速度、着陆进场参考速度、收放襟翼速度、收放起落架速度等。

(2) 高空飞行相关速度在机型手册中多以马赫数 Ma 的形式公布,如抖振速度、最大可操纵速度、最大航程速度、长航程速度等。

(3) 分析飞机性能特性和运动效果须使用真速或地速,如起飞距离、着陆距离、上升率、上升角、下降率、下降角、飞行航迹、飞行时间、飞行距离、飞行油耗等。

1.5.2 限制速度

从飞机结构完整性和操纵性等方面考虑,需要制定飞行员必须遵守的限制速度。

1. 参考失速速度

参考失速速度 V_{SR} 也称基准失速速度,是飞机开始出现失速特征时的飞行速度,是由试飞获得的校正空速。CCAR-25.103 条(a)款指出:"基准失速速度 V_{SR} 是申请人确定的校正空速,V_{SR} 不得小于 $1g$ 失速速度。"

V_{SR} 是飞机可定常飞行的最低速度,实际飞行中极少以该速度飞行,但常将其与裕度系数相乘作为确定其他速度的参考基准。例如,规章对某场景下申请人以选定的速度做直线飞行来配平飞机时,要求其速度应不小于 $1.13V_{SR}$ 且不大于 $1.3V_{SR}$。

FAR-25 在第 108 号修正案颁布前,以传统失速速度(V_S)为基准速度,FAR-25 第 108 号修正案颁布后引入 $1g$ 失速速度(V_{S1g})作为基准速度。目前,大型运输机适航取证几乎都使用 $1g$ 失速速度。$1g$ 失速速度和传统失速速度对应的大小差异和载荷因数差异,如图 1.5.2 所示。

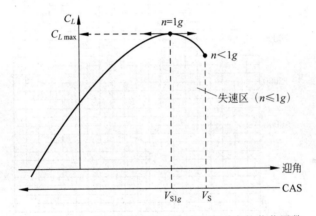

图 1.5.2　$1g$ 失速速度和传统失速速度对应的载荷因数

对于设计定型的飞机,失速速度的大小受到重力、重心、构型、推力、载荷因数等因素的影响,需要通过试飞确定。试飞时,评定失速速度的方法和判别时机不同,获得的失速速度大小也不同。采用常规失速评定方式(当升力系数已迅速减小时),飞机过载系数小于1;采用 $1g$ 失速速度评定方式(当升力将要减小时),由于仍然能够获得最大升力系数,飞机过载系数等于1。目前,CCAR-23 仍然使用传统失速速度($V_{S\,FAR}$)的评定方式,获得的失速速度常记为 V_S;而 CCAR-25 则使用 $1g$ 失速速度的评定方式,获得的失速速度即参考失速速度 V_{SR}。

对于同一机型和同一构型,若在相同的试验条件下,分别依循 V_S 和 V_{SR} 两种不同的审定方法开展试验,所获得的结果必定在数值上不相等。由于评定时的迎角不同,$1g$ 失速速度必然比传统失速速度大,如 B747-400 的 $1g$ 失速速度比传统失速速度大 6%。

2. 最大使用速度

CCAR-25.1505 条规定,"V_{MO} 或 M_{MO} 是在任何飞行阶段(爬升、巡航或下降)都不能有意超过的速度,但在试飞或驾驶员训练飞行中,经批准后方可以使用比其更大的速度"。在以 V_{MO}/M_{MO} 飞行时,驾驶员采取减速措施可保证在减速措施生效前飞机的速度不会超过飞机设计的最大速度,且在此过程中飞机的操纵性、稳定性、强度和刚度足以确保飞行安全。

V_{MO} 或 M_{MO} 可在飞机飞行手册(AFM)的审定限制中获得,或从飞行机组操作手册(FCOM)的限制部分中获得。国产民用飞机 ARJ21-700 的 V_{MO}/M_{MO} 限制如图 1.5.3 所示,可知该飞机在高度 FL350(35000ft)时允许的最大操作速度为 280kn/Ma0.82;在高度 FL200(20000ft)时允许的最大操作速度为 330kn;在高度 FL50(5000ft)时允许的最大操作速度为 293kn。

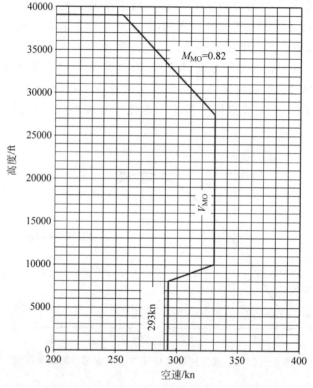

图 1.5.3　ARJ21-700 飞机最大使用速度图

3. 襟缝翼最大操作速度

CCAR-25.335 条和 CCAR-25.1511 条对放襟翼的最大速度做了规定。襟翼放下的最大速度用符号 V_{FE} 表示,它是指襟翼在不同飞行状态下放至不同位置时的最大限制速度。

A320 机型的不同襟缝翼位置和最大允许速度见表 1.5.2,可见 A320 飞机若要将襟缝翼放至 CONF FULL 位,则必须将飞行速度减小至 177kn 或以下。

表 1.5.2　A320 机型不同襟缝翼的位置和最大允许速度

襟翼手柄位置	缝　翼	襟　翼	ECAM 上指示	最大允许速度/kn	飞 行 状 态
1	18	0	1	230	等待
1	18	10	1+F	215	起飞

续表

襟翼手柄位置	缝翼	襟翼	ECAM 上指示	最大允许速度/kn	飞行状态
2	22	15	2	200	起飞/进近
3	22	20	3	185	起飞/进近/着陆
FULL	27	35	FULL	177	着陆

ARJ21-700 飞机的襟翼展态速度见表 1.5.3，可见 ARJ21-700 飞机若要将手柄卡位设定为 4 卡位，必须确保飞行速度降至 180kn 或以下。

表 1.5.3　ARJ21-700 飞机不同襟缝翼的位置和最大允许速度

手柄卡位	襟翼位置/(°)	缝翼位置/(°)	V_{FE}/kn
0	0	0	N/A
2	15	20.85	230
3	25	20.85	200
4	41.5	20.85	180

注：1. V_{FE} 为襟翼在规定位置的最大安全速度。
　　2. 驾驶舱空速标牌未标明速度类型，该速度标牌上的速度类型为指示空速(IAS)。

B737NG 系列飞机襟翼操作速度须依据不同形态下的 V_{REF} 速度进行计算，对于提高进场飞行的灵活性有一定的益处，但也会增加飞行员使用的复杂度，见表 1.5.4。

表 1.5.4　B737NG 不同襟翼的位置和最大允许速度

襟翼位置	襟翼操作速度
襟翼 0 卡位	$V_{REF40}+70\text{kn}$
襟翼 1 卡位	$V_{REF40}+50\text{kn}$
襟翼 5 卡位	$V_{REF40}+30\text{kn}$
襟翼 10 卡位	$V_{REF40}+30\text{kn}$
襟翼 15 卡位	$V_{REF40}+20\text{kn}$
襟翼 25 卡位	$V_{REF40}+10\text{kn}$
襟翼 30 卡位	V_{REF30}
襟翼 40 卡位	V_{REF40}

注：V_{REF40} 是指襟翼 40 卡位对应的 V_{REF}。

4. 起落架操作限制速度

CCAR-25.729 条和 CCAR-25.1515 条对起落架操作速度做了规定。起落架限制速度包括起落架收放的最大速度和起落架处于放下位的最大速度，分别用符号 V_{LO} 和 V_{LE} 表示。

起落架操作速度 V_{LO} 是指收、放起落架允许的速度，应小于由飞行特性决定的安全收、放起落架的速度，以保持起落架收、放过程的安全。当收、放起落架允许的最大速度不同时，应分别给出，如 $V_{LO\,EXT}$ 和 $V_{LO\,RET}$。

起落架处于放下位的最大速度（V_{LE}），是指不得超过起落架锁定在安全放下位置时安全飞行的速度，以保证起落架锁定机构的强度和刚度满足安全要求。

起落架速度对比见表 1.5.5。

表 1.5.5　起落架速度对比

速度（马赫数）	机型		
	A320	B737-300	ARJ21-700
$V_{LO\ RET}$	220kn	235kn	220kn
$V_{LO(MLO)EXT}$	250kn	270kn(Ma 0.82)	270kn/Ma 0.68
$V_{LE(MLE)}$	280kn(Ma 0.67)	320kn(Ma 0.82)	270kn/Ma 0.68

复习思考题

1. 访问中国民用航空局官方网站，在"民航规章"栏目检索和下载《运输类飞机适航标准》(CCAR-25-R4)，阅读有关起降速度和起降距离的条款。

2. 访问中国民用航空局官方网站，在"民航规章"栏目检索和下载《大型飞机公共航空运输承运人运行合格审定规则》(CCAR-121-R8)，阅读 G 章"手册的要求"、I 章"性能使用限制"的相关内容。

3. 访问中国民用航空局飞行人员信息咨询网站，在"执照理论考试备考信息"栏目检索并下载《航线运输驾驶员执照理论(飞机)-科目 2》考试大纲及知识点，阅读"飞行性能计划与载重平衡"的相关内容。

4. 参考表 1.2.1，完成以下内容：

(1) 观察 0ft、10000ft、20000ft、30000ft 处的标准温度，寻找规律；

(2) 观察 38000ft、40000ft、42000ft、44000ft 处的标准温度，寻找规律；

(3) 观察 0~36000ft、38000~44000ft 范围内，当地音速与标准海平面音速的比值(c/c_0)随高度的变化规律，并说明原因；

(4) 任选一个高度，验证该高度处的气压比、温度比、密度比是否满足关系式 $\delta=\sigma\theta$。

5. 已知 ARJ21-700 飞机在标高 4500ft 的某机场运行，起飞当天 QNH=996hPa，机场环境温度 46℃，试回答：

(1) 依据表 1.2.3 计算起飞时的气压高度为多少 ft？

(2) 依据表 1.2.1 计算起飞时的温度偏差为多少？

(3) 依据图 1.2.6 判断起飞条件是否位于飞机起降环境包线范围以内？

6. 已知某机场 14 号跑道的可用起飞滑跑距离为 2600m，可用起飞距离为 2900m，可用加速停止距离为 2660m，跑道入口内移 100m，试回答净空道、停止道、可用着陆距离的长度分别是多少？

7. 参考图 3.3.2 的头和尾信息，试回答该图适配的机场、跑道号、机场标高、PCN 值、跑道坡度、跑道长度、净空道(计入预滑段)长度、停止道(计入预滑段)长度、障碍物数量、障碍物计量方式、障碍物距离、障碍物高度、风向、风速分别是多少？

8. 参考表 3.3.2 的头信息，试回答该表适配的机场、跑道号、机场标高、跑道坡度、跑道长度、净空道长度、停止道长度、障碍物数量、风向、风速分别是多少？

9. 参考图 3.3.2 和表 3.3.2 的信息，试给出其各自适配的机型在起飞时的襟翼位置和引气状态。

10. 请列出涡扇发动机的常用工作参数及常用工作状态,并陈述其主要特点。

11. 请绘出涡扇发动机的阻力和推力随飞行速度变化的曲线,并分析在一发失效后上升阶段和下降阶段两条曲线的变化特点。

12. 参考图 1.5.3,分析飞机以 V_{MO} 上升时真速和马赫数的变化规律,以及以 M_{MO} 上升时真速和表速的变化规律。

13. 参考表 1.5.2,思考该机型以 CONF3 襟翼起飞直至转换为光洁形态过程中需要注意的速度限制。

第2章 起飞性能

2.1 起飞的定义

CCAR-25.105条(a)款明确了通过第25.107条、第25.109条、第25.111条、第25.113条、第25.115条对运输类飞机一发失效起飞的速度、距离、航迹等进行定义和阐述。本书中若无特殊说明，起飞总是考虑飞机在此过程中遭受一发失效影响。这里的"一发失效"特指对于配备两台及以上发动机的飞机，在起飞滑跑过程中遭受一台发动机不工作的异常情况。

运输类飞机的起飞是指飞机从松刹车点(brake release point, BRP)开始加速滑跑，在V_R时抬轮，在V_{LOF}时离地，腾空后在距起飞表面35ft处速度不低于V_2，并在距起飞表面1500ft处速度不低于V_{FTO}，达到规章要求的爬升梯度、完成从起飞构型到航路爬升构型转换的整个过程。

2.1.1 起飞航迹与起飞飞行航迹

1. 起飞航迹(takeoff path)

CCAR-25.111条(a)款对起飞航迹进行了定义：从静止点起延伸至空间两点中的较高者，一点是飞机起飞过程中高于起飞表面450m(1500ft)，另一点是完成从起飞到航路形态的转变并且速度达到V_{FTO}。

在此期间，必须考虑飞机在地面加速到V_{EF}时遭受临界发动机停车，并在余下的过程中保持停车；飞机以不小于V_R的速度抬前轮离地，在达到高于起飞表面35ft前速度必须达到V_2，且必须以尽可能接近但不小于V_2的速度继续起飞直至飞机高于起飞表面400ft；从飞机高于起飞表面400ft的一点开始，可用爬升梯度不得低于规定值。

2. 起飞飞行航迹(takeoff flight path)

CCAR-25.115条(a)款对起飞飞行航迹进行了定义：依据适当的道面情况，起飞飞行航迹从按CCAR-25.113条的干跑道起飞距离或湿跑道起飞距离确定的起飞距离末端处高于起飞表面10.7m(35ft)的一点计起。其余要求与起飞航迹的定义相同。

在此期间，净起飞飞行航迹必须为总起飞飞行航迹在每一点减去规定的爬升梯度。沿起飞飞行航迹,飞机水平加速部分的加速度减少量可使用前述规定的爬升梯度减量的当量值。

3. 场道和航道

运输类飞机以距起飞表面35ft(也称基准零点)且速度不小于起飞安全速度V_2为分界点,将整个起飞过程划分为场道和航道,如图 2.1.1 所示。飞机从松刹车点运动到分界点的阶段称为场道。飞机从分界点开始到离地高度不小于1500ft,速度增加至不小于V_{FTO},爬升梯度满足规章规定的最小梯度要求,并完成收起落架、收襟翼的阶段称为航道。可见,飞机在航道的航迹即为起飞飞行航迹,飞机在场道和航道的完整航迹即为起飞航迹。

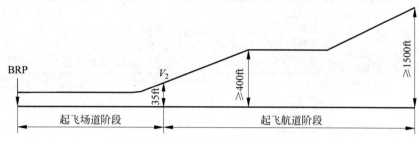

图 2.1.1 起飞场道阶段和起飞航道阶段

在场道阶段,飞机主要解决如何利用跑道的有限空间安全腾空或停止的问题。讨论腾空问题时,场道阶段可细分为地面滑跑段、空中段等子阶段。讨论停止问题时,场道阶段可细分为加速滑跑段、减速滑跑段等子阶段。无论是腾空还是停止,飞机均应在场道阶段达成预期的运动目标。

在航道阶段,飞机主要解决一发失效状态下腾空后,如何有序地增高、增速、飞越障碍物(若有),并最终安全过渡至航路飞行的问题。航道阶段可进一步细分为第一航段(1st seg)、第二航段(2nd seg)、第三航段(3rd seg)、最后航段(final seg)4个子阶段,如图 2.1.2 所示。

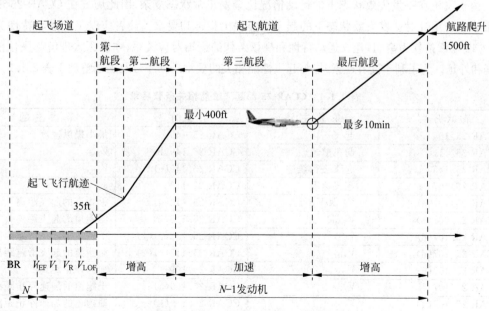

图 2.1.2 起飞航道阶段的 4 个子阶段

2.1.2 起飞可能性

航前评估是性能分析工作的特点,需要充分预见实际放行时可能出现的场景,进而建立安全保障。尽管日常运行中大多数航班起飞属于全发正常起飞,仍需考虑遭受特殊情况时飞机及机上人员的安全。为此,运输类飞机的起飞涉及 4 种可能性,包括全发工作正常起飞、一发失效继续起飞、一发失效中断起飞和全发工作中断起飞,如图 2.1.3 所示。

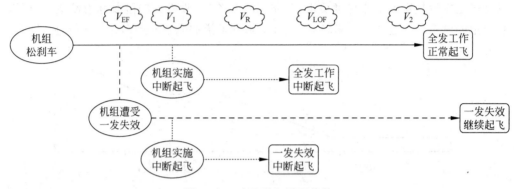

图 2.1.3 起飞的 4 种可能性

全发工作正常起飞和一发失效继续起飞(accelerate go)是指飞机通过持续加速滑跑完成离地腾空进而进入空中飞行以达成起飞目的的过程。无论地面加速滑跑中是否遭受发动机失效,飞行员均应该把杆蹬舵以控制好滑跑方向,无须实施减速动作,直至飞机离地腾空。

一发失效中断起飞和全发工作中断起飞(accelerate stop),是指飞机在地面加速过程中遭受异常情况,飞行员基于安全考虑中止该次起飞,未实现起飞意图的过程。该情景下,飞机经历先加速后减速的三点滑跑运动,飞行员除了把杆蹬舵外还需采取踩刹车、收油门、开启扰流板等减速制动的处置动作,进而使得飞机由加速运动转入减速运动并最终停止。

由于飞机在一发失效状态下的运动情况比全发正常状态复杂,因此局方在 CCAR-25 部若干条款中着重针对一发失效状态下的起飞性能提出指标和要求。读者应以飞机运动特性为基础,并以规章条款为牵引,建立运动特性和规章条款的逻辑对应关系,才能深入理解起飞性能的内涵和外延。为了利于读者检索,将与起飞性能相关的规章条款序号及主题整理于表 2.1.1。

表 2.1.1 CCAR-25 部起飞性能相关条款名录

条款序号	条款主题	条款序号	条款主题
CCAR-25.105	起飞	CCAR-25.149	最小操纵速度
CCAR-25.111	起飞航迹	CCAR-25.149(b)	V_{MC}
CCAR-25.115	起飞飞行航迹	CCAR-25.149(e)	V_{MCG}
CCAR-25.107	起飞速度	CCAR-25.113	起飞距离
CCAR-25.107(a)	V_1 及 V_{EF}	CCAR-25.113(a)	干跑道的起飞距离
CCAR-25.107(b)	$V_{2\,MIN}$	CCAR-25.113(b)	湿跑道的起飞距离
CCAR-25.107(c)	V_2	CCAR-25.113(c)(1)	干跑道的起飞滑跑距离
CCAR-25.107(d)	V_{MU}	CCAR-25.113(c)(2)	湿跑道的起飞滑跑距离
CCAR-25.107(e)	V_R	CCAR-25.109	加速停止距离
CCAR-25.107(f)	V_{LOF}	CCAR-25.109(a)	干跑道的加速停止距离
CCAR-25.107(g)	V_{FTO}	CCAR-25.109(b)	湿跑道的加速停止距离

2.1.3　全发起飞与继续起飞

全发工作正常起飞和一发失效继续起飞的共同特点是在场道阶段达成离地腾空。由于发动机失效带来的推力变化造成加速能力的变化,因此二者的运动过程存在一定的差异。

全发工作正常起飞按物理运动过程可划分为三段,如图 2.1.4 所示。

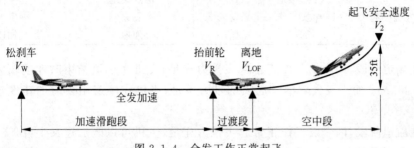

图 2.1.4　全发工作正常起飞

(1) 全发加速滑跑段。飞机从静止加速至抬前轮速度 V_R,该过程飞机为三点接地。

(2) 过渡段,也称抬轮离地段。飞机从 V_R 拉杆抬前轮,飞机姿态角增大,导向轮离开地面,主轮仍在地面滑跑,直至速度达到离地速度 V_{LOF} 时主轮离开地面,该过程飞机为两点接地。

(3) 空中段,也称离地上升段。从飞机离地直至距起飞表面不低于 35ft,且速度达到或超过 V_2。

一发失效继续起飞,按物理运动过程可划分为四段,如图 2.1.5 所示。

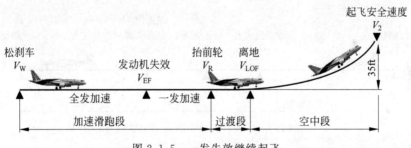

图 2.1.5　一发失效继续起飞

(1) 全发加速滑跑段。飞机从静止加速至关键发动机失效速度 V_{EF},该过程飞机为三点接地。

(2) 一发加速滑跑段。在一发失效状态下飞机继续加速直至速度达到抬前轮速度 V_R,该过程飞机为三点接地。

(3) 过渡段,也称抬轮离地段。在一发失效状态下飞机从 V_R 抬前轮,直至速度达到离地速度 V_{LOF} 时主轮离开地面,该过程飞机为两点接地。

(4) 空中段。在一发失效状态下,从飞机离地直至距起飞表面不低于 35ft,且速度达到或超过 V_2。

这里将全发工作正常起飞与一发失效继续起飞的运动差异归纳于表 2.1.2。读者还应当注意以下区别:

表 2.1.2 全发和一发起飞运动方式差异对比

	BR	V_{EF}	V_1	V_R	V_{LOF}	V_2
全发工作正常起飞	三点接地 全发工作 加速			两点接地 全发工作 加速	空中 全发工作 加速	
一发失效继续起飞	三点接地 全发工作 加速	三点接地 一发失效 加速		两点接地 一发失效 加速	空中 一发失效 加速	

(1) 在场道阶段,因全发工作正常起飞推力充足,飞机在场道结束时速度较大,通常为 $V_2+(10\sim25\text{kn})$;而一发失效继续起飞的推力不足,飞机在场道结束时的速度较小,通常为 $V_2+(0\sim10\text{kn})$。

(2) 在航道阶段,因全发工作正常起飞推力充足,飞机可以既加速又上升,飞行员按正常操作程序要求收襟缝翼,完成起飞到航路飞行的过渡;而一发失效继续起飞的推力不足,飞机无法兼顾加速和上升,飞行员只能按照一发失效后的操作程序利用平飞来达成增速和收襟缝翼的目的。

2.1.4 全发中断与一发中断

一发失效中断起飞和全发工作中断起飞的共同特点是在场道阶段安全退出该次起飞。由于发动机失效带来额外的推力衰减变化,二者的运动过程同样存在一定的差异。

一发失效中断起飞按物理运动过程可划分为四段,如图 2.1.6 所示。一发失效中断起飞的制动顺序如图 2.1.7 所示。

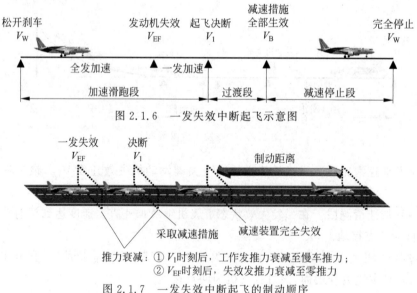

图 2.1.6 一发失效中断起飞示意图

图 2.1.7 一发失效中断起飞的制动顺序

(1) 全发加速段。飞机从静止加速至关键发动机失效速度 V_{EF},该过程飞机为全发加速。

(2) 一发加速段。飞机在一发失效状态下继续加速至速度达到 V_1。V_1 是指飞行员识别发动机故障并拟采取制动措施(如踩刹车、收油门、打开扰流板等)时的速度。

(3) 过渡段。飞机从 V_1 直至所采取的减速措施生效时的速度,该过程飞机经历了由加速转为减速的变加速运动。

(4) 减速停止段。飞机从减速措施生效直至完全静止,该过程飞机为全减速。

局方在针对制造商申请机型开展适航审定时,为了确保普适性,会通过对部分关键操作添加时间裕量的方式,来消除试飞员与航空公司飞行员因技术和能力差异对飞机预期运动效果产生的影响。图 2.1.8 介绍了一种在开展验证试飞和建立飞机飞行手册环节添加安全裕量的方法。

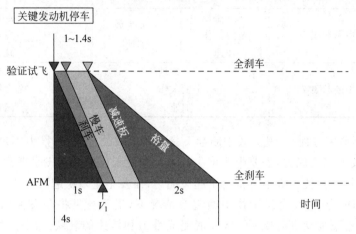

图 2.1.8 验证试飞和 AFM 指导的差异

全发工作中断起飞按物理运动过程可划分为三段,如图 2.1.9 所示。全发工作中断起飞的制动顺序如图 2.1.10 所示。

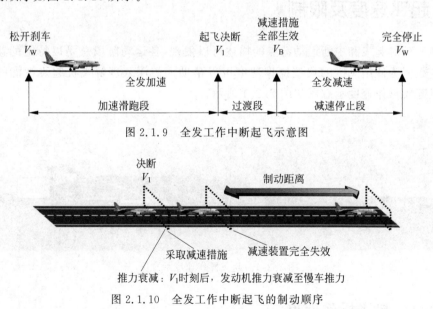

图 2.1.9 全发工作中断起飞示意图

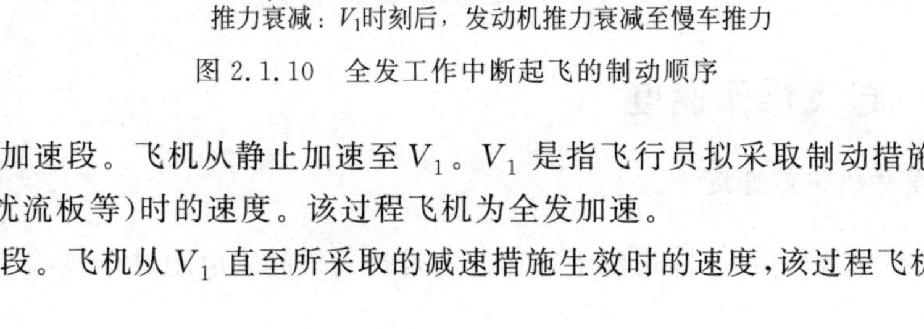

图 2.1.10 全发工作中断起飞的制动顺序

(1) 全发加速段。飞机从静止加速至 V_1。V_1 是指飞行员拟采取制动措施(如踩刹车、收油门、打开扰流板等)时的速度。该过程飞机为全发加速。

(2) 过渡段。飞机从 V_1 直至所采取的减速措施生效时的速度,该过程飞机经历了由加速转为减速的变加速运动。

(3) 减速停止段。从减速措施生效直至飞机完全静止,该过程飞机为全减速。

这里将全发工作中断起飞与一发失效中断起飞运动方式的差异归纳于表 2.1.3。读者还应当注意以下不同:

表 2.1.3　全发和一发中断运动方式差异对比

	BR	V_{EF}	V_1	GS=0
一发失效中断起飞	三点接地 全发工作 加速	一发失效 加速		三点接地 一发慢车 减速
全发工作中断起飞	三点接地 全发工作 加速			三点接地 全发慢车 减速

(1) 在中断原因方面,一发失效中断起飞是发动机故障所致,因推力不足和速度过低致使飞机不具备安全起飞能力,需要中止该次起飞。全发工作中断起飞是考虑如跑道入侵、火警、爆胎等异常情况致使飞机不具备安全起飞能力,需要中止该次起飞。

(2) 在减速能力方面,全发工作中断起飞情况下,当飞行员将起飞油门调至慢车油门时,正常工作状态下发动机需要 4～8s 才能完成推力和转速的衰减。而一发失效中断情况下,失效发动机故障停车的推力衰减时长仅为 1～2s。因此全发工作中断减速可能比一发失效中断减速更困难。

2.2　起飞速度及限制

从 2.1 节对起飞和中断运动特点的描述可以发现,各运动阶段总是以特定的速度为分界点。这是因为使用飞机的典型操作速度可以帮助人们深入理解飞机起飞性能的变化特性。飞机起飞操作速度示意图如图 2.2.1 所示。

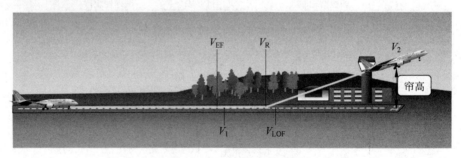

图 2.2.1　起飞操作速度示意图

2.2.1　起飞操作速度

1. 临界发动机失效速度 V_{EF}

临界发动机失效速度 V_{EF},是校正空速。它是指飞机起飞滑跑过程中,临界发动机出现故障的瞬时校正空速,可由飞机制造商在取证时选择,但不得小于 V_{MCG},这是为了确保一发失效后继续起飞时滑跑方向可控。关于 V_{MCG} 的介绍详见本章 2.2.2 节"起飞限制速度"。

V_{EF} 并非实际运行中发动机在任意时刻出现故障时的速度。V_{EF} 特指试飞员为了演示 V_1,在 V_{EF} 时刻模拟发动机故障,并在 V_1 时刻模拟判明故障。因此,V_{EF} 总是小于 V_1,是 V_1 之前 1s 的速度,可理解为"V_1 演示试验中的发动机失效速度"。

注意,临界发动机也称关键发动机,是指失效后对飞机的性能或操纵品质影响最大的那台发动机。对喷气式飞机来说,在空中给主液压系统供压的发动机被认为是关键发动机。在地面,上风方向最外侧的发动机被认为是关键发动机。

2. 决断速度 V_1

CCAR-25.107 条(a)款定义,V_1 是申请人选定的起飞决断速度,以校正空速表示。在实际运行中,V_1 是飞行员实施继续起飞操作或中断起飞操作的临界点,是能够安全实施中断起飞的最晚时机,也是能够安全实施继续起飞的最早时机,是行动决策的分水岭。

按机组操作程序的要求,起飞滑跑中不把杆的飞行员需要在飞机达到该速度时报出"V_1"。若一次起飞滑跑出现了发动机失效,把杆飞行员在识别失效事件时能够以 V_1 是否已报出作为实施中断起飞或继续起飞的行动依据。

为了建立起飞决断的运行指导和参考,飞机制造商需要开展适航取证,此时,V_1 是试飞员演示还原中断起飞行为那一刻的速度。在该速度的前 1s,试飞员关停了关键发动机,在该速度时试飞员正拟采取第一项制动措施。试飞员需试飞演示多组 V_1,最终由制造商权衡挑选并记入机型手册用以指导航空公司用户在实际运行中使用。

3. 抬轮速度 V_R

抬轮速度 V_R,是指导把杆飞行员实施拉杆抬轮操纵动作那一刻的速度。按机组操作程序的要求,不把杆的飞行员需要在飞机达到该速度时报出"抬轮",以提醒把杆飞行员采取行动。

为了建立运行指导和参考,飞机制造商须对该速度予以适航取证。抬轮速度过小或过大,会影响飞机的离地速度和离地姿态,还会影响飞机在 35ft 处的速度。CCAR-25.107 条(e)款指出,一个合理的 V_R,不仅需要确保飞行员以该速度抬轮后能够在离地时获得合理的 V_{LOF},还需要确保飞行员以该速度抬轮后能够在 35ft 处获得不低于 V_2 的合理速度。

4. 离地速度 V_{LOF}

CCAR-25.107 条(f)款定义 V_{LOF} 为飞机开始腾空时的校正空速。它是飞机起飞滑跑加速到升力与推力的竖直分量之和抵消重力那一刻的速度。通常在飞行员拉杆抬轮后,飞机会继续经历短暂的主轮接地的两点滑跑过程,飞机机头逐渐抬起到预定姿态,当飞机主轮与地面垂直接触力减至零时,飞机最终离开地面。

V_{LOF} 的大小与 V_R 相关。当飞行员按标准抬头率实施抬轮操作时,飞机从三点接地过渡到预定离地姿态的时长相对固定。因此,小 V_R 对应小 V_{LOF},大 V_R 对应大 V_{LOF}。

V_{LOF} 的大小还与抬头率相关。实际运行中,飞行员大多以 3(°)/s 的标准抬头率进行抬轮。适航审定中，为了探寻 V_{LOF} 的边界，试飞员会以 6°/s 的最大抬头率完成抬轮动作。

5. 起飞安全速度 V_2

起飞安全速度 V_2，以校正空速表示，必须由申请人选定。它是指飞机在起飞滑跑过程中遭受临界发动机故障且在 V_1 时刻判明后，飞行员实施继续起飞时，飞机在距起飞表面高 35ft 处应该达到的最小速度。它被用于确保飞机在一发失效继续起飞离地后能够获得 CCAR-25.121 条(b)款期望的正上升梯度，同时也确保飞机在遭受侧风干扰或操纵偏差带有坡度角时距自身失速边界有足够的安全裕度。

6. 最后起飞速度 V_{FTO}

最后起飞速度 V_{FTO}，以校正空速表示。它是指已进入航道阶段飞行的飞机依循航道各子阶段意图完成收轮、收襟翼、增高、增速后将要转入航路飞行时，为了获得 CCAR-25.121 条(c)款要求的爬升梯度，应当达到的最小速度。

2.2.2 起飞限制速度

适航审定时，为确保飞机制造商为其机型提供的起飞操作速度具有合理性和指导性，规章针对前述操作速度提出了相应的限制，即速度边界。这些限制包括参考失速速度 V_{SR}、空中最小操纵速度 V_{MCA}、地面最小操纵速度 V_{MCG}、最小离地速度 V_{MU}、临界发动机失效速度 V_{EF}、最大刹车能量速度 V_{MBE}、最大轮胎速度 V_{TIRE} 等。

1. 地面最小操纵速度 V_{MCG}

地面最小操纵速度 V_{MCG} 是校正空速，由试飞获得。它是指在起飞滑跑中当飞机在该速度遭受临界发动机突然停车时，飞行员仅使用方向舵和副翼等空气动力操纵面就能够保持对飞机的方向操纵和横向操纵，且采用正常驾驶技巧就能维持飞机继续稳定滑跑、继续起飞的最小速度。为了确保制造商取得的 V_{MCG} 具有足够的指导性，CCAR-25.149 条(e)款指出，在此过程中方向舵操纵力不得超过 68kgf 或 150lbf；飞机从临界发动机停车时刻到航向完全恢复至平行于跑道中心线时刻的航迹与跑道中心线的横向偏离距离不得大于 9m 或 30ft。

若飞机在地面滑跑过程中出现一发失效，如图 2.2.2 所示，左发停车，右发工作，左右不对称的拉力必然使飞机向左侧偏转。飞行员一旦识别，须通过向右蹬舵来抑制飞机的左偏并将其控制回到跑道中线方向。该过程中，飞行员纠偏的效果取决于飞机舵面效应，进而取决于飞机的速度。若一发失效时速度小，舵面效应差，飞行员即使蹬满舵也不一定能够抑制

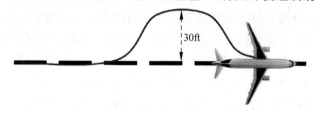

图 2.2.2　确定地面最小操纵速度 V_{MCG} 的要求

机头偏转。因此,只有当一发失效时的速度不低于地面最小操纵速度,才能确保飞行员对飞机可控。

理论上,飞机重量越大,一方面机体转动惯量越大,另一方面一发失效后机轮会受到更大的侧向摩擦力,二者使得飞机偏转幅度小,V_{MCG} 也越小(有利)。因此局方为保守起见通常要求制造商选定以小重量状态对应的大 V_{MCG}(不利)为批准数据。

V_{MCG} 还与气压高度、气温有关。气压高度和气温越高,工作发动机推力越小,一发失效后飞机的偏转力矩也越小,V_{MCG} 将会减小,见表 2.2.1。

表 2.2.1 某机型的空中最小操纵速度和地面最小操纵速度

高度/ft	V_{MCA}/kn(CAS)	V_{MCG}/kn(IAS)		
		CONF1+F	CONF2	CONF3
−2000	113.5	112.0	110.0	109.5
0	111.5	110.5	108.5	108.0
2000	110.5	109.5	107.5	107.0
4000	108.0	107.0	105.0	104.5
6000	105.0	104.0	102.0	102.0
8000	102.5	102.0	100.0	99.5
9200	101.0	100.5	98.5	98.0
10000	99.5	99.5	97.5	97.0
12000	96.5	99.5	94.5	94.0
14100	93.5	93.5	91.5	91.5

注意,因为实际运行中遭受一发失效的时机难以预测,显然会存在发动机失效时速度小于 V_{MCG} 的可能。由于设立 V_{MCG} 的目的是关注飞机继续起飞时的受控能力,所以当发动机失效早于 V_{MCG} 时,飞行员应中断起飞,随着油门收回,偏转效应的减弱将有利于控制飞机安全停止。

2. 空中最小操纵速度 V_{MCA}

空中最小操纵速度 V_{MCA},可记为 V_{MC},是校正空速,由试飞获得。它是指空中飞行时当飞机在该速度遭受临界发动机突然停车,飞行员不需要特殊的驾驶技巧、机敏或体力,就能在该发动机继续停车的情况下保持对飞机的操纵,维持坡度不大于 5°的直线飞行的最小速度。为确保制造商取得的 V_{MCA} 具有足够的指导性,CCAR-25.149 条(b)款指出,发动机处于最大可用起飞功率(推力)状态,飞机处于腾空后沿飞行航迹最临界的起飞形态但起落架在收起位置,此过程中维持操纵所需的方向舵脚蹬力不得超过 68kgf 或 150lbf;在纠偏过程中防止航向改变超过 20°。

飞机在空中出现一发失效,如图 2.2.3 所示,左发停车,右发工作,左右不对称的拉力将使飞机向左侧偏转,左右不对称的升力将使飞机向左滚转。飞行员一旦识别,须通过向右蹬舵、向右压盘来抑制飞机的偏转与滚转,才能控制飞机做直线飞行。飞行员纠偏的效果取决于飞机舵面效应,进而取决于飞机的速度。若一发失效时速度小,舵面效应差,飞行员则无法抑制机头偏转和机体滚转。因此,只有当一发失效时的速度不低于 V_{MCA},才能确保飞行员对飞机可控。适航规章要求 V_{MCA} 不得大于相同构型下 V_{SR} 的 1.13 倍,因此实际运行中的空中飞行速度必然大于V_{MCA}。

图 2.2.3　确定空中最小操纵速度 V_{MCA} 的要求

同一机型的V_{MCA}与气压高度、气温、工作发动机状态、飞机重量等因素有关。气压高度和气温越高，工作发动机推力减小，一发失效后飞机的偏转力矩减小，飞行员维持飞机直线飞行所需的速度就越小。飞机重量越大，一发失效后飞机的偏转幅度就小，飞行员维持飞机直线飞行所需的速度也越小。

飞机制造商通常会在飞机手册中给出V_{MCA}和V_{MCG}的相关信息，见表 2.2.1。

3. 最小离地速度 V_{MU}

最小离地速度V_{MU}是校正空速，由试飞获得。它是飞机以允许的最大地面俯仰姿态离地的最小速度。如图 2.2.4 所示，飞机离地主要依靠升力L克服重力W，离地姿态越大，迎角也越大，升力系数相应增大，产生同等升力L所需的速度就越小。通过试飞试验得到的V_{MU}通常比正常操作程序获得的V_{LOF}小 5kn 以上。

图 2.2.4　全发离地和一发失效条件下离地时飞机的受力关系

制造商需要在试飞中开展全发工作和一发失效两种状态下的V_{MU}测定试验。全发工作时记为$V_{MU(N)}$；一发失效时记为$V_{MU(N-1)}$。飞机在大姿态离地时，升力L与推力T的竖直分量共同克服重力W，由于全发推力的竖直分量大于一发失效的竖直分量，故全发离地所需的升力小于一发失效的离地所需的升力，因此一发失效的最小离地速度$V_{MU(N-1)}$大于全发最小离地速度$V_{MU(N)}$。

之所以在全发工作和一发停车情况下测定V_{MU}，是为了同时考虑飞机几何尺寸限制和最大升力系数（起飞构型）限制的综合影响。在V_{MU}试验中，一部分机型易受尾部擦地限制，另一部分机型易受俯仰操纵效能（失速特性）限制，但无论如何，V_{MU}对应的离地姿态必然大于正常离地姿态。

4. 最大刹车能量速度 V_{MBE}

最大刹车能量速度V_{MBE}主要用于确保当飞机在滑跑过程中遭受发动机故障等影响并

进入中断起飞的减速运动时,飞机配备的刹车装置在吸收大量热能后依然能够保证飞机安全刹停,且飞机此时即便机轮着火也依然能够为乘客提供足够的时间撤离。

在中断起飞时,机轮刹车通过对飞机做负功来耗散飞机的动能。被耗散的动能转化为热能,使得机轮刹车的温度随之升高。在一次完整的减速停止过程中,进入中断的时机越晚,中断的初始速度越大,机轮刹车吸收的热能也就越多。局方为了确保演示该最大刹车动能加速停止距离的飞行试验具有足够的说服力,要求制造商必须在飞机每个机轮刹车允许磨损范围内的刹车残余不大于10%的状态下实施演示。

以 ARJ21-700 飞机为例,其最大刹车能量中止起飞试验于 2014 年 11 月 8 日完成,试验目的在于当飞机在滑跑中动力系统出现故障必须中断起飞时,ARJ21-700 飞机机轮刹车装置的最大能量吸收能力能够保证飞机安全刹停,即使是在机轮着火的情况下,乘客依然有足够的时间安全撤离。在进行试验前,试验人员首先将 ARJ21-700 飞机的刹车盘更换为磨损剩余量仅为 10% 的刹车盘,用于模拟刹车盘在日常使用中的极限磨损状态。试验中 ARJ21-700 飞机首先以地面慢车状态滑跑 5km,并且进行了 3 次刹车,模拟正常运营的飞机在排队等待起飞过程中的运营状态。然后在飞机到达临界的中断起飞速度(约 300km/h)时,试飞员以飞机最大减速能力将飞机完全刹停,刹车所释放的巨大能量导致飞机的刹车装置产生高温,呈现明亮的橙红色。根据适航条款的要求,在飞机完全停稳后的 5min 内不得采取任何消防措施,5min 之后消防员才被允许接近飞机并对机轮和刹车盘进行降温处理。

注意,为了便于飞行员将 V_{MBE} 与 V_1 进行比较,在手册图表中,V_{MBE} 常以校正空速的形式出现。但是,飞机的刹车能量实质上与地速密切相关,地速增大意味着在该次制动过程中机轮刹车需要耗散更多的动能,进而吸收更多的热量,更容易超出 V_{MBE} 的限制。与低海拔的平原机场相比,当在同一表速下实施制动减速时,高原机场环境下的制动真速更大,地速也更大。高温机场环境也会导致地速增大。此外,与无风和逆风条件相比,当在同一真速下实施制动减速时,顺风环境下的制动地速会更大。

5. 最大轮胎速度 V_{TIRE}

最大轮胎速度 V_{TIRE},是地速。它通常由轮胎制造商提供,并在飞机手册中予以公布。以 ARJ21-700 为例,其最大轮胎速度为 195kn。

飞机在地面滑跑的直线运动速度建立在机轮相对地面高速滚动的基础上。在起飞和着陆过程中,机轮由于旋转转速、内外压差、地面冲击等的影响,承受着巨大的应力。应力过大会使机轮结构破坏甚至破裂,破裂的飞溅物不仅会对机体产生破坏,破裂的轮胎也会影响高速滑跑中飞行员对飞机方向的控制。

地速的增加意味着轮胎转速加快,更容易遭受 V_{TIRE} 的制约。由于离地瞬间是飞机在整个地面滑跑过程中地速达到最大的时刻,也是地面尚有摩擦力助力机轮滚动的最后时刻,所以有必要判定 V_{LOF} 对应的地速是否超出 V_{TIRE} 的限制。与低海拔的平原机场相比,在同一离地表速下,高温、高原机场起飞离地时的离地真速更大,离地地速也更大。与无风和逆风条件相比,在同一离地真速下,顺风条件下的离地地速更大。

为避免离地速度过大导致的不利影响,飞行员在高温、高原、顺风条件下做起飞准备时,更需清楚地了解所驾驶机型的最大轮胎速度。

2.2.3 速度限制关系

不同航班运行条件下,飞行员通过起飞分析图表查得的 $V_1/V_R/V_2$ 值会有所不同。飞行员依循查得的 $V_1/V_R/V_2$ 实施起飞操作,结果就不会偏离预期。这得益于局方在适航规章中对 $V_1/V_R/V_2$ 建立的约束,如图 2.2.5 所示。约束是指可选取值范围的边界,即最小值和最大值。最小值确立取值范围的下限,最大值确立取值范围的上限。起飞限制速度正是对起飞操作速度的约束,限定了 $V_1/V_R/V_2$ 的合理范围,超出可选取值范围的 $V_1/V_R/V_2$ 不可接受,需要剔除。因此,飞行员应具备鉴别 $V_1/V_R/V_2$ 合理性的基本能力。

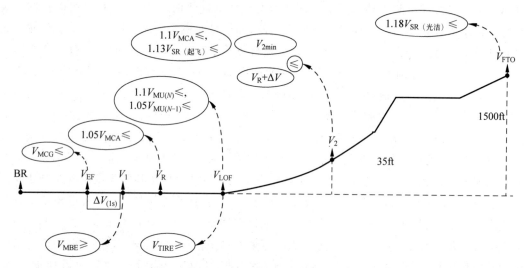

图 2.2.5 起飞操作速度与限制速度关系图

1. V_1 的约束

V_1 的约束条件为

$$V_{1\mathrm{MCG}} \leqslant V_1 \leqslant \min\{V_{\mathrm{MBE}}, V_R\} \tag{2.2.1}$$

在 V_1 可选范围内的最小 V_1,也称 $V_{1\min}$。在 CCAR-25.107 条(a)款中,假定试飞员在该速度下开始实施中断起飞,则其前 1s 所对应的 V_{EF} 速度,不得小于 V_{MCG}。因此,$V_{1\min}$ 又称 $V_{1\mathrm{MCG}}$ 或者 $V_{\mathrm{MCG}} + \Delta V$。$\Delta V$ 是指假设临界发动机在 V_{MCG} 时故障,经过 1s 时间飞机的速度增量。

在 V_1 可选范围内的最大 V_1,也称 $V_{1\max}$。若发动机失效后飞行员在该速度下实施继续起飞,V_1 不得大于 V_R;若发动机失效后飞行员在该速度下实施中断起飞,V_1 不得大于 V_{MBE}。因此,$V_{1\max}$ 是 V_R 和 V_{MBE} 两者中的较小者。

2. V_R 的约束

V_R 的约束条件为

$$\max\{V_1, 1.05V_{\mathrm{MCA}}\} \leqslant V_R \tag{2.2.2}$$

$$\max\{1.1 \times V_{\mathrm{MU}(N)}, 1.05V_{\mathrm{MU}(N-1)}\} \leqslant V_{\mathrm{LOF}} \leqslant V_{\mathrm{TIRE}} \tag{2.2.3}$$

CCAR-25.107 条(e)款对 V_R 在可选范围内的最小值提出了明确要求：

首先，V_R 不得小于 V_1 和 $1.05V_{MCA}$ 两者中的较大者。这是一个针对最小值的直接约束。

其次，以 V_R 抬轮必须使飞机在高于起飞表面 10.7m(35ft) 时速度能达到 V_2。这是一个针对最小值的间接约束。

最后，飞机在 V_R 以实际可行的最大抬头率抬头，得到的 V_{LOF} 将不小于全发工作 V_{MU} 的 110%，且不小于一发不工作 V_{MU} 的 105%。这也是一个针对 V_R 最小值的间接约束。

实际起飞抬轮时，飞行员习惯以稳定的抬头率抬起机头，飞机从两点滑跑过渡至离地进而过渡至 35ft 的整个运动过程具有连贯性。若 V_R 过小，将导致飞机离地时的速度过小，也将导致飞机到达 35ft 时的速度过小。因此，对飞机在离地处和 35ft 处的速度提出要求，也是对 V_R 提出要求。

虽然适航规章未直接给出 V_R 的最大值要求，但是审定方法中要求 V_{LOF} 不得超出 V_{TIRE}，显然这使得 V_R 不宜过大。

3. V_2 的约束

V_2 的约束条件为

$$\max\{1.13V_{SR}, 1.1V_{MCA}\} \leqslant V_{2\min} \tag{2.2.4}$$

$$\max\{V_{2\min}, V_R + \Delta V\} \leqslant V_2 \tag{2.2.5}$$

CCAR-25.107 条(c)款对获得 V_2 在可选范围内的最小值提出了明确要求。V_2 不得小于 $V_{2\min}$ 和 $V_R + \Delta V$ 两者中的较大者。这里，$V_{2\min}$ 主要通过理论推导获得，$V_R + \Delta V$ 主要通过工程试验获得。

$V_R + \Delta V$，是指在 V_R 基础上添加一个速度增量，该速度增量是飞机在工程试飞中多次从抬轮到距起飞表面高 35ft 过程中速度增量的统计平均。

$V_{2\min}$，是指起飞最小安全速度，CCAR-25.107 条(b)款中指出，对于常见涡轮喷气飞机，它是 $1.1V_{MCA}$ 和 $1.13V_{SR}$ 两者中的较大者。

适航规章并未直接明确 V_2 在可选范围内的最大值。它需要各飞机制造商结合自身机型的实际情况并考虑推重比和剩余推力对加速能力和爬升能力的影响后确定，通常不超过 $1.25V_{SR}$。

4. V_{FTO} 的约束

V_{FTO} 的约束条件为

$$1.18V_{SR} \leqslant V_{FTO} \tag{2.2.6}$$

CCAR-25.107 条(g)款指出，V_{FTO} 不得小于 $1.18V_{SR}$。首先，此处的 V_{SR} 是飞机在光洁形态下的失速速度，由于飞行员已完成了收起落架和收襟翼的工作，该速度必然大于飞机在起飞形态下的失速速度。其次，限定 V_{FTO} 的下限是为了确保飞机能够获得预期的剩余推力，进而获得预期的爬升能力。

2.3 起飞距离及限制

2.3.1 起飞距离的定义

起飞距离也称所需起飞距离,是以飞机为观察对象,描述飞机在起飞运动中耗费的距离。按照CCAR-25.113条的要求,具体包括所需起飞滑跑距离(TOR/TORR)、所需起飞距离(TOD/TODR)及所需加速停止距离(ASD/ASDR)的定义。每种距离的定义均须对全发工作和一发失效两种情况下的距离进行比较,并取较大者。接下来,本书按照起飞和中断分别予以说明。

1. 起飞距离

CCAR-25.113条(a)款指出,干跑道的起飞距离是全发工作起飞距离的115%与一发失效起飞距离中的大者。无论全发工作还是一发失效,均从起飞始点计量到飞机高于起飞表面10.7m(35ft)的一点。

对于干跑道起飞距离,适航当局为了使试飞演示飞行结果能够充分反映航空公司用户实际运行时中等技术水平飞行员的飞行效果,要求同时考虑全发工作和一发失效两种状态。然而在同等条件下演示飞行时,含有一发加速段的一发失效继续起飞距离显然长于全发起飞距离,不具备可比性,如图2.3.1和图2.3.2所示。为此,规章在全发工作起飞距离演示结果的基础上添加了15%的安全裕量,即

$$\mathrm{TOD}_{干} = \max\{\mathrm{TOD}_{(N-1\,干)}, 1.15\mathrm{TOD}_{(N\,干)}\} \tag{2.3.1}$$

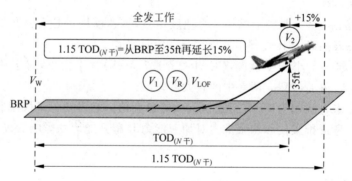

图2.3.1 干跑道全发工作起飞距离

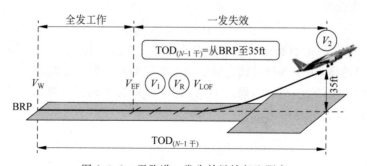

图2.3.2 干跑道一发失效继续起飞距离

CCAR-25.113条(b)款指出,湿跑道的起飞距离是干跑道起飞距离与湿跑道一发失效起飞距离中的大者。湿跑道一发失效起飞距离是从起飞始点计量到飞机高于起飞表面4.6m(15ft)的一点,同时,飞机仍能够在距起飞表面10.7m(35ft)之前达到 V_2。

对于湿跑道起飞距离,适航当局为了使得试飞演示飞行的结果能够充分反映航空公司用户实际运行时中等技术水平飞行员的飞行效果,要求同时考虑干跑道起飞和湿跑道一发失效起飞两种状态。

计量至15ft,是局方、制造商和航空公司用户三方协商的结果。首先,湿跑道条件下飞机中断起飞的制动能力必然变差,为使得飞机在跑道可用空间内安全停止,势必减小 V_1;其次,V_1 减小又会导致飞机的继续起飞能力变差,按35ft进行距离计量会严重削弱飞机起飞时的装载能力。为兼顾继续起飞和中断起飞,保持可接受的运行能力,最终约定按15ft进行距离计量,如图2.3.3所示。其取值见式(2.3.2)。

$$\text{TOD}_{湿} = \max\{\text{TOD}_{(N-1\,湿)}, \text{TOD}_{干}\} \tag{2.3.2}$$

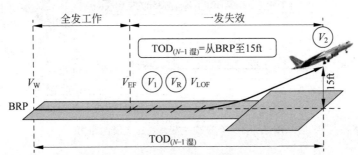

图2.3.3 湿跑道一发失效继续起飞距离

2. 起飞滑跑距离

CCAR-25.113条(c)款指出,对于起飞未计入净空道的情况,起飞滑跑距离等于起飞距离。对于起飞计入净空道的情况,干跑道的起飞滑跑距离是全发工作起飞滑跑距离的115%和一发失效起飞滑跑距离中的大者。无论全发工作还是一发失效,均从起飞始点计量到 V_{LOF} 点和高于起飞表面10.7m(35ft)点的中点。

对于干跑道起飞滑跑距离,适航当局为了使试飞演示飞行结果能够充分反映航空公司用户实际运行时中等技术水平飞行员的飞行效果,既要求在全发起飞滑跑距离演示结果的基础上添加15%的安全裕量,又要求将计量结束点设定在空中段的中点处,如图2.3.4和图2.3.5所示。其取值见式(2.3.3)。

$$\text{TOR}_{干} = \max\{\text{TOR}_{(N-1\,干)}, 1.15\text{TOR}_{(N\,干)}\} \tag{2.3.3}$$

CCAR-25.113条(c)款还指出,对于起飞计入净空道的情况,湿跑道的起飞滑跑距离取全发工作起飞滑跑距离的115%和一发失效起飞滑跑距离中的大者。全发工作时,从起飞始点计量到 V_{LOF} 点和高于起飞表面10.7m(35ft)点的中点。一发失效时,从起飞始点计量到飞机距起飞表面4.6m(15ft)点,同时,飞机仍能够在高于起飞表面10.7m(35ft)之前达到 V_2,如图2.3.6所示。其取值见式(2.3.4)。

$$\text{TOR}_{湿} = \max\{\text{TOD}_{(N-1\,湿)}, 1.15\text{TOR}_{(N\,湿)}\} \tag{2.3.4}$$

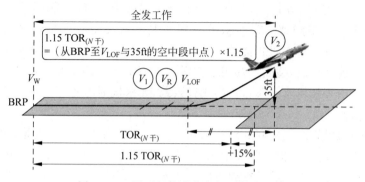

图 2.3.4　干（湿）跑道全发起飞滑跑距离

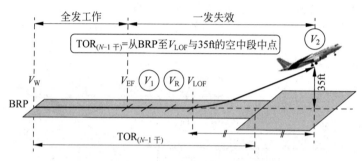

图 2.3.5　干跑道一发失效起飞滑跑距离

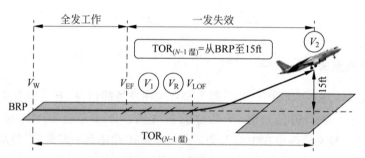

图 2.3.6　湿跑道一发失效继续起飞滑跑距离

3. 中断起飞距离

CCAR-25.109 条（a）款指出，干跑道的加速-停止距离（即中断距离）是全发工作中断距离和一发失效中断距离中的大者。全发工作中断距离由从松刹车至中止起飞期间所达到的最大速度、从中止起飞期间所达到的最大速度至完全停止、以 V_1 滑跑 2s 三段组成。一发失效中断距离由从松刹车至 V_{EF}、从 V_{EF} 至中止起飞期间所达到的最大速度、从中止起飞期间所达到的最大速度至完全停止、以 V_1 滑跑 2s 四段组成。

可见，试飞员演示中断起飞过程中并不会以 V_1 匀速运动 2s，它是适航当局为了使得演示中断结果能够充分反映航空公司用户实际运行时中等技术水平的飞行员的中断效果，而强制追加的安全裕量，如图 2.3.7、图 2.3.8 所示。其取值见式（2.3.5）。

$$\text{ASD}_{干} = \max\{\text{ASD}_{(N-1\,干)}, \text{ASD}_{(N\,干)}\} \tag{2.3.5}$$

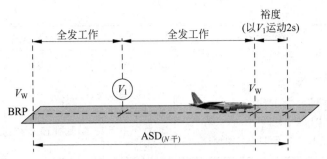

图 2.3.7 干(湿)跑道全发中断起飞距离

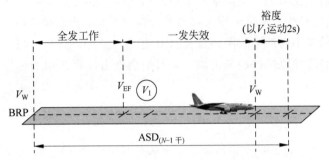

图 2.3.8 干(湿)跑道一发失效中断起飞距离

CCAR-25.109 条(b)款指出,湿跑道的加速-停止距离是干跑道的中断距离、湿跑道的全发工作中断距离、湿跑道的一发失效中断距离三者中的大者,即

$$\mathrm{ASD}_{湿} = \max\{\mathrm{ASD}_{(N-1\,湿)}, \mathrm{ASD}_{(N\,湿)}, \mathrm{ASD}_{干}\} \tag{2.3.6}$$

2.3.2 起飞距离的影响因素

在本节,起飞距离泛指 TOD、TOR 和 ASD。尽管规章定义了起飞距离的计量原则,但无法直接给出起飞距离的具体长度。起飞距离的长度受到气压高度、温度、顺/逆风、跑道坡度、道面状态、飞机重量及 V_1 等物理量的综合影响。具体影响效果和原因见表 2.3.1。

表 2.3.1 影响起飞距离的因素

影响因素	影响效果	原因分析
机场标高增加	TOD、TOR 和 ASD 均增加	① 推力减小; ② 相同表速的真速大
机场温度升高	TOD、TOR 和 ASD 均增加	① 推力减小; ② 相同表速的真速大
顺风起飞	TOD、TOR 和 ASD 均增加	① 松刹车时真速为负值; ② 起飞离地时地速大; ③ 中断停止时真速为负值
上坡起飞	TOD、TOR 和 ASD 均增加	① 对于起飞,重力分量不利于加速,但利于减速; ② 对于中断,加速段比减速段耗费的能量更多
飞机重量增加	TOD、TOR 和 ASD 均增加	① 加速能力变差; ② 减速能力也变差; ③ 对于起飞,失速速度增大,使得 V_R 和 V_2 增大

续表

影响因素	影响效果	原因分析
V_R 和 V_2 增大	$TOD_{(N)}$ 和 $TOD_{(N-1)}$ 增加，$TOR_{(N)}$ 和 $TOR_{(N-1)}$ 增加	速度的二次方差增大，加速距离延长
V_1 增加	$TOD_{(N)}$ 和 $TOR_{(N)}$ 不变，$TOD_{(N-1)}$ 和 $TOR_{(N-1)}$ 减小，$ASD_{(N)}$ 和 $ASD_{(N-1)}$ 增加	① 不影响全发起飞；② 对于继续起飞，单发加速段速度的二次方差减小；③ 对于中断起飞，加速段和减速段速度的二次方差增大

分析并掌握起飞距离的影响因素可结合运动方程。由式(2.3.7)可见，当加速度或减速度固定时，起始速度和终了速度的增大必然导致距离延长；当起始速度和终了速度固定时，加速度或减速度的减小必然导致距离延长。由式(1.4.5)可见，当重量固定时，剩余推力或剩余阻力的减小必然导致加（减）速度减小；当剩余推力或剩余阻力固定时，重量增大必然导致加（减）速度减小。

$$\text{Dist} = \frac{V_{\text{终点}}^2 - V_{\text{始点}}^2}{2 \times \text{acc}} \qquad (2.3.7)$$

以表2.3.1中V_1的影响为例。对于一发失效继续起飞，V_1增大说明V_{EF}增大，V_{EF}增大既会使全发加速段距离延长，也会使一发加速段距离缩短，那么一发失效继续起飞距离究竟如何变化呢？此时可应用极限思想：若V_{EF}无限大，说明起飞过程都是全发加速；若V_{EF}无限小，说明起飞过程都是一发加速，显然全发加速距离短于一发加速。因此，V_1增大会使一发失效继续起飞距离缩短。对于中断起飞，V_1增大时无论是加速段还是减速段的距离都必然延长。此外，V_R和V_2的大小与中断距离没有必然联系。

2.3.3 起飞距离限制

CCAR-121.189条指出，涡轮发动机驱动的运输类飞机起飞前需要研判其起飞重量是否能够同时满足以下要求：

(1) 所需滑跑距离不大于可用滑跑距离，即 TOR≤TORA；

(2) 所需起飞距离不大于可用起飞距离，即 TOD≤TODA；

(3) 所需加速停止距离不大于可用加速停止距离，即 ASD≤ASDA。

实际运行中每一架次航班起飞前，尽管人们无法预测是否一定会遭受发动机失效、座舱火警、轮胎爆胎等问题，但无论是正常起飞还是遭受一发失效后的继续起飞或者中断起飞都应在跑道提供的可用空间内完成，才能满足安全需要。简言之，飞机的所需距离不得超出跑道的可用距离。这一诉求是航班放行的主要评估依据。

前文提到V_1由运营人自行选择，如果不加约束随意选定，会产生两种情况：① 当所选V_1对应的距离大于可用距离时，该V_1是非法的；② 当所选V_1对应的距离小于可用距离时，可用距离不能完全用来帮助飞机提升载量。因此，V_1的选择非常重要。当可用距离确定时，选择一个最佳的V_1使得所需距离尽可能接近可用距离，从而在满足安全要求的基础上最大限度地发挥跑道的功效，是航班运行的诉求。下面将从V_1对各距离的影响的角度综合分析，以便理解V_1的选择思路。

2.3.4 不平衡 V_1 与平衡 V_1

1. V_1 与距离曲线

(1) V_1 对继续起飞距离的影响。

若该次起飞属于全发工作正常起飞,V_1 的大小既不会影响地面段距离也不会影响空中段距离。故全发起飞距离 $\text{TOD}_{(N)}$ 与 V_1 的大小无关,如图 2.3.9 所示。

若该次起飞属于一发失效继续起飞,假定 V_R、V_2 固定,随着 V_1 的增加,V_{EF} 也增加。在 V_{EF} 前的全发加速段的有利影响占比多于 V_{EF} 后的一发加速段的不利影响。故一发失效继续起飞距离 $\text{TOD}_{(N-1)}$ 与 V_1 的大小成反比,如图 2.3.9 所示。

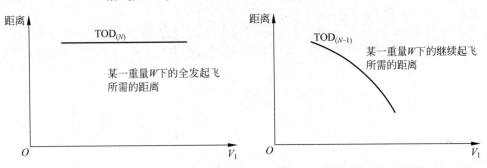

图 2.3.9 V_1 对全发、一发起飞距离的影响

(2) V_1 对中断起飞距离的影响。

V_1 的变化对全发中断起飞距离 $\text{ASD}_{(N)}$ 和一发失效中断起飞距离 $\text{ASD}_{(N-1)}$ 均有影响。随着 V_1 的增加,对于加速段,飞机需从静止加速到一个更大的 V_1(全发情况)或 V_{EF}(一发情况),使加速段距离延长。对于减速段,飞机也需要从一个更大的 V_1 回归静止,使减速段距离也延长。故 $\text{ASD}_{(N)}$ 和 $\text{ASD}_{(N-1)}$ 均与 V_1 的大小成正比,如图 2.3.10 所示。

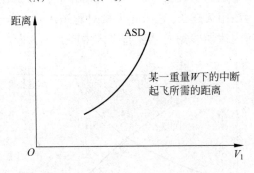

图 2.3.10 V_1 对中断起飞距离的影响

综上,V_1 的大小既影响继续起飞距离也影响中断起飞距离。对于固定的 V_R 和 V_2,当 V_1 增大时,继续起飞距离将会缩短,中断起飞距离将会延长;反之亦然。

2. 不平衡 V_1

为充分掌握某一机型的 V_1 对起飞距离的影响特性,制造商的试飞员需在最小可选

$V_1(V_{1\min})$ 和最大可选 $V_1(V_{1\max})$ 的取值范围内选用不同大小的 V_1 分别进行继续和中断的演示飞行,进而建立继续起飞距离-V_1 曲线和中断起飞距离-V_1 曲线。参见表 2.3.2,现以某机型在 130t 重量下分别选用 4 种不同的 V_1 进行试飞,所得结果如图 2.3.11 所示。

表 2.3.2　给定重量时不同 V_1 的试飞距离

W/t	V_1/kn	ASD/ft	TOD/ft
130	120	4110	5034
	125	4434	4804
	130	4770	4573
	135	5091	4370

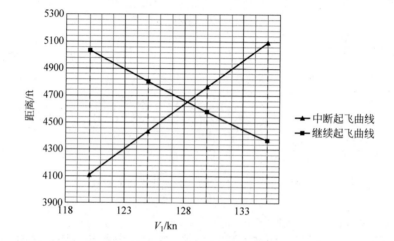

图 2.3.11　继续起飞距离与中断起飞距离随 V_1 的变化

由图 2.3.12 可以看出,对于给定重量,无论选取较小的 V_1,还是选取较大的 V_1,飞行员都应当关注该速度下两个距离中较长的那一个。航班放行需要在确保该距离不超出跑道可用空间的前提下进行。该距离越长,意味着飞机对跑道的适应能力越弱、依赖性越强,需要在更长的跑道可用空间内才能够完成继续起飞或中断起飞。

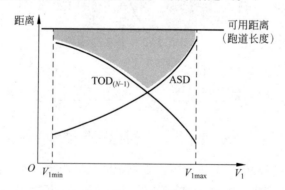

图 2.3.12　继续起飞距离与中断起飞距离随 V_1 的变化曲线

无论如何,当继续起飞距离与中断起飞距离不相等时,对应的距离称为不平衡距离,对应的速度称为不平衡 V_1。

3. 平衡 V_1

所需加速停止距离和所需继续起飞距离相等时，对应的距离可称为平衡距离，对应的速度可称为平衡 V_1。由图 2.3.13 可以看出，交点处对应的继续起飞距离和中断起飞距离相等，即平衡距离；交点处的 V_1，即平衡 V_1，也可记为 $V_{1\text{BAL}}$。

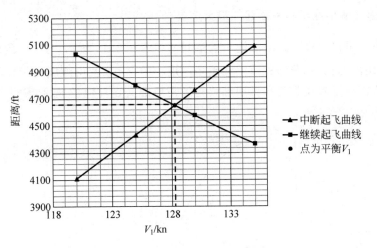

图 2.3.13　平衡 V_1 与平衡距离的关系

平衡 V_1 是若干可选 V_1 中的一个，它的特点是，若试飞员在平衡 V_1 时刻实施继续起飞或中断起飞操作，所获得的距离二者相等。与速度值小于它的不平衡 V_1 相比，平衡 V_1 对应的继续起飞距离最短；与速度值大于它的不平衡 V_1 相比，平衡 V_1 对应的中断起飞距离最短。

飞行员若采用平衡 V_1 实施起飞，可以兼容更加广泛的机场跑道，这提高了飞机对跑道的适应性，降低了飞机对跑道的依赖性。因此，当曲线交点位于允许范围内时，参见图 2.3.13，制造商更乐意将平衡 V_1 通过手册或软件推荐给飞行员使用。然而，当曲线交点小于 $V_{1\min}$ 或大于 $V_{1\max}$ 时，参见图 2.3.14，制造商就不得不放弃对平衡 V_1 的推荐。

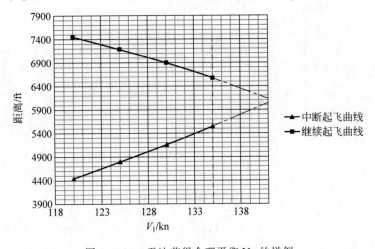

图 2.3.14　无法获得合理平衡 V_1 的样例

平衡 V_1 受到重量、机场标高、气温、襟翼位置、风和跑道坡度等因素的影响。飞机的重量越大,平衡 V_1 越大;机场标高越高,平衡 V_1 越大;气温越高,平衡 V_1 越大;襟翼角度越大,平衡 V_1 越小;上坡和逆风使平衡 V_1 增大。这些影响规律也体现在手册的图表中。

2.3.5 场长限重

1. 继续起飞最小速度和中断起飞最大速度

跑道提供了可供飞机实施继续起飞的空间。如图 2.3.15 所示,对于给定的重量,V_1 越小,继续起飞距离越长,耗费的跑道空间越多。过小的 V_1 会使得继续起飞耗尽整条跑道的可用空间。所需继续起飞距离和可用继续起飞距离的交点对应的速度,称为继续起飞最小速度(V_{GO})。

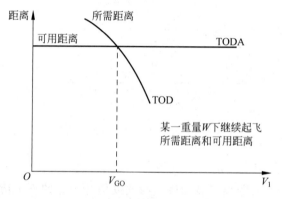

图 2.3.15 继续起飞的最小速度(V_{GO})

跑道同样提供了可供飞机实施中断起飞的空间。如图 2.3.16 所示,对于给定的重量,V_1 越大,中断起飞距离越长,耗费的跑道空间越多。过大的 V_1 会使得中断起飞耗尽整条跑道的可用空间。所需中断起飞距离和可用中断起飞距离的交点对应的速度,称为中断起飞的最大速度(V_{STOP})。

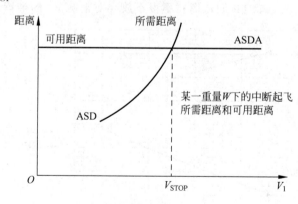

图 2.3.16 中断起飞的最大速度(V_{STOP})

2. 重量对 V_{GO} 和 V_{STOP} 的影响

重量是影响飞机加速和减速能力的重要因素。对于同一架飞机,当重量增加时,无论是继续起飞还是中断起飞的距离都必然延长,进而导致 V_{GO} 和 V_{STOP} 出现变化,如图 2.3.17 所示。

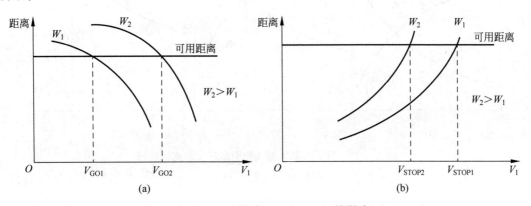

图 2.3.17 重量对 V_{GO} 和 V_{STOP} 的影响
(a)重量对继续起飞最小速度的影响;(b)重量对中断起飞最大速度的影响

当运动物体的质量增加时,所对应的加速度或者减速度均会减小。加速度的减小导致继续起飞和中断起飞的加速滑跑段距离延长,减速度的减小导致中断起飞的减速滑跑段距离延长。可见,诸如温度、高度、风向、跑道坡度等导致加速困难的因素都会导致 V_{GO} 增加,而导致制动困难的因素就会引起 V_{STOP} 减小,见表 2.3.3。

表 2.3.3 V_{GO} 和 V_{STOP} 的影响因素分析

影响因素	V_{GO}	V_{STOP}
起飞重量增大	↑	↓
大气温度升高	↑	↓
机场气压高度升高	↑	↓
顺风起飞	↑	↓
上坡起飞	↑	↓

上述 V_{GO} 和 V_{STOP} 的变化特性还反映出重量增加会使得飞机对跑道可用空间的依赖性提高。当飞机载量多、重量重时,过短的跑道难以满足其需要;当飞机载量少、重量轻时,又会出现无法充分利用跑道的局面。因此,只有将重量与具体运行机场跑道的可用空间相结合,才能准确评估飞机的装载上限。

3. 平衡跑道与场长限重

平衡跑道对于继续起飞和中断起飞提供了相同长度的可用空间。对于飞行员拟执飞机场,平衡跑道的可用距离必然对应飞机在某一重量下的所需距离,此时该重量被称为场地长度限制的最大起飞重量,简称场长限重,如图 2.3.18(b)所示。飞机的装载既可能小于跑道限重(图 2.3.18(a)),也可能大于跑道限重(图 2.3.18(c))。基于安全考虑,实际运行中大于跑道限重的情况必须禁止,这里仅供分析对比。

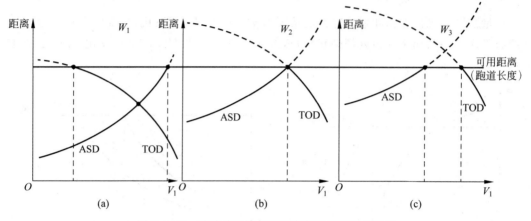

图 2.3.18 重量对继续起飞和中断起飞距离的影响
(a) W_1 小于场长限重；(b) W_2 等于场长限重；(c) W_3 大于场长限重

(1) 起飞重量 W_1 小于场长限重。

图 2.3.19 给出了飞机以较小重量 W_1 起飞时的距离与速度的关系。由于重量小,继续起飞距离和加速停止距离短,曲线所处位置较低,曲线交点位于跑道可用距离线的下方。定义所需继续起飞距离曲线和可用起飞距离曲线交点为 A,定义所需加速停止距离曲线和可用距离曲线交点为 B,$V_A(V_{GO})$、$V_B(V_{STOP})$ 两点将横轴可选 V_1 的范围划分为 3 个区间：

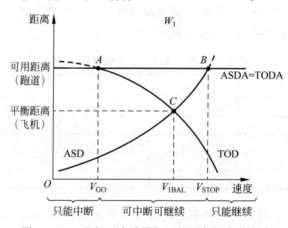

图 2.3.19 飞机以小重量起飞的距离与速度关系

① 可选 $V_1 < V_A$ 时,若遭受一发失效,只能实施中断起飞。
② 可选 $V_1 > V_B$ 时,若遭受一发失效,只能实施继续起飞。
③ 可选 V_1 处于 $V_A \sim V_B$ 范围内时,若遭受一发失效,既可以实施中断起飞,也可以实施继续起飞,而且中断起飞或继续起飞所需距离均不会超过对应的可用距离。

可见,小重量起飞给飞行员处置一发失效提供了较为宽泛的可选速度区间,该区间范围内的任一速度理论上均可被制造商选定为 V_1 并推荐给飞行员使用。此时,V_{STOP}(即 V_B) 为可选 V_1 的最大值,即 V_{1max}；V_{GO}(即 V_A) 为可选 V_1 的最小值,即 V_{1min}。此外,按照规章要求,V_{1min} 不得小于 $V_{1(MCG)}$,V_{1max} 不得大于 V_R 和 V_{MBE}。

(2) 起飞重量 W_3 大于场长限重。

图 2.3.20 给出了飞机以某一大重量 W_3 起飞时的距离与速度关系。随着飞机重量的增大,所需距离延长,两条所需距离曲线必然会上移,曲线交点高于跑道可用距离。定义所需加速停止距离曲线和可用距离曲线交点为 D,定义所需继续起飞距离曲线和可用距离曲线交点为 E。$V_D(V_{\text{STOP}})$、$V_E(V_{\text{GO}})$ 仍然将横轴划分为 3 个区间:

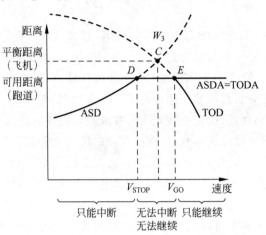

图 2.3.20 飞机以大重量起飞的距离与速度关系

① 可选 $V_1 < V_D$ 时,若遭受一发失效,只能中断起飞。
② 可选 $V_1 > V_E$ 时,若遭受一发失效,只能继续起飞。
③ 可选 V_1 处于 $V_D \sim V_E$ 范围内时,若遭受一发失效,飞机既无法安全中断起飞,也无法继续起飞,极度危险。

可见,起飞重量过大最终会导致制造商无法在整个速度范围内挑选出合理的 V_1 推荐给飞行员使用,这在实际运行中是不安全和无法接受的。

(3) 起飞重量 W_2 等于场长限重。

如图 2.3.21 所示,当飞机的重量增加为某一值 W_2 时,所需加速停止距离和所需继续起飞距离的交点对应的平衡距离正好等于可用距离,C 点对应的速度既是继续起飞的最小速度 V_{GO} 和中断起飞的最大速度 V_{STOP},也是平衡速度 $V_{1\text{BAL}}$,这样起飞决断速度 V_1 只能

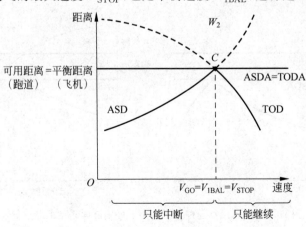

图 2.3.21 飞机以场长限重起飞的距离与速度关系

等于平衡速度 V_{1BAL}。若飞行员识别发动机失效的速度大于 V_1，则只能继续起飞；若飞行员识别发动机失效的速度小于 V_1，则只能中断起飞，没有额外的容错空间。

综上所述，当实际起飞重量达到场长限重时，制造商只有唯一的平衡 V_1 可供推荐，飞行员也必须更加谨慎地实施操作。但是，当实际起飞重量小于场长限重时，由于理论上可以选取 V_{1min} 与 V_{1max} 区间的任一值作为 V_1 推荐给飞行员使用，这就给制造商和性能工程师留下了研究空间。

以前，人们认为一发失效继续起飞的危险性大，形成了"一发失效后，能不起飞就不起飞"的认识，制造商和性能工程师常常将 V_{1max} 设为操作 V_1 推荐给飞行员。但实践统计发现，若飞机以接近 V_{1max} 的速度实施中断，飞行员稍有延迟，就容易造成冲出跑道的事故。这主要是因为起飞性能分析是按照理想的起飞程序开展的，然而真实运行中飞行员加油门动作的快慢、判断故障的快慢、决定中断起飞后完成制动程序的快慢、刹车的使用情况（刹车压力的大小）、减速板的生效时机早晚、反推的启动时机早晚等都会影响中断结果。因此，部分航空公司考虑到高速中断起飞的风险更高，也曾经尝试将 V_{1min} 设为操作 V_1。

现在，随着以实践为指导理念的普及，人们逐渐接受继续起飞和中断起飞具有相同的安全保障，制造商和性能工程师开始倾向推荐平衡 V_1 给飞行员使用。因为在平衡 V_1 条件下，未满载飞机继续起飞和中断起飞的所需距离均显著小于可用距离，既能够确保飞行员处置一发失效的安全裕度，也能够降低飞机对跑道的依赖性。

4．不平衡跑道与场长限重

继续起飞可用距离与中断起飞可用距离不相等的跑道称为不平衡跑道，多出现于净空道或安全道长度不相等的机场。对于不平衡跑道，既可以使用平衡 V_1 起飞，也可以使用不平衡 V_1 起飞。

飞行员若是使用平衡 V_1 起飞，将无法充分利用已开辟的净空道或安全道，但对起飞安全性并无负面影响。飞行员若是使用小于或大于平衡速度的"不平衡 V_1"起飞，则能够充分利用富余的净空道或安全道来提升飞机的场长限重，从而提高装载能力。具体分析如下：

(1) 有净空道无安全道或净空道长。

在图 2.3.22 所示情况下，TODA＞ASDA，两条可用距离曲线位置不同，C 点速度为 V_{1BAL}，A 点速度为 V_{GO}，B 点速度为 V_{STOP}。

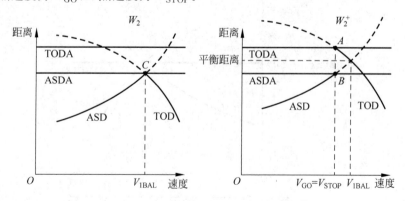

图 2.3.22 可用加速停止距离小于可用继续起飞距离分析

若使用平衡速度起飞,所需距离曲线的交点 C 受较短(较低)的 ASDA 曲线约束,使得 TODA 的富余空间无法得到有效利用。

若放弃平衡速度,适当减小 V_1 至 $V_{GO}=V_{STOP}$,虽然继续起飞所需距离延长(A 点),但是中断起飞所需距离缩短(B 点),且二者均不会超出各自的可用距离。此时,富余的跑道可用空间可使飞机获得比平衡速度更大的起飞重量,进而提升飞机的场长限重能力。

图 2.3.23 进一步说明,在只有净空道或者净空道比安全道长时,因为净空道利于继续起飞,所以飞行员选取小于 V_{1BAL} 的速度作为 V_1,可以提升跑道的场长限重。

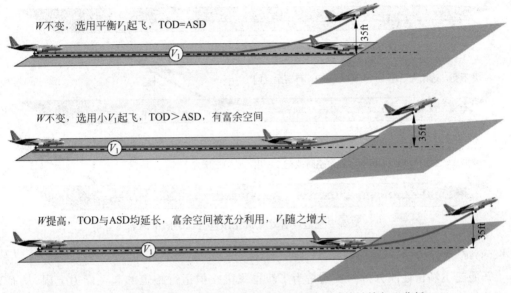

图 2.3.23 只有净空道或者净空道比安全道长时的继续起飞分析

(2) 有停止道无净空道或停止道长。

在图 2.3.24 所示情况下,TODA<ASDA,两条可用距离曲线位置不同,C 点的速度为 V_{1BAL},A 点的速度为 V_{GO},B 点的速度为 V_{STOP}。

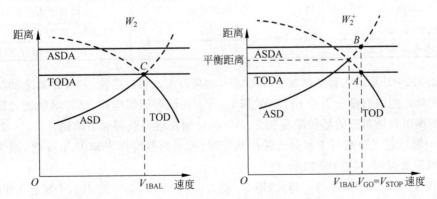

图 2.3.24 可用加速停止距离大于可用继续起飞距离的分析

若使用平衡速度起飞,所需距离曲线的交点 C 受较短(较低)的 TODA 曲线约束,使得 ASDA 的富余空间无法得到有效利用。

若放弃平衡速度,适当增大 V_1 至 $V_{GO}=V_{STOP}$,虽然中断起飞所需距离延长(B 点),但是继续起飞所需距离缩短(A 点),且二者均不会超出各自的可用距离。此时,富余的跑道可用空间可使飞机获得比平衡速度更大的起飞重量,进而提升飞机的场长限重能力。

图 2.3.25 进一步说明,在只有安全道或安全道比净空道长时,因为安全道利于中断起飞,所以飞行员选取大于 V_{1BAL} 的速度作为 V_1,可以提升跑道的场长限重。

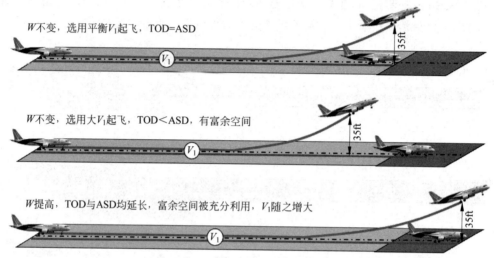

图 2.3.25 只有安全道或者安全道比净空道长时的中断起飞分析

(3)归纳总结。

开展起飞场长性能分析的实质是为了获得飞机在拟运行跑道的起飞能力上限,从而为航班放行提供评判依据。当拟运行跑道具备条件时,可以通过调整 V_1 的大小进一步提升起飞能力上限,见表 2.3.4。但这不是必要环节,是否调整应由航空公司用户根据运行需求自行决定。

表 2.3.4　因跑道不平衡对平衡 V_1 予以调整的情况

跑道情况	V_1 调整方法	调整带来的影响
有净空道或净空道长	减小 V_1	ASD 缩短,TOD 延长,可增加载量
有停止道或停止道长	增大 V_1	ASD 延长,TOD 缩短,可增加载量

图 2.3.26 是帮助飞行员更加全面和深入地理解 V_1、场长限重、起飞距离之间综合关系的有力工具。图中网格分别由 MTOW 和 V_1/V_R 两簇等值线组成,已知继续起飞距离与中断起飞距离可查得对应的场长限重和 V_1/V_R。仔细观察可获得如下结论:

① 当继续起飞距离与中断起飞距离相等时,查得的速度即平衡 V_1;反之,则为不平衡 V_1。平衡距离越短,MTOW 越小。

② 限定 MTOW 时,V_1/V_R 越大(即 V_1 越大),则继续起飞距离缩短,中断起飞距离延长。

③ 限定 V_1/V_R 时,若期望 MTOW 越大,则继续起飞距离与中断起飞距离均须延长,且前者延长幅度更大。

④ 当继续起飞距离长于中断起飞距离时,挑选小于平衡 V_1 的速度可以提高 MTOW,参见图 2.3.26(a)。

⑤ 当中断起飞距离长于继续起飞距离时，挑选大于平衡 V_1 的速度可以提高 MTOW，参见图 2.3.26(b)。

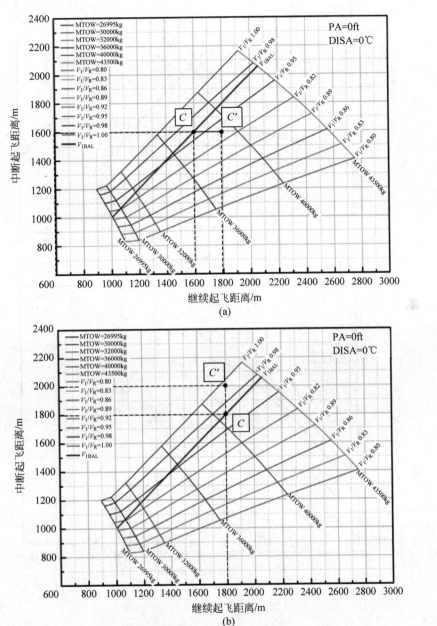

图 2.3.26　速度、距离与限重的关系
(a) 继续长于中断；(b) 中断长于继续

在将 V_1 正式推荐给飞行员前，制造商还需要检查其规章符合性（$V_{1MCG} \leqslant V_1 \leqslant V_{MBE}$）。当起飞重量较小时，平衡 V_1 因随之减小会遭受速度下边界 V_{1MCG} 的制约，如图 2.3.27(a) 所示；当处于高温、高原环境且起飞重量较大时，平衡 V_1 又可能会受到速度上边界 V_{MBE} 的制约，如图 2.3.27(b) 所示。此时若希望保持 MTOW，就必须相应地调整 V_1 的大小。

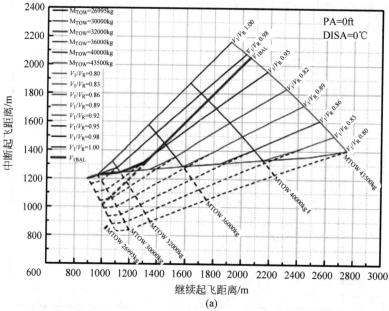

彩图 2.3.27

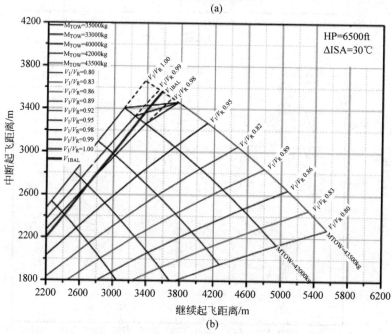

图 2.3.27 V_1 的规章符合性问题
(a) 受 V_{1MCG} 制约；(b) 受 V_{MBE} 制约

2.4 起飞飞行航迹及限制

2.4.1 起飞飞行航迹

当飞机离地到达距起飞表面 35ft 处且速度不小于 V_2 时，可视为飞机已完成场道阶段，

CCAR-25.115 条(a)款将起飞航迹从此处开始余下的整个航迹定义为起飞飞行航迹。如本书 2.1.1 节所述,飞机在航道阶段主要解决一发失效状态下腾空后如何有序地增高、增速、飞越障碍物(若有)等,进而安全过渡至航路飞行状态的问题。

以双发飞机为例,在遭受一发失效继续起飞的过程中,动力减少一半,阻力显著增大(风车阻力和偏航阻力),剩余推力的损失远超 50%。为了合理利用有限的剩余推力,帮助飞机有序实施增速和增高,起飞飞行航迹被划分为 4 个子阶段(图 2.4.1),分别是:

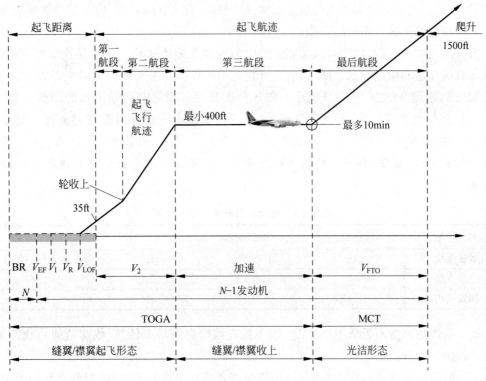

图 2.4.1 起飞飞行航迹的组成

第一航段(1st seg),从 35ft 至起落架收上为止,保持起飞襟翼,保持 TOGA 推力,保持 V_2 速度;

第二航段(2nd seg),从起落架收上至开始改平增速为止,保持起飞襟翼,保持 TOGA 推力,保持 V_2 速度爬升;

第三航段(3rd seg),飞机在不低于距起飞表面 400ft 的位置处实施改平,逐渐收襟翼至光洁形态,保持 TOGA 推力,直至增速至 V_{FTO};

最后航段(final seg),从第三航段结束点至起飞飞行航迹结束点,保持光洁形态,保持 MCT 推力,保持 V_{FTO} 速度爬升。

注意,空客机型的手册和技术资料通常将 V_{FTO} 称为绿点速度,波音机型则习惯称其为一发失效的最小阻力速度或有利速度。

起飞飞行航迹是飞机按时间先后依次连贯开展飞行运动所得,读者应注意以下特点:

(1)飞机在第二航段结束点并非固定位于距起飞表面 400ft 处,可以高于 400ft。改平高度越高,爬升越耗时,飞机飞至第三航段结束点的时间也越长。只要该时长不超过

TOGA 推力在一发失效情况下的使用时长限制(通常为10min),就能够满足规章要求。

(2) 飞机在第三航段实施改平增速,是从以增高为目的的爬升转为以增速为目的的平飞。若某机型在一发失效后能量(剩余推力)依然十分充足,规章不排斥在达到增速要求的同时进行爬升。

(3) 飞机在第三航段结束时需将发动机的工作状态由 TOGA 推力切换为 MCT 推力,既是为了确保飞行状态的稳定,也是为了让飞行员有序实施操作程序。在某些极端情况下(障碍物较高),为了确保起飞飞行航迹能够成功越障,规章接受将 TOGA 推力切换至 MCT 推力的时刻前调至第二航段结束点。

实际运行中的机型多种多样,实际运行中的载量也频繁变化。机型及载量的变化均会影响飞机的加速和爬升效果。所以,有必要建立一种评价方法来评估不同机型在不同重量下的起飞初始爬升能力,即爬升梯度。爬升梯度是飞机重量和剩余推力的函数。爬升梯度与飞机自身重量成反比,起飞重量越大,爬升梯度越小。爬升梯度与剩余推力成正比,剩余推力越大,爬升梯度越大。CCAR-25.121 条(a)、(b)、(c)款和 CCAR-25.111 条(c)款分别针对双发、三发、四发飞机在飞行航迹 4 个子阶段的最小梯度能力设定了底限,具体见表 2.4.1。

表 2.4.1 起飞各航段的最小梯度值

类型	第一航段	第二航段	第三航段	第四航段
双发飞机	>0.0%	2.4%	1.2%	1.2%
三发飞机	0.3%	2.7%	1.5%	1.5%
四发飞机	0.5%	3.0%	1.7%	1.7%

第一航段的梯度不得低于 0.0%。因飞机在该段存在形态转换(收起落架),故需要确保飞机保持正上升能力。

第二航段的梯度不得低于 2.4%。因飞机在该段保持形态不变,将当前有限的能量(剩余推力)用于爬升(增高)。又因为该段的梯度要求在 4 个子阶段中最大,所以也更容易对飞机的起飞重量构成限制。

第三航段的梯度不得低于 1.2%。CCAR-25.111 条(c)(3)款称其为可用梯度,这是因为飞机在该段既需实施形态转换(逐级收襟翼),还需将有限的能量(剩余推力)用于增速,所以该"可用梯度"实质上是对飞机增速能力的要求。CCAR-25.115 条(b)(4)款指出这种等价方法是以对爬升能力的要求来评价飞机的加速能力。

最后航段的梯度不得低于 1.2%。因飞机在该段已是光洁形态,发动机的工作状态已由 TOGA 减小至 MCT,飞机将继续利用当前有限的能量(剩余推力)爬升(增高)。

上述对各个航道子阶段的最小梯度要求是局方可接受的底限。若是飞机在相应的气动和动力条件下无法满足部分或全部梯度要求,见表 2.4.2,可见飞机起飞重量过大,必须进行减载,直至飞机起飞重量能够满足上述全部梯度要求。恰好能够满足梯度要求的起飞重量称为爬升梯度限重。

表 2.4.2 起飞各航段的主要差异

特征项		第一航段	第二航段	第三航段	最后航段
最小爬升梯度	双发	0.0%	2.4%	1.2%*	1.2%
(N−1)发动机	四发	0.5%	3.0%	1.7%*	1.7%
开始时间		达到 V_{LOF}	轮完全收上	达到加速高度(不低于400ft)	达到入航形态
缝翼/襟翼形态		起飞	起飞	逐级收上	光洁
发动机额定推力		TOGA/FLEX	TOGA/FLEX	TOGA/FLEX	MCT
速度基准		V_{LOF}	V_2	从 V_2 加速至 V_{FTO}	V_{FTO}
起落架		收	收上	收上	收上
重量基准		开始收轮时的重量	轮完全收上时的重量	开始加速航段时的重量	加速航段结束时的重量
地效		不计入	不计入	不计入	不计入

注:"*"号代表对飞机加速能力的要求。

注意,规章定义起飞飞行各子航段的梯度能力,是为了评价实际运行中飞机的推重能力,与飞行航迹下方是否存在障碍物无关。即便对于沿跑道中线延长方向上净空条件良好的机场,仍然需要考虑飞机在一发失效状态下是否能够满足规章提出的梯度要求。

2.4.2 净起飞飞行航迹

障碍物(obstacle)是飞机在腾空后开展初始爬升时影响安全性的重要因素。障碍物是指位于供航空器地面活动区域内,或突出于为保护飞行中的航空器而规定的限制面之上,或位于上述规定的限制面之外但被评定为对空中航行有危险的、固定的(无论是临时的还是永久的)或移动的物体,或是上述物体的一部分,如图 2.4.2 所示。

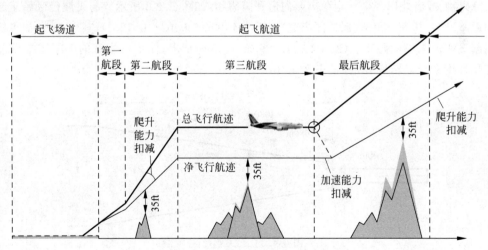

图 2.4.2 净起飞飞行航迹的示意图

对于净空条件差的机场和跑道,除了需要确认飞机的梯度能力外,还需要进一步评估起飞飞行航迹与地形障碍物的空间关系。评估二者关系的过程称为越障分析。广义的越障分析,既包括在水平面内避让障碍物,也包括在垂直面内飞越障碍物。读者可以理解为,若飞机能够水平避让就没有必要垂直飞越。换言之,开展垂直越障评估工作的前提是水平避让已无法满足飞行需要。

从统计学意义上看,对于一个机队,当其麾下所有飞机能够"平均"飞越障碍物时是存在严重安全风险的。只有该机队中表现最差的那一架飞机能够飞越障碍物,才有理由认为该机队整体的越障性能是可接受的。因此,在进行越障分析时必须引入净航迹(净性能)的概念。

CCAR-25.115 条(b)款指出,净航迹需要在总航迹的基础上得到,并且以在总航迹梯度能力的基础上扣减一定梯度裕量的方式给出。对于双发飞机,扣减裕量为 0.8%;对于三发飞机,扣减裕量为 0.9%;对于四发飞机,扣减裕量为 1.0%。

注意,梯度裕量的扣减并不是在纸面绘图中的几何扣减,而是对飞机剩余推重比的扣减,即对飞行能力的扣减。CCAR-121.189 条(c)款指出,经过飞行能力扣减所获得的净航迹,应以 10.7m(35ft)的裕度超越所有障碍物。

若在航前分析中发现无法满足净航迹越障要求,则说明飞机因起飞重量过大必须实施减载,直至飞机能够满足该要求为止;又或者,重新审视能否通过水平避让方式来规避障碍物对飞机载量的不利影响。对于恰好能够同时满足垂直超障要求、TOGA 推力时长要求的起飞重量,可称为障碍物限制的最大起飞重量,简称障碍物限重。

2.4.3 起飞航径区

在越障计算中所考虑的障碍物是一发失效保护区内(也称为起飞航径区)的障碍物,包括在《中国民航国内航空资料汇编》(MH/T 4044—2015)障碍物 A 型图中位于起飞航迹内穿过 1.2%平面的那些障碍物。各国适航部门对起飞航径区的规定和要求不尽相同。CCAR-121.189 条(c)款指出,飞机必须能以预定净起飞飞行轨迹保持 10.7m(35ft)的裕度超越所有障碍物,或者能以一个特定距离侧向避开障碍物,如图 2.4.3 所示。起飞航径区始于起飞可用距离末端,其侧向距离(保护区半宽)应不小于 90m(300ft)+0.125D,其中 D 是指飞机与可用起飞距离末端的距离。CCAR-121.189 条(c)款还指出,保护区半宽的上限需根据航向的变化程度和导航精度确定,见表 2.4.3。

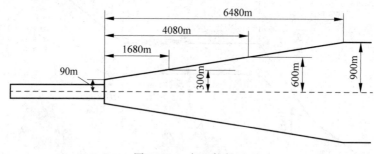

图 2.4.3 起飞航径区

表 2.4.3 航向改变和不同飞行规则下对应的保护区半宽

航向改变/(°)	目视飞行规则对应的保护区半宽/m	仪表飞行规则对应的保护区半宽/m
≤15	300	600
>15	600	900

对于已知重量、构型和操作程序的飞机,越障分析的主要步骤是:首先求出其净飞行航迹,其次将所有位于起飞航径区内的障碍物视为处于航迹正下方,然后检查净飞行航迹与这些障碍物的高度关系是否满足35ft的越障裕度。

(1) 直线离场时的越障。

营运人应保证净起飞飞行航迹能够以最少35ft的垂直距离越过所有障碍物。例如,对于双发飞机而言,即使第二航段满足最低要求的爬升梯度2.4%,但是净航迹不满足至少以35ft的垂直距离飞越障碍物。此时需要相应地减小起飞重量,即受到障碍物限制。

(2) 转弯时的越障。

当飞机坡度大于15°时,净起飞航迹的任何部分必须以至少50ft的垂直距离越过所有障碍物。净航迹和障碍物之间的最小垂直间隔(越障裕度)见表2.4.4。

表2.4.4 越障裕度

坡度角/(°)	裕度/ft
≤15	35
>15	50

2.4.4 转弯影响

因为转弯时飞机带有坡度,过载系数大于1,相同重量下需要获得更大的升力。为了增大升力,飞行员无论增加迎角还是增加速度,均会使得阻力增大,从而导致剩余推力减小,最终带来爬升梯度的损失。

飞机飞行手册一般会提供以15°的坡度转弯时的爬升梯度扣减量。当坡度角小于15°时,除非制造商或飞机飞行手册提供了其他的数据,否则应按图表比例选取对应的值,如图2.4.4所示。

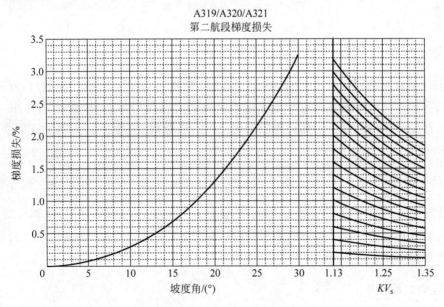

图 2.4.4 梯度损失与坡度角的关系

注:KV_s 表示系数 K 与失速速度 V_s 的乘积。

2.4.5 改平方式与障碍物限重

即使在遭受一发失效影响的情况下,让飞行员操纵飞机精准地上升至特定高度处改平并非易事。只有为飞行员提供一个可选的改平高度区间,才能够满足操纵者反应和操作的需要。

如 2.4.1 节所述,飞机在第二航段结束点改平的高度不同,会使飞机飞至第三航段结束点的时间不同。飞行员实施改平的高度越低,飞机爬升耗时越少,飞至第三航段结束点的时间越短。飞行员实施改平的高度越高,飞机爬升越耗时,飞至第三航段结束点的时间也越长。所以满足规章要求和运行需求的改平高度必然存在一个最小值和一个最大值,构成改平可选范围的下限和上限。理论上,飞行员只要在一发失效后实施改平的高度介于上述最小值和最大值之间,既能够确保飞机安全越障,也能够确保 TOGA 推力的使用时长不会超限,如图 2.4.5 所示。

图 2.4.5　改平可选范围

1. 最小改平

最小改平高度受到距起飞表面 400ft(总航迹)和高于障碍物 35ft(净航迹)的双重限制,在该处改平被称为最小改平高度。当无障碍物限制起飞飞行航迹时,距起飞表面 400ft 是规章可以接受的最低高度。当障碍物限制起飞飞行航迹时,需要进一步增加该高度直至满足越障要求。

2. 最大改平

最大改平高度受到一发失效后 TOGA 推力 10min 使用时间的限制,被称为最大改平高度。飞机在该处改平并开始增速收襟翼,当飞机增速至襟翼全收且达到 V_{FTO} 时,TOGA 推力的使用时间刚好为 10min。

3. 延伸二段改平

延伸二段改平是指在第二航段内保持 V_2 上升直至最大起飞推力(TOGA)达到 10min

限制以后才改平进入第三航段并以最大连续推力(MCT)完成收襟翼和增速。对于存在高大障碍物限制的地形复杂的机场,可能出现最小改平高度(高度限制)超过最大改平高度(时间限制)的情况,这意味着无法为飞行员提供一个合理的改平可选范围来满足操作需要,只能使用延伸二段改平来替代最大改平,重构改平可选范围的上限。此时,由于飞机在第三航段使用 MCT 推力,规章要求检查飞机在改平增速收襟翼过程中的梯度能力。

注意,改平高度与最后航段的越障能力并非正相关,如图 2.4.6 所示,若是改平高度降低,则航迹近端高度降低,由于飞机加速能力提高使得完成第三航段的时长缩短,导致最后航段的起点提前。这种影响既可能导致航迹远端高度增加(如图中的航迹 C),也可能导致其降低(如图中的航迹 B)。

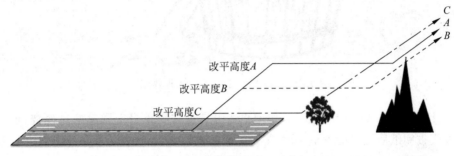

图 2.4.6　不同改平高度与航迹

2.4.6　一发失效应急离场程序

根据国际民航组织 8168 号文件第二卷《目视和仪表飞行程序设计》建立的机场标准离场程序(standard instrument departure,SID)普适于全发正常工作的多种机型,因其覆盖的障碍物范围(即保护区)大及超障梯度要求高,对于遭受一发失效的飞机要求过于苛刻,容易导致一部分机型的最大起飞重量过小,严重影响经济效益,使航空公司难以接受。

因此,当飞机一发失效且按照标准仪表离场程序开展越障分析致使最大起飞重量过小时,业内往往通过"一种机型一议"的方式,针对性地设计一发失效离场程序避开高大障碍物,以挽回目标机型的起飞装载能力。这种为满足飞机在起飞过程中一发失效安全超障要求所制定的不同于标准仪表离场程序的路线和方案,称为起飞一发失效应急离场程序(engine out standard instrument departure,EOSID)。

2.5　限制最大起飞重量的因素

CCAR-121.189 条指出,无论何种运行环境下,涡轮发动机驱动的航线运输飞机的实际起飞重量都不得超过规章许可的最大起飞重量。最大起飞重量是影响起飞安全性和经济性的重要因素。最大起飞重量越大,飞机的装载能力越强,航班飞行的收益空间也越大。实际起飞重量一旦突破最大起飞重量,飞机的飞行表现便变差,飞行过程也存在极大的安全风险。获得准确的最大起飞重量是起飞性能分析工作的重要任务。

航班运行过程中,有诸多因素影响飞机的最大起飞重量。直接与起飞阶段相关的限制因素包括手册限制、场地长度限制、爬升梯度限制、障碍物限制、轮胎速度限制和刹车能量限制等。此外,还需要兼顾考虑整个飞行过程的合理性,包括短航线飞行时是否受到最大着陆重量的限制及山区上空飞行时是否受到航路最低安全高度的限制。运行环境的变化会使得上述因素限制的最大起飞重量发生此消彼长的改变。基于保守原则,如图2.5.1所示,需要挑选出遭受最苛刻限制的短板,才能明确放行航班的重量上限。

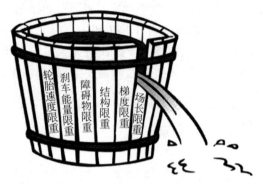

图2.5.1 最大起飞重量的"短板效应"

尽管计算机技术发展使得航空公司用户通过软件获得重量上限越来越便捷,但掌握传统手工方式查阅纸质图表的方法仍然是飞行员的基本功,接下来本书将着重结合日常飞行中飞行员可能接触的与最大起飞重量相关的图表介绍相关的影响因素。

2.5.1 手册审定重量限制

最大审定起飞重量是指因设计或结构限制,航空器起飞时所允许的最大重量。最大起飞重量是航空器的设计重量限制之一,其他两种分别是最大零燃油重量和最大着陆重量。在任何时候,飞机的实际起飞重量都不得超过最大审定起飞重量。经审定的最大起飞重量、最大着陆重量和最大零燃油重量可以在飞机飞行手册、飞行机组操作手册的"限制数据"章节查得。表2.5.1列出了ARJ21-700飞机在其手册中公布的最大审定重量信息。

表2.5.1 ARJ21-700飞机的最大审定重量

单位	最大滑行重量	最大起飞重量	最大着陆重量	最大零油重量	最小飞行重量
kg	43580	43500	40455	34163	26995
lb	96076	95900	89187	75316	59513

2.5.2 起飞场地长度限制

如本书2.3.2节所述,飞机的起飞重量越重,对应的起飞距离也越长。对于任务执飞机场,尽管其跑道可用长度是公布于机场细则的固定长度数值,但是其可以容忍的最大起飞重量也会发生浮动。为了利于飞行员在执行任务前准确掌握跑道可用长度匹配的最大起飞重量,制造商提供了起飞场长限重图,图2.5.2所示为波音机型手册的起飞场长限重图。飞行员可以结合任务当日机场的跑道长度、跑道坡度、道面状态、环境温度、气压高度、风向风速、起飞襟翼、引气开关等条件,通过起飞场长限重图快速查得对应的最大起飞重量。

Takeoff Field Limit - Dry Runway
Flaps 1
Based on engine bleed for packs on and anti-ice off

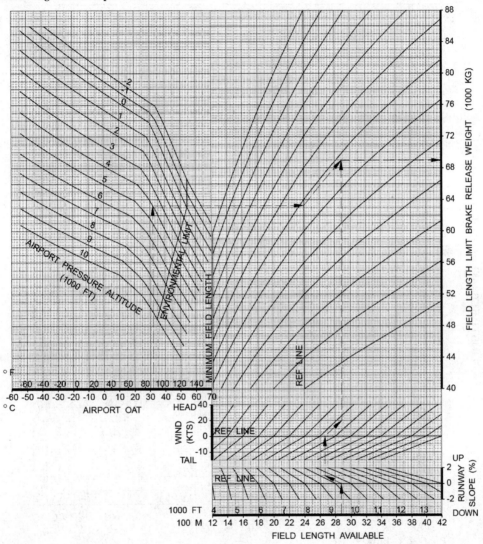

With engine bleed for packs off, increase weight by 350kg.
With engine anti-ice on, decrease weight by 200kg.
With engine and wing anti-ice on, decrease weight by 750kg (optional system).

图 2.5.2　波音机型手册的起飞场长限重图

2.5.3　爬升梯度限制

由前文可知,规章对起飞航道 4 个子阶段均提出了最小爬升梯度的要求。这些梯度值是飞机即使遭受一发失效也必须达到的门槛条件,其中尤以规章对起飞航道第二航段的梯度要求最为苛刻。当飞机在起飞构型下以 V_2 爬升时,因为速度小于该构型下的陡升速度,所以剩余推力小,爬升能力有限,更容易遭受起飞航道第二航段爬升梯度的限制。

为利于飞行员查找使用,飞机制造商通常把不同环境条件下受爬升梯度限制的最大起飞重量绘制成曲线,如图 2.5.3 所示。此外,ARJ21-700 飞机的爬升梯度限重图如图 2.5.4 所示。注意,手册中的图表所用的爬升梯度是静风爬升梯度,与风向、风速无关。

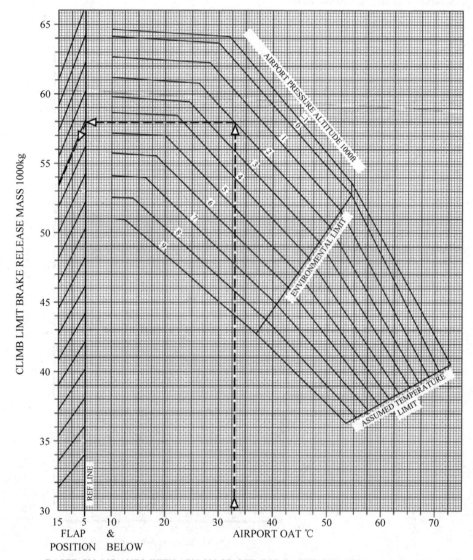

BASED ON A/C AUTO WITH APU ON OR OFF. FOR PACKS OFF, INCREASE ALLOWABLE MASS BY 900kg.
FOR OPERATION WITH ENGINE ANTI-ICE ON SUBTRACT 190kg WHEN AIRPORT PRESSURE ALTITUDE IS AT OR BELOW 8000ft OR 530kg WHEN AIRPORT PRESSURE ALTITUDE IS ABOVE 8000ft.

PMC OFF CORRECTION

ALTITUDE ft	TEMPERATURE ℃	MASS DECREMENT kg
BELOW 5000	ALL	0
5000 & ABOVE	ABOVE 21	0
	21 & BELOW	1860

图 2.5.3 爬升梯度限重图

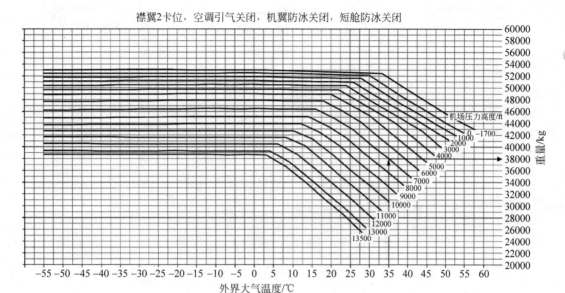

图 2.5.4　ARJ21-700 飞机的爬升梯度限重图

2.5.4　障碍物限制

当飞机在净空条件差的机场起飞时,如果在标称航迹范围内(即一发失效保护区)存在需要飞越的障碍物,必须按照航道阶段的越障要求确定最大起飞重量。飞机的越障能力与起飞飞行航迹密切相关,凡是影响到起飞飞行航迹的因素均会影响到障碍物限重。除了障碍物的高低和远近,起飞机场的环境温度、气压高度、风向风速、起飞襟翼、引气开关也是影响障碍物限制的最大起飞重量的必要因素。图 2.5.5 所示是波音机型手册的障碍物限重图。

2.5.5　轮胎速度限制

飞机的轮胎速度是指飞机轮胎轴心跟随机体运动的线速度,既是轮胎可以达到的最大地速,也是飞机滑跑至表速 V_{LOF} 时刻的最大地速。当飞机在高温、高原机场环境下运行时,又或者,当飞机在顺风条件下运行时,相同的起飞重量和表速 V_{LOF} 对应着更大的离地地速。地速越大,机轮的旋转速度越快,轮胎受到的离心力也越大。当轮胎转速超过其自身材料的承受能力时,巨大的离心力和飞机的重力将使轮胎破裂,因此有必要考虑轮胎速度对最大起飞重量的限制,如图 2.5.6 所示。

2.5.6　刹车能量限制

飞机中断起飞和着陆的减速过程,是减速装置对飞机做负功以耗散飞机动能的过程。绝大部分的飞机动能依靠刹车吸收并被刹车转换为热能。刹车吸收的热能越多,刹车的转子和中央定子的温度也就越高。当这些热量累积到一定程度时,将出现刹车失效或烧毁、机

TAKEOFF AND LANDING		737-800W/CFM56-7B26
Takeoff	Flight Planning and Performance Manual	FAA Category C/N Brakes

Obstacle Limit
Flaps 1
Based on engine bleed for packs on and anti-ice off

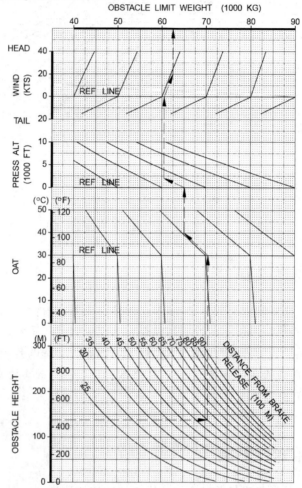

Obstacle height must be calculated from the lowest point of the runway to conservatively account for runway slope.
With engine bleed for packs off, increase weight by 550kg.
With engine anti-ice on, decrease weight by 250kg.
With engine and wing anti-ice on, decrease weight by 1300kg (optional system).

图 2.5.5 波音机型手册的起飞障碍物限重图

轮放气或起火等现象,严重威胁飞行安全。因此,从某一滑跑速度开始实施至完全制动后,刹车吸收热能达到极限值的速度,被称为最大刹车能量限制速度 V_{MBE}。V_{MBE} 需要审定和公布。

为了确保飞行员实施中断起飞操作的实际速度不超过该最大速度,即 $V_1 < V_{MBE}$,制造商提供了图 2.5.7 帮助检查。如果实际运行条件使得 V_1 增大或是 V_{MBE} 减小进而打破前述限制,飞行员应当按照飞行手册的规定减小该次起飞的重量和速度。

Tire Speed Limit
Flaps 1

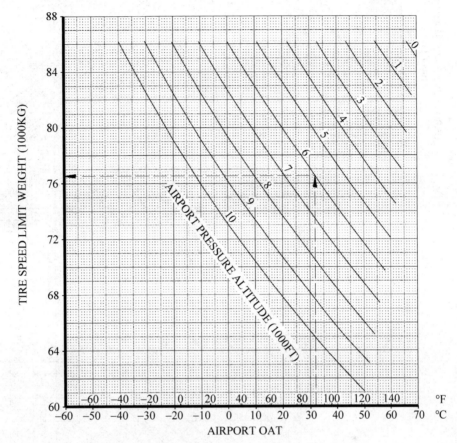

Increase tire speed limit weight by 500kg per knot headwind.
Decrease tire speed limit weight by 1100kg per knot tailwind.

图 2.5.6 轮胎速度限重图

2.5.7 航路最低安全高度限制

对于航路经过山地上空的航线，若山区范围较大又不宜设置改航点时，飞机的最大起飞重量往往还会遭受航路最低安全高度的限制。当飞机在巡航飞行中遭受一台发动机停车时，飞机升限能力的降低必然使得飞行高度降低，但飞机升限降至低于山区地形障碍物的高度，是不允许的。表 2.5.2 为 ARJ21-700 飞机一台发动机停车后的升限变化情况。

例如，某型飞机以重量 35000kg 在温度不高于 ISA＋10 的环境下以长航程速度巡航，全发正常工作时的升限为 39000ft；一台发动机停车后的升限为 23400ft。若当前执飞航线的航路最低安全高度为 24000ft，显然无法满足安全预期。此时，解决该问题的最有效方法是削减该航班的起飞载量。

2.5.8 最大着陆重量限制

现代大型运输飞机因任务距离远、携带的燃油多，其手册公布的最大审定起飞重量往往

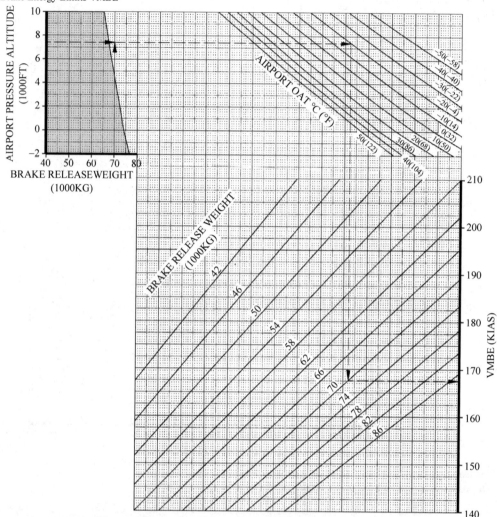

图 2.5.7 刹车能量限重图

大于最大审定着陆重量。若飞机在放行机场起飞时未能提前考虑在目的地机场着陆时的限制，贸然以过大的重量起飞，容易导致实际着陆重量超出最大着陆重量。

例如，某飞机手册公布的最大起飞重量为 62500kg 及最大着陆重量为 52500kg，当飞机以 2500kg/h 的平均小时耗油量完成某 2h 的航线任务时，航路耗油约为 5000kg。若该次任务中飞机以重量 60000kg 起飞，到达目的地机场时的重量约为 55000kg，因已突破手册中的最大着陆重量限制,需要在目的地机场上空等待约1h才能使飞机重量达到着陆要求。

表 2.5.2 ARJ21-700 飞机一发远程巡航的总升限和速度

重量/(×1000kg)	远程巡航总升限和速度					
	≤ISA+10℃		ISA+15℃		ISA+20℃	
	总升限/ft	对应的速度/kn	总升限/ft	对应的速度/kn	总升限/ft	对应的速度/kn
27	31300	190	30200	192	28900	195
29	29300	198	28200	199	25800	207
31	27300	206	25800	209	23400	217
33	25400	212	23500	217	21100	224
35	23400	220	21600	223	18600	233
36	22200	225	20200	231	17000	238
37	21300	229	19000	235	15900	242
38	20500	231	17200	242	14800	245
39	19700	234	16100	246	13600	249
40	18200	241	14900	250	12500	252
41	16900	246	13800	254	11500	256
42	15700	251	12800	257	10300	260
43	14400	257	11700	261	9200	263
短舱防冰修正量	−2600	—	−2700	—	−2100	—
防冰全开修正量	−7100	—	−6900	—	−6700	—

对于航图距离越短的航线,飞机的最大起飞重量越容易受到其最大着陆重量的限制。上例中,若考虑最大着陆重量对最大起飞重量的限制,则飞机的最大起飞重量不得超过 52500kg+5000kg=57500kg。

复习思考题

1. 试根据表 2.2.1 分析起飞襟翼卡位增大时,V_{MCG} 的变化规律。

2. 试根据表 2.1.2 分析当 V_1 增大且 V_R 和 V_2 不变时,全发起飞距离和一发失效继续起飞距离的变化特点。

3. 请问在不平衡跑道可以实施平衡起飞吗?在平衡跑道可以实施不平衡起飞吗?为什么?

4. 试完成以下起飞飞行航迹(双发飞机)各子航段信息的填写:

项 目	第一航段	第二航段	第三航段	最后航段
航段起点				
航段终点	起落架收上			
主要任务				爬升
典型速度	V_2			
推力状态				MCT

续表

项　目	第一航段	第二航段	第三航段	最后航段
襟翼位置		起飞构型		
起落架位置				收上
规章梯度要求			1.2%	

5. 请思考在干跑道条件下,中断审定时不允许使用反推,但在实际运行中断时允许使用反推的原因是什么?

6. 参考图 2.5.2,试回答图中默认适配的起飞襟翼和引气状态是什么？温度、高度、跑道坡度、顺逆风对场长限重的影响规律是什么?

7. 参考图 2.5.3,试回答襟翼卡位、温度、高度对爬升梯度限重的影响规律是什么？为什么图中没有出现顺逆风的影响？空调引气关闭、防冰引气打开、动力管理计算机关闭分别会导致爬升梯度限重增大还是减小?

8. 参考图 2.5.5,试分析顺逆风、高度、温度、障碍物距离、障碍物高度对越障限重的影响规律及其原因。

9. 参考图 2.5.6,试分析顺逆风对轮胎速度限重的影响规律及其原因。

10. 参考图 2.5.7,思考使用该图检查 V_{MBE} 的前置条件是什么？分析上坡和逆风对最大刹车能量速度的影响规律及其原因。

11. 参考图 3.3.2 的主表信息,试回答下列问题:
(1) 该飞机审定的最大起飞重量是多少?
(2) 主表中一共出现了几种限重类型?
(3) 当跑道环境温度升高时,飞机爬升限重的变化规律及其原因。
(4) 当跑道风向、风速由无风变为逆风时,飞机越障限重的变化规律及其原因。

12. 参考表 3.3.2 的主表和表尾信息,试回答下列问题:
(1) 该图一共定义了几种限重类型?
(2) 跑道环境温度越高,限重的变化规律及其原因。
(3) 跑道由无风变为逆风,限重的变化规律及其原因。
(4) 当跑道变为湿跑道或飞机空调引气开时,限重增大还是减小,为什么?

第3章

起飞性能优化

在保障安全性的基础上提升经济性,是航班运输飞行的显著特征。在起飞性能工作中,提升经济性的手段被称为起飞性能优化。实现起飞性能优化有两条途径:一条是在成本固定时提升收益,另一条是在收益固定时降低成本。本章对两条途径均进行介绍,具体选择哪条途径,需要结合实际运行场景因地制宜地开展。

提升收益的起飞性能优化方法通常寻求增加飞机的最大起飞重量。当客源和货源充足时,提升最大起飞重量意味着提升飞机装载能力,每一航班架次能够装载更多的乘客和货物,进而获得更多收益。

降低成本的起飞性能优化方法通常寻求减小发动机的起飞推力。当客源和货源匮乏时,在航班因无法满载而剩余较多空座时,可通过降低起飞推力来满足小重量起飞的需要并延长发动机的使用寿命,可以节省运营成本。

3.1 提升最大起飞重量

提升最大起飞重量的理论依据是本书 2.5 节所述评估飞机最大起飞重量的方法。由于最大起飞重量必须是若干限制中最为苛刻的一个,即"最小的"最大起飞重量,所以若能通过调整起飞设置将"木桶短板"提高,只要"短板"仍然是短板,即便付出"长板"缩短的部分代价,也可使得"木桶"的整体蓄水能力提升。

众多"木板"中尤以场长限重、爬升梯度限重、障碍物限重的调整潜力最大,因此分析相关起飞场景对这些"木板"的影响十分必要。对于飞行任务指定的机场,可供飞行员调整介入的起飞设置通常包括:襟翼角度、发动机引气、备用前重心、V_1 和 V_2。接下来,将逐一说明。

3.1.1 调整发动机引气

发动机引气是影响飞机性能的重要参数,飞行员通常在性能图表中接触到有关发动机引气的提示信息。本书 1.4.5 节就发动机引气开关的特点进行过介绍。在起飞过程中如果关闭发动机引气,可以进一步增大推力,使得剩余推力提高,既可以缩短起飞距离,也可以增强爬升能力,最终提升起飞性能,相关数据参见图 3.1.1、表 3.1.1 和表 3.1.2。

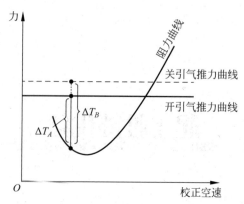

图 3.1.1　开关引气对剩余推力的影响示意图

表 3.1.1　某机型相同重量下防冰引气开关对性能的影响

重量/t	防冰引气	TOR/m	TOD/m	ASD/m	爬升梯度（第二航段）/%	V_1	V_2
40	开	1497	1693	1693	6.28	135	146
	关	1486	1680	1680	6.42	134	145

注：气压高度取标准海平面，环境温度取 5℃，起飞襟翼，空调开，干跑道，无坡度，无风。

表 3.1.2　某机型相同跑道条件下防冰引气开关对场长限重的影响

防冰引气	场长限重/t
开	37.0
关	37.3

注：标高取 3000m，跑道取 2600m，环境温度取 5℃，起飞襟翼，空调开，干跑道，无坡度，无风。

但是飞行员应当注意事物的两面性。在炎热天气下关闭空调引气，或在积冰天气下关闭防冰引气，对乘客或飞机带来的不利影响可能会远远超过推力提升获得的益处。因此这里仅陈述了该方法的理论可行性，实际运行中还应当严格依循公司政策和局方规章。通常，当飞行员面临推力不足所带来的性能减益时，也可以考虑使用辅助动力装置（auxiliary power unit，APU）改善发动机的推力。

3.1.2　调整襟翼角度

襟翼是飞行员在起飞着陆时频繁使用的"增升"装置。襟翼偏角的大小会改变飞机的气动特性，影响飞机的剩余推力，进而影响飞机起飞离地时机和初始爬升能力，如图 3.1.2 所示。

减小襟翼角度，会使得飞机的 V_{LOF} 和 V_{SR} 增大，进而使得 V_2 增大。如图 3.1.3 中虚线所示，一方面，当飞机以大 V_2 在航道阶段爬升时，总阻力小，剩余推力大，爬升能力强，爬升梯度限重得到提升；另一方面，当飞机以大 V_{LOF} 和 V_2 完成场道阶段时，加速所需的跑道长度增长，场地长度限重将会被削弱。因此，针对爬升梯度限重为最短板的"木桶"，只有采取减小起飞襟翼角度的措施，才能够弥补该场景下的短板，获得提升最大起飞重量的效果。

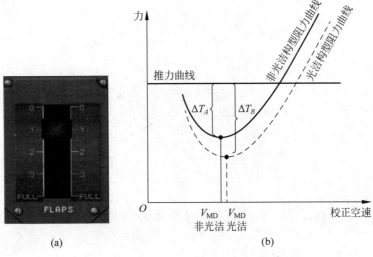

图 3.1.2　襟翼卡位及其影响示意图
(a) 襟翼卡位面板；(b) 收放襟翼对剩余推力的影响

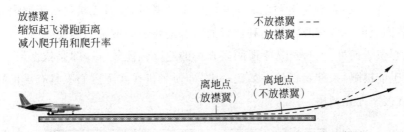

图 3.1.3　是否使用襟翼对离地时机和爬升能力的影响示意图

增大襟翼角度，会使得飞机的 V_{LOF} 和 V_{SR} 减小，进而使得 V_2 减小。如图 3.1.3 中实线所示，一方面，当飞机以小 V_2 在航道阶段爬升时，总阻力大，剩余推力小，爬升能力弱，爬升梯度限重被降低；另一方面，当飞机以小 V_{LOF} 和 V_2 完成场道阶段时，加速所需的跑道长度缩短，场地长度限重将会得到提高。因此，针对场地长度限重为短板的"木桶"，若是采取增加起飞襟翼角度的措施，就能够弥补该场景下的短板，获得提升最大起飞重量的效果。

因此，实际运行中只有依据具体的跑道和净空条件合理使用襟翼，才能使起飞性能得到进一步提升，见表 3.1.3 和图 3.1.4。跑道长度较短而净空条件较好时，飞行员可采用较大角度襟翼起飞，增大最大起飞重量；跑道长度较长而净空条件较差时，飞行员可采用较小角度襟翼起飞，增大最大起飞重量。

表 3.1.3　某型飞机使用不同襟翼起飞的场长限重与爬升限重

襟翼设定	5°卡位	10°卡位	15°卡位
场长限重/kg	<u>58000</u>	<u>59200</u>	59800
爬升限重/kg	61000	59600	<u>57900</u>

注：下划线表示该值为该襟翼卡位下的较小值。

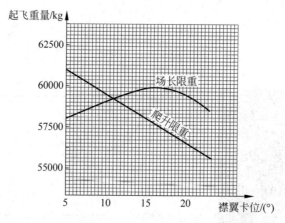

图 3.1.4　场长限重与爬升限重随襟翼卡位的变化曲线

3.1.3　使用备用前重心

如图 3.1.5 所示，一个靠后的重心位置会使得飞机在起降时的失速速度减小和升力系数升高。然而，由于局方对起飞和着陆阶段的安全性考量，在对飞机飞行手册内容开展适航取证时，制造商只能选取重心在最不利位置的状态进行适航取证。因此，无论运行中飞机的实际起降重心位于何处，飞行员从手册图表查得的起降性能数据一律是依据最不利重心（通常指重心位于前极限）条件获得的。如此一来，即便飞机在实际重心下具有更良好的性能表现，也无法直接发挥和利用。

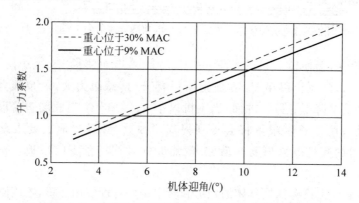

图 3.1.5　某型飞机不同重心位置的升力系数曲线差异

备用前重心也称"备用的重心前极限"，是指经飞机制造商向局方申请并获得批准，可以选用位置更靠后的重心前极限来建立手册中的起降性能数据。此时，飞机失速速度减小，V_2 也减小，可以使得飞机在同等条件下的起飞滑跑距离、起飞距离缩短，进而使得场地长度限重获得提升，见表 3.1.4、表 3.1.5 和图 3.1.6。与此同时，也会使得飞机腾空后的剩余推力减小，进而致使爬升梯度限重有所降低。

表 3.1.4　某型飞机使用不同重心的起飞速度

重量/lb	重　　心	V_R/kn	V_2/kn	距离/ft
130000	9%MAX	122.1	127.4	4997
130000	30%MAC	119.0	124.0	4746

表 3.1.5　某型飞机使用不同重心的场长限重

重　　心	场长限重/lb
9%MAC	130045
30%MAC	133488

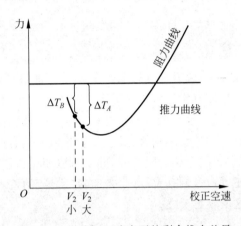

图 3.1.6　不同 V_2 速度下的剩余推力差异

基于上述讨论可以发现，当场地长度限重小于爬升梯度限重时，即场地长度限重是最短板时，可以通过选用手册中"备用前重心"方案对应的性能数据来提高"木桶"的蓄水能力，当然也会付出爬升梯度限重降低的代价。这一方法并不适用于任意机型，仅当飞机制造商主动向局方申请取证并在手册中以附录形式提供相应的数据和实施方法时，方能够为飞行员所用。

3.1.4　优化起飞速度

V_1 和 V_2 是会对场地长度限重和爬升梯度限重同时产生影响的重要可调参数。实际运行中，性能工程师更习惯使用 V_1/V_R 和 V_2/V_{SR} 来表征 V_1 和 V_2 的大小。V_1/V_R 的大小主要影响场地长度限重，V_2/V_{SR} 的大小主要影响爬升梯度限重。目前，市面主流机型制造商允许的 V_1/V_R 和 V_2/V_{SR} 范围为 $0.84 \leqslant V_1/V_R \leqslant 1$ 和 $1.13 \leqslant V_2/V_{SR} \leqslant 1.25$，而在日常运行中飞行员多使用平衡 V_1（V_1/V_R 非定值）和一个固定的 V_2/V_{SR}。以 ARJ21-700 飞机为例，起飞默认选用平衡 V_1 和 $1.178V_{SR}$。

1. V_1/V_R 对起飞重量的影响

若不考虑跑道参数、环境条件和 V_2/V_{SR} 的变化，当 V_1/V_R 增大时，继续起飞滑跑距离会缩短，但加速停止距离会延长；当 V_1/V_R 减小时，继续起飞滑跑距离与加速停止距离变化关系反效。这种变化必然对场长限重和障碍物限重带来影响。

对于爬升梯度限重,由于爬升梯度的大小取决于飞机重量和剩余推力,与 V_1 无关。因此,无论 V_1/V_R 如何变化都不会影响爬升梯度限重。

2. V_2/V_{SR} 对起飞重量的影响

若不考虑跑道参数、外界条件和 V_1/V_R 的变化,当 V_2/V_{SR} 增大时,全发起飞距离、一发失效继续起飞距离和一发失效加速停止距离都延长,导致场长限重减小;当 V_2/V_{SR} 减小时,上述距离缩短会导致场长限重提高。

对于爬升梯度限重,当 V_2/V_{SR} 增大时,只要 V_2 不超过该重量下的陡升速度,随着 V_2 的增大,飞机剩余推力提升幅度大于飞机重量提升幅度,爬升梯度必然增大,导致爬升梯度限重提高。

3. 速度优化的适用场合

基于上述讨论,可以发现,当爬升梯度限重明显小于场地长度限重时,即爬升梯度限重是"最短板"时,可以通过选用较日常运行更大的 V_2/V_{SR} 来改善"木桶"的蓄水能力,为此即便付出场地长度限重降低的代价也是值得的。这一方法,对于波音机型可以称为"改进速度爬升",对于空客机型可以称为"速度全局优化"。尽管具体方法有所差异,但基本原理一致。

当场地长度限重明显小于爬升梯度限重时,除了可以使用备用前重心方法外,对于具有停止道或净空道的跑道,还可通过调整 V_1/V_R 来改善"木桶"的蓄水能力。具体方法已在本书 2.3.5 节进行了说明,这里不再赘述。

3.1.5 优化起飞速度实例

在前述起飞性能优化方法中,飞行员接触频次最多的是优化起飞速度。早期,飞行员多需要通过人工查阅纸质图表来获取优化后的起飞速度和优化效果。现在,人们可以通过制造商提供的机型配套性能软件直接计算。

当爬升梯度限重小于场地长度限重且爬升梯度限重是"木桶"的最短板时,完全可以利用富余的跑道让飞机继续增速来获得比正常情况更大的 V_R 和 V_2,这样一来,飞机在起飞初始爬升阶段的速度更接近陡升速度,可以获得更大的剩余推力和爬升梯度,增大了爬升梯度限重。

如图 3.1.7 所示,尽管选取更大的起飞速度可以提升剩余推力,若速度增量不明显,会导致剩余推力的提升幅度小于飞机重量的增加幅度,飞机的爬升梯度反而会下降。因此,实施改进爬升时需要大幅增加飞机起飞速度 $V_1/V_R/V_2$ 来获得显著的剩余推力提升,使剩余推力的增长幅度超过重量的增加幅度,这才是真正意义上的改进爬升。简言之,改进爬升的 $V_1/V_R/V_2$ 需在与已增加起飞重量匹配的常规 $V_1/V_R/V_2$ 的基础上进一步提高。

图 3.1.8 给出了某机型采用改进爬升方法时的爬升梯度限重增量和起飞速度 $V_1/V_R/V_2$ 增量。在实际运行中,优化后的最大起飞重量和起飞速度也可以在起飞性能分析表中获得,具体图表的使用将在本章最后一节详细介绍。

例 3.1.1 如图 3.1.8 所示,若已知起飞襟翼 5°,场地长度限重为 62t,航道第二航段爬升梯度限重为 55t,试确定使用改进爬升后的 MTOW 和 $V_1/V_R/V_2$ 的增量。

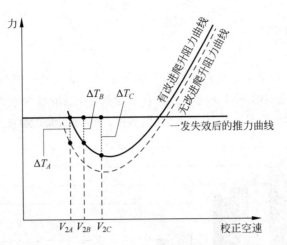

图 3.1.7 改进爬升速度与剩余推力关系示意图

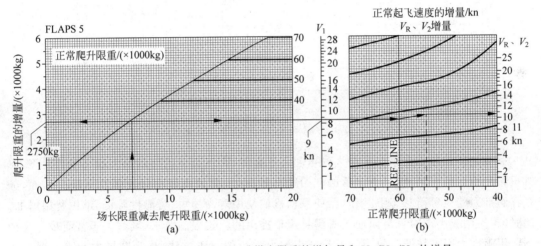

图 3.1.8 使用改进爬升后爬升梯度限重的增加量和 $V_1/V_R/V_2$ 的增量

解：

(1) 由于爬升限重为 55t，场长限重为 62t，使用改进爬升前 MTOW 为 55t，故飞机以性能限制的最大起飞重量 55t 起飞，有富余的跑道长度，可以用改进爬升来增加飞机的重量。

(2) 在图 3.1.8(a) 的底部横坐标轴找到 7000kg（62000kg−55000kg），然后垂直向上作线直到与对角线相交，于交点处向左水平画线就可以读出爬升限重的增量为 2750kg。

(3) 从第(2)步得到的对角线交点继续向右水平画线，与 V_1 坐标轴相交，可以读出 V_1 的增量，大约为 9kn。

(4) 继续向右水平画线直到与图 3.1.8(b) 的基准线相交，然后从基准线的交点作相邻趋势线的同比例平行线，直到与正常爬升限重 55000kg 的竖线相交，再从此交点水平向右画线直到与最右的速度坐标轴相交，可以读出 V_R 和 V_2 的增量，大约为 11kn。

(5) 最终可以得到，使用改进爬升后的 MTOW 为 55000kg+2750kg=57750kg，$V_1/V_R/V_2$ 的增量为 9/11/11kn。

3.2 减推力起飞

减推力起飞的目的是在延长发动机寿命和增加可靠性的同时降低发动机的维护和运营成本,它是一种降低成本的典型优化手段。日常运行中,当市场因素使得飞机装载较少时,会导致实际起飞重量小于最大许可起飞重量,减推力起飞也被普遍使用,如图 3.2.1 所示。

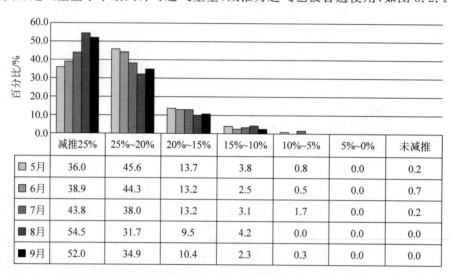

图 3.2.1　2015 年夏季国内航班减推力情况调查统计

飞机的实际起飞重量小于最大许可起飞重量时,若飞行员仍然以最大起飞推力起飞,飞机短暂滑跑后即可离地,且离地后的初始爬升梯度大,其表现必然优于规章预期。然而,频繁在满推力的大负荷状态下工作,会使发动机的使用寿命缩短,可靠性降低,维护费用增加。此时,若使用较小推力就足以使飞机满足规章提出的起飞限制要求,其好处不言而喻。这种不使用满推力而是按照飞机实际重量减小推力大小的起飞方法,称为减推力起飞。减推力起飞可以延长发动机寿命,提高发动机的可靠性,同时降低维护和运营成本。

现代喷气式客机的飞行手册中都有关于实施减推力起飞的指导说明。目前,比较成熟的减推力起飞方法可以进一步细分为两种类型,分别是减额定功率法(derate)和假设温度(灵活温度)法(FLEX)。

3.2.1 减额定功率法

减额定功率起飞,俗称减功率起飞,减小额定功率可视为飞机换装了一台小功率发动机。现代的先进燃气涡轮发动机可以通过计算机调节燃油系统,改变发动机满油门条件下的输出功率大小。例如,某机型配备的发动机单台最大静推力具有 18.5 kW、20 kW 和 22 kW 三个额定功率等级,起飞前,飞行员可通过机载控制面板,根据跑道和飞机重量情况选择适配的起飞功率。一旦选定额定功率等级,计算机将自动控制发动机燃油调节系统的供油量,使发动机起飞的最大功率保持在所选功率等级。

减小了发动机额定功率的飞机可视为"新"机型,需要经过局方适航审定以符合规章要求。通过审定的减功率内容主要包括限制、程序和性能数据(起飞重量计算表),并在飞机飞行手册中予以公布。对于具备减功率起飞能力的机型,手册中会出现多组性能图表,每一组性能图表匹配一个减功率等级。因此在飞行员实施减功率起飞前,必须选用与拟使用功率等级匹配的性能图表。

正因为减功率起飞经过适航审定,飞行员实施减功率起飞才不会受到额外的运行限制,只要处在飞机飞行手册的性能范围内,任何运行条件(譬如湿跑道、污染跑道)下均可正常使用。此外,由于不同减功率状态下飞机的 V_{MCG}、V_{MCA}、V_{MCL} 特性会发生变化,因此一旦航班实施减功率起飞,则在整个飞行过程中只能维持已选定的减功率等级,不可随意恢复至满功率等级。复飞时同样如此。

值得注意的是,当在某些短跑道、湿跑道或污染跑道上实施减功率起飞时,有可能出现最大起飞重量比满功率起飞时更大的情况,这是减功率起飞的 V_{MCG} 小于满功率起飞的缘故。如图 3.2.2 所示,当"短板"为场长限重时,跑道可用长度(可用距离)的缩短会使得最大起飞重量和平衡 V_1 减小。当平衡 V_1 减小至受 V_{MCG} 制约时,就无法自由变化,此时的 V_1 也不再称为平衡速度。

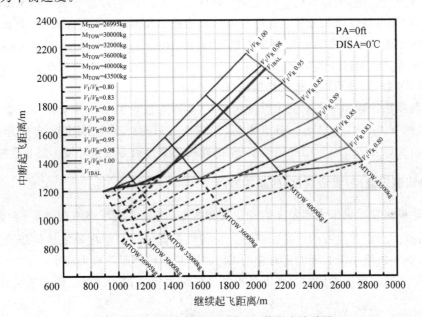

图 3.2.2 小场长限重对平衡 V_1 的影响关系图

在可用距离缩短过程中,满功率条件下的平衡 V_1 比减功率条件下的平衡 V_1 更早遭受 V_{MCG} 制约,故更早导致最大起飞重量与跑道长度曲线出现转折。此时,用较短的跑道可用长度进行查图,会出现减功率曲线对应的最大起飞重量反而大于满功率曲线的情况,如图 3.2.3 所示。

3.2.2 假设温度(灵活温度)法

1. 假设温度(灵活温度)减推力法简介

假设温度(灵活温度)减推力起飞的实质,是飞行员通过选定一个比"真实"外界大气温度(OAT)更高的"虚假"温度进而欺骗发动机以获得期望的推力减小。只要减小后的推力

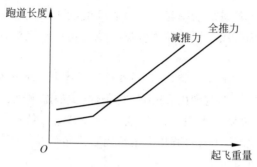

图 3.2.3　全推力和减推力下的场长限重

与实际起飞重量匹配,能够满足场地条件、爬升梯度、越障、轮胎速度、刹车能量及最小操纵速度等的限制要求,该次起飞就可接受。这种确定推力的方法称为假设温度法,所选取的高于实际温度的"虚假"温度被称为假设温度或灵活温度。

以空客机型为例,实际运行中当飞行员确认当次航班的实际起飞重量小于最大许可起飞重量时,首先可通过起飞分析表查得与实际起飞重量相匹配的假设温度值,其次将该假设温度值通过驾驶舱中的多功能控制显示单元(multi-function control display unit,MCDU)录入飞行管理计算机(flight management computer,FMC),最后在松刹车起飞前将油门手柄移至 FLEX 挡位,就可以实施灵活温度起飞了。

假设温度法比减功率法更受飞行员欢迎,这是因为假设温度法并未调整发动机的额定功率,不会对 V_{MCG}、V_{MCA}、V_{MCL} 造成影响,相应地也只有一套手册图表,实施起来更加便捷。但是由于该方法没有专门的适航取证,因此在污染跑道等复杂环境下禁止使用。

2. 确定假设温度(灵活温度)的基本原理

由涡轮风扇发动机推力随温度的变化规律可知,当温度高于参考温度(平台温度)T_{ref} 时,发动机推力会随着温度的升高而减小。发动机根据"虚假"温度确定排气压力比(EPR)的调定值,由于该值小于实际温度对应的 EPR 值,从而使得起飞推力减小。

图 3.2.4 同时给出了最大起飞重量和发动机推力(油门起飞挡位)随温度的变化规律。

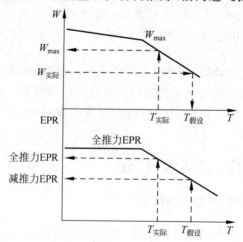

图 3.2.4　最大起飞重量和发动机推力随温度的变化规律

分析可知,若实际环境温度 $T_{实际}$ 对应的最大起飞重量为 W_{max},$T_{实际}$ 对应的推力必然为该温度下的全推力 EPR,且该全推力 EPR 恰好能够确保飞机以 W_{max} 起飞时的安全性。若实际起飞重量 $W_{实际} < W_{max}$,则不需要全推力 EPR 也完全能够安全起飞。

由于图 3.2.4 中的 $T_{实际}$ 比 T_{ref} 还大,只要给发动机控制计算机输入一个高于 $T_{实际}$ 的温度值即可使得推力减小。输入的温度值越高,对应的推力就越小。因此为了保证减小后的推力能使飞机以 $W_{实际}$ 安全起飞,需要将 $W_{实际}$ 视为某一高温条件下的最大起飞重量,平移后可反查出一个特定温度值,该温度值即假设温度 $T_{假设}$。$T_{假设}$ 对应的减小后的发动机推力与 $T_{假设}$ 对应的最大起飞重量相匹配,可使飞机符合场道和航道的起飞要求。

可见,假设温度(灵活温度)法是将实际起飞重量视为某一高温条件(假设温度)下的最大起飞重量。

3. 假设温度(灵活温度)减推力起飞的限制

(1) 假设温度不得低于参考温度(平台温度) T_{ref},否则推力并不会出现显著变化。

(2) 假设温度不得低于实际环境温度 OAT,否则无法获得推力减小的效果。

(4) 假设温度不得高于 $T_{25\%}$,否则推力减小幅度将会超过满推力的25%。这种限制称为最大减推力限制的最大假设温度。

(4) 假设温度还不得高于 T_{perf},否则,一旦超过满足正常起飞、着陆需要的温度值,由于推力过小,将无法支撑该实际起飞重量起飞及符合性能相关条款要求。这种限制也称为性能限制的最大假设温度。

(5) 当防滞系统不工作或在冰、雪、积水和雪浆等污染跑道上起飞时,不得使用假设温度(灵活温度)法起飞。

(6) 使用假设温度(灵活温度)法起飞时,若遭受一发失效影响,在继续起飞时应立即把工作发动机油门恢复至 TOGA 推力挡位,但功率等级不会改变。

可见,参考温度 T_{ref} 和实际环境温度 OAT 二者中的较大者为最小假设温度 $T_{flex\,min}$,性能限制和25%减推力限制二者温度中的较小者为最大假设温度 $T_{flex\,max}$。实际运行中为保证飞行安全,飞行员选取的假设温度应在最小和最大假设温度范围内。

3.2.3 两种减推力方法比较

减功率起飞和假设温度减推力起飞的比较见表 3.2.1。

表 3.2.1 两种减推力起飞的比较

假设温度(灵活温度)法	减额定功率法
须满足 $T_{ref} < T_{flex}$,$T_{OAT} < T_{flex}$,$T_{flex} \leq T_{perf}$,$T_{flex} \leq T_{25\%}$,且减推力后的油门不得小于最大上升油门	无使用限制,只要实际起飞重量小于最大起飞重量即可使用
复飞时,可使用满功率推力等级	复飞时,只能恢复至减功率推力等级
只有一组起飞性能图表,使用方便	有多组起飞性能图表,各减功率推力等级都有一套与之匹配的起飞性能图表

续表

假设温度（灵活温度）法	减额定功率法
无适航取证支撑，但由于"虚假"温度仅用于欺骗发动机，飞机仍在"真实"温度下起飞，相同表速下真速小，相同重量下推力大，具有"事实上"的安全裕度	有适航取证支撑，具有足够的安全裕度
不得运行于污染跑道	可以运行于湿跑道或污染跑道
在短跑道上起飞时，最大起飞重量小	在短跑道或污染跑道上起飞时，最大起飞重量有可能增大

如表 3.2.1 所述，从理论的角度看，只要挑选的假设温度满足 $T_{\text{flex min}} < T_{\text{flex}} \leq T_{\text{flex max}}$ 条件，所获得的发动机推力均足以支撑飞机以实际重量 $W_{\text{实际}}$ 起飞。当 $W_{\text{实际}}$ 不变时，飞行员选取的 $T_{\text{flex}} < T_{\text{flex max}}$ 越多，发动机减推力 EPR 值越大。因此，尽管假设温度法因可选假设温度数量过多而无法开展适航取证，但是以"虚假"温度确定推力在"真实"温度下起飞的安全水平大于以"虚假"温度确定推力在"虚假"温度下起飞的安全水平。

3.3 起飞性能分析表

在实际运行中，飞行员和性能工程师必须根据当次执飞场景下的运行条件依据飞行手册提供的图表获得起飞的最大许可重量、起飞的假设温度、起飞实际重量对应的 $V_1/V_R/V_2$ 等信息。早期，飞行员和性能工程师需要通过查阅本书"限制最大起飞重量的因素"小节中的多幅图，方能获得所需信息。现在，制造商通过手册"电子化"大幅简化了人工查找的烦琐流程并对图表进行了整合，最终提供给飞行员一张综合性图表，即起飞性能分析表。

起飞性能分析表可供飞行员在起飞前查阅了解机型、跑道、引气状态、襟翼构型、风向、风速、气压偏差等条件下的最大许可重量、起飞假设温度、起飞实际重量对应的 $V_1/V_R/V_2$ 等信息。通过使用该表，飞行员既可以根据实际环境确定最大许可起飞重量，也可以根据实际起飞重量确定实施假设温度法起飞的假设温度及速度。

目前，波音公司通过 PET 性能软件计算生成起飞性能分析表，空客公司通过 PEP 性能软件计算生成起飞性能分析表，中国商飞通过 PES 性能软件计算生成起飞性能分析表。航空公司性能工程师利用这些工具定期计算生成起降机场的起飞性能分析表并装订成册，形成了机场分析手册。飞行员在当次任务起飞前的驾驶舱准备阶段，通过起飞性能分析表确定起飞所需的关键信息。

随着中国民航在"十四五"期间确立的"智慧民航"发展路线，未来越来越多机型的驾驶舱将进一步通过电子飞行包（electronic flight bag，EFB）满足飞行员起飞前快捷准备的需要。届时，"无纸化"将会体现在性能分析工作的方方面面，飞行员只需通过 EFB 界面输入条件就可以直接获取起飞关键信息了。

3.3.1 起飞性能分析表的使用方法

尽管起飞性能分析表只有一张，但是使用方法有两种，能够协助飞行员解答两个问题：

（1）已知实际环境温度，当前起飞机场和环境条件可容忍的最大许可起飞重量是多少？

(2) 已知实际起飞重量,匹配当前起飞机场和环境条件的假设温度和起飞速度是多少?

尽管不同飞机制造商的起飞性能分析表的结构和样式略有差异,但飞行员的查表逻辑和使用方法基本相同(图 3.3.1),具体说明如下:

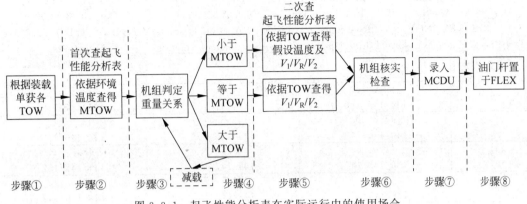

图 3.3.1　起飞性能分析表在实际运行中的使用场合

① 依据航班装载单获得当次起飞的实际重量 TOW。

② 依据航班当次起飞的机场条件、环境条件、飞机自身条件,查找最大许可起飞重量 MTOW。

③ 将航班当次起飞的实际起飞重量与最大许可起飞重量进行比较,确认 TOW≤MTOW。

④ 若 TOW<MTOW,则进入步骤⑤,使用图表进行二次查找;若 TOW=MTOW,可直接使用该 MTOW 对应的起飞速度;若 TOW>MTOW,必须实施减载后方能再次准备起飞。

⑤ 依据 TOW 和当次起飞的机场条件、环境条件、飞机自身条件,查找最大假设温度及起飞速度 $V_1/V_R/V_2$。

⑥ 核实检查起飞速度是否符合规章限制要求,若不符合,则依据制造商手册提示对起飞速度进行调整,直至满足要求。

⑦ 通过多功能控制显示单元(MCDU),将查得的最大假设温度值及起飞速度 $V_1/V_R/V_2$ 录入飞行管理计算机(FMC)。

⑧ 待飞机由滑行道进入跑道并对正中线,获得 ATC 的起飞许可后,将油门杆置于 FLEX 挡位。

接下来,本书具体介绍几种典型机型起飞性能分析表的识读和查阅方法。

3.3.2　起飞性能分析表实例

利用中国商飞提供的性能软件 PES 的 TLP 模块,可以计算起飞性能分析表,通过起飞性能分析表,可以查出最大起飞重量及对应的起飞速度 $V_1/V_R/V_2$,也可以根据实际起飞重量确定假设温度。

例 3.3.1　昆明长水机场 22 号跑道的起飞性能分析表如表 3.3.1 所示,该表未考虑障碍物影响。若机场气温为 20℃,静风,襟翼位置为 CONF2,干跑道,QNH=1013.25mbar,空调开,防冰关,请确定该条件下的最大起飞重量及对应的起飞速度 $V_1/V_R/V_2$。若实际起飞重量为39700kg,请确定该重量下的假设温度及对应的起飞速度$V_1/V_R/V_2$。

表 3.3.1　ARJ21-700ER 昆明长水机场 22 号跑道起飞性能分析表

ARJ21-700ER	CF34-10A	ZPPP KMG 昆明/长水		22	Dry CONF2
QNH 1013.25mb		Elevation 6876.97feet	TORA 4500meters	Obstacie Numb:0	
AC:ON　AI:ALL OFF		ISA Temp 1.4℃	TODA 4500meters	Date:2023-03-07	
ALL REV INOP		Rwy Slope −0.05%	ASDA 4500meters	Version:CA700B01 V2.0.4.6	
Dry Check　Normal　Normal		Line Up Dist TOD/ASD:0meters/0meters		Comments:	
OAT(℃)	Wind −10kt		Wind 0kt		Wind 20kt
−10	42.5　6 141/145/150		43.5　7 144/147/152		43.5　7 144/147/152
−5	42.2　6 140/144/149		43.5　7 144/146/152		43.5　7 144/146/152
0	41.9　6 139/143/149		43.5　7 144/147/152		43.5　7 144/147/152
4	41.7　6 139/143/148		43.5　7 143/146/152		43.5　7 144/146/152
8	41.4　6 138/142/148		43.5　7 144/147/152		43.5　7 144/146/152
12	41.2　6 138/142/148		43.5　7 143/146/152		43.5　7 144/146/152
16	41.0　6 137/142/147		43.5　7 143/147/152		43.5　7 144/147/152
20	40.6　6 137/141/146		43.1　6 143/146/151		43.5　7 144/147/152
24	40.2　6 137/141/146		42.7　6 143/146/150		43.5　7 145/147/152
28	39.8　6 137/140/145		42.0　8 142/144/149		40.0　8 142/144/149
32	39.3　6 137/140/144		39.7　8 138/140/145		39.7　8 138/140/145
36	37.7　8 133/136/141		37.7　8 134/136/141		37.7　8 134/136/141
MTOW(1000kg)　LC V1/VR/V2(Kt) DW(1000kg)　DFLEX DV1-DVR-DV2(Kt)	TFlexMax (OAT)=41℃	TREF(OAT)=16℃ TMAX(OAT)=41℃	Min Acc Height 417feet Max Acc Height 2224feet	Min Acc PA 7294feet Max Acc PA 9101feet	
	LC(Limitation Codes)　1. 1st Segment 2. 2nd Segment 3. Runway Lenght 4. Obstacles 5. Tire Speed 6. Brake Energy 7. Max Weight 8. Final Take-off				

解:

(1) 根据气温为 20℃,静风,襟翼位置为 CONF2,干跑道,QNH 为 1013.25mbar,空调开,防冰关等条件,由表 3.3.1 可以查出飞机最大起飞重量为 431000kg,起飞速度 $V_1/V_R/V_2=143/146/151$kn。

(2) 若实际起飞重量为 39700kg,由表 3.3.1 可以确定最大假设温度为 32℃,对应的起飞速度 $V_1/V_R/V_2=138/140/145$kn。

3.3.3　波音机型起飞性能分析表实例

波音机型典型的起飞性能分析表如图 3.3.2 所示。通过这张起飞性能分析表,可以确定 3 个方面的性能数据:一是不考虑改进爬升时,根据外界大气温度和风速确定最大许可起飞重量 MTOW 和对应的起飞速度 $V_1/V_R/V_2$;二是考虑改进爬升时,根据外界大气温度和风速确定最大许可起飞重量 MTOW 和对应的起飞速度 $V_1/V_R/V_2$；三是若实际起飞重量小于最大许可起飞重量，则根据实际起飞重量和风速确定假设温度和对应的起飞速度 $V_1/V_R/V_2$。

```
ELEVATION 1126 M                              RUNWAY 08      ZLDH
*** FLAPS 01 ***    AIR COND OFF   ANTI-ICE OFF    DUNHUANG
                                                   PCN=80/F/B/W/T
737-300      CFM56-3-B1                            DATED 08-MAR-2013
*A* INDICATES OAT OUTSIDE ENVIRONMENTAL ENVELOPE
OAT  CLIMB       WIND COMPONENT IN KNOTS(MINUS DENOTES TAILWIND)
C    100KG       -10              0              10             20

66
63A  376     376*/20-20-25    376*/20-20-25   376*/20-20-25   376*/20-20-25
             397**/31-35-37   407**/39-43-44  409**/41-46-46  411**/43-48-48
60A  398     402*/23-23-28    402*/23-23-28   402*/23-23-28   402*/23-23-28
             419**/33-35-38   430**/40-44-45  433**/42-46-47  435**/44-48-49
57A  420     430*/27-27-31    430*/27-27-31   430*/27-27-31   430*/27-27-31
             437**/34-36-39   450**/41-44-47  453**/43-47-49  457**/45-49-51
54A  443     455*/30-30-35    462*/30-30-35   462*/30-30-35   462*/30-30-35
             456**/36-37-41   470**/43-45-48  473**/45-48-50  476**/47-50-52
51A  468     476*/34-34-39    494*/34-34-39   494*/34-34-39   494*/34-34-39
             476**/38-39-43   490**/45-47-50  493**/47-49-52  497**/49-51-54
48A  492     496*/38-38-43    514*/38-38-43   519*/38-38-43   519*/38-38-43
             495**/39-40-45   509**/47-48-52  513**/49-50-54  517**/51-52-56
45   508     506F/38-41-46    529*/39-41-46   534*/40-41-46   535*/40-41-46
             523**/46-49-53   527**/49-51-55  530**/51-53-57
42   519     514F/39-42-47    541*/41-43-48   546*/41-43-48   550*/42-43-48
             533**/47-50-54   537**/50-52-56  541**/52-54-58
40   528     520F/40-42-48    549*/43-44-49   554*/43-44-49   558*/43-44-49
             541**/48-50-55   545**/50-53-57  548**/52-55-59
38   537     526F/40-43-49    557*/43-45-51   562*/44-45-51   566*/44-45-51
             548**/48-51-55   552**/50-53-57  556**/53-55-59
36   546     532F/41-44-50    564*/45-47-52   570*/45-47-52   575*/45-47-52
             556**/49-51-56   560**/51-54-59  564**/54-56-61
34   556     537F/42-45-50    571F/46-48-53   578*/46-48-53   583*/46-48-53
             563**/49-52-57   568**/52-54-59  572**/54-57-61

MAX BRAKE RELEASE WT MUST NOT EXCEED MAX CERT TAKEOFF WT OF 61234kg
MINIMUM FLAP RETRACTION HEIGHT IS  122 M
LIMIT CODE IS F=FIELD, T=TIRE SPEED, B=BRAKE ENERGY, V=VMCG,
     *=OBSTACLE/LEVEL-OFF, **=IMPROVED CLIMB
RUNWAY IS 2800 M LONG WITH 0M OF CLEARWAY AND 60 M OF STOPWAY
RUNWAY SLOPES ARE -0.12 PERCENT FOR TODA AND -0.12 PERCENT FOR ASDA
LINE-UP DISTANCES:    30 M FOR TODA,  30 M FOR ASDA   OBS FROM LO-M/M
RUNWAY     HT    DIST   OFFSET     HT   DIST  OFFSET    HT   DIST  OFFSET
08         9     900       0
```

图 3.3.2　B737-300 甘肃敦煌机场 08 号跑道起飞性能分析表

例 3.3.2　甘肃敦煌机场 08 号跑道起飞性能分析表如图 3.3.2 所示。若机场气温为 34℃，逆风风速为 10kn，起飞襟翼为 1，空调关，防冰关，试分别确定不考虑改进爬升和考虑改进爬升时，飞机最大许可起飞重量和对应的起飞速度 $V_1/V_R/V_2$。如果实际起飞重量为 51900kg，请确定最大假设温度和对应的起飞速度 $V_1/V_R/V_2$。

解：

(1) 计算不考虑改进爬升时的最大许可起飞重量及对应的起飞速度 $V_1/V_R/V_2$。

根据外界大气温度为 34℃，逆风风速为 10kn，查出障碍物限重为 57800kg 及起飞速度为 146/148/153kn，爬升梯度限重为 55600kg，飞机审定的最大起飞重量为 61234kg。

所以，实际允许的最大起飞重量为上述三个重量中的最小值 55600kg，起飞速度 $V_1/V_R/V_2=146/148/153$kn。

(2) 计算考虑改进爬升时的最大许可起飞重量及对应的起飞速度 $V_1/V_R/V_2$。

根据外界大气温度为 34℃，逆风风速为 10kn，查出改进爬升限重为 56800kg，起飞速度 $V_1/V_R/V_2=152/154/159$kn。

(3) 根据实际起飞重量，确定最大假设温度和对应的起飞速度 $V_1/V_R/V_2$。

根据实际起飞重量为 51900kg，在爬升限重栏找出与 51900kg 对应的温度为 42℃，而逆风风速为 10kn 这一列对应的温度为 48℃，故实际使用的最大假设温度为 42℃，对应的起飞速度 $V_1/V_R/V_2=141/143/148$kn。

3.3.4 空客机型起飞性能分析表实例

空客机型的起飞性能分析表如表 3.3.2 所示。相比波音机型来说，空客机型起飞性能分析表包含更多内容，在一张空客机型起飞性能分析表中可以有几种襟翼构型，在表下方还可以有几项修正。通过空客机型起飞性能分析表，可以查出最大起飞重量及对应的起飞速度 $V_1/V_R/V_2$，也可以根据实际起飞重量确定假设温度。

例 3.3.3 某机场 09 号跑道起飞性能分析表如表 3.3.2 所示。若机场气温为 25℃，静风，起飞襟翼位置为 CONF2，QNH=1013.25hPa，湿跑道，空调关，防冰关。请确定该条件下的最大起飞重量及对应的起飞速度 $V_1/V_R/V_2$。若实际起飞重量为 67000kg，请确定该重量下的假设温度及对应的起飞速度 $V_1/V_R/V_2$。

解：

(1) 确定最大起飞重量及对应的起飞速度 $V_1/V_R/V_2$。

① 根据外界大气温度 25℃，静风，襟翼位置 CONF2，查出最大起飞重量 75600kg，起飞速度 $V_1/V_R/V_2=141/142/147$kn。

② 由起飞性能分析表的右上部分可知，该表正文部分的数据是基于干跑道得到的，而本题给出的条件是湿跑道，因此需要使用湿跑道的修正。根据修正项内容，外界气温 25℃，低于 68℃，故使用白区数据。对于湿跑道，最大起飞重量的修正值为 −0.9t，$V_1/V_R/V_2$ 的修正值为 −8/−1/−1kn。

因此，最大起飞重量 MTOW = 75600kg − 900kg = 74700kg，起飞速度 $V_1/V_R/V_2=133/141/146$kn。

(2) 由于实际起飞重量 67000kg 小于最大起飞重量 74700kg，故可以使用假设温度减推力起飞。

① 将实际起飞重量看作最大起飞重量，在 CONF2、静风一列找到起飞重量 67000kg 位于 67500kg 和 66500kg 之间，对应的温度分别为 59℃ 和 61℃，对应的起飞速度分别为 137/137/140kn 和 136/136/140kn。通过线性插值计算可以确定，假设温度为 60℃，则起飞速度为 136/137/140kn。

表 3.3.2 某机场 09 号跑道起飞性能分析表

```
A320232-JAA   IAE V2527-A5 engines   MELBOURNE MEL-YMML   09    23.1.2  24-OCT-05
QNH    1013.25 HPA                                              AE232D01 V20
Air cond. On                         Elevation  395 FT   TORA 2286 M
Anti-icing On                        Isa temp   14 C     TODA 2436 M           DRY
Crosswind UP TO 20KT                 rwy slope  0.16%    ASDA 2346 M   11 obstacles
All reversers operating              FOR TRAINING ONLY
Dry check
No reversers on dry runway
```

OAT C	CONF 1+F				CONF 2			
	TAILWIND −10KT	WIND 0KT	HEADWIND 10KT	HEADWIND 20KT	TAILWIND −10KT	WIND 0KT	HEADWIND 10KT	HEADWIND 20KT
−15	73.9 3/4 142/46/49	78.0 3/4 151/51/54	79.2 3/4 154/54/57	80.2 3/4 157/57/60	74.1 3/4 140/40/45	78.2 3/4 148/48/53	79.4 3/4 151/51/56	80.5 3/4 154/54/59
−5	73.2 3/4 140/46/48	77.3 3/4 149/50/52	78.5 3/4 152/52/55	79.6 3/4 155/55/57	73.5 3/4 138/39/44	77.5 3/4 146/46/51	78.7 3/4 149/49/54	79.9 3/4 152/52/57
5	72.5 3/4 138/45/48	76.6 3/4 147/49/52	77.9 3/4 150/50/53	79.0 3/4 153/53/56	72.9 3/4 136/38/43	76.8 3/4 145/45/49	78.1 3/4 147/47/52	79.3 3/4 150/50/55
15	71.8 3/3 137/44/47	75.9 3/4 146/49/51	77.2 3/4 148/50/52	78.4 3/4 151/52/54	72.3 3/4 134/37/42	76.2 3/4 143/43/48	77.4 3/4 145/45/50	78.7 3/4 148/48/53
25	70.8 3/4 135/43/46	75.2 3/4 144/48/50	76.5 3/4 147/49/52	77.8 3/4 149/50/53	71.7 3/4 133/37/41	75.6 3/4 141/42/47	76.8 3/4 144/44/48	78.0 3/4 146/46/51
35	69.9 3/4 134/42/45	74.5 3/4 142/47/50	78.8 3/4 145/49/51	77.1 3/4 147/50/52	71.2 3/4 131/36/41	75.0 3/4 140/41/45	76.2 3/4 142/43/45	77.4 3/4 145/45/49
45	69.0 3/3 133/41/44	73.8 3/4 141/47/49	75.1 3/4 143/48/50	76.4 3/4 146/49/51	70.5 3/4 130/36/40	74.3 3/4 138/40/44	75.5 3/4 141/42/47	76.7 3/4 143/43/48
47	68.3 3/4 133/41/43	72.9 3/4 140/46/48	74.1 3/4 143/47/49	75.3 3/4 146/49/51	69.6 3/4 130/35/39	73.3 3/4 138/39/44	74.5 3/4 140/41/45	75.7 3/4 143/43/47
49	67.6 3/3 132/40/42	71.9 3/4 140/45/47	73.2 3/4 143/46/48	74.4 3/4 145/48/50	68.7 3/4 130/34/38	72.3 3/4 138/39/43	73.5 3/4 140/40/45	74.7 3/4 143/43/47
51	66.8 3/3 132/39/41	71.0 3/4 140/44/46	72.2 3/4 143/45/47	73.4 3/4 145/47/48	67.8 3/4 129/33/37	71.3 3/4 138/38/42	72.5 3/4 140/40/44	73.6 3/4 143/43/47
53	66.1 3/3 132/38/41	70.0 3/4 140/43/45	71.2 3/4 142/44/46	72.4 3/4 145/46/47	66.8 3/4 129/32/36	70.4 3/4 137/38/41	71.5 3/4 140/40/44	72.6 3/4 142/42/46
55	65.3 3/3 132/38/40	69.1 3/4 140/42/44	70.3 3/4 142/43/45	71.4 3/4 145/45/46	65.9 3/4 129/31/35	69.4 3/4 137/37/41	70.5 3/4 140/40/43	71.6 3/4 142/42/46
57	64.6 3/4 131/37/39	68.2 3/4 139/41/43	69.3 3/4 142/42/44	70.4 3/4 144/44/46	65.1 3/4 129/31/34	68.5 3/4 137/37/41	69.5 3/4 139/39/43	70.6 3/4 142/42/46
59	63.8 3/4 131/36/38	67.3 3/4 139/40/42	68.4 3/4 142/42/43	69.4 3/4 144/44/46	64.2 3/4 129/30/33	67.5 3/4 137/37/40	68.6 3/4 139/39/43	69.6 3/4 142/42/45
61	62.9 3/4 131/35/37	66.4 3/4 139/39/41	67.4 3/4 141/41/43	68.4 3/4 144/45/45	63.3 3/4 128/29/33	66.5 3/4 136/36/40	67.6 3/4 139/39/42	68.5 3/4 141/41/45
63	62.0 3/4 131/34/36	65.4 3/4 139/39/40	66.4 3/4 141/41/42	67.3 3/4 144/44/45	62.3 3/4 128/28/32	65.5 3/4 136/36/40	66.5 3/4 139/39/42	67.4 3/4 141/41/45
65	61.1 3/4 130/33/35	64.4 3/4 138/38/40	65.3 3/4 141/41/42	66.2 3/4 144/44/45	61.4 3/4 128/28/31	64.5 3/4 136/36/39	65.5 3/4 139/39/42	66.3 3/4 141/41/44
67	60.2 3/4 130/32/34	63.3 3/4 138/38/39	64.2 3/4 141/41/42	65.1 3/4 143/43/44	60.5 3/4 128/28/31	63.5 3/4 136/36/39	64.3 3/4 138/38/41	65.2 3/4 141/41/44
68	59.7 3/4 130/32/33	62.8 3/4 138/38/39	63.7 3/4 141/41/42	64.7 3/4 143/43/44	60.0 3/4 128/28/31	62.9 3/4 136/36/39	63.8 3/4 138/38/41	64.6 3/4 141/41/44

INFLUENCE OF RUNWAY CONDITION

| WET | −2.4 −7
−11/ −2/ −2
(+68) −3.1 −8
−10/ 0/ 0 | −1.6 −4
−9/ −1/ −1
(+68) −1.6 −4
−9/ 0/ 0 | −0.8 −2
−8/ −1/ −1
(+68) −1.0 −2
−8/ 0/ 0 | −0.8 −1
−8/ −1/ −1
(+68) −0.8 −2
−8/ 0/ 0 | −2.2 −5
−10/ −2/ −2
(+68) −2.9 −7
−9/ 0/ 0 | −0.9 −2
−8/ −1/ −1
(+68) −0.9 −2
−8/ 0/ 0 | −0.6 −2
−8/ −1/ −1
(+68) −0.6 −2
−8/ 0/ 0 | −0.9 −2
−7/ −2/ −2
(+68) −0.9 −2
−7/ 0/ 0 |

INFLUENCE OF DELTA PRESSURE

DQNH HPA								
−10.0	−0.7 −2 0/ −1/ −1 (+68) −0.7 −2 0/ 0/ 0	−0.7 −2 0/ −1/ −1 (+68) −0.7 −2 0/ 0/ 0	−0.7 −2 0/ −1/ −1 (+68) −0.7 −2 0/ 0/ 0	−0.7 −2 0/ −1/ −1 (+68) −0.7 −2 0/ 0/ 0	−0.7 −2 0/ −1/ −1 (+68) −0.7 −2 0/ 0/ 0	−0.7 −2 0/ −1/ −1 (+68) −0.7 −2 0/ 0/ 0	−0.7 −2 0/ −1/ −1 (+68) −0.7 −2 0/ 0/ 0	−0.6 −2 0/ −1/ −1 (+68) −0.6 −0 −7/ 0/ 0
+10.0	+0.2 0 0/ 0/ 0 (+68) +0.2 0 0/ +1/ +1	0.2 0 0/ 0/ 0 (+68) +0.2 0 0/ 0/ 0	+0.3 0 0/ 0/ 0 (+68) +0.3 0 0/ 0/ 0	+0.3 0 +0/ 0/ 0 (+68) +0.3 0 +1/ 0/ 0	+0.2 0 0/ 0/ 0 (+68) +0.2 0 0/ 0/ 0	+0.3 0 0/ 0/ 0 (+68) +0.3 0 0/ 0/ 0	+0.3 0 0/ 0/ 0 (+68) +0.3 0 0/ 0/ 0	0.0 0 0 0 0 (+68) 0.0 0 0/ 0/ 0

INFLUENCE OF AIR COND.

| On | −1.4 −4
0/ −1/ −1
(+68) −1.4 −4
0/ 0/ 0 | −1.0 −3
0/ 0/ 0
(+68) −1.0 −3
0/ 0/ 0 | −1.0 −3
0/ 0/ −1
(+68) −1.0 −3
0/ 0/ 0 | −1.0 −3
0/ 0/ −1
(+68) −1.0 −3
0/ 0/ 0 | −1.1 −3
0/ 0/ −1
(+68) −1.1 −3
0/ 0/ 0 | −0.9 −3
0/ 0/ 0
(+68) −0.9 −3
0/ 0/ 0 | −1.1 −3
0/ 0/ −1
(+68) −1.1 −3
0/ 0/ 0 | −1.1 −3
−1/ −1/ −1
(+68) −1.1 −3
−1/ 0/ 0 |

```
LABEL FOR INFLUENCE        MTOW(1000 KG) codes    VMC            Tref(OAT)=45℃      Min acc height 459 FT
                           V1min/VR/V2(kt)        LIMITATION      Tmax(OAT)=54℃      Max acc height 2188 FT
 DW(1000KG) DTFLEX
 DV1-DVR-DV2(KT)           LIMITATION CODES:                     Min QNH alt 854 FT
(TVMC OAT C) DW(1000KG) DTFLEX   1=1st segment 2=2nd segment 3=runway length   Max QNH alt 2583 FT
 DV1-DVR-DV2(KT)           4=obstacles 5=tire speed 6=brake energy
                           7=max weight 8=final take-off 9=VMU   Min V1/VR/V2 = 114/20/22
                                                                 CHECK VMU LIMITATION
                                                                 Correct V1/VR/V2=1.0KT/1000KG
```

② 对湿跑道进行修正。根据修正项内容，外界气温 25℃，低于 68℃，故使用白区数据。对于湿跑道，假设温度的修正值为 -2℃，$V_1/V_R/V_2$ 的修正值为 $-8/-1/-1$kn。

③ 因此，在实际起飞重量为 67000kg 的情况下，可以使用假设温度法减推力起飞，最大假设温度为 60℃-2℃$=58$℃，对应的起飞速度 $V_1/V_R/V_2=128/136/139$kn。

例 3.3.4 某机场 09 号跑道起飞性能分析表见表 3.3.2。若机场气温为 15℃，逆风风速为 10kn，起飞襟翼位置为 CONF1+F，QNH=1003.25hPa，干跑道，空调关，防冰关。请确定该条件下的最大起飞重量及对应的起飞速度 $V_1/V_R/V_2$。若实际起飞重量为 69800kg，请确定该重量下的假设温度及对应的起飞速度 $V_1/V_R/V_2$。

解：

(1) 确定最大起飞重量及对应的起飞速度 $V_1/V_R/V_2$。

① 根据外界大气温度 15℃，逆风风速 10kn，襟翼位置 CONF1+F，查出最大起飞重量 77200kg，起飞速度 $V_1/V_R/V_2=148/150/152$kn。

② 由起飞性能分析表的左上部分可知，该表正文部分的数据是基于 QNH=1013.25hPa 得到的，而本题给出的条件是 1003.25hPa，因此需要使用 QNH 的修正。根据修正项内容，外界气温 15℃，低于 68℃，故使用白区数据。由 1003.25hPa$-$1013.25hPa$=-10$hPa 可以查出，最大起飞重量的修正值为 -0.7t，$V_1/V_R/V_2$ 的修正值为 $0/0/-1$kn。

因此，最大起飞重量 MTOW$=77200$kg-700kg$=76500$kg，起飞速度 $V_1/V_R/V_2=148/150/151$kn。

(2) 根据实际起飞重量 69800kg，小于最大起飞重量 76500kg，故可以使用假设温度减推力起飞。

① 将实际起飞重量看作最大起飞重量，在 CONF1+F、逆风风速 10kn 一列找到起飞重量 69800kg 位于 70300kg 和 69300kg 之间，对应的温度分别为 55℃ 和 57℃，对应的起飞速度分别为 142/143/145kn 和 142/142/144kn。通过线性插值计算可以确定，假设温度为 56℃，则起飞速度为 142/143/145kn。

② 对 QNH 进行修正。根据修正项内容，外界气温 15℃，低于 68℃，故使用白区数据。由 1003.25hPa$-$1013.25hPa$=-10$hPa 可以查出，假设温度的修正值为 -2℃，$V_1/V_R/V_2$ 不做修正。

③ 因此，在实际起飞重量为 67000kg 的情况下，可以使用假设温度法减推力起飞，最大假设温度为 56℃-2℃$=54$℃，对应的起飞速度 $V_1/V_R/V_2=142/143/145$kn。

复习思考题

1. 实际起飞时某飞机的真实性能与手册性能一致吗？为什么？

2. 起飞时若使用了超出手册许可的大角度襟翼（如着陆襟翼），对起飞距离和起飞梯度会带来何种影响？

3. 起飞时若因跑道可用空间充足，飞机使用小角度襟翼起飞，是否需要考虑轮胎速度和最大刹车能量的限制？

4. 为什么飞机必须收襟翼至光洁形态后才能进入航路上升？

5. 分析和对比备用前重心与改进爬升两种提升最大起飞重量手段的适用场景。

6. 参考图3.3.2主表内容,已知某飞机在该机场起飞当天的环境温度为36℃,风向风速为顺风10kn。该飞机的最大起飞重量是多少?该最大起飞重量源于何种限制?若风向风速变化为逆风10kn,机组可否使用改进爬升对起飞进行优化?

7. 参考图3.3.2主表内容,已知某飞机实际起飞重量为44t。若实际环境温度为50℃,可否起飞?若实际环境温度为40℃,假设温度为50℃,可否起飞?

8. 参考表3.3.2主表下部的修正栏内容,观察打开空调引气导致飞机起飞限重降低的幅度。

9. 参考表3.3.2主表下部的修正栏内容,试寻找飞行员在一发失效后能够实时改平增速的高和高度的范围,试观察最小改平高"min acc height"与最小QNH高度"min QNH alt"二者的高度差并说明其含义。

10. 参考表3.3.2的主表内容,以温度为横轴,以限重为纵轴,分别绘制CONF1+F和CONF2两种构型条件下在无风时的"温度-限重"曲线。观察构型变化带来的影响并分析造成该差异的原因。观察曲线在Tmax温度前后的变化规律并分析造成该差异的原因。

第4章

航路性能

航路飞行是指航路上升、航路巡航和航路下降。与起飞性能分析多考虑安全性影响所不同的是,航路性能分析更侧重于经济性。当航班进入航路飞行后,速度快,动压充足,稳定性和操纵性良好;飞行高度高,可以规避地形和对流层中下部复杂天气条件的影响。与其他飞行阶段相比,航路飞行还占据了更多的航班运行时长。因此,明确并提升航班当前飞行的经济性是航路性能分析的主要内容。此外,航路性能仍然需要评估一发失效、座舱释压等特情出现时的应急处置预案。

4.1 上升性能

民用飞机的上升通常是指从飞机起飞结束(通常取机场上空 1500ft 高度处)直至到达规定的巡航高度和速度的过程,又称作航路上升。飞机此时处于全发最大爬升推力状态,气动外形光洁。从性能分析的角度出发,需要飞行员明确飞机上升到给定高度的时间、距离和燃油消耗,这些参数均与飞机的飞行方式(速度)密切相关。

4.1.1 上升运动的特点

本小节将回顾与飞机上升相关的典型原理和概念。首先介绍上升运动中飞机的受力,然后介绍表征上升性能的主要参数,如上升梯度、上升率等。

1. 上升受力

飞机上升运动过程中所受的作用力有升力(L)、阻力(D)、推力(T)和重力(W)。上升时,因重力与飞行轨迹不垂直,可将重力分解为垂直于飞行轨迹的分力($W\cos\theta_\text{上}$)和平行于飞行轨迹的分力($W\sin\theta_\text{上}$)。$\theta_\text{上}$ 为飞机的上升角,是指上升轨迹与水平面的夹角,如图 4.1.1 所示。因此,飞机上升运动的受力关系式为

$$\begin{cases} L = W\cos\theta_\text{上} \\ T = D + W\sin\theta_\text{上} \end{cases} \quad (4.1.1)$$

2. 上升梯度

在性能工作中常将飞机的上升角转换为上升梯度,以百分数表示。上升梯度(gradient

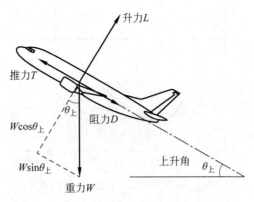

图 4.1.1　飞机爬升时的受力情况

of climb,GOC)是上升角的正切值,反映了飞机前进单位水平距离所能获得的高度,如图 4.1.2 所示。民航运输机的上升角和上升梯度通常较小。正常全发起飞时,民航运输机的上升角一般在 4°～8°,上升梯度为 9%～14%;一台发动机失效后,飞机上升性能会明显降低,上升梯度为 3%～5%或更小。

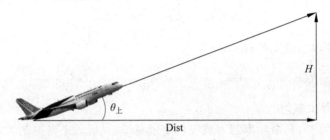

图 4.1.2　飞机的上升梯度示意图

根据上升运动方程及上升梯度的定义可得

$$\frac{H}{\text{Dist}} = \text{GOC} = \tan\theta_{\text{上}} \approx \sin\theta_{\text{上}} = \frac{T-D}{W} = \frac{\Delta T}{W} \quad (4.1.2)$$

式中,ΔT 表示剩余推力。

由式(4.1.2)可知,上升梯度的大小主要与剩余推力和飞机重量有关,剩余推力越大或者重量越小,飞机的上升角和上升梯度越大,飞机的爬升能力越强。对于当次飞行任务,飞机重量通常不可调,飞行员所能创造的剩余推力越大,飞机获得的上升角和上升梯度越大。如图 4.1.3 所示,能够获得最大上升角(最大上升梯度)的速度,称为陡升速度 V_X。

剩余推力的大小主要取决于油门的大小和上升速度的快慢。给定上升速度时,油门越大,剩余推力越大;给定油门位置时,涡扇喷气发动机飞机以最小阻力速度 V_{MD} 上升可以获得最大的剩余推力。

3. 上升率

上升率(rate of climb,ROC)是指飞机在单位时间内上升的高度,也是飞机上升速度的竖直分量。上升率既与上升角有关,也与上升速度(真空速)$V_{\text{上}}$有关,如图 4.1.4 所示。

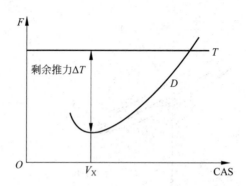

图 4.1.3 上升中推力 T 与阻力 D 的曲线图

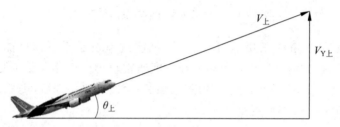

图 4.1.4 飞机上升率示意图

根据飞机上升率的定义可得

$$\text{ROC} = V_{\text{上}} \sin\theta_{\text{上}} = V_{\text{上}} \cdot \frac{T-D}{W} = V_{\text{上}} \cdot \frac{\Delta T}{W} = \frac{\Delta P}{W} \quad (4.1.3)$$

式中,ΔP 表示剩余功率。

由式(4.1.3)可知,剩余功率越大或飞机重量越小,飞机的上升率越大,飞机上升相同高度所耗费的时间越短。对于当次飞行任务,飞机重量已确定,剩余功率越大,飞机的上升率越大。能获得最大上升率的速度称为快升速度 V_Y,如图 4.1.5 所示。图中实线表示可用功率曲线,虚线表示所需功率曲线。

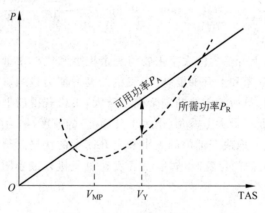

图 4.1.5 上升功率曲线图

民航运输机的快升速度 V_{MP} 远大于最小功率速度 V_{MP},也大于最小阻力速度 V_{MD}(即陡升速度 V_X)。民用运输机的上升率通常为 1000~2000ft/min,必要时也可以达到 3000~4000ft/min。例如,当飞机上升角为 5°时,根据式(4.1.3),上升真速为 200kn 时,上升率约为 1772ft/min；上升真速为 350kn 时，上升率约为 3100ft/min。

4．上升的影响因素

影响上升角、上升梯度与上升率的主要因素有重量、构型、高度、风等。

（1）重量影响。

当可用推力不变时，随着飞机重量的增加，总阻力会增大，所需推力曲线（总阻力曲线）向上、向右移动（见图 4.1.6 中实线），剩余推力会减小，上升角也会减小，陡升速度 V_X 会增大。

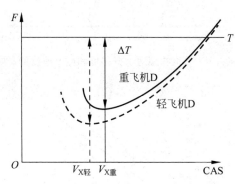

图 4.1.6　重量对上升梯度和陡升速度的影响

在可用功率不变时，随着飞机重量的增加，所需功率会增大（见图 4.1.7 中实线），剩余功率会减小，上升率也会减小，快升速度 V_Y 会增大。

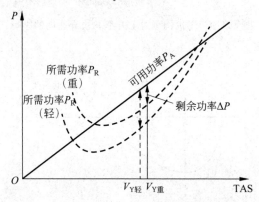

图 4.1.7　重量对上升率和快升速度的影响

（2）襟翼角度影响。

在可用推力不变时，放下襟翼（非光洁构型），飞机阻力增大，总阻力曲线会向上、向左移动（见图 4.1.8 中实线），剩余推力会减小，上升角也会减小，陡升速度 V_X 减小。

在可用功率不变时，放下襟翼，飞机阻力增大，所需功率曲线会向上、向左移动（见图 4.1.9），剩余功率会减小，上升率与快升速度 V_Y 也会减小。

（3）高度影响。

随着高度的增加，空气密度减小，使得可用推力减小（见图 4.1.10），尽管总阻力曲线不变，剩余推力仍会减小，但陡升速度 V_X 保持恒定。

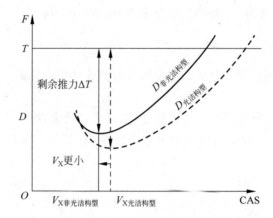

图 4.1.8　飞机构型对上升梯度和陡升速度的影响

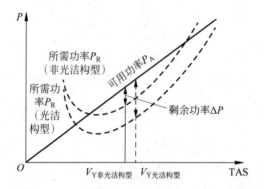

图 4.1.9　飞机构型对上升率和快升速度的影响

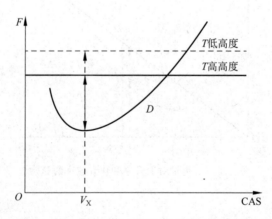

图 4.1.10　高度对上升梯度和陡升速度的影响

同时,随着高度的增加,可用功率也减小(见图 4.1.11)。因为所需功率是阻力和真空速的乘积,高度增加时,空气密度减小使得相同校正空速对应的真空速增大,所需功率曲线向右、向上移动。所以高度增加必然导致剩余功率减小,上升率减小,快升速度 V_Y(真空速)会有少量增加。此外,随着高度的增加,快升速度 V_Y(校正空速)会持续减小,直至在理论升限处与 V_X 相等。

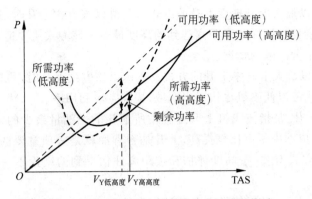

图 4.1.11 高度对上升率和快升速度的影响

（4）风影响。

飞机在顺风中上升，上升角和上升梯度减小；在逆风中上升，上升角和上升梯度增大，如图 4.1.12 所示。但顺、逆风不会影响上升率。与无风条件相比，当飞机在顺风或逆风风场中上升至相同高度时，上升时间和上升油耗不变，但前进的地面距离会发生改变。

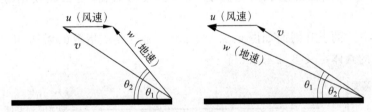

图 4.1.12 顺、逆风对上升角及上升率的影响

飞机在上升气流中上升，上升角和上升率增大；在下降气流中上升，上升角和上升率减小，如图 4.1.13 所示。

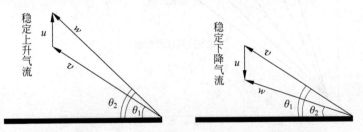

图 4.1.13 上升、下降气流对上升角及上升率的影响

注意，此处讨论的顺、逆风和升降气流均是稳定风场，风切变不在本书讨论范围内。

4.1.2 上升方式与上升策略

1. 上升方式

在航路上升过程中，常涉及省时、省油或者省成本的经济性考量。因此，民航运输机常用的上升方式有陡升方式、快升方式、燃油最省上升方式、总成本最小上升方式和减推力上升方式等。

(1) 陡升，是指以最大上升梯度上升的方式。飞机以该方式上升时，达到同样高度经过的水平距离最短或者经过同样水平距离达到的高度最高。该方式主要适用于上升过程中航迹下方地形障碍物十分严峻的情况。

(2) 快升，是指以最大上升率上升的方式。飞机以该方式上升时，可以在最短时间内达到指定高度。该方式可以使飞机尽快腾出空域，提高空域利用率。

(3) 燃油最省上升，是指使飞机上升过程中所消耗的燃油量最少的方式。当燃油价格上涨时，燃油在运行成本中所占比例提高，上升是否省油就是一项重要的评估指标。然而，是否省油也与评估方式有关，按高度评估和按距离评估得到的结论不一定相同，需要具体分析。

(4) 总成本最小上升，是指使飞机上升过程中的总成本（时间成本与燃油成本之和）最低的方式。该上升方式与航空公司自身情况结合紧密，不同航空公司的时间成本与燃油成本各不相同，同样需要具体分析。此外，总成本最省往往不局限在单一的上升阶段，需要对整个航路飞行过程（上升、巡航、下降）开展全局分析。

(5) 减推力上升，是指当飞机实际起飞重量较小时，飞行员使用低于正常上升推力的油门设定进行爬升，以降低发动机涡轮温度，减小其疲劳载荷，延长其使用寿命，降低维护成本。

不同上升方式的上升剖面如图 4.1.14 所示。随着成本指数的增加，上升梯度逐渐减小。成本指数的具体定义参见 4.2.2 节。

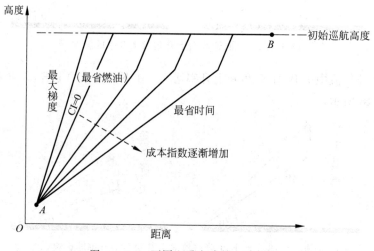

图 4.1.14　不同上升方式的上升剖面

2. 上升策略

无论选用何种上升方式，最终都需要通过定速爬升的形式执行，才能易于飞行员操作和 ATC 调度。为了兼顾飞行员和 ATC 的需要，也为了满足不同前述上升方式的需要，航线运输飞机制造商在手册中通常推荐"中低空等表速、高空等马赫数"的上升策略。常用的上升策略往往能够获得接近于快升的效果。

实际运行中，飞行员只需在驾驶舱准备阶段将速度策略通过多功能控制显示单元

(MCDU)输入飞行管理计算机(FMC)即可,FMC将会记录策略信息并留待后用。一旦完成起飞,飞机将在飞行员完成标准操作程序(standard operating procedure,SOP)或ATC要求的同时迅速增加高度。此时,若飞行员已接通自动驾驶仪(autopilot,AP),AP将根据飞行员在起飞前设定的上升策略进行工作。

上升策略通常由一组表速和马赫数的复合参数共同表示,例如,中低空保持等表速240kn上升,高空保持等马赫数Ma0.74上升,可表示为240kn/Ma0.74。

飞机等表速上升时,高度增加使得空气密度减小,真空速会增大,温度降低(对流层内)使得音速减小,飞行马赫数会增大,如图4.1.15中校正空速CAS曲线、真空速TAS曲线、马赫数Ma曲线所示。随着高度的增加和马赫数的持续增大,必将在某一特定高度(转换高度)达到上升策略指定的马赫数,此时飞机开始转入等马赫数上升阶段。

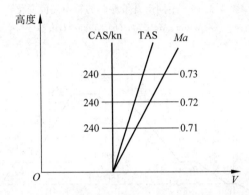

图4.1.15 飞机上升过程中校正空速、真空速与马赫数的变化

飞机等马赫数上升时,高度增加使得温度降低(对流层内),音速会减小,为使马赫数不变,需主动减小飞机的真空速,校正空速也相应减小。若继续增加高度进入平流层底部,高度增加不影响温度(平流层底部),音速不变,为使马赫数不变,需保持飞机的真空速,校正空速仍会减小。

图4.1.16(a)给出了按策略240kn/Ma0.74上升时CAS和Ma变化情况的完整示意。可见,当飞机以等表速240kn上升至某个特定高度时,马赫数刚好达到策略指定的Ma0.74,该特定高度称为转换高度。在转换高度以上,飞机开始保持等马赫数上升。

转换高度的数值会随着上升策略的不同而变化,如图4.1.16(b)所示。当上升策略为250kn/Ma 0.74时,飞机以等表速250kn飞至图4.1.16(a)中相同高度时的马赫数会更大,所以为了满足图4.1.16(b)的上升策略需要,转换高度将会更低。由此可知,只要上升策略中的校正空速增大或者马赫数减小,转换高度就会降低;反之,转换高度就会升高。

CCAR-91.117条(a)款规定,"除经局方批准并得到空中交通管制的同意外,航空器驾驶员不得在修正海平面气压高度3km(10000ft)以下以大于460km/h(250kn)的指示空速运行航空器"。因此在实际运行中,上升策略还会额外给出10000ft以下的等表速数值,通常默认为250kn。

抛开数值上的差异,各机型飞机的标准上升策略总体相似,空客A320机型的典型爬升方式是250kn/300kn/Ma0.78,波音B737-800机型的典型爬升方式是250kn/280kn/Ma0.78。现以空客A320机型为例对典型爬升策略进行解读(图4.1.17)。

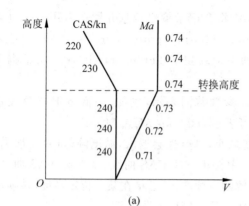
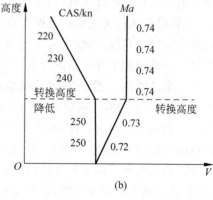

图 4.1.16　不同上升策略时的转换高度变化

(a) 240kn/Ma0.74；(b) 250kn/Ma0.74

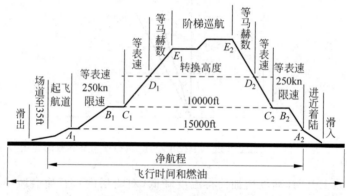

图 4.1.17　飞行剖面示意图

(1) 当高度低于 10000ft 时，飞机须保持表速 250kn 爬升。

(2) 当高度达到 10000ft 时，飞机增速至 300kn，然后保持表速 300kn 继续爬升，直至达到相应的转换高度。

(3) 当高度达到转换高度时，马赫数必然增大到 0.78，飞机开始保持 0.78 马赫数继续爬升，直至达到爬升顶点（巡航高度）。

4.1.3　上升性能图表的用法

本小节以部分典型机型的上升性能图表为例介绍上升性能图表的使用方法。

飞机的上升性能图表通常以起飞重量和上升目标高度为已知量，以上升时间、上升距离和上升耗油为待求量。上升时间是指飞机上升至目标高度所需的时间，上升距离是指飞机上升至目标高度的前进距离，上升耗油是指飞机上升至目标高度所消耗的燃油量。

例 4.1.1　某波音飞机的上升性能见表 4.1.1。已知飞机从某机场起飞的松刹车重量为 60000kg，机场气压高度为 3000ft，巡航气压高度为 FL330，温度为标准大气温度 ISA，上升过程中有顺风且风速为 50kn。试确定该次上升所需要的时间、燃油和经过的水平距离。

表 4.1.1 B737-700(22K)上升性能表

280/.78 Enroute Climb
ISA & Below

PRESSURE ALTITUDE (FT)	UNITS MIN/KG NM/KTAS	BRAKE RELEASE WEIGHT(1000 KG)									
		80	75	70	65	60	55	50	45	40	35	30
41000	TIME/FUEL DIST/SPD					23/1750 145/407	19/1500 119/404	16/1300 101/401	14/1150 87/400	12/1000 74/398	11/850 63/397	9/750 53/396
40000	TIME/FUEL DIST/SPD				26/1950 160/408	21/1650 128/403	18/1450 109/400	16/1250 94/398	14/1100 81/397	12/950 70/396	10/850 60/394	9/700 50/393
39000	TIME/FUEL DIST/SPD			292/200 182/409	23/1800 139/402	19/1550 117/399	17/1400 101/397	15/1200 88/395	13/1050 76/394	11/950 66/393	10/800 57/392	8/700 48/390
38000	TIME/FUEL DIST/SPD			25/2000 150/401	21/1700 125/398	18/1500 108/395	16/1350 94/394	14/1200 82/392	12/1050 72/391	11/900 62/390	9/800 54/389	8/650 45/388
37000	TIME/FUEL DIST/SPD		27/150 163/401	22/1850 134/396	19/1650 115/394	17/1450 101/392	15/1300 88/391	13/1150 78/389	12/1000 68/388	10/900 59/387	9/750 51/386	7/650 43/385
36000	TIME/FUEL DEST/SPD	29/2350 178/400	24/2000 144/395	21/1800 123/392	18/1600 107/390	16/1400 94/389	14/1250 83/388	13/1100 73/387	11/1000 64/386	10/850 56/385	9/750 48/384	7/650 41/382
35000	TIME/FUEL DIST/SPD	26/2200 156/394	22/1990 132/391	20/1700 115/389	18/1550 101/387	16/1350 89/386	14/1200 79/385	12/1100 69/384	11/950 61/383	10/850 53/382	8/750 46/381	7/650 39/380
34000	TIME/FUEL DIEST/SPD	24/2100 141/389	21/1850 122/387	19/1650 107/385	17/1500 95/384	15/1350 84/383	13/1200 74/382	12/1050 66/381	10/950 58/380	9/850 51/379	8/700 44/378	7/600 37/377
33000	TIME/FUEL DIST/SPD	23/2000 131/385	20/1800 114/383	18/1600 101/382	16/1450 89/380	14/1300 80/379	13/1150 71/378	11/1050 63/377	10/900 55/377	9/800 48/376	8/700 41/375	7/600 35/373
32000	TIME/FUEL DIST/SPD	21/1900 120/380	19/1700 106/378	17/1550 94/377	15/1400 84/376	14/1250 74/375	12/1100 66/374	11/1000 59/373	10/900 52/373	9/800 45/372	7/700 39/371	6/600 33/369
31000	TIME/FUEL DISTI/SPD	20/1800 109/374	18/1650 97/373	16/1500 86/372	14/1350 77/371	13/1200 69/370	12/1100 61/370	10/950 55/369	9/850 48/368	8/750 42/367	7/650 36/366	6/550 31/365
30000	TIME/FLEL DEST/SPD	19/1750 100/369	17/1550 89/368	15/1400 80/367	14/1300 72/367	12/1150 64/366	11/1050 57/365	10/950 51/364	9/850 45/364	8/750 39/363	7/650 34/362	6/550 29/360
29000	TIME/FUEL DIST/SPD	17/1650 92/365	16/1500 83/364	14/1350 74/363	13/1250 66/362	12/1100 60/361	10/100 53/361	9/900 47/360	8/900 42/360	7/700 37/359	6/600 32/358	5/500 27/356
28000	TIME/FUEL DIST/SPD	16/1600 85/360	15/1450 76/359	14/1300 69/359	12/1200 62/358	11/1100 55/357	10/950 50/357	9/850 44/356	8/750 39/356	7/700 34/355	6/600 29/353	5/500 25/352
27000	TIME/FUEL DIST/SPD	14/1400 79/356	13/1250 71/355	13/1250 64/355	12/1150 57/354	10/1050 52/553	9/950 46/353	8/850 41/352	7/750 36/352	6/50 32/351	5/500 27/349	5/500 23/348
26000	TIME/FUEL DIST/SPD	15/1450 73/352	13/1390 65/351	12/1200 59/351	11/1100 53/350	10/1000 48/350	9/900 43/349	8/800 38/349	7/700 34/348	6/650 30/347	5/550 26/346	5/450 22/344
25000	TIME/FUEL DIST/SPD	14/1400 67/348	13/1300 61/348	12/1150 55/347	10/1050 50/347	9/950 45/346	8/850 40/345	8/800 36/345	7/700 32/344	6/600 28/343	5/550 24/342	4/450 20/340
24000	TIME/FUEL DIST/SPD	13/1350 62/344	12/1200 56/344	11/1100 51/343	10/1000 46/343	9/950 42/343	8/850 37/342	7/750 33/341	6/650 29/341	6/600 26/340	5/500 22/338	4/450 19/337
23000	TIME/FUEL DIST/SPD	12/1300 58/341	11/1150 52/340	10/1100 47/340	9/1000 43/340	9/900 39/339	8/800 35/339	7/700 31/338	6/650 27/337	5/500 24/336	5/500 21/335	4/400 18/333
22000	TIME/FUEL DIST/SPD	12/1250 53/337	11/1150 48/337	10/1050 44/337	9/950 40/336	8/850 36/336	7/750 32/335	7/700 29/335	6/600 26/334	5/550 22/333	5/450 19/332	4/400 16/330
21000	TIME/FUEL DIST/SPD	11/1150 49/334	10/1100 45/334	9/1000 41/333	9/900 37/333	8/800 33/333	7/750 30/332	6/650 27/332	6/600 24/331	5/500 21/330	4/450 18/328	4/400 15/326
20000	TIME/FUEL DIST/SPD	11/1100 45/331	10/1050 41/331	9/950 37/330	8/850 34/330	7/800 31/330	7/700 28/329	6/650 25/328	5/550 22/328	5/500 19/327	4/450 17/325	3/400 14/323
18000	TIME/FUEL NM/KTAS	9/1000 38/325	9/950 35/325	8/850 32/324	7/800 29/324	7/700 26/324	6/650 24/323	5/600 21/322	5/500 19/322	4/450 16/321	4/400 14/319	3/350 12/317
16000	TIME/FUEL DIST/SPD	8/850 32/319	8/850 29/319	7/800 27/319	6/750 24/318	6/650 22/318	5/600 20/317	5/550 18/317	4/500 16/316	4/400 14/315	3/350 12/313	3/300 10/311
14000	TIME/FUEL DIST/SPD	7/850 26/314	7/750 24/313	6/700 22/313	6/650 20/313	5/600 18/312	5/550 16/312	4/500 15/311	4/450 13/310	3/400 11/309	3/350 10/307	3/300 8/305
10000	TIME/FUEL DIST/SPD	5/650 16/303	5/600 15/303	5/550 14/303	4/500 12/302	4/450 11/302	4/450 10/302	3/400 9/301	3/350 8/300	3/300 7/299	2/250 6/297	2/250 5/294
1500	TIME/FUEL	2/300	2/300	2/250	2/250	2/200	2/200	1/200	1/150	1/150	1/150	1/100
FUEL ADJUSTMENT FOR HIGH ELEVATION AIRPORTS EFFECT ON TIME AND DLSTANCE IS NEGLIGIBLE		AIRPORT ELEVATION			2000	4000	6000	8000	10000	12000		
		FUEL ADJUSTMENT			−50	−100	−150	−200	−250	−350		

Shaded area approximabes optimum altitude at LRC.

解:

根据表 4.1.1 左下角的说明:机场的气压高度对于上升时间和距离的影响可以忽略不计,而对于燃油消耗的影响需要修正,因此,解题过程如下:

(1) 根据大气温度为 ISA,松刹车重量为 60000kg,巡航气压高度为 FL330,从表中查得从海平面上升至 FL330 的上升时间、距离和耗油分别为

$$FL330 \begin{cases} \text{上升时间:} & 14\text{min} \\ \text{上升需要的燃油:} & 1300\text{kg} \\ \text{上升经过的地面距离:} & 80\text{n mile} \end{cases}$$

(2) 修正风带来的影响。由于上升过程中有顺风且风速为 50kn,因此需要对上升距离进行修正,修正后的上升距离为

$$80\text{n mile} + 50 \times \frac{14}{60}\text{n mile} \approx 91.67\text{n mile}$$

(3) 修正机场气压高度对于燃油消耗的影响。根据表下方数据可知,机场压力高度 3000ft 时燃油消耗需要 −75kg,因此,修正后上升所需的燃油为

$$1300 - 75 = 1225(\text{kg})$$

(4) 最终确定该飞机由机场上升到 FL330 所需的时间、燃油和距离分别为

$$FL330 \begin{cases} \text{上升时间:} & 14\text{min} \\ \text{上升需要的燃油:} & 1225\text{kg} \\ \text{上升经过的地面距离:} & 91.67\text{n mile} \end{cases}$$

例 4.1.2 已知某空客飞机的上升性能见表 4.1.2。已知飞机从某机场起飞的松刹车重量为 120000kg,机场气压高度为 5000ft,巡航气压高度为 FL330,温度为 ISA+10,上升过程中有顺风且风速为 50kn,发动机防冰开,空调正常。试确定该次上升的时间、耗油和前进的地面距离。

解:

(1) 根据该表,确定静风条件下飞机上升至 FL330 的上升时间、距离和耗油分别为

$$FL330 \begin{cases} \text{上升时间:} & 10\text{min} \\ \text{上升需要的燃油:} & 2208\text{kg} \\ \text{上升经过的地面距离:} & 59\text{n mile} \end{cases}$$

(2) 由于上升过程中有顺风且风速为 50kn,因此需要对上升距离进行修正,修正后的上升距离为

$$59\text{n mile} + 50 \times \frac{10}{60}\text{n mile} = 67.3\text{n mile}$$

(3) 修正机场气压高度对燃油消耗的影响。根据表 4.1.2 可知,机场气压高度为 5000ft 时,燃油消耗需要 −536kg,因此,修正后的上升所需燃油为

$$2208\text{kg} - 536\text{kg} = 1672\text{kg}$$

(4) 上升过程中发动机防冰开,空调正常,根据该表表尾的要求,对所需燃油进行修正,修正后所需的燃油为

$$1672\text{kg} \times (1 + 2\%) = 1705.44\text{kg}$$

第4章 航路性能

表 4.1.2 A330 上升性能表
CLIMB-250KT/300KT/M.80

MAX. CLIMB THRUST NORMAL AIR CONDITIONING ANTI-ICING OFF		ISA+10 CG=30.0%		FROM BRAKE RELEASE TIME(MIN) FUEL(KG) DISTANCE(NM) TAS(KT)								
FL	WEIGHT AT BRAKE RELEASE(1000KG)											
	120		140		160		180		200		220		240
410	13	2679	16	3221	20	3849	24	4630					
	88	392	107	394	131	398	163	403					
390	12	2548	15	3048	18	3610	21	4268	26	5092			
	79	384	95	387	114	389	138	393	170	398			
370	11	2425	14	2892	16	3408	19	3994	22	4684	27	5555	
	71	377	85	379	102	381	121	384	145	387	177	393	
350	10	2313	13	2753	15	3233	17	3771	20	4388	24	5125	29	6061
	65	370	77	372	92	374	108	376	128	379	152	383	185	388
330	10	2208	12	2623	14	3074	16	3573	19	4137	22	4795	25	5589
	59	362	70	364	83	366	97	367	114	370	134	373	160	377
310	9	2102	11	2494	13	2918	15	3384	17	3904	20	4500	23	5201
	53	354	64	355	75	357	88	358	102	360	119	363	140	366
290	8	1965	10	2328	11	2719	13	3145	15	3616	18	4147	20	4758
	47	341	56	343	66	344	76	346	88	347	102	349	118	352
270	7	1829	9	2164	10	2523	12	2913	14	3341	16	3817	18	4356
	41	329	49	330	57	331	66	333	76	334	88	336	101	338
250	7	1700	8	2009	9	2340	11	2698	12	3088	14	3518	16	4000
	36	317	42	318	50	319	57	320	66	321	75	323	86	324
240	6	1638	8	1935	9	2253	10	2595	12	2968	13	3378	15	3836
	33	311	40	312	46	313	53	314	61	315	70	316	80	318
220	6	1518	7	1792	8	2084	9	2398	11	2739	12	3112	14	3526
	29	299	35	300	40	301	47	302	53	303	61	304	65	306
200	5	1402	6	1654	7	1922	8	2211	10	2522	11	2862	12	3237
	25	287	30	288	35	289	40	290	46	291	53	292	60	293
180	5	1290	6	1520	7	1766	8	2030	9	2315	10	2624	11	2965
	22	275	26	276	30	277	35	278	40	279	45	280	51	281
160	4	1181	5	1391	6	1615	7	1855	8	2114	9	2396	10	2704
	19	263	22	264	26	265	30	266	34	267	39	268	44	269
140	4	1073	5	1263	5	1466	6	1685	7	1919	8	2174	9	2453
	16	250	19	251	22	252	25	252	29	253	33	254	37	256
120	3	968	4	1138	5	1321	5	1517	6	1729	7	1958	8	2208
	13	235	16	236	19	237	21	238	24	239	28	240	31	241
100	3	791	3	929	4	1078	4	1239	5	1412	6	1599	6	1803
	10	209	11	210	13	211	15	212	17	213	20	214	22	216
50	2	536	2	628	2	726	3	833	3	949	4	1073	4	1208
	5	172	6	172	7	173	8	174	9	175	11	177	12	179
15	1	357	1	415	2	479	2	549	2	625	2	707	3	795
	2	124	3	123	3	123	4	124	4	126	5	128	6	130
PACK FLOW LO ΔFUEL=−0.3%		PACK FLOW HI OR/ AND CARGO COOL ON ΔFUEL=+1%				ENGINE ANTI ICE ON ΔFUEL=+2%				TOTAL ANTI ICE ON ΔFUEL=+4%			

(5) 因此,修正后 A330 从 5000ft 上升到 FL330 所需的时间、燃油和距离分别为

$$\text{FL330-5000ft} \begin{cases} \text{上升时间：} & 10\text{min} \\ \text{上升需要的燃油：} & 1705.44\text{kg} \\ \text{上升经过的地面距离：} & 67.3\text{n mile} \end{cases}$$

4.2 巡航性能

巡航阶段是民航运输机飞行的主要阶段,也是决定飞行经济性的重要阶段。巡航阶段的性能指标有巡航时间(航时)、巡航距离(航程)和巡航耗油,这些指标往往受到巡航高度、巡航速度和巡航推力的影响。巡航阶段的性能分析工作多涉及如何节省燃油、如何延长航程、如何缩短(或延长)航时等。

航程是指飞机耗尽其可用燃油沿预定方向所飞过的水平距离。航时是指飞机耗尽其可用燃油在空中所能持续飞行的时间。巡航耗油是指整个巡航飞行过程所耗费的燃油量。距离相同但油耗最小,或者油耗相同但距离最远,称为远航。时间相同但油耗最小,或者油耗相同但时间最久,称为久航。远航与久航因其效果不同,使用场合也不同。使得海里耗油量最小的飞行速度,称为远航速度。使得小时耗油量最小的飞行速度,称为久航速度。

民航运输机普遍以高亚音速巡航,是因为在高空的巡航效率优于低空,高度的增加使得海里耗油量和小时耗油量都减小。民航运输机的远航高度和久航高度一般比其实用升限低 3000~10000ft,巡航速度通常为最大平飞速度的 70%~80%。

4.2.1 巡航性能分析

1. 燃油里程

燃油里程(specific range,SR)也称航程燃油比,是指消耗单位燃油飞机前进的距离。燃油里程越大,航程越远,即

$$\text{SR} = \frac{\text{距离}}{\text{燃油}} \tag{4.2.1}$$

由于受顺、逆风影响,相同地面距离所对应的空中距离有所不同,因此,SGR 是指基于地面距离获得的燃油里程,SAR 是指基于空中距离获得的燃油里程。为减少分析过程中风的干扰,本书默认将 SAR 记为 SR。故将式(4.2.1)等号右侧的分子、分母同时除以时间可得

$$\text{SR} = \frac{\text{TAS}}{\text{FF}} \tag{4.2.2}$$

式中,TAS 为真空速;FF 为燃油流量。

式(4.2.2)说明,在实际飞行中,飞行员可通过真空速和燃油流量来估算当时的燃油里程。燃油流量(fuel flow,FF)是指飞机单位时间所消耗的燃油量,受燃油消耗率和所需推力的影响。燃油消耗率(specific fuel consumption,SFC)是指为了产生单位推力,在单位时间内所消耗的燃油量(即所需燃油流量)。

根据各参数定义:

$$\text{FF} = \text{SFC} \times T_R = \text{SFC} \times \frac{W}{K} \tag{4.2.3}$$

$$\text{TAS} = cMa = \sqrt{kgRt} \times Ma = c_0\sqrt{t/t_0} \times Ma \tag{4.2.4}$$

式中，W 表示飞机巡航重量；T_R 表示平飞所需的推力；K 表示升阻比；Ma 表示马赫数；c 表示音速；c_0 表示海平面标准大气的音速（$c_0=661\text{kn}$，是常数）；k 表示气流绝热常数，取 1.4；R 表示气态常数，取 29.3；t 表示温度；t_0 表示海平面标准大气温度。

将式(4.2.3)与式(4.2.4)代入式(4.2.2)可得

$$\text{SR} = \frac{\text{TAS}}{\text{FF}} = \frac{c_0\sqrt{t/t_0} \times Ma}{\text{SFC} \times \dfrac{W}{K}} = \frac{c_0 MaK}{\dfrac{\text{SFC}}{\sqrt{t/t_0}} \times W} \tag{4.2.5}$$

由式(4.2.5)可知，燃油里程主要取决于 MaK、$\dfrac{\text{SFC}}{\sqrt{t/t_0}}$ 及 W，它们与 SR 的关系如下：

(1) 飞机越重，SR 越小；飞机越轻，SR 越大。

(2) MaK 是马赫数 Ma 与升阻比 K 的乘积，被称为气动效率。高速飞行中，MaK 的大小决定了飞机气动特性的好坏，MaK 值越大，气动特性越好，SR 越大。

(3) $\dfrac{\text{SFC}}{\sqrt{t/t_0}}$ 体现了燃油消耗率和温度对 SR 的影响，与飞机所配备的发动机特性相关。在当次飞行中，飞机在对流层顶部或平流层底部范围内正常巡航时，燃油消耗率和外界温度变化微弱，二者对 SR 的影响可以忽略。

2. 远航速度

(1) 最大航程巡航。

最大航程巡航（maximum range cruise，MRC）是指航程最长的巡航方式，即在给定巡航距离时，采用最大航程巡航消耗的燃油最少。根据式(4.2.5)，最大航程巡航要求 MaK 值最大，即可以获得最大的燃油里程。民航运输机在高亚音速飞行时，每个马赫数都对应一个最大升阻比 $K_{\max}$，而随着马赫数的增加，最大升阻比是逐渐减小的，如图 4.2.1 所示。但一种机型能够获得 MaK 最大值的马赫数是相对固定的。

某机型气动效率 MaK 随马赫数的变化关系如图 4.2.2 所示，由图分析可知，气动效率 MaK 随着马赫数的增加会呈现先增后减的变化趋势，因此在某一马赫数下，MaK 值将取最大值。

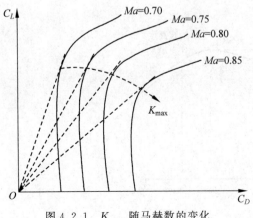

图 4.2.1 $K_{\max}$ 随马赫数的变化

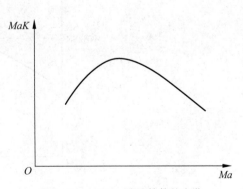

图 4.2.2 MaK 随马赫数的变化

在给定高度和重量时,由式(4.2.5)分析可知,燃油里程 SR 的大小主要取决于气动效率 MaK 的大小,因此燃油里程随马赫数的变化如图 4.2.3 所示。由图分析可知,随着马赫数的增加,燃油里程先增加后减小,在某一马赫数下燃油里程将取最大值,此马赫数称为最大航程巡航马赫数 Ma_{MRC}。

由式(4.2.5)分析可知,飞机重量越轻,燃油里程越大。随着巡航过程中燃油的消耗,飞机重量持续减小,燃油里程将逐渐增加,且对应的最大航程巡航马赫数 Ma_{MRC} 将逐渐减小,如图 4.2.4 所示。

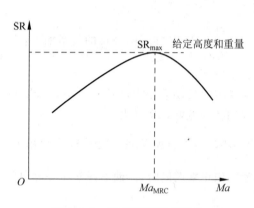

图 4.2.3 SR 随马赫数的变化

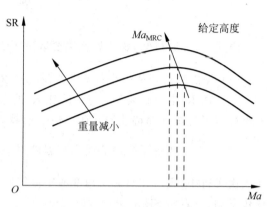

图 4.2.4 重量对 SR 和 Ma_{MRC} 的影响

(2) 长航程巡航。

长航程巡航(long range cruise,LRC)是指适当增大飞行马赫数,以最大 MaK 值确定的燃油里程的 99% 对应的马赫数实施巡航的方式。LRC 的航程有所缩短,但巡航速度增大,速度稳定性好,航时也较 MRC 短。

在实际运行中,由于最大航程巡航马赫数 Ma_{MRC} 靠近速度不稳定边界,因此增大巡航速度可以提高飞行员操作的安全性,即使这样会损失一部分燃油里程。长航程巡航马赫数 Ma_{LRC} 的燃油里程是最大航程巡航燃油里程的 99%,如图 4.2.5 所示,在 Ma_{MRC} 附近燃油里程随马赫数的变化较平缓,牺牲 1% 燃油里程可使巡航马赫数提高 2%~3%,巡航速度增大所带来的经济效益可以补偿燃油里程的损失,因此,在实际运行中,飞机制造商多推荐采用长航程巡航马赫数 Ma_{LRC} 巡航。

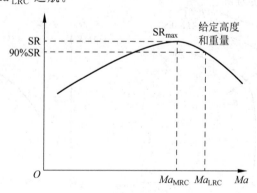

图 4.2.5 Ma_{LRC} 和 Ma_{MRC} 与 SR 的关系

重量对 Ma_{LRC} 的影响与对 Ma_{MRC} 的影响相似。当飞行高度保持不变时,随着巡航的进行,燃油不断消耗,飞机重量持续减小,Ma_{LRC} 也不断减小,如图 4.2.6 所示。

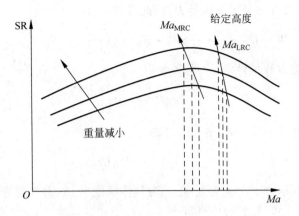

图 4.2.6　重量对 Ma_{LRC} 和 Ma_{MRC} 的影响

(3) 定速巡航。

在实际运行中,受空中交通管制 ATC 要求、飞行员飞行操纵合理性等因素限制,飞机只能在给定高度以固定马赫数巡航。固定马赫数巡航与 Ma_{LRC} 巡航的区别如图 4.2.7 所示。如果在巡航初始时刻把马赫数调定为 Ma_{LRC},则随着巡航的进行,燃油逐渐被消耗,飞机的重量逐渐减小,固定马赫数巡航的马赫数与长航程巡航的 Ma_{LRC} 之间的差值逐渐增大,固定马赫数巡航的燃油里程比长航程巡航的小,因此固定马赫数巡航的燃油消耗比长航程巡航的多。当然,随着重量的减小,固定马赫数巡航的速度比长航程巡航的更大,飞行时间更短,在时间上更有利。

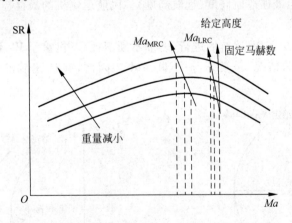

图 4.2.7　固定马赫数巡航与 Ma_{LRC} 巡航的区别

飞机以固定高度和固定马赫数巡航时,由于燃油的消耗,飞机的重量不断减小,要相应减小升力才能保持高度不变。根据升力公式可知,应通过减小迎角来减小升力系数,而迎角减小将使飞机阻力减小,为保持马赫数不变,推力也应随之减小。实际运行中,巡航大多通过自动驾驶和自动油门来实现。

3. 远航高度

巡航平飞时,飞机升力等于飞机重力,因此可得

$$W = L = C_L \cdot \frac{1}{2}\rho V^2 \cdot S = C_L \cdot \frac{1}{2}\rho (Mac)^2 \cdot S \tag{4.2.6}$$

由完全气体状态方程可得

$$p = \rho g R t \Rightarrow \rho = \frac{p}{gRt} \tag{4.2.7}$$

再根据音速的计算公式 $c = \sqrt{kgRt}$,可得

$$\rho c^2 = \frac{p}{gRt} \cdot kgRt \tag{4.2.8}$$

式中,R 为气态常数,取 29.3;p 为气压;t 为气体温度 K;k 为气流绝热常数,取 1.4。

将式(4.2.8)代入式(4.2.6)中可得

$$W = L = C_L \cdot \frac{1}{2}pkMa^2 \cdot S \tag{4.2.9}$$

在给定重量 W 和马赫数 Ma 的条件下,机翼面积 S 和气流绝热常数 k 均为常数,因此巡航高度就由式(4.2.9)中的气压 p 和升力系数 C_L 确定。随着气压高度的 PA 增加,气压 p 将减小,为满足式(4.2.9),则要求升力系数 C_L 增加,即要求增大迎角。由升阻比曲线可知,随着迎角的增大,升阻比 K 先增大后减小。而根据燃油里程公式可知,燃油里程与升阻比成正比关系。因此,在给定重量和马赫数的条件下,燃油里程随着气压高度的增加先增加后减小。在某一高度时燃油里程达到最大,并且此时升阻比最大,气压高度与燃油里程的关系如图 4.2.8 所示。通过对图 4.2.8 的分析可知,在给定重量和马赫数条件下,能获得最大燃油里程的高度称为最佳巡航高度(远航高度)。民航运输机的最佳巡航高度通常出现在较高高度。

由式(4.2.9)可知,随着巡航的进行,燃油不断消耗,飞机重量 W 不断减小,则在 C_L 及马赫数 Ma 都不变的情况下,要求 p 不断减小。因此,最佳巡航高度随之逐渐增加,如图 4.2.9 所示。

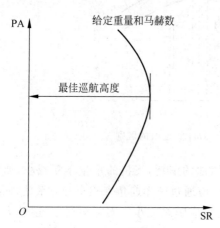

图 4.2.8 气压高度与燃油里程的关系

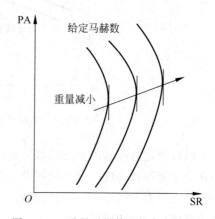

图 4.2.9 重量对最佳巡航高度的影响

理想的巡航高度应该与最佳巡航高度一致。但通过前面的分析可以发现,最佳巡航高度并不固定。随着巡航的进行,燃油不断被消耗,飞机重量必然减小,而理论上的最佳巡航高度将逐渐增加。这就意味着为了节省燃油,随着巡航的进行,飞行员必须不断增加高度。但如此一来,既导致飞行员操纵难度增大,也使得空中交通管制无法调配垂直间隔。因此,实际运行采用了折中方案,即"阶梯"巡航方式。阶梯巡航,是指将巡航阶段划分为多个航段,飞机在巡航的每个航段中必须在固定的高度飞行,并尽可能接近该航段的最佳巡航高度。

4．影响航程的因素

影响航程的因素包括风、温度、飞机构型及高度等。飞机巡航飞行时,顺风使航程增加,逆风使航程缩短。温度升高,发动机耗油率会增加,燃油里程和航程会缩短。放下起落架和襟翼等,飞机阻力增加,所需推力增大,飞机的升阻比减小,燃油里程和航程会缩短,因此,在正常巡航过程中均不得放起落架和襟翼。飞机巡航应该尽可能接近最佳巡航高度飞行,偏离了最佳巡航高度,燃油里程和航程会缩短。

需要特别强调的是梯度风对航程的影响。梯度风是指风速或风向随高度变化而变化的风。在梯度风中巡航飞行时,飞行员适当改变巡航高度,可以改善飞机的巡航能力。比如,遇到逆风风速随高度的增加而增大或者顺风风速随高度的增加而减小的梯度风,通常适当降低飞行高度使得逆风风速减小或顺风风速增加可以获得航程延长的有利效果。但同时也需要考虑降低飞行高度后,飞机偏离其最佳巡航高度(若此前在最佳巡航高度处飞行),巡航性能会变差,航程会缩短。因此,飞行员是否改变飞行高度取决于梯度风的大小和偏离最佳巡航高度后巡航性能变差的综合影响。

波音和空客制造商在手册中均提供了巡航时风和高度的换算关系。下面以表 4.2.1 为例说明此种图表的使用方法,以加深读者对最佳巡航高度的理解。

表 4.2.1　B737-800 长航程巡航时风和高度的换算关系表
Long Range Cruise Wind-Altitude Trade

PRESSURE ALTITUDE (1000FT)	CRUISE WEIGHT (1000KG)									
	85	80	75	70	65	60	55	50	45	40
41						12	2	0	6	18
39				24	10	2	0	5	16	32
37			18	7	1		5	15	29	48
35	25	12	4	0	1	6	15	27	44	65
33	7	2	0	2	7	16	27	42	61	82
31	1	0	3	9	17	28	42	58	77	99
29	1	5	11	19	30	43	58	75	94	116
27	7	14	22	32	44	58	74	91	111	132
25	17	25	35	47	60	74	90	107	126	147

例 4.2.1 飞机重量为 70000kg,预报 FL370 逆风 40kn,FL350 逆风 30kn,FL330 逆风 20kn,FL310 逆风 5kn,试根据表 4.2.1 确定实际的最佳巡航高度。

解:

(1) 根据表 4.2.1 中飞机重量为 70000kg 时的列数据可知,"0"表示在该重量下飞机的静风最佳巡航高度为 FL350。"0"上下方的数字表示飞机在静风条件下偏离最佳巡航高度对航程缩短的影响。该影响被等价表达为,飞机仍在最佳巡航高度处巡航但遭受到了与数字相当的逆风风速影响。

(2) 如此以来,结合各飞行高度层上实际预报的风速,就可以得到各飞行高度层上的当量风(风的累计影响)。考虑到航路飞行中顺风有利记为正,逆风不利记为负。FL370 的当量风速是 $-40\text{kn}-7\text{kn}=-47\text{kn}$,FL350 的当量风速是 $-30\text{kn}-0=-30\text{kn}$,FL330 的当量风速是 $-20\text{kn}-2\text{kn}=-22\text{kn}$,FL310 的当量风速是 $-5\text{kn}-9\text{kn}=-14\text{kn}$。

(3) 由于高度层 FL310 为逆风且风速为 14kn,与其他高度层相比受逆风累计影响最小,因此实际的最佳巡航高度是 FL310。

4.2.2 巡航经济性

前文在分析巡航性能时重点关注如何节省燃油以使燃油里程更大,但在实际运行中燃油成本只是航空公司的运行成本之一,事实上还有多方面成本需要考虑,如时间成本等。本小节重点讨论如何调整巡航速度使得运行的综合成本最低。

1. 经济巡航马赫数

航空公司的运行成本包括直接运营成本和间接运营成本。

直接运营成本(direct operating costs,DOC)的组成较为复杂,包括空/地勤人员的工资、奖金、津贴、福利费、取暖降温费、制服费,航空油料消耗,高价周转件摊销,飞机、发动机折旧费,飞机、发动机修理费,经营性租赁飞机的租赁费,国内外机场起降服务费,国内外餐饮及供应品费,飞行训练费,客舱服务费,行李、货物邮件赔偿,其他直接运营费等。

间接运营成本(indirect operating costs,IOC)主要包括保证飞行安全及维护管理部门产生的费用。间接运营成本与飞行无直接关系,无论是否开展航班运行,这些费用都需要持续支出。

接下来,本书重点讨论与飞行运行直接相关的直接运营成本。直接运营成本可以表示为以下三部分之和:

(1) 与耗油有关,称为油费,用符号 $Q_{\text{油}}$ 表示;

(2) 与时间有关,称为时费,用符号 $Q_{\text{时}}$ 表示;

(3) 常值费用,比如一次飞行,起落架的折旧和航空港使用费,用符号 $Q_{\text{定}}$ 表示。

因此,直接运营成本 DOC 可表示为

$$\text{DOC} = Q_{\text{时}} + Q_{\text{油}} + Q_{\text{定}} = C_{\text{油}} W_{\text{油}} + C_{\text{时}} t + Q_{\text{定}} \qquad (4.2.10)$$

式中,$C_{\text{油}}$ 表示燃油价格,$W_{\text{油}}$ 表示燃油消耗量,$C_{\text{时}}$ 表示每小时需要支付的费用(除燃油费外),t 表示总飞行时间。

图 4.2.10 给出了 $Q_{\text{油}}$、$Q_{\text{时}}$、$Q_{\text{定}}$ 及直接运营成本 DOC 随飞行马赫数的变化。由图分析可知,在航线距离固定的条件下,若燃油价格 $C_{\text{油}}$ 不变,燃油里程随飞行马赫数的增加先增

加后减小,以最大航程巡航速度 Ma_{MRC} 飞行时,燃油里程最大,耗油量最小,即油费 $Q_{油}$ 最小。若每小时需要支付的费用 $C_{时}$ 不变,则随着飞行马赫数的增加,飞行时间 t 将减小,时间费用 $Q_{时}$ 减小。$Q_{定}$ 不随飞行马赫数的增加而变化。将每一个马赫数下的 $Q_{油}$、$Q_{时}$ 和 $Q_{定}$ 加起来,就得到了 DOC 随飞行马赫数的变化,曲线的最低点即表示直接运营成本 DOC 最小。直接运营成本 DOC 最小时对应的马赫数称为经济巡航马赫数。

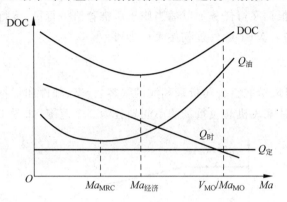

图 4.2.10 直接运营成本 DOC 随飞行马赫数的变化

2. 成本指数

在航空公司实际运行中,燃油价格 $C_{油}$ 和每小时需支付的费用 $C_{时}$ 经常会发生变化,这就使图 4.2.10 中的 $Q_{油}$ 和 $Q_{时}$ 曲线发生浮动,从而使得直接运营成本 DOC 曲线的位置发生变化,进而导致经济巡航马赫数增加或者减小。

为了易于描述燃油价格 $C_{油}$ 和每小时需支付的费用 $C_{时}$ 对经济巡航马赫数的影响,需要引入成本指数的概念。成本指数(cost index,CI),被定义为小时成本与燃油成本的比值,即

$$CI = \frac{C_{时}}{C_{油}} \tag{4.2.11}$$

经济巡航速度受到成本指数的直接影响。经济巡航马赫数随成本指数和重量的变化如图 4.2.11 所示。

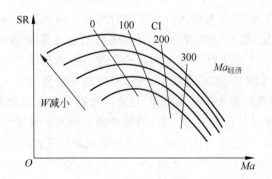

图 4.2.11 经济巡航马赫数随成本指数和重量的变化

若燃油价格 $C_{油}$ 上涨,而时间成本 $C_{时}$ 不变,则成本指数减小,应适当减小飞行速度(经济巡航速度),使其接近 Ma_{MRC},飞行才能更省油。若不计时间成本,则成本指数为零,那么

为了尽可能省油,应使用 Ma_{MRC} 巡航。

若小时成本 $C_{时}$ 上涨,而燃油价格 $C_{油}$ 不变,则成本指数增加,应适当增大飞行速度(经济巡航速度),使其接近 V_{MO}/Ma_{MO},才能使飞行时间更短。但飞行速度不可能无限增大,实际运行中总需要留有一定的安全裕度,因此经济巡航马赫数最大为 $V_{MO}-10\text{kn}$ 或 $Ma_{MO}-0.02$。

实际运行中,航空公司通常以与飞机制造商手册推荐的 LRC 方式相近的成本指数为基础,并由性能工程师根据飞行任务加以适当修正后推荐给飞行员,飞行员在驾驶舱准备过程中只需将成本指数输入 MCDU 性能初始页面即可。

3. 商载航程图

商载是指任何可以给航空公司带来利润的乘客、行李、邮件和货物等载量的总和。飞机航程可根据商载、燃油和飞机起飞重量的不同划分为 3 个范围,如图 4.2.12 所示。

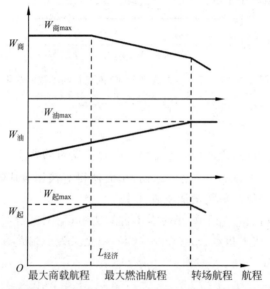

图 4.2.12　商载、燃油和起飞重量随航程的变化

由图 4.2.12 分析可知,第一个范围是飞行距离小于或等于最大商载航程(也称经济航程)。经济航程是指飞机在最大商载条件下能飞行的最远距离。在经济航程范围内,保持商载最大,随着航程的增加,需要增加带油,这就使飞机的起飞重量增大了。当航程等于经济航程时,起飞重量就达到了最大许可起飞重量。在这个距离范围内飞行,航程增加使耗油增加,可以通过增加带油来满足,不需要减小商载,只是起飞重量增大了。

第二个范围是指航程距离大于经济航程,且可以保持最大起飞重量的距离范围。在这个距离范围内,由于起飞重量已达到了最大值,增加带油必须减小商载,但燃油增加也是有限制的,最多增加到油箱装满。因此,当燃油增加到油箱装满时所达到的距离称为最大燃油航程。

第三个范围是指载油量已达到最大值,为了飞行更远的距离必须进一步减小商载使起飞重量减小,但通过减小商载来减小起飞重量会使经济效益变差,最后商载减小为零时所能达到的最远距离就是转场航程,此时几乎没有经济效益。

商载随航程变化的曲线图就是商载航程图,它是用于评估特定航线商载大小的计划工具,如图 4.2.13 所示。

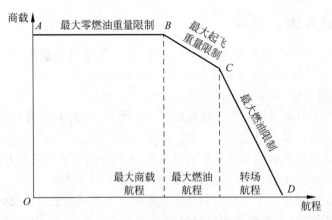

图 4.2.13 商载航程图

由图可知,纵坐标是飞机的商载,横坐标是飞机的航程。在 AB 段,飞机的商载始终保持最大,飞机的最大商载受最大零燃油重量限制。AB 段商载保持不变,随着燃油装载量的增加,航程也会增加,但加装的燃油越多,飞机的起飞重量越大。在 B 点时,飞机的起飞重量达到最大起飞重量(MTOW),为了飞行更远的距离必须多加油,因为飞机重量已达到了最大值,所以只能通过减小商载来换取燃油的增加。在 C 点,飞机的油箱已经装满,如果要飞行更远的距离,唯一的办法就是继续减小商载。从 C 点到 D 点,飞机加装的燃油不变,但飞机的总重量不断减小,飞机飞行的距离更远。D 点就是飞机加满油后,不带商载能够飞行的最远距离。

为了方便航空公司进行航线规划,飞机制造商通常在飞机特性手册中给出飞机的商载航程图。图 4.2.14 是 ARJ21-700 的商载航程图,由图可知,ARJ21-700STD(即标准型,见图中粗线)的最大商载航程约为 2000km,最大燃油航程约为 3900km,转场航程约为 4250km;ARJ21-700ER(即延程型,见图中细线)的最大商载航程约为 3300km,最大燃油航程约为 3672km,转场航程约为 4250km。ARJ21-700STD 和 ARJ21-700ER 在乘坐 90 名旅客(90.7kg/人)的条件下设计航程分别为 2330km 和 3672km。

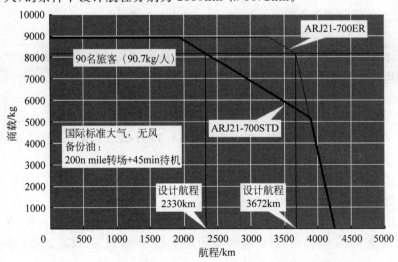

图 4.2.14 ARJ21-700 的商载航程图

4.2.3 最大运行高度

民航运输机运行时依循的最大高度是多个最大高度的最小值,包括最大审定高度(maximum certified altitude)、最大巡航高度(maximum cruise altitude)、上升升限(climb ceiling)及抖振限制高度(buffet limited altitude)。

最大审定高度是指在环境包线上确定的最大运行高度,此高度通常是考虑了座舱内外压差限制的最大飞行高度。

最大巡航高度是指使用最大巡航推力以指定剩余上升率平飞的最大高度。例如,波音机型指定剩余上升率为 100ft/min,空客机型指定剩余上升率为 0。

上升升限是指使用最大上升推力上升到指定剩余上升率对应的高度。不同机型对应的指定剩余上升率不同,如有些机型使用的剩余上升率是 100ft/min,有些机型使用的剩余上升率是 300ft/min。

图 4.2.15 CDU 上的最大巡航高度和最佳巡航高度

抖振限制高度是指在给定的载荷因数下出现抖振时对应的高度。通常使用载荷因数 1.3,即坡度 40°对应的载荷因数。抖振限制高度由抖振开始边界图(BOB 图)确定。

民航运输机在实际运行中的最大巡航高度和最佳巡航高度通常由飞行管理计算机(FMC)计算确定,并显示在控制显示单元(control display unit,CDU)的屏幕页面,如图 4.2.15 所示。

4.2.4 巡航性能表的用法

下面举例说明巡航性能表的使用方法。

例 4.2.2 已知地面距离为 1000n mile,试查表 4.2.2,确定顺风风速 60kn 和逆风风速 60kn 时的空中距离分别为多少?

解:

(1) 尽管地面距离和空中距离受风影响,但无论如何飞机在一次飞行中涉及的地面距离和空中距离所需的时间相等,二者的换算公式为

$$NAM = NGM \times \frac{TAS}{TAS \pm V_W} \tag{4.2.12}$$

式中,NAM 表示空中距离;NGM 表示地面距离;TAS 表示真空速;V_W 表示风速,顺风(有利)取正号,逆风(不利)取负号。

(2) 因上述换算公式需要知道具体的真速。因此在实际飞行中为了简化飞行员工作,制造商通常提供换算表,见表 4.2.2。

(3) 根据表 4.2.2 的内容,在中间列寻找地面距离为 1000n mile 所在行,在右侧顺风区域找到顺风风速 60kn 所在列,即可查得空中距离是 879n mile,以此类推,当逆风风速为 60kn 时,对应的空中距离是 1194n mile。

表 4.2.2　B737-800 长航程巡航的空中距离与地面距离转换表
Long Range Cruise Enroute Fuel and Time-High Altitudes Ground to Air Miles Conversions

| AIR DISTANCE(NM) | | | | | GROUND DISTANCE (NM) | AIR DISTANCE(NM) | | | | |
| HEADWIND COMPONENT(KTS) | | | | | | TAILWIND COMPONENT(KTS) | | | | |
100	80	60	40	20		20	40	60	80	100
548	510	477	448	423	400	382	366	351	337	325
821	765	715	672	634	600	574	549	527	506	487
1094	1021	955	897	846	800	765	733	703	675	650
1369	1277	1194	1122	1058	1000	957	916	879	844	813
1645	1534	1434	1347	1270	1200	1148	1099	1054	1013	976
1921	1791	1674	1572	1482	1400	1339	1282	1230	1182	1139
2199	2049	1914	1797	1694	1600	1530	1465	1406	1351	1301
2476	2307	2154	2022	1906	1800	1721	1648	1581	1519	1463
2755	2565	2395	2248	2118	2000	1913	1831	1756	1688	1625
3034	2825	2636	2473	2330	2200	2103	2014	1931	1855	1786
3315	3085	2878	2700	2542	2400	2294	2196	2106	2023	1948
3597	3346	3121	2926	2755	2600	2485	2378	2280	2190	2108
3880	3608	3364	3153	2968	2800	2676	2560	2454	2357	2269
4165	3872	3608	3381	3181	3000	2866	2742	2628	2524	2429
4451	4135	3852	3608	3394	3200	3057	2924	2802	2690	2588
4739	4400	4097	3836	3607	3400	3247	3106	2975	2856	2747
5028	4666	4343	4064	3820	3600	3438	3287	3149	3022	2907
5318	4933	4589	4293	4034	3800	3628	3468	3321	3187	3065
5610	5202	4836	4523	4248	4000	3818	3649	3494	3352	3224
5903	5471	5084	4752	4462	4200	4008	3830	3666	3517	3382
6199	5741	5332	4982	4676	4400	4198	4011	3839	3682	3540
6496	6013	5582	5213	4890	4600	4388	4191	4011	3846	3698
6794	6286	5832	5443	5105	4800	4578	4372	4183	4011	3855
7095	6560	6083	5675	5320	5000	4768	4553	4355	4175	4012

(4) 当飞机以固定表速巡航时,一旦确定了巡航高度,真速也就固定了。可见,顺风条件下飞机在相同时间内前进相同的空中距离可以换来更远的地面距离,极为有利。

例 4.2.3　已知某 A320 飞机的巡航重量为 60000kg,巡航马赫数固定为 0.78,温度为 ISA,重心为 33%,试根据表 4.2.3 确定巡航高度为 FL330、空调正常、发动机防冰开时的燃油流量和燃油里程。

解:

(1) 由表 4.2.3 可知,飞机重量为 60000kg、巡航高度为 FL330 时的燃油流量 FF 和燃油里程 SR 为

$$FF = 1166 \text{kg}/(\text{h} \cdot \text{ENG})$$
$$SR = 194.6 \text{n mile}/1000 \text{kg}$$

(2) 根据表 4.2.3 表尾可知,发动机防冰打开需对燃油流量 FF 修正,不需要对燃油里程修正。因该表适用于全发正常巡航(未注明一发失效且推力等级为 MCR)及 A320 飞机为两台发动机,在计算耗油总量时需将查得的 FF 乘以 2。因此,修正后的燃油流量 FF 和燃油里程 SR 为

$$FF = 1166 \times 1.03 \times 2 \text{kg/h} = 2401.96 \text{kg/h}$$
$$SR = 194.6 \text{n mile}/1000 \text{kg}$$

表 4.2.3 A320 以 0.78 马赫数巡航性能表

CRUISE-M.78												
MAX. CRUISE THRUST LIMITS NORMAL AIR CONDITIONING ANTI-ICING OFF							ISA CG=33.0%		EPR KG/H/ENG NM/1000KG		MACH IAS(KT) TAS(KT)	
WEIGHT (1000KG)	FL290		FL310		FL330		FL350		FL370		FL390	
50	1.217 1280 180.3	.780 302 462	1.223 1177 194.4	.780 289 458	1.232 1087 208.7	.780 277 454	1.246 1019 220.5	.780 264 450	1.265 969 230.7	.780 252 447	1.293 930 240.5	.780 241 447
52	1.219 1284 179.7	.780 302 462	1.226 1183 193.4	.780 289 458	1.237 1099 206.3	.780 277 454	1.253 1036 217.1	.780 264 450	1.274 987 226.6	.780 252 447	1.305 949 235.7	.780 241 447
54	1.221 1290 178.9	.780 302 462	1.229 1190 192.2	.780 289 458	1.242 1115 203.5	.780 277 454	1.259 1053 213.4	.780 264 450	1.284 1005 222.6	.780 252 447	1.320 973 229.8	.780 241 447
56	1.223 1296 178.1	.780 302 462	1.233 1200 190.6	.780 289 458	1.248 1131 200.6	.780 277 454	1.266 1072 209.7	.780 264 450	1.295 1023 218.6	.780 252 447	1.337 1006 222.3	.780 241 447
58	1.225 1302 177.2	.780 302 462	1.237 1215 188.4	.780 289 458	1.253 1148 197.6	.780 277 454	1.275 1090 206.3	.780 264 450	1.307 1044 214.3	.780 252 447	1.355 1041 214.9	.780 241 447
60	1.228 1311 176.1	.780 302 462	1.242 1230 186.0	.780 289 458	1.260 1166 194.6	.780 277 454	1.284 1108 202.9	.780 264 450	1.321 1070 209.1	.780 252 447	1.376 1078 207.4	.780 241 447
62	1.232 1321 174.7	.780 302 462	1.247 1247 183.5	.780 289 458	1.266 1185 191.5	.780 277 454	1.294 1127 199.5	.780 264 450	1.337 1103 202.9	.780 252 447	1.399 1120 199.8	.780 241 447
64	1.236 1336 172.8	.780 302 462	1.252 1264 181.0	780 289 458	1.274 1203 188.5	.780 277 454	1.305 1148 195.9	.780 264 450	1.354 1138 196.6	.780 252 447		
66	1.241 1352 170.7	.780 302 462	1.258 1283 178.4	.780 289 458	1.282 1221 185.7	.780 277 454	1318 1173 191.7	.780 264 450	1.372 1176 190.3	.780 252 447		
68	1.245 1369 168.7	.780 302 462	1.264 1302 175.8	.780 289 458	1.291 1240 182.9	.780 277 454	1.332 1206 186.6	.780 264 450	1.393 1216 183.9	.780 252 447		
70	1.250 1386 166.5	.780 302 462	1.270 1321 173.2	.780 289 458	1.301 1261 179.9	.780 277 454	1.347 1240 181.2	.780 264 450	1.415 1261 177.4	.780 252 447		
72	1.256 1405 164.3	.780 302 462	1.278 1339 170.9	.780 289 458	1.312 1284 176.6	.780 277 454	1.364 1278 175.8	.780 264 450				
74	1.261 1424 162.1	.780 302 462	1.286 1358 168.5	.780 289 458	1.325 1316 172.4	.780 277 454	1.382 1318 170.6	.780 264 450				
76	1.267 1443 159.9	.780 302 462	1.295 1378 166.1	.780 289 458	1.339 1350 168.0	.780 277 454	1.402 1360 165.3	.780 264 450				
LOW AIR CONDITIONING ΔFUEL=-0.4%				ENGINE ANTI ICE ON ΔFUEL=+3%				TOTAL ANTI ICE ON ΔFUEL=+5.5%				

表 4.2.4 给出了某 B737 飞机在长航程巡航时,供飞行员快速检查从巡航中任意点至着陆的航程耗油和航程时间。该表的表尾部分需要使用从主表查得的所需参考燃油和飞机在检查点的重量来确定燃油修正量,其余内容的查阅方法与 A320 飞机的巡航性能表相似,这里不再赘述。

表 4.2.4 B737-800 长航程巡航的巡航性能表

Long Range Cruise Enroute Fuel and Time-High Altitudes
Reference Fuel and Time Required at Check Point

AIR DIST (NM)	PRESSURE ALTITUDE(1000FT)									
	29		31		33		35		37	
	FUEL (1000KG)	TIME (HR:MIN)	FUEL (1000KG)	TIME (HR:MIN)	FUEL (1000KG)	TIME (HR:MIN)	FUEL (1000KG)	TIME (HR:MIN)	FUEL (1000KG)	TIME (HR:MIN)
400	1.8	1:08	1.7	1:07	1.7	1:05	1.6	1:03	1.6	1:01
600	2.8	1:40	2.7	1:38	2.6	1:36	2.5	1:32	2.4	1:29
800	3.8	2:13	3.6	2:10	3.5	2:07	3.4	2:02	3.3	1:58
1000	4.7	2:45	4.6	2:42	4.4	2:37	4.3	2:32	4.2	2:26
1200	5.7	3:18	5.5	3:14	5.3	3:09	5.1	3:02	5.0	2:55
1400	6.6	3:52	6.4	3:47	6.2	3:40	6.0	3:32	5.8	3:24
1600	7.6	4:25	7.3	4:19	7.1	4:12	6.9	4:03	6.7	3:53
1800	8.5	4:59	8.2	4:52	8.0	4:44	7.7	4:34	7.5	4:23
2000	9.4	5:32	9.1	5:25	8.9	5:16	8.6	5:05	8.3	4:52
2200	10.4	6:07	10.0	5:59	9.7	5:49	9.4	5:37	9.2	5:23
2400	11.3	6:41	10.9	6:32	10.6	6:22	10.3	6:09	10.0	5:53
2600	12.2	7:16	11.8	7:06	11.4	6:55	11.1	6:41	10.8	6:24
2800	13.1	7:52	12.7	7:40	12.3	7:28	11.9	7:14	11.6	6:55
3000	14.0	8:27	13.6	8:14	13.1	8:01	12.7	7:46	12.3	7:27
3200	14.9	9:04	14.4	8:49	14.0	8:35	13.5	8:19	13.1	7:59
3400	15.8	9:40	15.3	9:24	14.8	9:09	14.3	8:52	13.9	8:31
3600	16.7	10:17	16.1	10:00	15.6	9:43	15.1	9:25	14.6	9:03
3800	17.5	10:55	16.9	10:36	16.4	10:18	15.9	9:59	15.4	9:36
4000	18.4	11:32	17.8	11:12	17.2	10:53	16.6	10:33	16.2	10:08
4200	19.3	12:11	18.6	11:49	18.0	11:28	17.4	11:07	16.9	10:41
4400	20.1	12:50	19.4	12:26	18.8	12:04	18.2	11:41	17.6	11:15
4600	20.9	13:29	20.2	13:04	19.5	12:40	18.9	12:16	18.3	11:48
4800	21.8	14:09	21.0	13:42	20.3	13:17	19.6	12:51	19.1	12:22
5000	22.6	14:49	21.8	14:20	21.1	13:53	20.4	13:26	19.8	12:56

Fuel Required Adjustments(1000KG)

REFERENCE FUEL REQUIRED (1000KG)	WEIGHT AT CHECK POINT(1000KG)				
	40	50	60	70	80
2	−0.1	0.0	0.3	0.8	1.9
4	−0.2	0.0	0.5	1.4	3.3
6	−0.4	0.0	0.7	2.1	4.5
8	−0.6	0.0	1.0	2.6	5.6
10	−0.7	0.0	1.2	3.2	6.6
12	−0.9	0.0	1.5	3.7	7.5
14	−1.1	0.0	1.7	4.1	8.2
16	−1.3	0.0	1.9	4.5	8.8
18	−1.5	0.0	2.1	4.9	9.3
20	−1.7	0.0	2.3	5.3	9.7
22	−1.9	0.0	2.5	5.6	9.9
24	−2.2	0.0	2.7	5.9	10.0

4.3 下降性能

民航运输机从巡航高度下降至进近起始点(通常取机场上空1500ft高度处)的过程,可称为航路下降。飞机通常处于全发慢车状态,气动外形光洁。民用运输飞机下降时将油门置于慢车挡位是希望充分利用飞机已获得的充沛势能,将其转化为飞机下降时的前进距离,从而降低油耗,提高经济性。从性能分析的角度出发,仍然需要飞行员明确下降到给定高度的时间、距离和燃油消耗。这些参数均与飞机的飞行方式(速度)密切相关。

4.3.1 下降运动的特点

为帮助读者对飞机上升性能进行分析和计算,本小节将回顾与飞机下降相关的典型原理和概念。首先介绍下降运动中飞机的受力,然后介绍表征下降性能的主要参数,如下降梯度、下降率等。

1. 下降受力

飞机在空中稳定下降时,仍然需要考虑4个力的作用,包括升力(L)、重力(W)、推力(T)、阻力(D)。与上升受力分析相似,可将重力分解为垂直于飞行轨迹的分力($W\cos\theta_下$)和平行于飞行轨迹的分力($W\sin\theta_下$)。$\theta_下$表示下降角,是指下降轨迹与水平面的夹角,如图4.3.1所示。

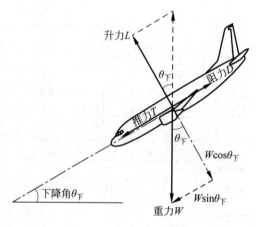

图4.3.1 飞机下降时的受力情况

因此,可得到飞机的下降运动方程:

$$\begin{cases} L = W\cos\theta_下 \\ D = W\sin\theta_下 + T \end{cases} \quad (4.3.1)$$

2. 下降梯度

下降梯度(gradient of descent,GOD)是指下降高度与前进的水平距离之比。由于下降角$\theta_下$较小时,$\sin\theta_下 \approx \tan\theta_下$,因此,根据下降运动方程及梯度的定义可得下降梯度的计算公式：

$$\frac{H}{\text{Dist}} = \text{GOD} = \tan\theta_\text{下} \approx \sin\theta_\text{下} = \frac{D-T}{W} = \frac{\Delta D}{W} \tag{4.3.2}$$

式中，ΔD 表示剩余阻力。

根据式(4.3.2)，当飞机重量一定时，若阻力与推力的差值（剩余阻力）最小，下降梯度达到最小，对应的下降角也最小，此时的下降速度称为最小阻力速度 V_MD。由图 4.3.2 可知，飞机高速飞行时的剩余阻力要比低速飞行时大，因此部分运行场景下保持高速飞行，可以得到较大的下降角，若此时进一步使用减速板（飞行扰流板）或者放下起落架将会进一步增大阻力 D，使剩余阻力 ΔD 更大，下降角也进一步增大。

当飞行员在下降过程中将油门设定为慢车时，因推力较小可以忽略，称为下滑（零推力下降）。则式(4.3.1)变为式(4.3.3)，式(4.3.2)变为式(4.3.4)：

$$\begin{cases} L = W\cos\theta_\text{下} \\ D = W\sin\theta_\text{下} \end{cases} \tag{4.3.3}$$

$$\text{GOD} = \frac{H}{\text{Dist}} = \tan\theta_\text{下} = \frac{D}{L} = \frac{1}{K} \tag{4.3.4}$$

式中，K 表示升阻比。

飞机处于下滑状态时，下降梯度和下降角只取决于升阻比。升阻比越大，下降梯度和下降角越小。当升阻比为最大值（以最小阻力速度 V_MD 飞行）时，下降梯度和下降角最小，飞机损失相同高度可获得的前进距离最远。

3. 下降率

飞机的下降率(rate of descent, ROD)是指飞机单位时间内下降的高度，即下降速度的垂直分量。根据定义可得下降率的计算公式为

$$\text{ROD} = V_\text{下} \sin\theta_\text{下} \tag{4.3.5}$$

由式(4.3.5)可知，下降率的大小与下降角和下降速度相关。虽然在最小阻力速度处飞机的下降角最小，但最小阻力速度并非可选范围内的最小速度，故下降率不是最小。结合式(4.3.3)与式(4.3.5)可知，下降率与所需功率正相关，用最小功率速度 V_MP 下降时下降率最小，如图 4.3.3 所示。

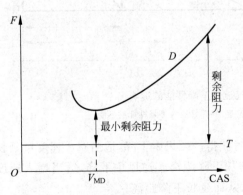

图 4.3.2 下降时的阻力与推力曲线图

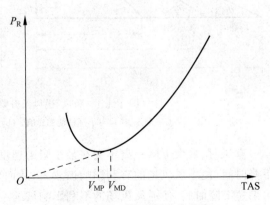

图 4.3.3 下降所需功率曲线

正常下降时,飞机的下降梯度通常保持在4%～5%。例如,飞机以3°下降角下降时,下降梯度约为5.2%,此时飞机前进1n mile能够下降的高度约为318ft,飞行员为了便于记忆,常简化为1n mile下降300ft。

飞机完成航路下降,从进场直至起始进近、中间进近和最后进近等阶段,因机动需要,油门不再保持慢车。

4. 下降的影响因素

影响下降性能的因素主要为高度、温度、重量、风等。

(1) 高度和温度影响。

当零拉力下滑时,高度和气温升高不会改变相同迎角对应的升阻比,故下滑角不变。但高度和气温升高会使空气密度减小,相同指示空速的真速增大,下滑率会增大。当正拉力下降时,高度和气温升高使得拉力减小,剩余阻力增大,下降角增大。

(2) 重量影响。

当零拉力下滑时,重量增大不会改变相同迎角下的升阻比,故下滑角不变,下滑距离也不变,但由于相同迎角下的下滑速度增大会使得下滑率增大。当正拉力下降时,重量增大会使得相同表速对应更大的迎角,导致剩余阻力(功率)增大显著,使得飞机的下降角和下降率均增大,下降距离也会缩短。

(3) 风影响。

风对下降性能的影响与上升时相似。顺风中下降,下降角会减小,下降距离会增长,下降率不变;逆风中下降,下降角会增大,下降距离会缩短,下降率不变。上升气流中下降,下降角和下降率都减小,下降距离增长;下降气流中下降,下降角和下降率都增大,下降距离缩短,如图4.3.4所示。

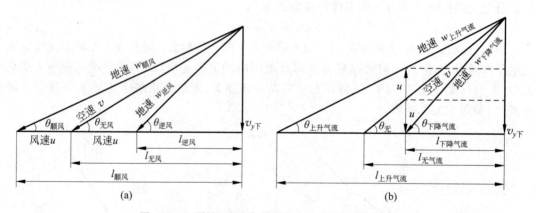

图 4.3.4 顺风、逆风及升降气流对下降性能的影响
(a) 顺风、逆风对下降性能的影响;(b) 稳定、升降气流对下降性能的影响

有风时,最大下降距离不会在最小阻力速度时获得。顺风中下降,适当减小速度可延长下降时间,使顺风风场的有利影响被放大,从而延长下降距离。逆风中下降,适当增大速度可缩短下降时间,使逆风风场的不利影响被缩小,从而延长下降距离。

4.3.2 下降方式与下降策略

1. 下降方式

民航运输机的航路下降方式主要有燃油最省下降、总成本最小下降、低速下降与高速下降等。

(1) 燃油最省下降,是指下降过程中所消耗的燃油最少的下降方式。该方式必然对应一个燃油最省的下降速度。据统计,在整个下降过程中,燃油最省的下降速度是飞机着陆重量的函数,其他因素因影响很小可以忽略不计。

(2) 总成本最小下降,是指在下降阶段总成本(时间成本和燃油成本之和)最低的下降方式。该方式对应的速度与运行条件和运行需求相关,需要开展性能分析才能明确。同样,总成本最小往往不局限在单一的下降阶段,需要从整个航路飞行过程(上升、巡航、下降)开展全局分析。

(3) 低速下降,通常是指以最小功率速度下降,速度小,下降率小,下降时间长,水平前进距离较远,消耗的燃油较少。航班正常下降时,多采用低速下降方式。

(4) 高速下降,与低速下降方式相反(两者的对比见图4.3.5),需以较大速度下降,获得更大的下降率,缩短下降时间,水平方向前进距离短,但由于需要在下降改平后继续向进场方向平飞,总体燃油消耗也多。在实际运行中,只有在ATC要求或其他特殊情况下才会使用高速下降,故应急下降也属于一种高速下降。高速下降过程中仍需确保飞机结构安全,可使用的下降速度根据具体情况确定,但不得超过飞机的最大运行限制速度 V_{MO}/Ma_{MO}。

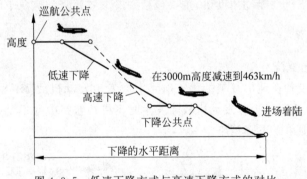

图4.3.5 低速下降方式与高速下降方式的对比

不同下降方式的下降剖面如图4.3.6所示。随着成本指数的增加,下降角越大,下降距离越短。

2. 下降策略

民航运输机典型的下降策略为"高空等马赫数、中低空等表速"。现以A320典型下降策略 $Ma0.78/300kn/250kn$ 为例,解读如下:

(1) 飞机从巡航高度处以 $Ma0.78$ 等马赫数开始下降。下降过程中,因 Ma 不变,温度升高,音速增大,真空速增大,又因空气密度增大,校正空速也增大。

(2) 当飞机到达转换高度时,校正空速增大到300kn,下降方式开始调整为等表速下降。

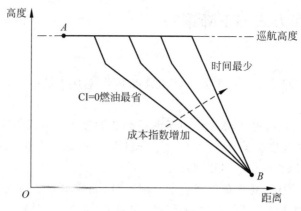

图 4.3.6　不同下降方式的下降剖面

(3) 在转换高度以下,飞机保持校正空速 300kn 持续下降。下降过程中,因空气密度增大,真空速逐渐减小。

(4) 当飞机下降至 10000ft 时,减速至校正空速 250kn,随后以等表速方式继续下降,直至开始进场。

4.3.3　特殊下降

考虑到飞机在航路飞行过程中依然存在遭受发动机失效或座舱释压等特殊情形的可能性,当这些特殊情形出现时,飞行员为了满足安全需要,有必要调整飞行策略并执行相应的特殊操作程序。从飞机性能的角度讲,主要包括一发失效飘降和应急下降。

1. 一发失效飘降

(1) 飘降策略与飘降升限。

上升或巡航阶段若在地形复杂的山区航路上空发生发动机故障,飞行员应该采用飘降策略下降,如图 4.3.7 所示。若发动机故障发生时飞机在航路中并不受地形障碍物威胁,飞行员也可以采用其他单发下降策略。

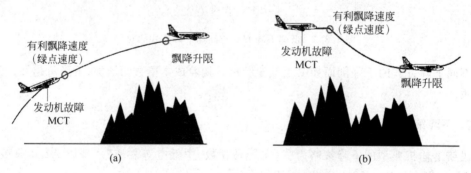

图 4.3.7　航路上一发失效后的飘降策略示意图

飞行中,一台发动机停车会使得推力减小、阻力增大,当推力不足以平衡阻力时(剩余阻力为正),飞机也就无法维持当前的巡航高度。只有当飞机下降至推力能够平衡阻力的高度时(剩余阻力为零),飞机才能够恢复平飞,称为改平。损失高度过程中的飞行速度不同,剩余阻力不同,飘降改平的高度也就不同,以有利飘降速度(一发失效最小阻力速度)飞行时,能够获得的飘降改平高度最高。

飘降策略正是利用了上述原理,其标准实施程序包括:

① 一台发动机失效后,平衡好飞机,将剩余的发动机推力选择为最大连续推力(MCT)。

② 在上升或巡航过程中将飞机速度调整到有利飘降速度(对于空客飞机,该速度又称为绿点速度)。

③ 以有利飘降速度上升或下降,直至达到飘降升限。

飘降升限,是飞机保持有利飘降速度所能达到的最大高度。机型制造商在手册里提供了以有利飘降速度和 LRC 速度下降时可获得的最大高度。在波音机型的手册图表中,明确指出其飘降改平高度是在考虑了 100ft/min 的剩余上升率后确定的。

当飞机到达飘降升限(完成改平)后,飞行员可进行如下操作:

① 保持工作发动机处于最大连续推力状态,然后逐渐进行爬升巡航。

② 保持飞机在改平高度飞行,保持 MCT 油门状态使飞机加速到一发失效 LRC 速度,然后保持该速度巡航,并随着重量的降低逐渐减小推力。

③ 如果不再需要考虑地形限制,可以进一步降低飞机飞行高度,然后保持一发失效 LRC 速度进行平飞。

若飞行员严格依循飘降程序操作,则影响飞机飘降性能的因素主要是重量、温度和风,主要原因有:

① 重量增加,剩余阻力增大,升限降低,且有利飘降速度增大。

② 温度影响可用推力的大小,环境温度越高,飞机的推力越小,剩余阻力越大,升限降低。

③ 风不影响升限,但影响飘降前进的地面距离。飘降的时间、燃油消耗和空中距离与风无关。逆风缩短飘降地面距离,飞机下降轨迹更陡峭;顺风增加飘降地面距离,飞机下降轨迹更平缓。

(2) 飘降性能分析。

CCAR-25.123 条明确了获得航路净飞行航迹的具体方法。其(b)款指出:一发停车净飞行航迹数据必须真实爬升性能数据减去一定数值的爬升梯度,所减去的爬升梯度,对于双发飞机为 1.1%,对于三发飞机为 1.4%,对于四发飞机为 1.6%。

CCAR-121.191 条明确了涡轮发动机驱动的飞机考虑一发失效可能性时判定起飞重量是否适宜的具体方法。其(a)款指出:首先,航路下方地形障碍物对飞机飘降航迹和升限的限制实质上是对飞机起飞重量的限制;其次,允许采用两种方式之一来判定飞机能否以特定重量满足越障要求,具体如下:

方法一,在预定航迹两侧各 25km(13.5n mile)范围内的所有地形和障碍物上空至少 300m(1000ft)的高度上有正梯度,并且,在发动机失效后飞机要着陆的机场上空 450m(1500ft)的高度上有正梯度。

方法二,净飞行轨迹允许飞机由巡航高度继续飞到符合要求进行着陆的机场,能以至少 600m(2000ft)的裕度垂直超越预定航迹两侧各 25km(13.5n mile)范围内所有地形和障碍物,并且在发动机失效后飞机要着陆的机场上空 450m(1500ft)的高度上有正梯度。

飘降性能分析的主要目的是评估飞机以预计最大起飞重量实施飘降时所对应的净升限是否高于航路最低安全高度,是否需要对最大起飞重量进行削减来确保安全。由于飞行阶段之间的运动连贯性,航路最低安全高度既是对飞机开始飘降时的重量限制,也是对放行时飞机最大起飞重量的限制。

根据航路上地形和障碍物的标高及飞机飞至某点的实际重量,以航路 85% 可靠性温度确定飞机飘降的净改平高度,结合 85% 的可靠性航路风确定飞机飘降的净航迹,检查飞机是否能以规定的裕度超越地形或障碍物。如果在整个航线上飞机飘降的净改平高度均能以规定的裕度超越地形或障碍物,则不存在飘降限制问题,也不必削减飞机的最大起飞重量。

2. 应急下降

(1) 释压与供氧。

民航运输机正常飞行时,因其高空巡航的特点,飞机座舱内部需要进行增压。座舱气压高度通常低于 10000ft 时,才能够满足飞机上旅客供氧量的需要。但如果在高空巡航中遭受座舱释压,舱压下降使得座舱气压高度增加,机上人员将因缺氧而丧失有效意识。在不同飞行高度上人可以维持有效意识的时间参见表 4.3.1。因此,为了确保座舱释压后机上人员的生命安全,一旦飞机在高空巡航阶段处于释压状态,飞行员就需要尽快将飞机下降到较低的高度,然后继续飞往备降场。

表 4.3.1　不同飞行高度上人维持有效意识的时间

高　度　层	有效意识时间	高　度　层	有效意识时间
FL150	60min 以内	FL300	75s
FL180	30min 以内	FL350	45s
FL200	5～10min	FL400	30s
FL250	2～3min	FL500	10～12s

尽管客舱释压发生的概率很小,但历年来与客舱释压相关的不安全事件仍然时有发生,其中尤以 2018 年 5 月 15 日从重庆飞往拉萨的 3U8633 航班广为人知。事件当时,该航班在万米高空,驾驶舱风挡玻璃破裂飞脱,座舱严重释压。飞机发生状况时所在高度为 32000ft(9800m)巡航阶段,已进入青藏高原东南缘,飞行监控系统 ECAM 出现右风挡防冰故障信息,飞行员立即按风挡损坏程序处置,戴氧气面罩、减速、降高度。但很快右风挡爆裂,由于噪声太大无法建立无线电通信联系,飞行员不得不继续下降高度。当降至 24000ft(7200m)时,因受地形限制,只能通过几分钟保持高度的飞行飞出山区到达盆地上空后,又得以继续下降。

目前,民航客机上的旅客氧气系统分为两类:化学氧气系统和氧气瓶供氧系统。具体采用哪种氧气系统取决于航空公司购买飞机时的选型和航线需要。

化学氧气系统所提供的氧气由氧气发生器中的氯酸盐等物质发生化学反应产生。化学氧气系统的氧气流量不能调节,并且氧气流量与客舱压力高度无关。不同的化学氧气发生器提供的供氧时间有一定的差别,通常为 12min、15min 或 22min。

氧气瓶供氧系统的氧气储存在货舱内的氧气瓶内。氧气瓶供氧系统的氧气流率随着客舱压力高度的升高而增大,供氧时间取决于氧气瓶的数量、氧气瓶的压力、氧气面罩使用数量、客舱压力高度、飞行剖面等因素。因此,氧气瓶供氧系统的氧气剖面并不固定,可以根据实际航路的地形适当调节氧气剖面。

综上,化学氧气系统的成本低、重量小,氧气剖面固定。氧气瓶供氧系统由于氧气剖面可以根据航线障碍物高度和位置灵活设置,供氧时间优于化学氧气系统,增设氧气瓶也比较方便。在实际运行中,运行于高高原航线的机型倾向选用氧气瓶供氧系统,而其他航线的机型往往采用化学氧气系统。

(2) 应急下降性能分析。

图4.3.8和图4.3.9所示分别为空客公司两种典型机型化学氧气系统的最大氧气剖面,图4.3.10和图4.3.11分别是波音机型的12min、22min氧气剖面。目前中国商飞交付航空公司的ARJ21机型也配备了22min化学氧气系统(图4.3.12)。由于化学氧气系统的供氧时间和最大氧气剖面是固定的,限制了客舱释压后的飞行剖面,在高原运行中往往受到航路最低安全高度的限制,制约了其性能的发挥。

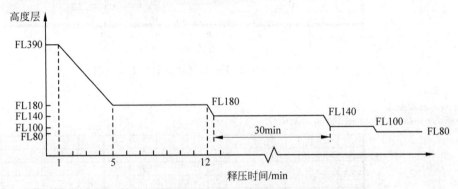

图4.3.8　A320飞机12min化学氧气系统的最大氧气剖面

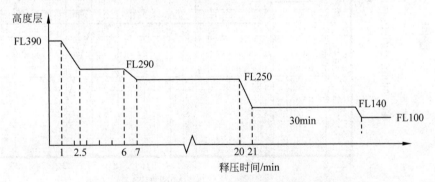

图4.3.9　A319-115飞机22min化学氧气系统的最大氧气剖面

从以上飞机最大氧气剖面图可以看出,当飞机遭受座舱释压时,为了能够在氧气供给的有限时间内快速降低飞行高度,不得不以足够大的下降率迅速下降,这种为了确保机上人员生命安全而实施的快速下降被称为应急下降。

应急下降过程中飞机的下降率极大,通常高达4000～5000ft/min。为了确保当飞机在巡航高度遭受座舱释压时,飞行机组能够操纵飞机获得所期望的大下降率,飞机制造商通常会在手册中提供对应的操作处置程序,某飞机进行应急下降程序规定:

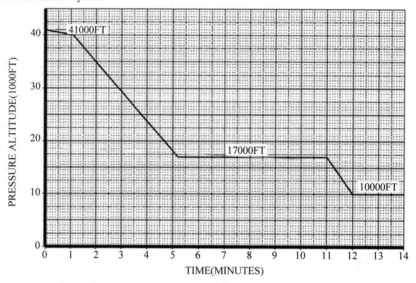

图 4.3.10　波音机型 12min 化学氧气系统的最大氧气剖面

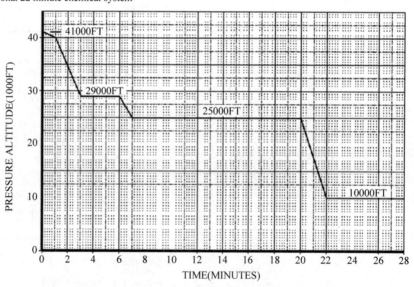

图 4.3.11　波音机型 22min 化学氧气系统的最大氧气剖面

① 断开自动油门并收到慢车，放出扰流板，推杆使飞机以 10°俯角转入下降，但不得出现负过载。

② 为了尽快转入下降，可以采用转弯的方法使飞机进入预定俯角，在下降中保持 V_{MO}/Ma_{MO}。

③ 若是在应急下降过程中遭受结构破损，无法使用大速度下降，可以考虑放下起落架，以增大下降率，但必须满足起落架收放速度规定。

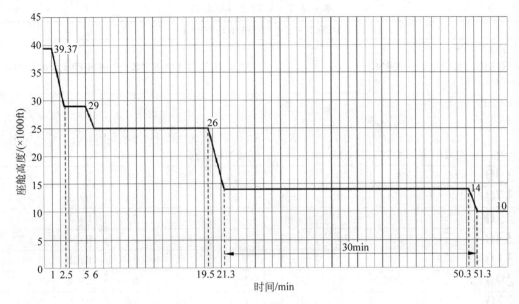

图 4.3.12 ARJ21-700 22min 化学氧气系统的最大氧气剖面

注意,应急下降机组操作程序的设置,是为了引导飞行员将飞机的受力调整至可以创造大下降率的条件,即尽可能大的剩余阻力。首先,油门慢车可以减小推力;其次,放飞行扰流板、放起落架、转弯压坡度可以增大阻力;最后,以 V_{MO}/Ma_{MO} 速度飞行也是为了在"阻力-速度"曲线上获得更大的阻力。剩余阻力越大,飞机的下降率越大。

4.3.4 下降性能表的用法

1. 常规下降性能表

下面举例说明常规下降性能表的使用方法。

例 4.3.1 已知某空客 A320 飞机从巡航高度 FL330 下降至 FL50,下降策略为 $Ma0.78/300\text{kn}/250\text{kn}$,温度为 ISA $+10℃$,预计着陆重量为 65000kg,下降全过程有顺风且风速为 50kn,空调正常,发动机防冰打开。试根据表 4.3.2 计算飞机的下降时间、下降距离和下降所消耗的燃油。

解:

(1) 首先确定分别从 FL50 和 FL330 处下降至 1500ft 的下降时间、距离和耗油分别为

FL50 $\begin{cases} 下降时间: & 2.1\text{min} \\ 下降所需燃油: & 18\text{kg} \\ 下降距离: & 9\text{n mile} \end{cases}$ FL330 $\begin{cases} 下降时间: & 15.4\text{min} \\ 下降所需燃油: & 153\text{kg} \\ 下降距离: & 91\text{n mile} \end{cases}$

(2) 因此静风条件下,A320 从 FL330 下降到 FL50 所需的时间、燃油和距离分别为

FL330~FL50 $\begin{cases} 下降时间: & 13.3\text{min} \\ 下降所需燃油: & 135\text{kg} \\ 下降距离: & 82\text{n mile} \end{cases}$

表 4.3.2　A320 下降性能表

IDLE THRUST NORMAL AIR CONDITIONING ANTI-ICING OFF		ISA CG=33.0%			MAXIMUM CABIN RATE OF DESCENT 350FT/MIN				
WEIGHT (1000KG) FL		45				65			IAS (KT)
	TIME (MIN)	FUEL (KG)	DIST. (NM)	N1	TIME (MIN)	FUEL (KG)	DIST. (NM)	N1	
390	16.1	204	101	68.8	17.4	165	106	IDLE	241
370	14.6	174	89	69.9	16.7	160	100	IDLE	252
350	12.9	134	77	72.1	16.0	156	95	IDLE	264
330	12.0	119	70	IDLE	15.4	153	91	IDLE	277
310	11.6	117	67	IDLE	14.8	149	86	IDLE	289
290	11.1	114	64	IDLE	14.2	145	82	IDLE	300
270	10.6	110	59	IDLE	13.4	141	76	IDLE	300
250	10.0	107	55	IDLE	12.7	136	71	IDLE	300
240	9.7	105	53	IDLE	12.3	133	68	IDLE	300
220	9.1	100	49	IDLE	11.5	127	62	IDLE	300
200	8.5	94	45	IDLE	10.6	119	56	IDLE	300
180	7.8	86	40	IDLE	9.8	109	51	IDLE	300
160	7.1	78	36	IDLE	8.8	97	45	IDLE	300
140	6.3	67	31	IDLE	7.9	83	39	IDLE	300
120	5.6	57	27	IDLE	6.9	70	33	IDLE	300
100	4.9	48	23	IDLE	6.0	58	28	IDLE	300
50	1.7	15	7	IDLE	2.1	18	9	IDLE	250
15	.0	0	.0	IDLE	.0	0	0	IDLE	250
CORRECTIONS		LOW AIR CONDITIONING		ENGINE ANTI ICE ON		TOTAL ANTI ICE ON		PER 1° ABOVE ISA	
TIME		—		+6%		+6%		—	
FUEL		−2%		+28%		+44%		+0.2%	
DISTANCE		—		+3%		+4%		+0.3%	

　　(3) 根据该表下方的修正要求,发动机防冰打开时,下降时间、所需燃油和下降距离分别要增加 6%、28% 和 3%,当机场温度为 ISA +10℃ 时,下降时间不变,所需燃油和下降距离分别增加 2% 和 3%,因此,修正后的结果为

FL330～5000ft $\begin{cases} 下降时间：& 13.3\times(1+0.06)\text{min}=14.098\text{min} \\ 下降所需燃油：& 135\times(1+0.28+0.002\times10)\text{kg}=175.5\text{kg} \\ 下降距离：& 82\times(1+0.03+0.003\times10)\text{n mile}=86.92\text{n mile} \end{cases}$

　　(4) 由于下降过程中有顺风且风速为 50kn,因此还需要对下降距离进行修正,修正后的下降距离为

$$86.92 \text{n mile} + 50 \times \frac{14.098}{60} \text{n mile} \approx 98.7 \text{n mile}$$

(5) 因此,最终修正后的 A320 从 FL330 下降到 5000ft 所需的时间、燃油和距离分别为

$$\text{FL330} \sim 5000\text{ft} \begin{cases} \text{下降时间:} & 14.098\text{min} \\ \text{下降所需燃油:} & 175.5\text{kg} \\ \text{下降距离:} & 98.7\text{n mile} \end{cases}$$

例 4.3.2 已知某波音 B737 飞机的下降性能见表 4.3.3。飞机从巡航高度 FL330 下降至 1500ft,下降策略为 $Ma0.78/280\text{kn}/250\text{kn}$,预计着陆重量为 60000kg,下降全过程有顺风且风速为 50kn。试计算飞机的下降时间、下降距离和下降所消耗的燃油。

表 4.3.3　B737-800(24K)下降性能表

Descent
.78/280/250

PRESSURE ALTITUDE (FT)	TIME(MIN)	FUEL(KG)	DISTANCE(NM) LANDING WEIGHT(1000KG)			
			40	50	60	70
41000	26	340	101	118	130	137
39000	25	330	96	112	124	132
37000	24	330	92	107	119	127
35000	24	320	88	102	113	121
33000	23	320	84	98	109	116
31000	22	310	80	93	103	110
29000	21	310	75	87	96	103
27000	20	300	70	82	90	96
25000	19	290	66	76	84	90
23000	18	280	61	71	78	83
21000	17	270	57	65	72	76
19000	16	260	52	60	66	70
17000	15	250	48	55	60	63
15000	14	240	43	49	54	57
10000	10	200	30	34	36	38
5000	7	150	18	19	20	21
1500	4	110	9	9	9	9

Allowances for a straight-in approach are included.

解:

(1) 首先确定从 1500ft 和 FL330 高度下降至海平面所需的下降时间、距离和耗油分别为

$$1500\text{ft} \begin{cases} \text{下降时间:} & 4\text{min} \\ \text{下降所需燃油:} & 110\text{kg} \\ \text{下降距离:} & 9\text{n mile} \end{cases} \quad \text{FL330} \begin{cases} \text{下降时间:} & 23\text{min} \\ \text{下降所需燃油:} & 320\text{kg} \\ \text{下降距离:} & 109\text{n mile} \end{cases}$$

(2) 因此,静风条件下,B737-800(24K)从 FL330 下降到 1500ft 所需的时间、燃油和距离分别为

$$\text{FL330} \sim 1500\text{ft} \begin{cases} \text{下降时间:} & 19\text{min} \\ \text{下降所需燃油:} & 210\text{kg} \\ \text{下降距离:} & 100\text{n mile} \end{cases}$$

(3) 由于下降过程中有顺风且风速为 50kn，因此需要对下降距离进行修正，修正后的下降距离为

$$100 \text{n mile} + 50 \times \frac{19}{60} \text{n mile} \approx 115.8 \text{n mile}$$

(4) 修正后，B737-800(24K) 从 FL330 下降到 1500ft 所需的时间、燃油和距离分别为

$$\text{FL330} \sim 1500\text{ft} \begin{cases} \text{下降时间：} & 19\text{min} \\ \text{下降所需燃油：} & 210\text{kg} \\ \text{下降距离：} & 115.8\text{n mile} \end{cases}$$

2．飘降性能表

下面举例说明飘降性能表的使用方法。

例 4.3.3 B737-800(CFM56-7B26) 在航路上 FL330 巡航时出现一台发动机失效，航路温度为 $-31℃$，一台发动机失效时飞机重量为 60000kg，试根据表 4.3.4 和表 4.3.5 确定其以有利飘降速度和 LRC 速度下降的改平高度。

解：

(1) 根据飞机巡航高度为 FL330，航路温度为 $-31℃$，确定 ISA 偏差为 ISA+20℃：

$$\Delta t = -31℃ - (15 - 33 \times 2)℃ = 20℃$$

(2) 由表 4.3.4 确定重量为 60000kg 时，一发失效以有利飘降速度下降的改平高度为 23900ft。

表 4.3.4 B737-800(CFM56-7B26) 飘移速度一发下降的改平高度

ENGINE INOP

MAX CONTINUOUS THRUST

Driftdown Speed/Level Off Altitude
100ft/min residual rate of climb

WEIGHT(1000KG)		OPTIMUM DRIFTDOWN SPEED(KIAS)	LEVEL OFF ALTITUDE(FT)		
START DRIFTDOWN	LEVEL OFF		ISA+10℃ & BELOW	ISA+15℃	ISA+20℃
85	81	270	17500	16200	15000
80	77	262	19200	18000	16700
75	72	255	20800	19800	18500
70	67	246	22300	21300	20300
65	62	238	23900	23000	22000
60	57	228	25800	24800	23900
55	53	219	28100	27100	26000
50	48	209	30300	29500	28500
45	43	198	32500	31800	30900
40	38	187	34900	34100	33300

Includes APU fuel burn.

(3) 由表 4.3.5 确定重量为 60000kg 时，一发失效以 LRC 速度下降的改平高度为 20700ft。

表 4.3.5　B737-800(CFM56-7B26)LRC 速度一发下降的改平高度

ENGINE INOP
MAX CONTINUOUS THRUST

Long Range Cruise Altitude Capability
100ft/min residual rate of climb

WEIGHT(1000KG)	PRESSURE ALTITUDE(FT)		
	ISA+10℃ & BELOW	ISA+15℃	ISA+20℃
85	13800	11300	8900
80	16100	13700	11400
75	18100	16300	14000
70	20200	18500	16300
65	21800	20600	18600
60	23400	22300	20700
55	25300	24100	22700
50	28100	26700	24800
45	30700	29700	28100
40	33200	32300	31100

With engine anti-ice on, decrease altitude capability by 2100ft.
With engine and wing anti-ice on, decrease altitude capability by 5700ft.

例 4.3.4　A320 在航路上 FL350 巡航时出现一台发动机失效,航路温度为 $-35℃$,发动机防冰和总防冰关。一台发动机失效时飞机重量为 62000kg,试根据图 4.3.13 确定其以绿点速度和 LRC 速度下降的总升限,并确定飞机以绿点速度飘降的净升限。

解:

(1) 根据飞机巡航高度为 FL350,航路温度为 $-35℃$,确定 ISA 偏差为 ISA+20℃,计算如下:

$$\Delta t = -35℃ - (15 - 35 \times 2)℃ = 20℃$$

(2) 根据温度为 ISA+20℃,发动机防冰和总防冰关,由图 4.3.13 中的总升限图确定重量为 62000kg 时,一发失效以有利飘降速度下降的改平高度为 25000ft。

(3) 根据温度为 ISA+20℃,发动机防冰和总防冰关,由图 4.3.13 中的总升限图附表确定重量为 62000kg 时,一发失效以 LRC 速度下降的改平高度为 23200ft。

(4) 根据温度为 ISA+20℃,发动机防冰和总防冰关,由图 4.3.13 中的净升限表确定飘降净升限为

$$25000ft - 4150ft = 20850ft$$

例 4.3.5　已知某波音 B737 飞机,巡航中遭受一台发动机失效时的飞机重量为 70000kg,巡航高度为 FL310,航路温度为 ISA,无风。飞机发生一台发动机失效时的位置到备降机场的距离为 500n mile。飞行员拟以有利飘降速度下降并改平,然后以 LRC 速度保持飞行高度不变的巡航。试根据表 4.3.6 确定飞行所需燃油和时间。

解:

(1) 题目条件为无风,查表 4.3.6 中的地面与空中距离换算子表,可得空中距离与地面距离相等,均为 500n mile。

GROSS CEILINGS AT LONG RANGE AND GREEN DOT SPEEDS

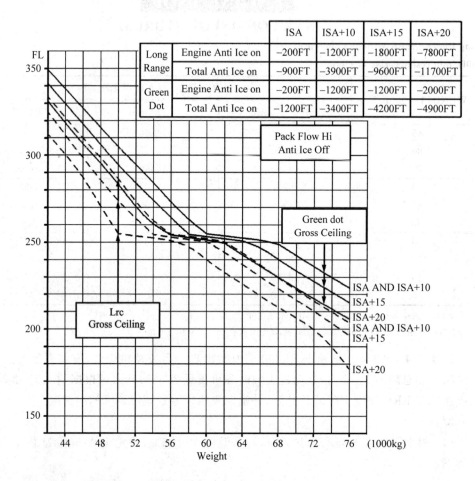

		ISA	ISA+10	ISA+15	ISA+20
Long Range	Engine Anti Ice on	−200FT	−1200FT	−1800FT	−7800FT
	Total Anti Ice on	−900FT	−3900FT	−9600FT	−11700FT
Green Dot	Engine Anti Ice on	−200FT	−1200FT	−1200FT	−2000FT
	Total Anti Ice on	−1200FT	−3400FT	−4200FT	−4900FT

Note: If severe icing conditions are encountered, ice formation may build up on non heated structure and therefore the ceiling will be reduced by 2000 feet.

NET CEILING AT GREEN DOT SPEED

To obtain the net ceiling at green dot speed, apply the following corrections to the gross ceiling at green dot speed:

	WEIGHT(1000KG)							
	48	52	56	60	64	68	72	76
≤ISA+10	−5800FT	−4200FT	−2700FT	−2400FT	−3600FT	−4700FT	−5100FT	−6100FT
ISA+20	−4200FT	−2800FT	−2600FT	−3800FT	−4500FT	−6300FT	−10100FT	−11800FT

图 4.3.13　A320 总升限及净升限图

（2）再查表 4.3.6 中的燃油和时间子表，查找空中距离 500n mile 及飞机重量 70000kg 时，飞行所需燃油为 3300kg，飞行耗费时间为 1h24min。

表 4.3.6 B737-800(CFM56-7B26)以有利飘降速度一发下降并以 LRC 速度一发巡航表

ENGINE INOP
MAX CONTINUOUS THRUST

Driftdown/LRC Cruise Range Capability
Ground to Air Miles Conversion

AIR DISTANCE(NM) HEADWIND COMPONENT(KTS)					GROUND DISTANCE (NM)	AIR DISTANCE(NM) TAILWIND COMPONENT(KTS)				
100	80	60	40	20		20	40	60	80	100
139	129	120	113	106	100	95	90	86	82	78
277	257	240	225	212	200	189	180	171	164	156
416	386	360	338	318	300	284	270	257	245	235
554	515	480	450	424	400	379	360	343	327	313
693	643	600	563	529	500	474	450	428	409	391
831	772	720	675	635	600	568	540	514	491	469
969	900	840	788	741	700	663	630	600	573	548
1108	1029	960	900	847	800	758	720	686	655	626
1246	1157	1080	1012	953	900	853	810	771	736	704
1385	1286	1200	1125	1059	1000	947	900	857	818	783
1523	1414	1320	1237	1165	1100	1042	990	943	900	861
1662	1543	1440	1350	1271	1200	1137	1080	1029	982	939
1800	1672	1560	1463	1376	1300	1232	1170	1114	1064	1017
1939	1800	1680	1575	1482	1400	1326	1260	1200	1145	1095
2078	1929	1800	1688	1588	1500	1421	1350	1285	1227	1174
2217	2058	1921	1800	1694	1600	1516	1440	1371	1309	1252
2356	2187	2041	1913	1800	1700	1610	1530	1457	1390	1330
2496	2317	2161	2026	1906	1800	1705	1619	1542	1472	1408

Driftdown/Cruise Fuel and Time

AIR DIST (NM)	FUEL REQUIRED(1000KG) WEIGHT AT START OF DRIFTDOWN(1000KG)									TIME (HR:MIN)
	40	45	50	55	60	65	70	75	80	85	
100	0.4	0.4	0.4	0.4	0.5	0.5	0.5	0.5	0.6	0.6	0:17
200	0.8	0.8	0.9	1.0	1.0	1.1	1.1	1.2	1.3	1.3	0:34
300	1.3	1.3	1.4	1.6	1.7	1.7	1.9	2.0	2.1	2.2	0:50
400	1.7	1.8	2.0	2.2	2.3	2.4	2.6	2.8	2.9	3.1	1:07
500	2.1	2.3	2.5	2.7	2.9	3.1	3.3	3.5	3.7	3.9	1:24
600	2.5	2.8	3.0	3.3	3.5	3.7	4.0	4.2	4.5	4.7	1:40
700	2.9	3.2	3.5	3.8	4.1	4.3	4.6	4.9	5.2	5.5	1:57
800	3.4	3.7	4.0	4.3	4.7	5.0	5.3	5.6	6.0	6.3	2:14
900	3.8	4.1	4.5	4.9	5.3	5.6	6.0	6.4	6.7	7.1	2:30
1000	4.2	4.6	5.0	5.4	5.8	6.2	6.6	7.0	7.5	7.9	2:47
1100	4.6	5.0	5.5	5.9	6.4	6.8	7.3	7.7	8.2	8.7	3:04
1200	5.0	5.4	5.9	6.5	6.9	7.4	7.9	8.4	8.9	9.4	3:21
1300	5.3	5.9	6.4	7.0	7.5	8.0	8.6	9.1	9.7	10.2	3:37
1400	5.7	6.3	6.9	7.5	8.1	8.6	9.2	9.8	10.4	11.0	3:54
1500	6.1	6.7	7.3	8.0	8.6	9.2	9.8	10.4	11.1	11.7	4:11
1600	6.5	7.2	7.8	8.5	9.1	9.8	10.4	11.1	11.8	12.5	4:28
1700	6.9	7.6	8.3	9.0	9.7	10.3	11.1	11.8	12.5	13.2	4:45
1800	7.2	8.0	8.7	9.5	10.2	10.9	11.7	12.4	13.2	13.9	5:02

Includes APU fuel burn.
Driftdown at optimum driftdown speed and cruise at Long Range Cruise speed.

例 4.3.6 已知，某 A320 飞机巡航中遭受一台发动机失效时的飞机重量为 70000kg，巡航高度为 FL310，航路温度为 ISA，改航至备降机场的航图距离为 540n mile，防冰关。由于航路下方无高大地形障碍物影响，飞行员拟以 LRC 速度实施一发下降，并在改平后继续以 LRC 速度保持飞行高度不变的巡航。试根据图 4.3.13、表 4.3.7 和表 4.3.8 确定飞行所需燃油和时间。

表 4.3.7 A320 一发失效以 LRC 速度下降性能表

MAX. CONTINUOUS THRUST LIMITS PACK FLOW HI ANTI-ICING OFF	ISA CG=33.0%				MINIMUM RATE OF DESCENT 500FT/MIN				
DESCENT-M.78/300KT/-1 ENGINE OUT									
WEIGHT (1000KG)	50				70				IAS (KT)
FL	TIME (MIN)	FUEL (KG)	DIST. (NM)	MODE	TIME (MIN)	FUEL (KG)	DIST. (NM)	MODE	
390	41.6	1408	280	MCT					241
370	39.8	1372	267	MCT	39.4	1386	264	MCT	252
350	38.1	1330	255	MCT	38.0	1353	253	MCT	264
330	36.5	1288	243	MCT	36.5	1315	243	MCT	277
310	35.1	1246	231	MCT	35.0	1274	231	MCT	289
290	33.6	1201	220	MCT	33.5	1226	219	MCT	300
270	31.5	1134	205	MCT	31.3	1156	203	MCT	300
250	29.1	1052	187	MCT	28.8	1072	185	MCT	300
230	26.0	942	165	MCT	25.9	967	164	MCT	300
220	24.0	867	151	V/S	24.0	896	151	V/S	300
210	22.0	793	137	V/S	22.0	818	137	V/S	300
200	20.0	719	124	V/S	20.0	741	124	V/S	300
190	18.0	645	111	V/S	18.0	665	111	V/S	300
180	16.0	572	98	V/S	16.0	589	98	V/S	300
170	14.0	499	85	V/S	14.0	514	85	V/S	300
160	12.0	427	72	V/S	12.0	439	72	V/S	300
150	10.0	355	60	V/S	10.0	365	60	V/S	300
140	8.0	283	47	V/S	8.0	291	47	V/S	300
100	.0	0	0	V/S	.0	0	0	V/S	300
CORRECTIONS	ENGINE ANTI ICE ON				TOTAL ANTI ICE ON				PER 1° ABOVE ISA
TIME	−0.3%				−1.5%				−
FUEL	+2%				+4%				+0.3%
DISTANCE	−0.5%				−1.5%				+0.2%

表 4.3.8 A320 一发失效以 LRC 速度巡航并着陆性能表
IN CRUISE QUICK CHECK FROM ANY MOMENT IN CRUISE TO LANDING-ONE ENGINE FAILURE
CRUISE：LONG RANGE-DESCENT：M.78/300KT/250KT
IMC PROCEDURE：120KG(6MIN)

REF. INiTIAL WEIGHT=5500KG PACK FLOW HI ANTI-ICING OFF			ISA CG=33.0%			FUEL CONSUMED(KG) TIME(H.MIN)		
AIR DIST. (NM)	FLIGHT LEVEL					CORRECTION ON FUEL CONSUMPTION (KG/1000KG)		
	100	150	200	220	240	250	FL100 FL150	FL200 FL220	FL240 FL250
200	1379 0.45	1188 0.44	1061 0.42	1017 0.42	978 0.41	960 0.41	9	7	8
250	1718 0.56	1500 0.54	1352 0.52	1301 0.51	1256 0.50	1236 0.50	12	11	12
300	2055 1.06	1811 1.03	1641 1.01	1583 1.00	1534 0.59	1511 0.59	15	14	16
350	2391 1.16	2121 1.13	1930 1.10	1865 1.09	1810 1.08	1785 1.08	18	17	20
400	2727 1.26	2430 1.22	2217 1.19	2146 1.18	2085 1.17	2058 1.17	21	21	24
450	3061 1.36	2738 1.32	2504 1.28	2426 1.27	2359 1.25	2330 1.25	24	24	28
500	3394 1.46	3046 1.41	2790 1.37	2705 1.35	2632 1.34	2602 1.34	27	27	32
550	3727 1.56	3352 1.51	3075 1.46	2983 1.44	2904 1.43	2872 1.43	30	30	36
600	4058 2.06	3658 2.00	3358 1.55	3260 1.53	3174 1.52	3141 1.52	33	34	39
650	4388 2.17	3962 2.10	3641 2.05	3537 2.02	3444 2.01	3409 2.00	36	37	43
700	4718 2.27	4266 2.20	3924 2.14	3812 2.11	3713 2.10	3676 2.09	39	40	47
750	5046 2.37	4568 2.29	4205 2.23	4087 2.20	3981 2.19	3942 2.18	41	43	50
800	5373 2.48	4870 2.39	4485 2.32	4360 2.29	4248 2.28	4207 2.27	44	46	54
850	5700 2.58	5171 2.49	4764 2.42	4633 2.38	4514 2.37	4471 2.36	47	49	57
900	6025 3.08	5471 2.59	5042 2.51	4905 2.47	4779 2.46	4734 2.44	50	53	60
950	6350 3.19	5769 3.08	5320 3.00	5175 2.57	5044 2.55	4996 2.53	53	56	64
1000	6673 3.29	6068 3.18	5596 3.10	5445 30.6	5307 3.04	5257 3.02	56	59	67
1050	6995 3.40	6365 3.28	5872 3.19	5715 3.15	5569 3.13	5518 3.11	59	62	70
1100	7316 3.51	6661 3.38	6147 3.28	5983 3.24	5830 3.22	5777 3.20	62	65	74
1150	7636 4.01	6956 3.48	6421 3.38	6250 3.33	6091 3.31	6035 3.29	65	68	77
1200	7955 4.12	7251 3.58	6694 3.47	6517 3.42	6350 3.40	6293 3.37	68	71	80
1250	8273 4.22	7544 4.07	6966 3.56	6782 3.51	6609 3.49	6549 3.46	71	74	83
1300	8590 4.33	7837 4.17	7237 4.06	7047 4.00	6868 3.58	6804 3.55	74	77	86
1350	8906 4.44	8129 4.27	7507 4.15	7311 4.10	7125 4.07	7058 4.04	76	80	89
1400	9222 4.55	8420 4.37	7777 4.25	7574 4.19	7382 4.16	7312 4.13	79	83	92
ENGINE ANTI ICE ON ΔFUEL=+2.5%						TOTAL ANTI ICE ON ΔFUEL=+5%		

解：

(1) 根据图 4.3.13 确定飞机重量为 70000kg、温度为 ISA、防冰关时，LRC 改平高度可以维持在 FL220 以上。

(2) 根据表 4.3.7，确定飞机从 FL310 一发下降到 FL220 前进的距离，消耗的燃油和下降时间如下：

$$下降距离 = 231\text{n mile} - 151\text{n mile} = 80\text{n mile}$$

$$下降所需燃油 = 1246\text{kg} - 867\text{kg} = 379\text{kg}$$

$$下降时间 = 35.1\text{min} - 24\text{min} = 11.1\text{min}$$

由于防冰关且温度为 ISA，故无须对上述时间和燃油进行额外修正。

(3) 根据表 4.3.8，可确定在 FL220 高度以 LRC 速度一发巡航直至着陆的耗油及时间：

$$巡航起始重量为 70000\text{kg} - 379\text{kg} = 69621\text{kg}$$

$$巡航距离为 540\text{n mile} - 80\text{n mile} = 460\text{n mile}$$

根据空中距离 460n mile 和巡航高度 FL220，可线性插值确定出参考着陆重量为 55000kg 时的耗油和时间分别为 2482kg 和 1h29min。

(4) 考虑该次巡航结束的实际着陆重量为 69621kg − 2482kg = 67139kg，继续依据表 4.3.8 中修正栏的提示对耗油进行修正，即 25×(67.14−55)kg = 303.5kg。

(5) 因此，飞机一发失效并飞至备降机场的燃油和时间，由单发下降段、单发巡航段两部分组成，汇总如下：

所需燃油为：379kg（单发下降）+ 2482kg（单发巡航）+ 303.5kg（重量修正）= 3164.5kg

所需时间为：11.1min（单发下降）+ 1h29min（单发巡航）+ 0min（重量修正）= 1h40.1min。

复习思考题

1. 简答上升梯度的定义。
2. 重量、高度、构型、风分别对上升梯度、上升率有何影响？
3. 简述陡升与快升的区别。
4. 什么是转换高度？
5. 思考某飞机以 $250\text{kn}/Ma0.78$ 上升时，在上升过程中，飞机的真空速如何变化？
6. 简述下降策略的表示方式。
7. 简述下降性能的影响因素。
8. 简述飘降分析的目的与要求。
9. 旅客氧气系统的种类有哪些？
10. 对比并说明飘降与应急下降的区别。
11. 简述燃油里程 SR 的概念及其影响因素。
12. 根据巡航中升力与重力的关系，推导并确定最佳巡航高度。
13. 区分 MRC 巡航、LRC 巡航、阶梯巡航、经济巡航的概念。

14. 影响航程的因素有哪些？
15. 简述梯度风的概念。
16. 简述航空公司的成本构成及 DOC、IOC 的概念。
17. 简述成本指数 CI 的概念，以及成本指数与经济巡航 Ma 的关系。
18. 识读并理解商载航程图中三段航程的定义和特点。

第5章

着陆性能

着陆阶段是最为复杂和危险的关键飞行阶段。据统计,虽然着陆阶段时长短,但是事故率高,几乎占整个飞行过程中事故发生率的50%。掌握飞机的着陆性能,特别是影响着陆性能的主要因素,对于保障着陆安全是十分必要的。本章集中讨论航线运输飞行着陆性能问题,包括着陆速度、着陆距离、着陆距离的影响因素、着陆制动措施、最大着陆重量的限制因素、着陆性能分析表的使用及湿跑道和污染跑道的运行等内容。

5.1 着陆速度

5.1.1 着陆最小操纵速度

CCAR-25.149 条(f)款指出,着陆最小操纵速度是飞机在全发工作着陆进场期间的最小操纵速度,记为 V_{MCL}。V_{MCL} 需由飞机制造商依据适航规章条款要求通过试飞确定,是校正空速。在此速度下,当临界发动机突然停车时,飞行员能够在该发动机继续停车的情况下保持对飞机的操纵,并维持坡度不大于5°的直线飞行,如图 5.1.1 所示。

图 5.1.1 着陆最小操纵速度的要求

CCAR-25.149 条(f)款进一步指出,V_{MCL} 应在飞机处于全发工作进场和着陆的临界形态下获得,应选用最不利重量且重心在最不利的位置,同时工作发动机应在复飞设置功率(推力)状态。

对于双发飞机只需确定 V_{MCL},对于三发或三发以上的飞机还需确定两台临界发动机停车时进场和着陆进场期间的最小操纵速度 V_{MCL-2}。V_{MCL-2} 也是校正空速,CCAR-25.149 条(g)款规定,在此速度下当第二台临界发动机突然停车时,飞行员能在这两台发动机继续停车的情况下保持对飞机的操纵,并维持坡度不大于5°的直线飞行。

由于建立 V_{MCL} 是为了评价飞机的能力和表现,因此当制造商试飞员向局方演示 V_{MCL} 和 V_{MCL-2} 时,方向舵操纵力不得超过 667N(68kgf 或 150lbf),也无须驾驶者具有特殊的驾驶技巧、机敏和体力。此外,飞机的横向操纵必须有足够的滚转能力,飞机必须在不大于5s的时间内从稳定飞行的初始状态改变 20°的坡度,并且使得飞机能够从不工作发动机向工作发动机一侧转变航向。

注意,与本书起飞性能章节中的 V_{MCA} 和 V_{MCG} 相似,V_{MCL} 也是一个限制速度,需通过试飞获得并被用于约束着陆进场参考速度的下限。

5.1.2 着陆进场参考速度

着陆进场参考速度,是指飞机以规定的着陆形态下降至 50ft 过跑道头时应具备的稳定进场速度(landing reference speed),记为 V_{REF},如图 5.1.2 所示。CCAR-25.125 条(b)款规定,V_{REF} 是校正空速,不得小于 $1.23V_{SR0}$,且不得小于着陆最小操纵速度 V_{MCL}。飞机着陆时的构型和重量会影响该状态下的失速速度大小,进而影响 V_{REF} 的大小。表 5.1.1 给出了 ARJ21-700 飞机的典型重量和襟翼角度下的 V_{REF}。

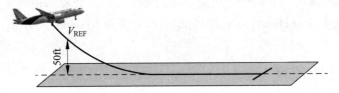

图 5.1.2 飞机在跑道入口 50ft 高度处的速度要达到 V_{REF}

表 5.1.1 ARJ21-700 飞机的典型重量和襟翼角度下的 V_{REF}

典型重量/kg	襟翼卡位	
	3 卡位 V_{REF3}/kn	4 卡位 V_{REF4}/kn
27000	125	118
29000	130	122
31000	134	127
33000	138	131
35000	143	134
37000	147	138
39000	150	142
41000	154	146
43500	159	150

对于空客机型,其制造商还提出了最小可选速度 V_{LS}(lowest selectable speed)的概念。据相关资料介绍,在飞行过程中,飞行员不应该选择比 V_{LS} 小的速度飞行,最小可选速度 V_{LS} 应大于着陆最小操纵速度 V_{MCL}。在着陆过程中,飞行员必须确保在跑道入口 50ft 高度处校正空速不小于 V_{LS}。因此,对于空客机型来说,可以认为 $V_{REF}=V_{LS}$(CONF FULL)。

5.1.3 最后进近速度

最后进近速度也称跑道入口速度,记为 V_{APP},是校正空速。它是指飞机下降至 50ft 过跑道头时应达到的速度。V_{APP} 是波音和空客等飞机制造商在其机型手册中提出的概念,飞行员驾驶这些机型在着陆过程中会使用此速度。在实际运行中,V_{APP} 是考虑到风对飞机进场着陆下滑角和飞行员操作的影响,在 V_{REF} 的基础上计入风修正后推荐给飞行员的速度。

V_{APP} 与 V_{REF} 的关系为

$$V_{APP} = V_{REF} + 风修正 \tag{5.1.1}$$

通常情况下,顺风进场不做修正,逆风进场需做修正,具体修正量的多少由制造商在其飞行机组操作手册 FCOM 中给出。例如,ARJ21-700 飞机通过式(5.1.2)计算 V_{APP}:

$$V_{APP} = V_{REF}(着陆构型) + \Delta V_{APP} \tag{5.1.2}$$

其中,

$$\Delta V_{APP} = \frac{1}{2} 逆风分量 + (阵风 - 稳定风) \tag{5.1.3}$$

ARJ21-700 飞机的 FCOM 进一步指出:当无阵风时,ΔV_{APP} 不计入(阵风与稳定风差值)修正;当着陆襟翼为 4 卡位时,ΔV_{APP} 的最小值为 5kn;当着陆襟翼为 3 卡位时,ΔV_{APP} 的最小值为 0kn;在非结冰条件下时,ΔV_{APP} 的最大值为 15kn;在结冰条件下时,ΔV_{APP} 的最大值为 10kn。

5.1.4 接地速度

接地速度是指飞机接地瞬间的速度,用符号 V_{TD} 表示,也是校正空速。飞机从 50ft 过跑道头开始直至最终接地是速度持续减小的连贯过程,飞行员通过控制接地前的最后进近速度、下滑角、拉平高、下沉率等关键参数来获得合理的接地速度。这与起飞中通过控制抬轮速度、抬头率等关键参数来获得合理的起飞安全速度相似。飞行员只有将最后进近速度保持在手册规定的范围内并依循标准训练操作完成下滑和拉平动作,才能够使接地速度满足预期要求。

接地速度的大小受着陆重量、着陆构型和空气密度的影响。着陆重量越大,失速速度越大,V_{REF} 随之增大,使得接地速度增大。着陆襟翼角度越小,失速速度越大,V_{REF} 随之增大,使得接地速度增大。空气密度减小会导致相同接地表速对应的接地真速更大,这是在高温、高原机场着陆时接地地速普遍增大的主要原因。飞机地速越大,越容易超过轮胎速度限制和刹车能量限制。

5.2 着陆距离

着陆是指飞机从跑道入口处离地 50ft 高度开始,经过直线下滑、拉平、接地、减速滑跑至完全停止(即全停)的过程。着陆距离是指飞机从跑道入口离地 50ft 处至完全停止所需的水平距离。着陆距离包括着陆空中段和地面滑跑段,如图 5.2.1 所示。

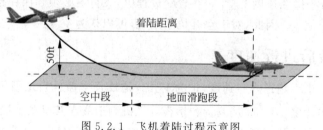

图 5.2.1 飞机着陆过程示意图

在民用运输飞行中,根据 2021 年局方下发的咨询通告《航空承运人湿跑道和污染跑道运行管理规定》(AC-121-FS-33R1)的定义,围绕着陆距离具有可用着陆距离、审定着陆距离、所需着陆距离和运行着陆距离 4 个不同的概念。在本书 1.3.6 节已介绍了可用着陆距离,这里只介绍余下三者。

5.2.1 审定着陆距离

审定着陆距离(certificated landing distance,CLD)是根据 CCAR-25.125 条规定,在水平干跑道、标准大气温度条件下,采用人工驾驶着陆和人工最大刹车,飞机以入口速度(V_{REF})从 50ft(15m)高度进跑道至全停时所用的距离。审定着陆距离也称演示着陆距离(demonstrated landing distance,DLD),是飞机制造商的试飞员在适航审定过程中依循审定条款要求向局方审查人员演示飞机能力时获得的着陆距离。

审定着陆距离未计入任何安全裕量,故并非是飞机在实际运行中的着陆距离。在进行审定着陆距离试飞取证时,除了不得使用自动着陆系统和平视引导系统外,适航规章还要求不得使用反推和自动刹车,其目的是最大限度地检验飞机刹车系统的能力水平。审定着陆距离试飞取证示意图如图 5.2.2 所示。

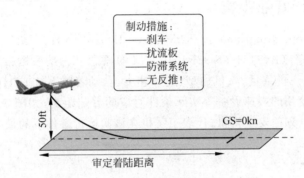

图 5.2.2 审定着陆距离试飞取证示意图

5.2.2 所需着陆距离

所需着陆距离(required landing distance,RLD)是在审定着陆距离(CLD)的基础上加上适用的运行规章所定义的飞行前的计划安全裕量所得到的着陆距离,如图 5.2.3 所示。

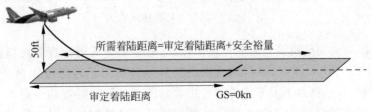

图 5.2.3 所需着陆距离示意图

CCAR-121.195 条指出,在干跑道条件下,涡轮发动机驱动的飞机放行所需的着陆距离(RLD)为审定着陆距离(CLD)除以 0.6。跑道道面条件不同,规章规定的所需着陆距离(RLD)应考虑的安全裕量也不同。

干跑道条件下,所需着陆距离是干跑道审定着陆距离的 1.67 倍,即

$$RLD_{干} = CLD_{干} \div 0.6 \approx 1.67 \times CLD_{干} \tag{5.2.1}$$

湿跑道条件下,所需着陆距离既是干跑道所需着陆距离的 1.15 倍,也是干跑道审定着陆距离的 1.92 倍,即

$$RLD_{湿} = 1.15 \times RLD_{干} = 1.15 \times 1.67 \times CLD_{干} \tag{5.2.2}$$

在污染跑道条件下,所需着陆距离是污染跑道审定着陆距离和湿跑道所需着陆距离两者中的较大者:

$$RLD_{污染} = \max \begin{cases} 1.15 \times CLD_{污染} \\ RLD_{湿} \end{cases} \tag{5.2.3}$$

所需着陆距离,面向航班放行前的评估工作。《航空承运人湿跑道和污染跑道运行管理规定》(AC-121-FS-33R1)指出,航空承运人需做好放行前的着陆距离评估。CCAR-121.195 条规定,放行前的着陆距离评估需考虑到飞行中正常的燃油和滑油消耗,采用飞机预计到达目的地时的着陆重量、气压高度和预计着陆时当地风向、风速、道面状态所匹配的手册内容进行评估。

5.2.3 运行着陆距离

运行着陆距离(operating landing distance, OLD)是咨询通告《航空承运人湿跑道和污染跑道运行管理规定》(AC-121-FS-33R1)中定义的概念。它是根据报告的气象和道面条件、标高、跑道坡度、飞机重量、飞机构型、进场速度、自动着陆系统或 HUD 系统的使用,以及预计着陆时将要使用的减速设备等实际条件对应的着陆距离,如图 5.2.4 所示。该距离中不包括任何额外计划的安全裕量,代表了飞机在该次运行条件下的最合理性能。

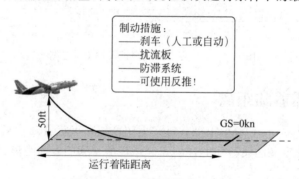

图 5.2.4 运行着陆距离示意图

运行着陆距离面向航班到达时的评估工作。《航空承运人湿跑道和污染跑道运行管理规定》(AC-121-FS-33R1)指出,根据到达时的实际条件得到运行着陆距离后,应当再加上 15% 的安全裕量,并且仍然不大于跑道的可用着陆距离。到达时着陆距离评估是在尽可能接近目的地机场处,根据到达时段的实际条件而不是签派航前放行时的预报条件来开展着陆距离评估。选择接近目的地机场处,是为了获得最接近实际着陆条件下的气象和道面条件信息,但该位置不得晚于仪表进近程序的起始点或目视进近起落航线的加入点,以降低飞行员的工作负荷。

5.3 着陆距离的影响因素

影响着陆距离的因素主要包括着陆重量、机场压力高度和温度、跑道道面状态、着陆构型、制动措施、风向、风速及着陆进场的高度和速度等。其中,着陆重量越大,着陆距离越长;机场压力高度和温度越高,着陆距离越长。由于重量、压力高度、温度影响与起飞相似,故本节重点讨论着陆进场高度和进场速度、襟翼角度及风对着陆距离的影响,而制动措施和跑道道面状态的影响则在本书 5.4 节和 5.7 节予以介绍。

5.3.1 进场高度和进场速度

与飞行员操纵最为密切且易出现的着陆偏差是进场高度偏高、进场速度偏大,实际上这也是绝大多数着陆冲出跑道事故的主要原因之一。

民航大型运输机正常的接地区应该在跑道入口之内 1000~1500ft。飞机着陆过跑道入口的规范高度是 50ft。实际运行中,若飞机在跑道入口处的高度偏高,既使得飞机势能增大,也使接地点前移(沿机头朝向)。在标准下滑角进近时,进场高度每增加 1ft,接地点将前移约 20ft。

进场速度过大会导致飞机动能增大,着陆制动过程中需耗散的能量增加,使得着陆距离延长。通常,着陆进场速度每增加 1%,着陆距离会增加约 2%。进场速度大还会导致飞机下降率增大,飞行员为了避免重着陆往往会增大带杆量,这就容易形成飘飞(平飘),使得着陆空中段延长,着陆距离也延长。表 5.3.1 提供了关于运行着陆距离的简易计算方法,考虑了着陆速度偏大和进场高度偏高等因素,但较为保守。这些数值可以作为飞行员在进行着陆或复飞决断时的快速参考。

表 5.3.1 着陆距离的简易计算

条 件		对着陆距离的影响
不稳定进近		不可预测
速度偏大	干跑道	每 10kn,增加 300ft
	湿跑道	每 10kn,增加 500ft
	平飘着陆	每 10kn,增加 2500ft
正常速度	下坡着陆	每 1%的下坡坡度增加 10%的着陆距离
	延迟接地	每秒增加 230ft
	过跑道头高度	每高 10ft 增加 200ft 着陆距离
	延迟刹车	每秒增加 220ft

5.3.2 襟翼角度

襟翼角度对飞机着陆性能存在显著影响,且其影响具有两面性:一方面,襟翼角度越大,着陆距离越短;襟翼角度越小,着陆距离越长。因此着陆时通常推荐飞行员选择大角度襟翼,如 ARJ21-700 通常选择 CONF4 卡位,波音机型通常选择襟翼 40°卡位,空客机型通常选择 CONF FULL 卡位。另一方面,随着襟翼角度的增大,废阻力的增大将使得剩余推力减小,造成飞机着陆复飞的爬升梯度减小,如在高原机场(特别是高高原机场)运行中,由于机场气压高度高，发动机性能衰减得厉害，为了满足规章要求的复飞爬升梯度，手册中的机组操作程序通常建议使用比最大着陆襟翼角度更小一些的襟翼卡位。

5.3.3 风

CCAR-25.125条(f)款规定，着陆距离数据必须按照沿着陆航迹不大于逆风分量的50%和不小于顺风分量的150%进行修正。譬如，当遭受20kn逆风时，将其视为10kn逆风并计入有利影响；当遭受10kn顺风时，将其视为15kn顺风并计入不利影响。这是性能分析工作中的一种工程保守方法。（注意：飞机制造商在机型配套手册的图表内容中已计入该项修正，无须飞行员另行计算。）

顺风会使飞机过跑道头和接地的地速增大，从而导致着陆所需距离变长；逆风会使飞机过跑道头和接地的地速减小，缩短着陆所需距离。正常情况下，飞行员应当挑选逆风方向予以着陆。当实际进场中遭受较大顺风时，应当及时更换着陆跑道方向。尽管规章没有绝对禁止，在某些机场也存在允许小顺风着陆的情况，飞行员应当在顺风条件下谨慎实施着陆操纵。民用运输机机型手册会提供该机型能够容忍的顺风、逆风和侧风最大值。表5.3.2给出了B737-800飞机的起飞、着陆风速限制。

表 5.3.2 B737-800飞机的起飞、着陆风速限制

风 况	起 飞	着 陆
逆风风速/(m/s)	25	25
顺风风速/(m/s)	5	5
侧风风速/(m/s)	15（干跑道）	15（干跑道）
	8（湿跑道）	8（湿跑道）

5.4 着陆制动措施

民航运输机的制动系统主要由刹车及刹车防滞系统、扰流板、反推共同组成。其中，刹车和扰流板均具有人工和自动两种模式。当飞行员选用自动模式时，不仅需要在接地前的进近过程中依循手册中机组操作程序的指导进行预位，还应使飞机在目标区扎实接地，并在接地后尽快放下前轮，以便尽快触发和启动飞机的刹车和扰流板。扎实接地也有利于机轮在跑道积水较深时穿透积水层。

5.4.1 刹车及刹车防滞系统

民航运输机的刹车是着陆滑跑过程中最基本的制动手段，尤其是在低速滑跑阶段，它可以提供近70%的减速力。民航运输机的刹车在人工刹车模式（manual braking mode）时可根据飞行员人工踩刹车的轻重程度调节刹车压力，而在自动刹车模式（automatic braking mode）时可根据飞机制造商给计算机预设的减速率来控制刹车压力，如图5.4.1所示。

在实际运行中，飞行员普遍选用自动刹车模式。这样不仅能够有效地减轻飞行员在着陆阶段的工作负荷，还使刹车具有相对恒定的启动生效时延，降低了人工刹车模式下因飞行员操作迟缓而造成着陆距离延长的可能。由于自动刹车模式根据预定减速率来控制刹车压

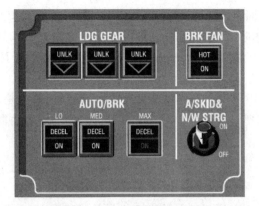

图 5.4.1　某空客机型自动刹车预位开关面板示意图

力,当飞机实际减速率高于预定减速率时,自动刹车系统将会适当减小刹车压力以减轻刹车的磨损。因此自动刹车模式不仅具有刹车压力连续稳定的特点,还可以有效地减轻刹车和机轮的磨损,从而延长刹车的使用寿命。

飞行员在使用自动刹车模式时,只需要根据实际道面条件在空中(着陆前)选择适当的刹车挡位并将其预位,一旦飞机接地后主机轮开始旋转并且油门已收到慢车位等触发条件达成时,自动刹车系统将会自动启动并按照预先设定的减速率调节刹车压力。

自动刹车模式可以随时被飞行员人工接管,从而切换为人工刹车模式。当减速率无法达到飞行员的预期时,为获得最大制动力,飞行员可通过人工刹车模式接管自动刹车模式,此时刹车磨损已不再是关注的重点。

防滞系统(anti-skid)属于刹车的附属增强装置。为了防止因刹车压力过大致使机轮出现拖胎、锁死现象,防滞系统通过调节刹车压力使机轮处于最佳的打滑率状态,以获得最佳的刹车效率。

飞行员在使用人工刹车模式时,需要注意保持人工刹车压力稳定,不宜频繁地松和踩刹车踏板,即采用"点刹"的方法,否则将使防滞系统始终处于刹车压力调定状态而无法建立稳定的刹车压力,导致刹车效率降低。

若防滞系统因故障无法正常工作,会使得刹车制动能力下降,但并不意味着刹车失效。最低设备清单(MEL)允许将防滞系统不工作的飞机继续投入运行,防滞系统不工作的飞机与不具备防滞系统的飞机并无不同,但制动能力的下降必然导致飞机的着陆性能降低,故飞行员应当关注此时飞机能力的具体变化和相关注意事项。

5.4.2　扰流板

现代运输飞机的扰流板(spoilers 或 speed brakes)是一种完全通过空气动力作用来获得减速效果的装置,由机翼上表面多块可伸展的翼面组成(图 5.4.2)。当翼面全部、大角度伸出时,称为地面扰流板(ground spoilers),当翼面部分、小角度伸出时,称为飞行扰流板(flight spoilers)。

地面扰流板只在地面使用。在飞机着陆后的地面滑跑中,地面扰流板一方面破坏机翼上表面气流流态从而减小机翼的升力,

图 5.4.2　地面扰流板手柄面板示意图

增加飞机自身作用在地面上的正压力,增大地面摩擦力,提高刹车效率;另一方面,增大机翼迎风面积,增加飞机的阻力,从而缩短飞机的着陆滑跑距离。从其减速效果来看,地面扰流板最关键的作用是破坏机翼升力(卸升),提高机轮与地面的正压力,从而增强刹车制动效果。

飞行扰流板多在空中使用。飞行扰流板在空中使用时,首先是增加飞机阻力帮助飞机在空中减速或增大下降率;其次是在着陆前飞行过程中与副翼协同工作,挽救低速大迎角情况下的横侧操纵效率。

5.4.3 反推

反推(thrust reversal)是通过暂时改变飞机发动机喷流方向,产生与飞机运动方向相反的动力,从而使飞机减速的装置。它被广泛应用于民航运输机的地面减速过程,是飞机着陆滑跑中一项重要的减速手段。

发动机正常工作时,大量的气体(高温燃气或空气)向后高速喷出,帮助飞机克服空气阻力前进。反推装置则是将发动机喷出的气体弯折向前,起到阻碍飞机前进的作用。反推可使得飞机着陆后的制动能力进一步增强,以获得更好的减速效果,有助于缩短着陆距离,使飞机的着陆安全性大大提高。

飞机着陆接地后,飞行员必须人工解除反推保护,后拉油门手柄至反推位,使反推整流罩的移动套筒后移,带起阻流门堵住风扇气流向后流的通路并转向从露出的格栅段流出,产生反推力。

反推的最佳效果是在高速滑跑阶段。随着飞机滑跑速度的减小,反推的气动减速作用也相应下降。在低速滑跑时,如果仍然保持大功率反推,则容易因吸入地面杂物等造成发动机损坏。因此,在各机型的机组手册中通常要求在飞机速度减小至70kn(或60kn)以下时解除反推。

实际运行中值得注意的是,当飞行员在干跑道条件下使用自动刹车模式时,开启反推并不能有效缩短着陆距离,只能避免刹车过度磨损。这是因为在自动刹车模式下计算机始终根据预设的减速率来调节刹车压力所致。当反推提供的减速力已足够使飞机达到预设减速率时,计算机会自动释放一部分刹车压力来降低刹车系统的负担,此时飞机的实际减速率与自动刹车模式预设的减速率一致,所以反推开启后的着陆滑跑距离也就不会出现明显差异。

当飞行员在湿滑道面条件下使用自动刹车模式时,开启反推将起到显著缩短着陆距离的作用。这是因为在湿滑跑道上制动时,由于道面制动摩擦系数大幅降低,无论是反推还是刹车,均难以独立支撑飞机达到预设的减速率,只有同时使用反推和刹车才能够有效挽救飞机的减速率。所以,与在湿滑道面条件下不使用反推相比,飞行员使用反推能够有效缩短着陆滑跑距离。

5.5 最大着陆重量的限制因素

着陆重量是决定飞机着陆或中止着陆能力的重要因素,为保证飞机进近着陆安全必须寻找着陆重量的上限。实际运行中很多因素会影响飞机的最大着陆重量,包括飞机最大审定着陆重量、可用场地长度、复飞爬升、复飞越障、轮胎速度及刹车能量等。

5.5.1 最大审定着陆重量限制

最大审定着陆重量由飞机制造商在试飞取证过程中确定,主要考虑飞机在着陆过程中起落架和机体结构所能承受的着陆冲击载荷影响。该限制在实际运行中不随运行条件发生改变,是一个固定值,可在飞机飞行手册的一般限制章节查得。表2.5.1列出了ARJ21-700飞机的最大审定重量。

5.5.2 可用场地长度限制

场地长度限制的最大着陆重量是指飞机能够在着陆机场的跑道可用范围内安全完成着陆的重量上限。飞机的着陆重量越大,耗费的距离越长。当飞机着陆耗费的距离等于跑道提供的可用距离(LDA)时,着陆重量达到最大值。有关飞机着陆耗费距离的相关概念参见本书5.2节。

在本书5.3节所介绍的影响着陆距离的因素也影响场长限重,这里不再赘述。实际运行中,襟翼形态、跑道可用距离、跑道道面状态(干跑道或湿跑道)、机场的压力高度、风向、风速等都会对最大着陆重量造成影响。图5.5.1所示为ARJ21-700飞机以襟翼3卡位着陆时的场长与限重关系。

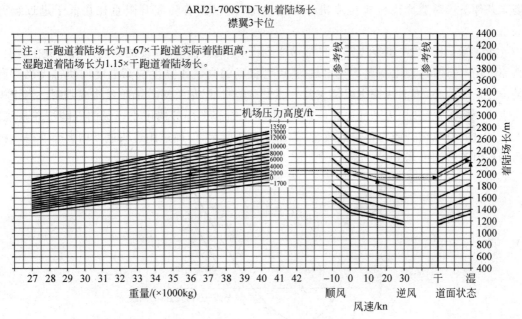

图 5.5.1　ARJ21-700 飞机着陆场长限重示意图

5.5.3 复飞爬升限制

CCAR-25.117条指出,必须在飞机使用限制范围内的每一重量、高度和周围温度,并在每种飞机形态的最不利重心位置标明符合爬升要求。因此,须考虑复飞爬升能力对飞机最大着陆重量的限制。CCAR-25.119条和CCAR-25.121条(d)款分别提供了飞机在着陆爬升(全发工作)和进近爬升(一发失效)时应满足的最低爬升梯度标准。

着陆爬升,是为了确保飞机在所有发动机正常工作且处于着陆形态时中止进近并转入爬升的能力。其特点是假定飞机处于起落架放下、缝翼和襟翼着陆位,在非结冰条件下的爬升速度为 V_{REF},推力为油门手柄恢复至TOGA位置后第8秒的发动机实际推力。CCAR-25.119条不要求考虑一发失效,因此设定双发飞机和多发飞机的爬升梯度下限均为3.2%。

进近爬升,是为了确保飞机遭受一发失效且处于进近形态时中止进近并转入爬升的能力。其特点是飞机处于起落架收上、缝翼和襟翼进近位,工作发动机已处于复飞推力状态。CCAR-25.121条(d)款要求考虑一发失效影响,分别设定双发、三发、四发飞机的爬升梯度下限为2.1%、2.4%、2.7%。该条款还要求飞机制造商按正常着陆程序制定飞机的爬升速度且不大于 $1.4V_{SR}$,其目的是防止飞机制造商在飞机性能欠佳时通过增大爬升速度来提高剩余推力以强行满足审定条款的不理智行为。

对于双发飞机,一发失效时推力减少一半且风车阻力和偏航阻力增大,对飞机剩余推力的负面影响显著,所以其进近爬升限重往往低于着陆爬升限重。这正是大多数情况下双发飞机复飞爬升时多受进近爬升限重的主要原因。

对于多发飞机,一发失效时推力减少不足一半且风车阻力和偏航阻力增大,对飞机剩余推力的负面影响比双发飞机小。但由于机体庞大、机身长,在复飞时的低速、大迎角、大俯仰姿态条件下极易造成飞机机尾或机体提前触地,所以其着陆爬升限重往往低于进近爬升限重。

在实际运行中,飞机复飞爬升性能多受到襟翼形态、温度、高度的影响。当飞机在高温、高原机场运行时这种限制尤为突出,这是因为机场的高气压高度或高温度均使得飞机的剩余推力显著减小,进而使得飞机复飞爬升能力显著降低,最终对着陆重量构成限制。当飞机在积冰环境下进场时,为降低失速风险,手册往往推荐飞行员选用小一级的着陆襟翼卡位,此时飞机的复飞爬升能力将得到改善,如图5.5.2所示,但因过跑道头速度增大会使得飞机的场长限重遭到削弱。

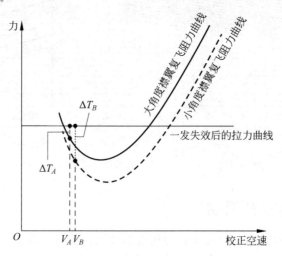

图5.5.2 不同襟翼角度对复飞剩余推力的影响

5.5.4 复飞越障限制

当拟着陆跑道的复飞方向面临障碍物的显著威胁时,需要航空承运人在航前进一步评估飞机在复飞时的越障能力。航空承运人应根据咨询通告《飞机起飞一发失效应急程序和一发失效复飞应急程序制作规范》(AC-121-FS-2014-123)的要求,按照最大许可着陆重量和标准仪表复飞路线进行复飞超障评估。飞机复飞的净飞行轨迹要以至少 10.7m(35ft)的垂直裕度超越所有障碍物。如果转弯坡度大于 15°,净飞行轨迹要以 10.7m(35ft)加飞机最低部位低于飞行轨迹的值或 15.2m(50ft)(取较大值)的垂直裕度超越所有障碍物。

5.5.5 轮胎速度限制

与起飞相似,轮胎速度限制的最大着陆重量是指飞机着陆接地时的地速必须小于其配备轮胎的地速限制。在一般机场运行时,轮胎速度通常不会是对飞机最大着陆重量的主要限制。但在高原、高高原机场或者顺风进场时,需要飞行员对轮胎速度限制给予足够重视。

5.5.6 最大刹车能量与快速过站限制

飞机在着陆接地时依然具有极大的速度和动能,飞行员主要通过刹车使得飞机的速度和动能迅速减小。刹车确切来说是吸收动能并将其转化为热量同时降低飞机运动速度的机械装置,它通过绕机轮轴转动的转子和固定在刹车腔的定子相互之间的作用产生摩擦力。刹车将飞机的动能转化成热量,所转化热量的大小取决于飞机接地时的速度。如果热量超过了安全限制,可能会引起轮胎放气甚至刹车起火,极端情况下轮胎会四分五裂,这都会造成飞机一系列的潜在损坏。因此,在实际运行中需要限制飞机的着陆重量以保障刹车系统乃至飞机的安全。

尽管与起飞中断相比,着陆时使用刹车的速度和飞机的重量可能低于直接导致刹车和机轮起火的条件,但总会存在使得飞机处于高能量减速停止状态的意外情况。现代载客运输飞机的制造商为了防止轮胎在极端过热的条件下发生爆炸,多会在飞机机轮上安装名为热熔塞或保险塞的安全装置。这需要在飞机机轮轮毂上钻孔,并在所钻孔中填充低熔点的合金热熔塞,一旦飞机经历高能量减速停止运动,因机轮温度过热超标,热熔塞便会熔化,从而使得轮胎释压。

从飞行员使用刹车到热熔塞熔断有一定的时间间隔。若刹车能量极高,热熔塞熔断时间间隔将非常短暂;若刹车能量只是稍高于可能导致热熔塞熔断的状态,其熔断时间将变得漫长,形成明显的时间延迟。之所以存在这一现象,是因为热量从刹车内部传递至金属轮毂需要一定的时间,而金属轮毂上的热熔塞被加热至熔化也需要一定的时间。波音公司曾以 B737-300 机型开展试验,发现飞机在预置的刹车逻辑下,热熔塞开始熔断的时间延迟了 38min。热熔塞的这种特性就牵引出了快速过站问题。

快速过站,是指连续的短程飞行,并且在相邻两次航班任务之间有短时间的过站停留。快速过站飞行是国内航线运输生产的一种主要形式,在一部分飞机利用率较高的航空公司,每架飞机的日平均起降次数可以达到 10 次或更多。例如,四川航空公司开设过成都—呼和浩特—赤峰的经停航班,南方航空公司开设过成都—株洲—南京的经停航班,中国国际航空公司开设过攀枝花—成都—北京的经停航班。

在快速过站飞行的起飞和着陆阶段,因机轮泄压或爆胎而引起的飞行事故是危及飞行安全及航班正点率的重要因素。在实际飞行中曾发生以下情况:飞机在完成几次连续的短程飞行略做停留后又开始下一段航班任务,最终在着陆时发生机轮起火爆炸事故;飞机在完成着陆略做停留后又开始下一次运行,却在起飞滑跑过程中遭受了中断起飞,经地面维护人员排除故障并检查确认刹车能量低于仪表警告界限,最终在再次起飞过程中发生了轮胎爆炸。

上述情况出现的根本原因在于刹车过热及刹车冷却不足。在快速过站飞行中,由于航时、过站停留时间均较短,刹车使用频繁,导致每次使用刹车后吸收的能量得不到完全耗散。当机轮中的热量累计达到一定程度时,尤其是在经历了一次刹车的极度使用之后,就很容易引起机轮热熔断塞熔化进而引起轮胎严重泄压,过高的热量甚至会导致机轮起火。

飞机刹车存在"升温快、冷却慢"的显著特点,这是由于飞机刹车系统构成复杂且在制动过程中所吸收的热量难以快速与外界交换。实际运行中,会导致刹车吸收大量动能并转化为热能的场景有3种:正常着陆、中断起飞和滑行。

正常着陆和中断起飞都会使刹车吸收大量动能。特别是中断起飞,由于起飞时飞机的重量比着陆时重,中断起飞速度通常也大于着陆时的接地速度,并且可用于减速的跑道长度更加有限,使得飞行员在中断起飞时会极度使用刹车。此外,中断起飞时襟翼角度较小,飞机的气动阻力也小,且发动机正以起飞推力加速,所以中断起飞吸收的能量更多。对于滑行,特别是在多跑道机场,为保持适当的滑行速度走走停停,飞行员不得不频繁蹬踏刹车,也会产生很大的热能。

预防着陆时出现刹车过热问题的有效方法是规定飞机的快速过站最大重量。快速过站最大重量是指,使用刹车达到足以使机轮的热熔断塞熔化的温度相对应的飞机着陆重量。当实际着陆重量小于快速过站最大重量时,对飞机的地面过站停留时间没有特殊要求;当实际着陆重量大于快速过站最大重量时,必须先按照最短地面停留冷却时间标准对刹车进行冷却,然后检查机轮热熔断塞的完好性及刹车温度。具体的快速过站最大重量数据可以从机型手册的快速过站最大重量表中查出。

5.6 着陆性能分析表的使用

在实际运行中,通常情况下不需要使用着陆重量分析表。但对于高原和高高原机场,由于《高原机场运行》(AC-121-FS-2015-21R1)咨询通告规定,飞机在高原机场运行,需进行着陆分析,如存在着陆限制,则应提供着陆重量分析表;但在高高原机场运行,无论是否存在着陆限制,都应提供着陆重量分析表。不同制造商提供的着陆分析表格式和内容略有不同,下面介绍几种典型机型的着陆性能分析表的使用方法。

5.6.1 中国商飞ARJ21着陆性能分析表的使用

表5.6.1给出了ARJ21-700飞机在昆明长水机场22号跑道的着陆性能分析表。ARJ21-700着陆性能分析表给出了最大着陆重量、最后进近速度(V_{FA})、限制代码、审定着陆距离和所需着陆距离。

表 5.6.1　ARJ21-700 昆明长水机场 22 号跑道着陆性能分析表

ARJ21-700ER	CF34-10A	ZPPP KMG 昆明/长水	22	Dry CONF4
QNH 1013.25mb AC:ON AI:ALL OFF ALL REV INOP Normal Normal		Elevation　2096.1m LDA 4000 meters ISA Temp. 1.4℃ Rwy Slope −0.05%		Date:2023-03-10 Version:CA700B01 V2.0.4.6 Comments:

OAT/℃	Wind −10kt	Wind 0kt	Wind 20kt
−10	40.1 144 3 1418/2451	40.1 144 3 1233/2135	40.1 144 3 1119/1940
−5	40.1 144 3 1440/2450	40.1 144 3 1253/2135	40.1 144 3 1138/1940
0	40.1 144 3 1462/2450	40.1 144 3 1274/2135	40.1 144 3 1157/1940
3	40.1 144 3 1476/2450	40.1 144 3 1286/2135	40.1 144 3 1169/1940
6	40.1 144 3 1489/2450	40.1 144 3 1298/2135	40.1 144 3 1180/1940
9	40.0 144 3 1502/2450	40.0 144 3 1310/2135	40.0 144 3 1191/1939
12	40.0 144 3 1515/2449	40.0 144 3 1322/2134	40.0 144 3 1203/1939
15	40.0 144 3 1528/2449	40.0 144 3 1334/2134	40.0 144 3 1214/1939
18	39.6 143 3 1526/2425	39.6 143 3 1332/2112	39.6 143 3 1213/1918
21	38.7 141 3 1508/2377	38.7 141 3 1317/2069	38.7 141 3 1198/1879
24	37.8 140 3 1490/2330	37.8 140 3 1301/2027	37.8 140 3 1183/1839
27	36.9 138 3 1472/2284	36.9 138 3 1284/1985	36.9 138 3 1168/1800
30	36.1 136 3 1453/2238	36.1 136 3 1268/1943	36.1 136 3 1152/1761
VFA Correction 1.9(kt)/1000(kg) MLW(1000kg)VFA(Kt)LC ALD/RLD(m)		Lable for Influence:DW(1000kg)/DVFA(Kt) LC(Limitation Codes)　1. Max Weight 2. Landing Distance 3. Approach Climb 4. Landing Climb 5. Tire Speed 6. Brake Energy		

例 5.6.1　已知 ARJ21-700 飞机在昆明长水机场 22 号跑道以襟翼 CONF4 着陆，空调开，防冰关，外界温度为 27℃，逆风风速 10kn，干跑道，试根据表 5.6.1 确定飞机的最大许可着陆重量、限制代码、审定着陆距离和所需着陆距离。

解：

（1）根据逆风风速 10kn 和温度 27℃ 可以查出，最大许可着陆重量为 36900kg，限制代码为 3，即进近爬升限制的最大着陆重量。

（2）根据温度 27℃ 可以查出，无风时的审定着陆距离和所需着陆距离分别是 1284m 和 1985m，逆风风速 20kn 时的审定着陆距离和所需着陆距离分别是 1168m 和 1800m。

（3）通过线性插值可以确定，在温度为 27℃、逆风风速 10kn 的条件下，审定着陆距离为

1226m，所需着陆距离为1892.5m。

5.6.2 波音机型着陆性能分析表的使用

图5.6.1给出了B737-700飞机在丽江三义机场的着陆性能分析表，其中只给出了飞机的最大许可着陆重量和限制代码。

```
737-700              LANDING PERFORMANCE    ZPLI
CFM56-7B24           SANYI                  20
LDA 9843 FT          LIJIANG                Elev 7359 FT

Approach 15   Landing 40   Air Cond Auto   Anti-ice Off
                                           Dry Rwy

              Maximum Allowable Landing Weight(100KG)
OAT                  Wind(Knots)
C             -10          0           10          20

36            534L         534L        534L        534L
32            554L         554L        554L        554L
28            575L         575L        575L        575L
24            597L         597L        597L        597L
20            619L         619L        619L        619L
16            641L         641L        641L        641L
15            644L         644L        644L        644L
12            644L         644L        644L        644L
8             645L         645L        645L        645L
4             645L         645L        645L        645L
0             646L         646L        646L        646L
-2            646L         646L        646L        646L
-4            646L         646L        646L        646L
-6            646L         646L        646L        646L
-8            646L         646L        646L        646L
-10           647L         647L        647L        647L

Landing weight must not exceed   58604KG
Limit Codes: F=Field              C=Climb         B=Brakes
             A=Approach Climb  L=Landing Climb  T=Tire Speed
```

图5.6.1　B737-700丽江三义机场着陆性能分析表

例5.6.2 已知B737-700飞机在丽江三义机场着陆，进近襟翼为15°，着陆襟翼为40°，机场温度为30℃，逆风风速10kn，干跑道，试根据图5.6.1确定飞机的最大许可着陆重量和限制代码。

解：

（1）根据逆风风速10kn可以查出，在温度32℃时最大许可着陆重量为55400kg，在温度28℃时最大许可着陆重量为57500kg。

（2）由线性插值可以确定，在温度为30℃、逆风风速10kn的条件下，最大许可着陆重量为56450kg。

（3）限制代码为L，表示由着陆爬升限制最大许可着陆重量。

5.6.3 空客机型着陆性能分析表的使用

空客机型的着陆性能分析表与中国商飞ARJ21-700的着陆性能分析表相似，表5.6.2为A320机型在丽江三义机场的着陆性能分析表。空客机型着陆性能分析表给出了最大着陆重量、最后进近速度(V_{FA})、限制代码、审定着陆距离和所需着陆距离。

例 5.6.3 A320 机型的着陆构型为 CONF FULL,复飞构型为 CONF3,外界温度为 30℃,逆风风速 10kn,试根据表 5.6.2 确定最大许可着陆重量、最后进近速度、限制代码、审定着陆距离和所需着陆距离。

表 5.6.2 A320 机型在丽江三义机场的着陆性能分析表

A320214-JAA	CFM56-5B4 engines	SANYI LJG-ZPLJ		30.0.2 05-Aug-18
QNH 1013.25 HPA		Elevation 7358FT	02	AE214B02 V20
Air cond. On		Isa temp 0C		DRY
Anti-icing OFF		rwy slope 0.56%		
		LDA 3000M		

	CONF 3 GA: CONF 2			CONF FULL GA: CONF 3		
OAT C	TAILWIND −10KT	WIND 0KT	HEADWIND 20KT	TAILWIND −10KT	WIND 0KT	HEADWIND 20 KT
−10	64.5 141 1 1352/2253	64.5 141 1 1179/1966	64.5 141 1 1067/1778	64.5 136 1 1238/2063	64.5 136 1 1071/1785	64.5 136 1 958/1597
−8	64.5 141 1 1352/2253	64.5 141 1 1179/1966	64.5 141 1 1067/1778	64.5 136 1 1238/2063	64.5 136 1 1071/1785	64.5 136 1 958/1597
−6	64.5 141 1 1352/2253	64.5 141 1 1179/1966	64.5 141 1 1067/1778	64.5 136 1 1238/2063	64.5 136 1 1071/1785	64.5 136 1 958/1597
−4	64.5 141 1 1352/2253	64.5 141 1 1179/1966	64.5 141 1 1067/1778	64.5 136 1 1238/2063	64.5 136 1 1071/1785	64.5 136 1 958/1597
−2	64.5 141 1 1352/2253	64.5 141 1 1179/1966	64.5 141 1 1067/1778	64.5 136 1 1238/2063	64.5 136 1 1071/1785	64.5 136 1 958/1597
0	64.5 141 1 1352/2253	64.5 141 1 1179/1966	64.5 141 1 1067/1778	64.5 136 1 1238/2063	64.5 136 1 1071/1785	64.5 136 1 958/1597
4	64.5 141 1 1352/2253	64.5 141 1 1179/1966	64.5 141 1 1067/1778	64.5 136 1 1238/2063	64.5 136 1 1071/1785	64.5 136 1 958/1597
8	64.5 141 1 1352/2253	64.5 141 1 1179/1966	64.5 141 1 1067/1778	64.5 136 1 1238/2063	64.5 136 1 1071/1785	64.5 136 1 958/1597
12	64.5 141 1 1352/2253	64.5 141 1 1179/1966	64.5 141 1 1067/1778	64.5 136 1 1238/2063	64.5 136 1 1071/1785	64.5 136 1 958/1597
16	64.5 141 1 1352/2253	64.5 141 1 1179/1966	64.5 141 1 1067/1778	64.5 136 1 1238/2063	64.5 136 1 1071/1785	64.5 136 1 958/1597
20	64.5 141 1 1352/2253	64.5 141 1 1179/1966	64.5 141 1 1067/1778	64.5 136 1 1238/2063	64.5 136 1 1071/1785	64.5 136 1 958/1597
24	64.5 141 1 1352/2253	64.5 141 1 1179/1966	64.5 141 1 1067/1778	64.5 136 1 1238/2063	64.5 136 1 1071/1785	64.5 136 1 958/1597
28	64.5 141 1 1352/2253	64.5 141 1 1179/1966	64.5 141 1 1067/1778	64.5 136 1 1238/2063	64.5 136 1 1071/1785	64.5 136 1 958/1597
32	64.5 141 1 1352/2253	64.5 141 1 1179/1966	64.5 141 1 1067/1778	64.5 136 1 1238/2063	64.5 136 1 1071/1785	64.5 136 1 958/1597
36	64.5 141 1 1352/2253	64.5 141 1 1179/1966	64.5 141 1 1067/1778	64.5 136 1 1238/2063	64.5 136 1 1071/1785	64.5 136 1 958/1597
40	64.5 141 1 1352/2253	64.5 141 1 1179/1966	64.5 141 1 1067/1778	64.5 136 1 1238/2063	64.5 136 1 1071/1785	64.5 136 1 958/1597

VFA Speed correction VFA 0.8KT/1000KG	1=Max struct weight 2=Landing distanc 3=Approach climb 4=Landing climb 5=tire speed 6=braking energy
MLW(1000KG) VFA(KT)code LD-RLD	LABEL FOR INFLUENCE: NO COMBINATION: DW(1000KG)DVFA(KT) COMBINE: DW(1000KG)DVFA(KT)

解:

(1) 由表 5.6.2 可以查出,在温度 28℃、无风条件下,最大许可着陆重量为 64500kg,最后进近速度为 136kn,限制代码为 1,即受最大审定重量限制,审定着陆距离为 1071m,所需着陆距离为 1785m。

(2) 由表 5.6.2 可以查出,在温度 32℃、逆风风速 20kn 条件下,最大许可着陆重量为 64500kg,最后进近速度为 136kn,限制代码为 1,即受最大审定重量限制,审定着陆距离为 958m,所需着陆距离为 1597m。

(3) 使用线性插值可以确定,在温度 30℃、逆风风速 10kn 条件下,最大许可着陆重量为 64500kg,最后进近速度为 136kt,审定着陆距离为 1014.5m,所需着陆距离为 1691m,限制代码为 1,即受最大审定重量限制。

5.7 湿跑道和污染跑道的运行

尽管现代航空技术的发展使得飞机自身的可靠性越来越高,但据统计,湿跑道或污染跑道条件下着陆冲出跑道仍然是造成事故和事故征候的主要因素之一。

5.7.1 湿跑道和污染跑道的相关定义

为进一步加强对飞机在湿跑道和污染跑道上的安全运行管理,中国民航局于 2021 年 11 月 17 日再次修订了咨询通告《航空承运人湿跑道和污染跑道运行管理规定》(AC-121-FS-33R1),对不同跑道的表面状况和相关概念进行了定义和澄清。主要包括:

(1) 道面状态(runway surface condition,RSC),是跑道状况报告中关于跑道表面状况的一种说明,可作为确定跑道状况代码、计算飞机性能的依据,具体分为:

① 干跑道是指跑道正在或计划使用的长度和宽度范围内的表面区域内,表面无可见湿气且未被压实的雪、干雪、湿雪、雪浆、霜、冰和积水等污染物污染。

② 湿跑道是指跑道正在或计划使用的长度和宽度范围内的表面区域内,覆盖有任何明显的湿气或不超过 3mm 深的水。

③ 湿滑跑道属于湿跑道,而且其相当一部分的跑道表面摩阻特性确定已经降级。

④ 污染跑道是指跑道正在或计划使用的长度和宽度范围内的表面区域有很大一部分(不管是否为孤立区域)覆盖有压实的雪、干雪、湿雪、雪浆、霜、冰和积水等一种或多种污染物。

(2) 飞机地面减速设备,是指地面滑跑中用于滑跑减速或提高减速率的任何设备。这些设备可能包括但不局限于:刹车(人工刹车或自动刹车)、扰流板和反推。

(3) 刹车效应,是指飞行员用来描述与飞机机轮刹车力和方向可控性有关的减速术语,具体分为:好、中好、中、中差、差、极差。

(4) 跑道状况代码(RWYCC),是指用来描述跑道表面状况的数字,可以直接表示道面状况对航空器滑跑性能(主要指着陆滑跑性能)的影响,具体分为:

① 代码 6——干跑道。

② 代码 5——轮胎上施加的制动力所达到的减速效果正常,并且能正常控制方向。

③ 代码 4——制动减速或方向控制能力在好与中之间。

④ 代码 3——轮胎上施加的制动力所达到的减速效果明显降低或方向控制能力明显降低。

⑤ 代码 2——制动减速或方向控制能力在中与差之间。

⑥ 代码 1——轮胎上施加的制动力所达到的减速效果大幅度降低或方向控制困难。

⑦ 代码 0——轮胎上施加的制动力所达到的减速效果几乎为零或无法控制方向。

(5) 跑道状况评估矩阵，是指根据跑道表面状况及前序航班机组提供的制动报告（刹车效应报告），按相关程序可对跑道状况代码进行评估的矩阵，见表 5.7.1。

表 5.7.1 跑道状况评估矩阵（RCAM）

评估标准		降级评估标准	
跑道状况代码（RWYCC）	跑道表面状况说明	对航空器减速或方向控制的观察	飞行机组报告的跑道刹车效应
6	干	—	—
5	霜 湿[跑道表面覆盖有任何明显的湿气或深度不超过 3mm（含）的水] 雪浆[深度不超过 3mm（含）] 干雪[深度不超过 3mm（含）] 湿雪[深度不超过 3mm（含）]	轮胎上施加的制动力所达到的减速效果正常，并且能正常控制方向	好
4	压实的雪（外界气温－15℃及以下）	制动减速或方向控制能力在好与中之间	中好
3	湿（"湿滑"跑道） 压实的雪面上有干雪（任何深度） 压实的雪面上有湿雪（任何深度） 干雪（深度超过 3mm） 湿雪（深度超过 3mm） 压实的雪（外界气温高于－15℃）	轮胎上施加的制动力所达到的减速效果明显降低或方向控制能力明显降低	中
2	积水（深度超过 3mm） 雪浆（深度超过 3mm）	制动减速或方向控制能力在中与差之间	中差
1	冰	轮胎上施加的制动力所达到的减速效果大幅度降低或方向控制困难	差
0	湿冰 压实的雪面上有水 冰面上有干雪 冰面上有湿雪	轮胎上施加的制动力所达到的减速效果几乎为零或无法控制方向	极差

5.7.2 湿跑道和污染跑道的运行要求

咨询通告《航空承运人湿跑道和污染跑道运行管理规定》（AC-121-FS-33R1）对湿跑道和污染跑道上的运行给出了详细的建议。

AC-121-FS-33R1 第 6.3 条要求，航空营运人在放行前，考虑到飞行中正常的燃油和润滑油消耗后飞机到达目的地时的着陆重量，根据飞机飞行手册中对该目的地机场的气压高度和预计在着陆时当地风的情况、道面状态所对应的着陆距离进行评估。这属于放行前着陆距离评估,需要飞行员了解道面状态 RSC 和所需着陆距离 RLD 的相关定义。

此外,AC-121-FS-33R1 第6.3条b款指出,在有关的气象报告、预报或两者组合表明目的地机场跑道在预计着陆时刻可能是污染的情况下,该目的地机场的有效跑道长度应当至少为两者中的较大者,否则该飞机不得起飞。其中,前者为 CCAR-121 部 195 条(b)款所要求的跑道长度的 115%,后者为根据认可的污染跑道着陆距离数据确定的着陆距离的 115%。若飞机制造商没有提供污染跑道上的着陆距离数据,该咨询通告允许使用表 5.7.2 进行评估,该表已包含了 15% 的裕量,不用再乘以 115%。

表 5.7.2 指定道面条件的距离数据不可用时用于评估的距离换算

跑道状况代码	6	5	5	4	3	2	1
刹车效应	干	好(沟槽/多孔摩擦材料处理的)	好	中好	中	中差	差
涡喷(无反推)	1.67	2.30	2.6	2.8	3.2	4.0	5.1
涡喷(带反推)	1.67	1.92	2.2	2.3	2.5	2.9	3.4
涡桨	1.67	1.92	2.0	2.2	2.4	2.7	2.9
活塞	1.67	2.30	2.6	2.8	3.2	4.0	5.1

AC-121-FS-33R1 第6.4条要求,航空营运人为飞行员提供相关的程序,以便其根据到达时的实际条件而不是签派放行时的预报条件进行着陆性能的评估,且这些实际条件包括气象条件(机场气压高度、风向和风速等)、跑道状况报告、进场速度、飞机重量和构型及将要使用的减速设备等。这属于到达时着陆距离评估,需要飞行员了解跑道状态报告 RWYCC 和运行着陆距离的相关定义。

注意:AC-121-FS-33R1 第6.4条c款指出,并不是每次着陆前都必须进行到达着陆距离计算。多数情况下,由于起飞前的计算准则已经计入了较大的安全裕量,所以在到达时的着陆距离能够满足至少 15% 的安全裕量要求。只有在飞行中目的地机场的相关条件(如道面条件、将要使用的跑道、风等)、飞机的着陆重量、构型、速度、减速设备变差的情况下,或者起飞是基于 CCAR-121.195 条(c)(e)款来实施的前提下,才需要采用计算或其他方法确定运行着陆距离。航空公司应当建立相关程序来确定何时必须采用计算或其他方法来确定预计的运行着陆距离,以保证到达时至少有 15% 的安全裕量。

此外,读者还应当注意,湿跑道和污染跑道运行并非仅针对着陆,从机组操作的角度来看,中断起飞同样是需要给予足够重视的内容之一。AC-121-FS-33R1 第6.6条b款指出,所有的模拟机训练中应当包含不同气象条件下湿跑道和污染跑道起飞着陆训练,重点关注中断起飞、超出着陆区域接地时飞行员应采取的措施、大侧风下着陆动作的演练。

5.7.3 滑水现象

1. 滑水的原理

当轮胎胎面与跑道表面的液体污染物相互挤压时,产生的流体动力将机轮部分或完全抬离道面,使机轮转速下降甚至停转,这种现象叫作滑水,如图 5.7.1 所示。当飞机在积水道面上滑跑时,由于积水与轮胎之间存在相对运动,因此水面会对轮胎产生斜向后方的流体动力,一方面阻碍机轮的转动,另一方面对机轮产生向上的抬升作用,当积水层足够深且机轮与水面的相对运动速度足够大时,流体动力向上的分力就可能将机轮完全抬离道面。

图 5.7.1　滑水的原理

滑水使得跑道表面和轮胎之间形成一道液体层,减少了二者的接触面积,导致轮胎和跑道之间的摩擦系数减小,甚至丧失,对飞机刹车性能(减速力)产生极为不利的影响。滑水现象的出现需要满足两个条件:一是道面上有积水或其他污染物,二是轮胎与积水道面间有相对运动,如图 5.7.2 所示。

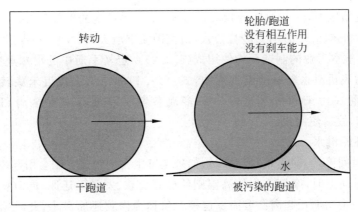

图 5.7.2　机轮在干跑道和被污染的跑道上运动时的受力情况

如果滑水现象发生在导向轮,可能会引起导向轮丧失转向能力;如果发生在主轮,可能会使主轮丧失刹车减速能力,而且主轮的不对称滑水还可能导致飞机偏离跑道。

2. 滑水的类型

由于积水深度和飞机的滑跑速度不同,可能会呈现不同程度的滑水现象。滑水根据其产生的程度不同可分为 3 种形式:黏性滑水、动态滑水和橡胶还原滑水。

(1) 黏性滑水。

当积水层较浅时,一般出现黏性滑水。此时轮胎与道面间仍存在接触,发生黏性滑水时机轮摩擦力减小,并伴随有转速下降现象。摩擦力减小的程度与积水深度、滑跑速度及道面质量有关。

(2) 动态滑水。

如果轮胎与道面之间的污染物不能及时排出,则机轮的接地区域会部分或全部失去与混凝土道面之间的接触,此时积水层产生的流体动力将机轮完全托起离开道面,轮胎好像是在水上滑行,这就是动态滑水。出现动态滑水后机轮转速将大大下降,甚至出现停转和反转现象。动态滑水现象应引起飞行员重视,因为它一旦形成,便极难消除。

产生动态滑水的两个条件分别是滑水临界水深和滑水临界速度。

① 通常污染物深度越深,越容易产生滑水。产生动态滑水的临界水深一般为12.5~2.5mm,临界水深还与道面、轮胎花纹及深度等有关。

② 飞机速度是产生滑水的重要因素之一。飞机速度越快,越容易滑水。开始形成动态滑水的速度,即临界滑水速度,主要取决于轮胎压力。

当轮胎转速处于减速过程中时,如中断起飞或着陆滑跑使用刹车,出现滑水现象的临界速度可用式(5.7.1)估算:

$$临界速度 = 7.7\sqrt{p_{轮胎}} \tag{5.7.1}$$

当轮胎处于加速旋转过程中时,如起飞滑跑、接地起旋,出现滑水现象的临界速度可用式(5.7.2)估算:

$$临界速度 = 9\sqrt{p_{轮胎}} \tag{5.7.2}$$

式中,$p_{轮胎}$为轮胎压力,psi(1MPa=145psi,下同);临界速度的单位为kn。

式(5.7.1)和式(5.7.2)均为经验公式,由美国航空航天局(NASA)提出。在20世纪60年代以前,从事航空工业的制造商均使用式(5.7.2)来定义手册中的滑水速度。自20世纪70年代开始,对飞机滑水事故的调查表明,式(5.7.1)的结果更接近未旋转机轮的滑水速度。我国制造商在污染和滑水试验中更多地参考了欧洲航空安全局(EASA)公布的AMC1591内容,故多使用式(5.7.2)。

(3) 橡胶还原滑水。

当轮胎长时间停转,即出现"拖胎"时,如果是发生在干跑道上则会引起轮胎擦伤甚至爆胎;而在积水道面上时,摩擦产生的高温则使橡胶变软、发黏而还原,同时积水层受热蒸发形成的水蒸气会将胎面托起离开道面。这种现象称为橡胶还原滑水,此时轮胎的摩擦力极低,仅相当于轮胎自由滚动时的减速效果,而且飞机已完全失去方向控制能力。

当轮胎遇到干跑道块区或污染物较少的道面时,这种滑水可能会与其他类型的动态滑水同时发生,反作用力使轮胎排开其下面的水的能力变得很差,熔化的橡胶也可能会填平胎面。

5.7.4 湿跑道和污染跑道对加速运动的影响

(1) 湿跑道的影响。

湿跑道对于机轮与道面的滚动摩擦系数影响并不显著。因此,在V_1、V_R、V_2不变的情况下,以加速运动为代表的继续起飞距离、继续起飞滑跑距离也基本不变。实际运行中,湿跑道造成起飞距离延长的根源在于对V_1的影响,为了兼顾飞机在湿跑道条件下实施中断时易于制动减速,需要减小V_1,这是造成起飞距离延长的根本原因。

如果飞机在湿跑道上起飞滑跑时遭遇侧风,轮胎和地面的可用侧向力会比在干跑道上小,侧风施加在垂直安定面上的侧向力可能会造成飞机随着风向滑向跑道边缘。这对飞行员的盘舵操纵技术提出更高的要求。

(2) 污染跑道的影响。

在污染道面上起飞加速滑跑,由污染物引起的附加阻力使飞机的加速能力下降。这些附加阻力包括两部分:一部分是机轮碾压过污染物并排开道面污染物的阻力;另一部分是机轮飞溅的污染物对机体的冲击阻力。随着在起飞滑跑过程中速度的增加,污染物引起的阻力成倍增加。直至抬前轮到飞机离地,由于前轮离地和飞机的升力逐渐增加,污染物引起的阻力才会逐渐减小。

正是由于污染物附加阻力的影响,才会使得飞机加速困难,起飞距离和起飞滑跑距离延长,进而使得场长限重减小。当积水过深致使污染物附加阻力过大时,甚至会导致飞机迟迟无法加速至期望的 V_R 速度,使飞机难以安全离地。

5.7.5　湿跑道和污染跑道对减速运动的影响

(1) 湿跑道的影响。

湿跑道主要减小机轮与道面的制动摩擦系数,致使刹车减速效率降低,会使得飞机减速困难,中断距离和着陆滑跑距离延长,进而使得场长限重减小。在中断起飞和着陆过程中,若有侧风,在飞行员使用反推时会使飞机的方向控制能力减弱得更加严重。

(2) 污染跑道的影响。

在污染道面上减速滑跑时,一方面污染物附加阻力的影响将有助于飞机减速,另一方面滑水现象会使机轮与道面之间的接触部分减小,从而导致刹车效果明显变差,尤其是出现动态滑水时,飞机将完全失去刹车能力。因此,飞行员在污染跑道上着陆接地时,通过扎实接地使机轮穿透积水层来预防动态滑水就显得十分重要。

同样,在中断起飞和着陆过程中若遇侧风,在飞行员使用反推时会使飞机方向控制能力减弱得更加严重。在污染跑道上着陆时应更多地使用方向舵脚蹬控制方向,飞机减速到滑行速度前,不要过早地使用前轮转弯手轮,因为前轮转弯可能会导致前轮滑水,失去转弯力,从而失去对滑跑方向的控制。

复习思考题

1. 请简述各着陆距离的定义。
2. 试结合表达式说明 LDA、CLD、OLD、RLD 之间的关系。
3. 请简述放行前的着陆距离评估与到达时着陆距离评估的含义。
4. 影响飞机着陆距离的因素有哪些?
5. 试说明大型运输机着陆制动措施的分类和工作特点。
6. 限制飞机最大着陆重量的因素有哪些?
7. 什么叫作快速过站?
8. 简要说明湿跑道和污染跑道的定义。
9. 什么叫作滑水现象?它有哪些形式?

第6章

载重平衡控制

航空器载重平衡控制是航空公司运行保障与实施的重要环节,与飞行安全密切相关。

6.1 载重平衡基础

飞机的载重平衡可以理解为两部分,即载重与平衡。载重即飞机的空重和所载燃油、行李、货物、邮件和乘客等的重量。平衡是指飞机在起飞、上升、巡航、下降及着陆时的重心在安全范围内。

航空器载重平衡是航空公司运行的重要环节,与飞行安全密切相关。随着中国民航的快速发展,载重平衡工作已经成为一个专业的运行体系,由过去单一岗位的手工操作逐渐发展为协同开展的系统性工作。载重平衡工作对内涉及配载、地服、装卸、飞行、签派、客舱及机务等多个部门和岗位,对外涉及相关代理单位。

近些年,中国民航运行中发生了多起与载重平衡相关的不安全事件,促使行业更加重视载重平衡管理工作。中国民航规章第121部《大型飞机公共航空运输承运人运行合格审定规则》(CCAR-121-R8)针对飞机重量与平衡做了明确规定。第121.25条规定,承运人的运行规范应包含批准的控制飞机重量与平衡的方法;第121.133条规定,承运人手册应包括重量与平衡控制方面的操作指示、重量与平衡计算方面的操作指示和数据;第121.151条规定,承运人可以使用经批准的重量与平衡控制系统来符合适用的适航要求和运行限制,该重量与平衡控制系统可以以平均的、假定的或者估算的重量为基础;第121.367条规定,飞机维修方案应包括载重平衡控制基本信息;第121.423条规定,驾驶员、飞行机械员的初始、转机型地面训练和驾驶员的升级地面训练至少应当讲授适用于其指定职位的确定重量与平衡的基本原则与方法;第121.431条规定,飞行签派员的初始和转机型地面训练应讲授重量与平衡计算的相关内容。

为切实推进航空公司重量与平衡控制体系的建设与完善,实现风险防控和业务全过程的有机融合,民航局于2019年10月22日下发了咨询通告《航空器重量与平衡控制规定》(AC-121-FS-135)。该通告从航空器重量与平衡控制体系的建设、运行角度制定了航空器载重平衡和装载计划的基本准则,明确了可用于确定乘客、行李重量的方法,就航空承运人载重平衡工作的组织实施及人员训练提出了要求,并为局方开展日常监管提供了依据和指南。

6.1.1 航空器载重平衡

大多数民用固定翼飞机由5个主要部分组成,即机身、机翼、尾翼、起落装置和动力装置,如图6.1.1所示。

图 6.1.1　C919 客机外观

其中,尾翼主要用于操纵和稳定飞机,同时也用于飞机的重量和重心发生变化时调整飞机的俯仰操纵效率。小型通用飞机通常使用人工配平方式,使用配平片减小和消除飞行的驾驶杆力,以提高飞机的操纵效率。大型运输飞机通常使用自动配平方式,使用可配平水平安定面(trimmable horizontal stabilizer,THS)以提高配平效率和操纵效率,如图6.1.2所示。

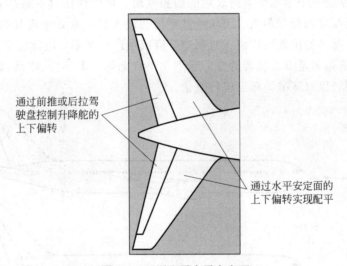

图 6.1.2　可配平水平安定面

飞机在空中飞行是随重心平动和绕重心转动两种运动形式的叠加,飞机转动是在空间中围绕重心的三维立体运动,包括俯仰、滚转和偏转,如图6.1.3所示。本书仅讨论与载重平衡工作密切关联的俯仰转动问题。

常用来描述重心位置的方式有两种:一种是使用平衡力臂(BA)的基准参照法;另一种是使用平均空气动力弦百分比(%MAC)的平均空气动力弦参照法。

重力在物体上的作用点称为重心(center of gravity,CG)。在地球引力的作用下,物体的重力作用于重心,并指向地心。飞机并非一个简单的物体,它是一个由许多部件、设备、物品、人员、货物和燃油组成的系统。对于这种由若干部分组成的系统,无法直接观察其重心所在,使用支撑法和悬挂法查找重心也很困难,甚至可能对机体结构造成损坏,所以需要寻求更加合理的方法来查找飞机的重心。

为了描述重心所在,需要使用基准或参考基准,它是用于描述系统各组成部分重心所在

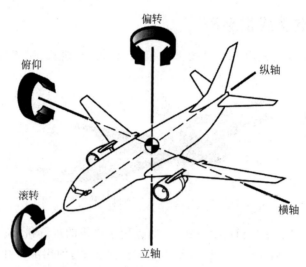

图 6.1.3 飞机在三维空间的转动

的一个参考,通常是一个沿水平方向设定的假想垂面。可以使用这一假想垂面的位置来描述系统各部分到基准的相对距离。飞机的基准被假设为某一垂直于机身纵轴的参考面,如图 6.1.4 所示。基准的位置可以由飞机制造厂商或用户根据需要进行设定。无论将基准设定在何处,它始终是测量重心位置的参考起点。飞机上每一个部件、物品、设施或人员到基准的水平距离都可以以基准为起点进行测量。

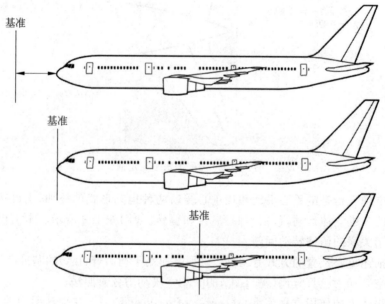

图 6.1.4 飞机基准位置示意图

基准是描述重心位置的参考面,它的位置可以根据实际需要进行调整。选择有利的基准位置将使重心计算更加便捷。在载重平衡计算过程中,典型的基准位置有机头、发动机防火墙和机翼前缘等。有时制造厂商基于载重平衡计算的便利性考虑,还可能将基准设置在其他位置。

人们常常将作用力到转动中心的法向距离称为力臂。在进行飞机重心计算时,力臂特指所研究对象(机上人员、物品或机上部件等)的重心到参考基准的法向距离。简而言之,就是各研究对象的重心到基准的水平距离,也称为平衡力臂,如图 6.1.5 所示。

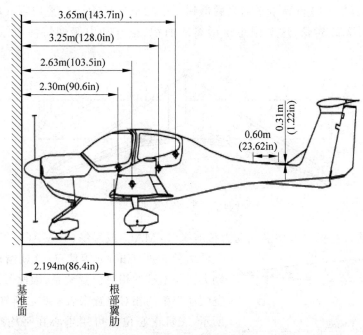

图 6.1.5　基准与平衡力臂

为了便于区分研究对象的重心相对于基准的前后位置,通常规定基准之前的力臂为负,基准之后的力臂为正。当设定的基准位于机头之前时,飞机上所有部件或物体的重心到基准的力臂均为正,这样可防止计算中出现错误。

力矩是力和力臂共同作用的结果,它使得被作用物体具有转动的趋势。力矩可以表示为力和力臂的乘积,即力矩=力×力臂。因为力矩具有方向性,所以力矩可能为正,也可能为负。在载重平衡计算中,使飞机上仰的力矩为正,使飞机下俯的力矩为负,如图 6.1.6 所示。

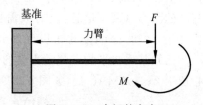

图 6.1.6　力矩的方向

在与载重平衡相关的力矩计算中,力臂常以 m 或 in 为单位,力常以 kgf 或 lbf 为单位,故常见的力矩单位是 kgf·m 或 lbf·in。为了使有关数值大小适中,便于处理,可将力矩转化为力矩指数的形式。力矩指数是按照特定方式简化后的力矩,对力矩指数进行加减就是对力矩进行加减,使用力矩指数可以简化计算。力矩指数通常由指数方程得到,表达式为

$$\text{Index} = \frac{W \times (\text{Arm} - D)}{M} + K \quad (6.1.1)$$

式中,Index 为指数值;W 为重量;Arm 为重量对应的力臂;D 为基准力臂;M 用于将重量的力矩转换为指数;K 用于设定基准力臂的指数。

平均空气动力弦参照法是通过相对位置来描述飞机重心位置的一种方法。飞机的气动特性与平均空气动力弦有着密切关系,飞机重心和焦点的相对位置关系与飞机的稳定特性

和操纵特性密切相关,工程上习惯采用%MAC的形式来标识焦点和重心的位置。

现代大型运输飞机的机翼通常采用后掠和渐变的设计布局,使得沿翼展方向在任意位置所截得翼型的翼弦长度不相等,机翼前缘不同位置到机头的距离也不相同,不便于使用。为此,人们对机翼翼弦进行算术平均之后得到了平均空气动力弦。平均空气动力弦是来自某一假想矩形机翼的翼弦,这个假想矩形翼的面积、空气动力俯仰特性与原机翼相同,如图 6.1.7 所示。

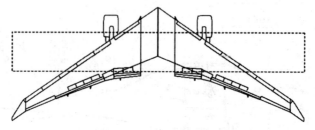

图 6.1.7 平均空气动力弦

机型手册通常会提供平均空气动力弦前缘(LeMAC)或后缘(TeMAC)的力臂及平均空气动力弦长度(Chord)等信息,这就给出了平均空气动力弦与基准的相对位置关系,因此可用重心和平均空气动力弦的相对位置来表示重心所在。如图 6.1.8 所示,飞机重心位置可用重心在平均空气动力弦上的投影到平均空气动力弦前缘的距离与平均空气动力弦长度的百分比来表示,即

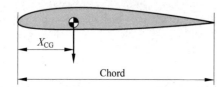

图 6.1.8 重心位置与%MAC

$$\%MAC = (X_{CG}/Chord) \times 100\% \tag{6.1.2}$$

平均空气动力弦参照法与基准参照法是相对位置与绝对位置的关系,可以相互转换。在制造厂商提供的手册中,一般会同时给出平均空气动力弦长度和平均空气动力弦前缘到基准的距离这两项信息,此时只需再获得重心到基准的力臂,即可计算出对应的%MAC。反之,若已知%MAC,也可以计算出力臂。

已知某飞机平均空气动力弦的长度为 7ft,平均空气动力弦前缘位于基准后 29ft 处,重心位于 26.5%MAC 处,如图 6.1.9 所示。根据相对位置关系可知:

$$BA = 29ft + 26.5\% \times 7ft = 30.9ft$$

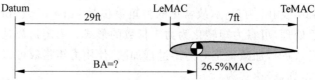

图 6.1.9 BA 与 %MAC 换算

飞机的俯仰平衡是指围绕重心作用于飞机的各俯仰力矩之和为零。作用于飞机的俯仰力矩主要由机翼升力围绕重心产生的下俯力矩和水平尾翼的负升力围绕重心产生的上仰力矩,如图 6.1.10 所示。

当飞机的重量或重心位置发生改变时,俯仰平衡就会遭到破坏,飞行员就需要通过拉

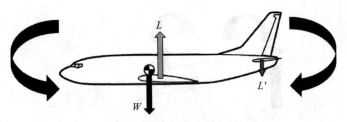

图 6.1.10　飞机的俯仰平衡

杆、推杆、配平等操作来恢复俯仰平衡。

　　飞机重心前移,机翼升力和平尾的负升力到重心的力臂均增加,使下俯力矩和上仰力矩均增加。由于下俯力矩增加得更多,使飞机下俯趋势增强,飞机向下偏离正常飞行轨迹,如图 6.1.11 所示。此时,飞行员需要向后拉杆,增加水平尾翼的负升力,从而抵消重心前移所导致的下俯力矩增量,以恢复俯仰力矩平衡。

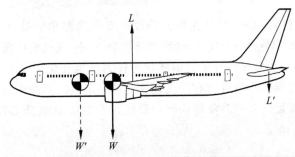

图 6.1.11　飞机重心前移导致飞机下俯

　　飞机重心前移,还会引起阻力增加,为了保持飞行速度,需要更大的推力,使发动机的输出功率增加,飞行油耗增加,运行经济性下降。所以在对飞机实施装载时,航空公司通常希望在保证安全的前提下,使飞机重心适当靠后,从而减少阻力,减少飞行油耗,降低燃油成本,提高运行的经济性。尤其是对于做远程飞行的大型运输飞机,合理的重心位置将在节能减排、降本增效中发挥举足轻重的作用。

　　飞行中,飞机经常会受到各种各样的扰动(如阵风、舵面的偶然偏转等),使飞机偏离原来的俯仰平衡状态。偏离后,飞机若能自动恢复原来的俯仰平衡状态,则称飞机是俯仰稳定的,或飞机具有俯仰稳定性。

　　飞机的俯仰稳定性主要由水平尾翼来实现。当飞机受扰动偏离原来的平衡状态时,除水平尾翼以外,机身、机翼等部分的受力也在发生改变,产生附加升力。附加升力是飞机遭受扰动过程中的升力变化量,飞机各个部分升力变化量的总和就是飞机的附加升力。由扰动所引起的飞机附加升力的作用点称为焦点。

　　当重心位于焦点之前时,飞机才能够产生俯仰稳定力矩。因为当飞机受扰动上仰偏离平衡位置时,附加升力向上,下俯力矩增加,产生使飞机下俯恢复原来平衡状态的稳定力矩,如图 6.1.12 所示。反之,飞机受扰下俯时,附加升力向下,产生使飞机上仰的稳定力矩。当重心位于焦点之后或位置重合时,飞机不具有俯仰稳定性。

　　当重心位于焦点之前时,重心越靠前,力臂越长,飞机受扰动后所产生的俯仰稳定力矩越大。所以,前重心的装载条件会使飞机具有更强的俯仰稳定性。

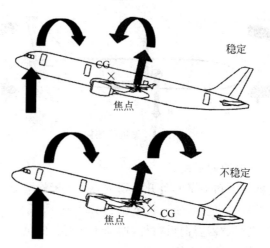

图 6.1.12　焦点位置与俯仰稳定性的关系

飞机的俯仰操纵性,是指飞行员操纵升降舵改变飞机迎角的特性。操纵动作简单、省力,飞机响应快,飞机操纵性越好;反之,操纵动作复杂、笨重,飞机响应慢,飞机操纵性越差。

重心位置的前后移动会导致升降舵偏转角和杆力发生变化。图 6.1.13 是某飞机在不同重心位置时,升降舵偏转角与杆力和平飞速度的关系曲线。从图中可以看出,在相同的飞行速度下,不同重心位置所需的升降舵偏转角和杆力不相同,因此重心位置会影响飞机的操纵性。

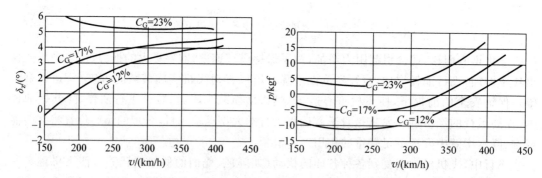

图 6.1.13　升降舵偏转角与杆力和平飞速度的关系

注：1kgf=9.8N

稳定性和操纵性是飞机不可缺少的特性。缺乏稳定性,飞机无法抵抗扰动的影响;缺乏操纵性,飞行员无法实现有意识的操控。稳定性与操纵性又存在矛盾,稳定性强则操纵性弱,操纵性强则稳定性弱。重心的前后移动会同时影响飞机的俯仰稳定性和俯仰操纵性。

重心前移时,飞机的俯仰操纵性开始减弱。由于下俯的趋势增强,为保持飞机平衡,所需升降舵上偏角增大,所需拉杆力增加。此外,重心前移越多,所需的升降舵上偏角越大,但升降舵上偏角受到结构和气流分离的限制,不能无限增加。重心前移过多,可能会出现即使把驾驶盘向后拉到底,也无法获得期望的飞行姿态的结果。因此,重心位置应设置一个前极限,如图 6.1.14 所示。

重心后移时,飞机的俯仰稳定性开始减弱。如果重心位置过于靠后,以至于接近飞机焦点时,俯仰稳定性将变得很差。一旦重心后移到焦点之后,飞机将彻底失去俯仰稳定性。因此,重心位置应同时设置一个后极限,如图 6.1.14 所示。

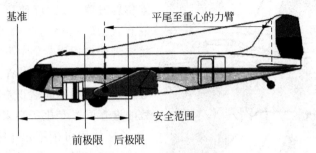

图 6.1.14　重心的前极限和后极限

如果在配载时飞机重心过于靠前,可能会导致的状况有:
(1) 起飞时难以抬轮离地,飞机可能冲出跑道;
(2) 爬升困难,飞机无法越过高大的障碍物或难以达到规定的梯度要求;
(3) 着陆时拉平困难,飞机前轮接地或三点同时接地,容易形成重着陆;
(4) 复飞时不能使飞机保持所需的俯仰姿态,受到障碍物威胁;
(5) 飞机失速速度增加,配平阻力增加,油耗增加,运行经济性下降。

如果在配载时飞机重心过于靠后,可能出现的状况有:
(1) 起飞抬轮离地时飞机容易擦机尾,破坏飞机的结构;
(2) 进近着陆和复飞时容易形成过大的俯仰姿态,导致飞机空中失速坠毁;
(3) 飞行中操纵过于灵敏,飞行员无法正常操纵,耗费精力,并导致注意力过于集中,危及飞行安全。

为保证飞机安全运行,并具有足够的稳定性和良好的操纵性,飞机重心位置应在重心前极限与后极限之间规定的范围内。

6.1.2　航空器配平

为了使飞机在不同的重心位置和飞行状态下均易于操纵,人们使用配平装置来确保飞机具有足够的操纵效率。配平装置利用配平机构进行操作,不受驾驶盘的直接控制。小型通用飞机通常使用配平片,通过驾驶舱中的配平手轮进行控制。

在某些恶劣的飞行条件下,升降舵在偏转时可能会遭受极大的空气动力阻碍,使操纵杆力显著增大。杆力过大会导致操纵效率下降,操纵动作变形,影响飞机的正常操纵性。如果飞行员能够合理使用配平装置,则可以改善飞机的操纵效率。

当重心靠后导致推杆困难时,应先让配平片上偏一定的角度,使配平片产生向下的空气动力,相对于升降舵的转动中心形成转动力矩,从而使升降舵向下转动。在这个过程中,配平片起到分担部分推杆力的作用,使人工直接施加的推杆力减小。反之,当重心靠前导致拉杆困难时,应先让配平片下偏一定的角度,使配平片产生向上的空气动力,相对于升降舵的转动中心形成转动力矩,从而使升降舵向上转动。在这个过程中,配平片起到分担部分拉杆力的作用,使人工直接施加的拉杆力减小,如图 6.1.15 所示。

合理利用配平片能够减小操纵杆力,让飞行员无须长时间用力拉杆或推杆,既提高了操

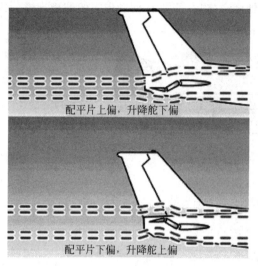

图 6.1.15 配平片的作用

纵效率,也节省了体力。但由于机械装置存在行程限制,不能无限制地通过调整配平片来偏转升降舵,过度使用配平片可能将升降舵有效偏转行程消耗殆尽,驾驶杆就无法直接实现俯仰操纵。

大型运输飞机不以省力为主要目的,主要考虑如何应对不同航班班次装载条件变化导致的重心位置变化所带来的俯仰操纵特性改变,通常使用可配平水平安定面,如图 6.1.2 所示。可配平水平安定面,是指通过位于水平尾翼前半部分的水平安定面的上下偏转来获得配平效果。可配平水平安定面可以上下偏转,改变水平尾翼与相对气流的角度,从而调整水平尾翼负升力的大小。

当重心靠前时,机头重,调节配平的目的是获得足够的上仰力矩辅助飞行员拉杆操作使飞机上仰,称为抬头配平。抬头配平时向后打配平手轮,配平片向下偏转。当重心靠后时,机尾重,调节配平的目的是产生足够的下俯力矩辅助飞行员推杆操作使飞机下俯,称为低头配平。低头配平时向前打配平手轮,配平片向上偏转。配平手轮拨动的方向与飞行员推拉杆的方向保持一致,如图 6.1.16 所示。

同一架飞机在执行不同的飞行任务及面对不同的装载条件下,其重心位置并不固定,每一次飞行所需的配平数值并不相同。配平数值应与重心实际位置相对应,过量配平会产生负面效果,达不到配平的目的。大多数配平手轮有刻度标识,可以帮助飞行员快速准确地实施配平,如图 6.1.17 所示。

图 6.1.16 大型运输飞机的配平手轮

图 6.1.17 典型的配平刻度

起飞配平对飞机安全起飞至关重要。当重心靠前导致机头过重时,配平不足可能导致飞机无法正常起飞抬轮离地,冲出跑道;当重心靠后导致机尾过重时,配平不足可能导致飞机起飞抬轮离地时擦机尾,造成机体损伤。通常在起飞之前,地面配载工作结束以后,地面人员就能够获得该架飞机的确切重心位置,再根据舱单查得与重心相匹配的配平数值,并告知飞行员。飞行员拨动配平手轮获得所需的配平数值,就完成了起飞配平。

6.2 重量

6.2.1 重量术语

(1) 基本空机重量(basic empty weight,BEW),指除业载和燃油之外,已基本做好飞行准备的飞机重量,但不包括饮用水、机组和供应品的重量。基本空机重量由空机重量、附加设备重量、服务设备和其他应计算在基本重量之内的重量组成。

当飞机制造完毕,并已将相关的服务设施(乘客座椅、机上厨房、卫生间等)安放就位后,需要通过称重的方法来获得飞机的基本空机重量信息。基本空机重量是大多数小型通用飞机装载计算的基础,其简易舱单的填写一般以基本空机重量为基础,再考虑增减其他重量项目。即使型号相同的飞机,选装的设备不同,其基本空机重量也可能不同。同一架飞机的基本空机重量在其使用的寿命期限内也可能发生多次改变,这主要是由于设备的安装与拆卸,机内的局部改造、大修、补片等原因造成的。

(2) 运行空机重量(operating empty weight,OEW),指在基本空机重量的基础上,根据不同的实际飞行任务需求,加上机组、餐食、餐车、航材、饮用水等运行项目的重量,也称为基本重量(basic weight,BW)。

对于大型运输飞机,其舱单的填写及载重平衡计算通常以运行空机重量作为计算基础,再考虑增减其他重量项目。由于各制造厂商在定义运行空机重量时,根据自身特点进行了取舍,所以不同机型的运行空机重量所含项目可能会有所差异,实际运行过程中,各航空公司业务也存在差异,在运行空机重量的基础上又衍生出了干使用重量或基本重量。

(3) 干使用重量(dry operating weight,DOW),是在飞机起飞重量的基础上扣除起飞燃油和业载后的重量,是飞机处于可运行状态下的最小重量。

干使用重量与运行空机重量在配载工作中没有本质的差异,只是定义的方法有所不同,实际使用机型的舱单及其手册用的是哪一种定义,就在其基础上进行计算。干使用重量是计算无油重量、着陆重量和起飞重量的基础。航空公司根据自身的实际需要决定干使用重量中所包含的项目。在实际载平计算中,由于每次航班的实际飞行任务需求不同,需要在航班已知的干使用重量基础上,对机组、配餐、航材和附加设备等项目进行临时性修正。修正后的干使用重量才是航班载平计算的依据。

(4) 使用重量(operating weight,OW),是在干使用重量的基础上加上起飞燃油,但不包括业载。从干使用重量到使用重量,飞机只需要加装起飞燃油,而不必考虑乘客、行李、压舱物及货物等的重量。

航班在执行一次飞行任务时,所携带的燃油需根据其具体执行的任务情况确定,如航程的远近、备降机场的选择、航路天气条件及规章要求等。由于飞机最大重量的限制,如果携带过多的燃油,将会导致航班超载或航班载客能力下降,降低经济效益,并且会影响飞行的安全性。

(5) 可用燃油,是指飞机实际装载用以维持飞机安全正常运行的燃油。它包含滑行燃油、航程燃油、不可预期燃油、备降燃油、最后储备燃油和酌情携带的燃油等，航程燃油、不可预期燃油、备降燃油、最后储备燃油和酌情携带的燃油之和称为起飞燃油。

滑行燃油指飞机起飞前预计消耗的燃油量，主要用于供发动机启动、发动机试车，以及飞机从停机位滑行至松刹车点。滑行燃油的多少取决于机场、机型、机位和跑道的具体情况。

航程燃油指考虑到运行条件，允许飞机从起飞机场或从重新签派或放行点飞到目的地机场着陆所需的燃油量。

不可预期燃油指为补偿不可预见因素所需的燃油量。根据航程燃油方案使用的燃油消耗率计算，它占计划航程燃油 10% 的所需燃油，但在任何情况下不得低于以等待速度在目的地机场上空 450m(1500ft) 高度上按标准条件飞行 15min 所需的燃油量。

备降燃油指飞机有所需的燃油以便能够：①在目的地机场复飞；②爬升到预定的巡航高度；③沿预定航路飞行；④下降到开始预期进近的一个点；⑤在放行单中列出的目的地的最远备降机场进近并着陆。

最后储备燃油指使用到达目的地备降机场，或者不需要目的地备降机场时，到达目的地机场的预计着陆重量计算得出的燃油量，对于涡轮发动机飞机，是以等待速度在机场上空 450m(1500ft) 高度上按标准条件飞行 30min 所需的油量。

酌情携带的燃油指合格证持有人决定携带的附加燃油。

(6) 无油重量(zero fuel weight, ZFW)，是干使用重量加上业载，但不计入起飞燃油的重量。从干使用重量到无油重量，飞机需要计入乘客、行李、邮件、货物、压舱物、航材等的装载重量，但不计入起飞燃油的重量。

飞机所携带的大部分燃油通常储存于机翼的油箱中。实际工作中，如果飞机机翼尚未加入燃油时就开始装载人员和货物，则有可能引起机翼和机身结合部位的结构遭受损伤而形成事故隐患。为了引起操作人员的注意，常需要单独计算无油重量来进行评估。并非所有的机型都存在隐患，具体情况应参照相应机型的载重平衡手册。

(7) 起飞重量(take-off weight, TOW)，是指飞机开始起飞滑跑时的实际重量，由无油重量和起飞燃油组成。该重量随航班任务不同而不同，受到多方面的限制。

载重平衡计算的目的之一就是能够获取一架航班准确的起飞重量信息。起飞重量的准确与否直接影响到航班运行的安全性，也对飞机起飞离场、航路飞行、盘旋等待和着陆复飞等性能分析工作具有实际意义。

(8) 着陆重量(landing weight, LW)，是指飞机正常着陆时的实际重量，由无油重量和储备燃油组成，也可以用起飞重量扣除航程燃油后得到着陆重量。

着陆重量同样是载重平衡工作中频繁涉及的一个重要概念。实际工作中，人们通常需要通过获得准确的着陆重量数据来评估飞机是否能够在目的机场或备降机场安全着陆或复飞，或者需要根据目的机场的机场条件反过来评估所允许的着陆重量，进而评估业载和燃油的加装是否合理。

(9) 滑行重量或停机坪重量(ramp weight, RW)，是指飞机在开始滑行之前的全部重量，它包含干使用重量、业载、加装的全部燃油，也称为全重(all-up weight, AUW)。

(10) 商务载量(payload)简称商载，是指任何可以给航空公司带来利润的乘客、行李、邮件和货物重量的总和。能够创造经济效益是其最大的特点。

(11) 业务载量(traffic load)简称业载，是指飞机上乘客、行李、货物、邮件和非营利性物品的重量总和,不考虑是否能够创造经济效益。

非营利性物品是指由飞机携带,但在飞行中不会使用或飞机重要设备的部件及不创造经济效益的物品。通常,大型运输飞机会携带备用轮胎和刹车配件,以备飞往不配备该类设施的机场时使用。甚至飞机在进行货运时,为控制重心位置,还需要压舱物进行压舱。在载重平衡工作中,人们一般更习惯使用业载这一概念,因为业载包含的内容更为广泛,可以防止重量计算时出现遗漏。在本书中,如无特殊说明,商载可以理解为业载。

(12) 固定负载(dead load),指飞机运载的货物、邮件、行李和集装设备等的重量总和,通常指除乘客重量外的业务载量。此重量的重心可用以检验前三点式飞机货舱装载是否超出重心后极限,是否应加用尾撑杆或其他保护。

(13) 运行项目(operational items),指执行特定运行所必需的,但未包含在基本空重之中的人员、设备和给养。在不同机型上,这些项目可能是不同的,包括但不限于以下项目:①机组人员、非机组乘员及其行李;②手册和导航设备;③用于为乘客服务的物品,包括枕头、毛毯和杂志;④供客舱、厨房、酒吧使用的可移动设备;⑤包括酒类在内的食物和饮料;⑥可用液体,但不包括可利用载荷中的液体。

从事飞行运行相关工作的人员需要掌握几个主要重量之间的相互关系,如图 6.2.1 所示。飞行员在工作中常常会接触到起飞重量、着陆重量、无油重量这几个基本的重量概念。它们均是在干使用重量之上进一步计入业载和燃油的重量,并根据飞机的不同运行状态形成各自的差异。无论是燃油还是业载增加,都会直接导致全机重量增加。

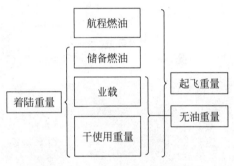

图 6.2.1 常见重量之间的关系

燃油是支撑飞机飞行的根本,是产生飞机前进动力的源泉。航班要正常飞行,必须加装能够保证其任务需要的足够燃油。飞机飞行的时间长短、距离远近、航路天气是否复杂,乃至飞行的高度是否合理,都会影响到所需加装的燃油量。燃油与业载的关系非常微妙,一方面飞机加装的业载越多,相应地需要更多的燃油才能够确保其飞行;另一方面,如果加装过多的燃油,又会使得飞机全重过大,必要时只能削减业载的重量。

6.2.2　最大起飞重量

实际运行中,飞机的最大重量通常会受结构强度和性能的限制。

飞机在设计过程中,通常会根据机型的自身能力、用途和需求确定出机体结构能够承受的重量上限,称为结构强度限制的最大重量。从飞机的重量平衡手册中查到的最大重量就是由该飞机制造厂商经适航审定的结构强度限制的最大重量。这些重量数据需要获得局方适航审定批准,也可以称为审定的最大重量。

结构强度限制的最大滑行重量是飞机在开始地面滑行时自身结构强度所允许的最大重量。由于飞机在停放和滑行时仍在地面,不考虑机场环境条件变化对飞行能力的影响,可将该重量简称为最大滑行重量。从启动发动机直至滑行到松刹车点,飞机持续消耗燃油,所以结构强度限制的最大滑行重量大于结构强度限制的最大起飞重量。

结构强度限制的最大起飞重量是飞机在起飞滑跑时自身结构强度所能够承受的最大重量。根据CCAR-25.473条规定,该重量限制下降率为1.83m/s(6ft/s)。当飞机的实际起飞重量超过该最大起飞重量时,飞机的结构可能会遭到破坏。

结构强度限制的最大着陆重量是飞机在正常着陆时自身结构强度所能够承受的最大重量。根据CCAR-25.473条规定,该重量限制下降率为3.05m/s(10ft/s)。当飞机的实际着陆重量超过该最大着陆重量时,飞机的结构可能会遭到破坏。

结构强度限制的最大无油重量是飞机在未加装业载,只加装燃油的情况下能够承受的最大重量。它用于确保机翼和机身结合部在装业载而未装燃油的情况下,不会因遭受过大的结构应力而出现变形和破坏。

飞机如同一根挑着重物的扁担,重物越重扁担越弯,机翼和机身结合部的应力越大则材料形变越剧烈,此时加装燃油可以起到缓解应力和形变的作用。因此,当燃油尚未加装到油箱中时,飞机能够承受的重量有限制,一旦无油重量超过最大无油重量,飞机可能会遭到损坏进而形成安全隐患,如图6.2.2所示。

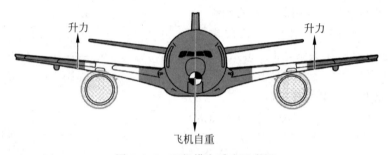

图6.2.2 飞机横向受力示意图

通常把与实际运行条件有关的限制称为飞机性能限制。起飞常见的限制因素包括机场标高、环境温度、风向、风速、跑道长度、跑道坡度、地形障碍物、道面污染状况等。同一架飞机在不同的大气环境条件和机场条件影响下,飞机性能限制因素会发生变化,使飞机的性能也随之变化。一旦飞机性能限制因素过于苛刻,人们就不得不对飞机的最大重量进行削减。

性能限制因素主要涉及最大起飞重量和最大着陆重量。

性能限制的最大起飞重量是受到起飞机场环境条件约束的可以安全运行的最大重量。性能限制的最大着陆重量是受到着陆机场环境条件约束的可以安全运行的最大重量。由于全球各地机场众多,地理位置差异导致各个机场的运行条件也不相同,所以性能限制的最大重量数据无法由制造厂商通过手册直接提供,往往需要由飞机使用者根据机型和机场的实际情况进行分析才能得到。对于运行条件复杂的机场,性能限制因素可能比结构强度限制因素更加苛刻。受性能限制的最大重量比受结构强度限制的最大重量更小时,性能成为影响飞机最大重量的主要因素。

运行限制的最大重量是指在飞机运行的各个阶段,为确保安全运行应该遵循的一系列重量限制条件,既包括结构强度的限制,也包括性能的限制。在确定运行限制的最大起飞重量和最大着陆重量时,均需同时考虑结构强度限制和性能限制,二者中的较小者作为飞机运行限制的最大重量用于装载计算。

最大起飞重量是以下 3 个起飞重量的最小值：①最大起飞重量 $a=$ 运行限制的最大起飞重量；②最大起飞重量 $b=$ 运行限制的最大着陆重量＋航程燃油；③最大起飞重量 $c=$ 运行限制的最大无油重量＋起飞燃油。

载重平衡工作的一个重要目的就是防止飞机的实际重量超过相应的最大重量限制。在实际运行过程中，要确保实际重量不大于运行限制的最大重量，以确保运行安全。小型通用飞机自身重量轻、结构简单，能够携带的人员和行李不多，加装的燃油也较少，机体结构应力小，所以在进行载重平衡计算和舱单填写时，通常主要保证实际起飞重量不超过最大起飞重量。大型运输飞机体积庞大，能够容纳许多乘客和货物，同时也携带了大量燃油，在确保飞机实际起飞重量不超过最大起飞重量的前提下，还需要进一步核实实际着陆重量不超过最大着陆重量，实际无油重量不超过最大无油重量的限制。

6.2.3 最大业载

最大业载是指飞机在满足可运行的最大重量限制条件的前提下，可以最大限度地携带的乘客、行李、货物、邮件的重量。获取飞机运行限制最大重量的最终目的是要在满足安全运行的基础上，明确飞机究竟能够加装多少人和货，即最大业载。

机型不相同、飞行任务不相同，航班的最大业载也就不相同。能够计算得到确切的最大业载既可以确保飞行安全，也可以帮助人们充分利用飞机的装载能力来提高经济效益。最大业载是以下 3 个业载的最小值：①最大业载 $a=$ 最大起飞重量－干使用重量－起飞燃油；②最大业载 $b=$ 最大着陆重量－干使用重量－储备燃油；③最大业载 $c=$ 最大无油重量－干使用重量。

在计算最大业载的过程中，多个运行限重都与干使用重量、油量和业载相关，多个运行限重都可以推导出对应的最大业载。为了防止手工计算时出现错误，制造厂商为用户提供了载重表引导用户进行最大业载的计算。制造厂商所提供的典型机型的载重表局部图如图 6.2.3 所示。

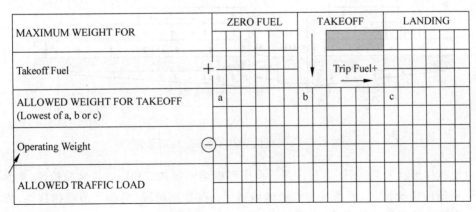

图 6.2.3 载重表局部图

最大业载是对飞机进行装载操作的直观指导，无论如何都应当使飞机的实际业载不得超过对应的最大业载，一旦发现超载情况，必须在调整之后才能够予以放行。

飞机的起飞重量由干使用重量、起飞燃油和业载组成，由于干使用重量的变化并不频繁，在完成不同飞行任务时，起飞重量主要受起飞燃油和业载的影响。不能单纯认为只要加满燃油且同时装满业载就可以达到最大起飞重量。航班在实际运行时，往往很难在油箱加满燃油的同时仍可获得最大的业载能力，这主要是因为飞机的起飞重量、起飞燃油和业载与航程的远近有着密切的关系。

实际业载是飞机实际装载的乘客、行李、邮件、货物的重量之和。飞机的实际业载可以分为两部分：一部分是乘客，另一部分是行李、邮件、货物。其中，行李、邮件、货物因可以称重而获得实际重量；相比之下，乘客重量数据就存在不确定性所导致的偏差。理论上获得乘客实际重量的方式极为简便，那就是称重。但在实际运行中，这种方式因效率低、操作复杂、乘客体验差等原因难以在航空公司运行中普及，目前国内航空公司多使用标准平均重量的方式对乘客重量进行估算，这样就不再需要对乘客进行实际称重。

6.2.4 地板承重限制

即使飞机重心位于重心安全范围以内，或者重量不超过允许的最大重量，也不一定能够确保飞机内部结构不会遭到破坏，这是由飞机结构的特殊性造成的。无论是客舱还是货舱，其所承载物体的重量通过地板传递给飞机结构框架，在地板下有桁条和横梁结构进行支撑，横梁再与主梁相连，如图 6.2.4 和图 6.2.5 所示。

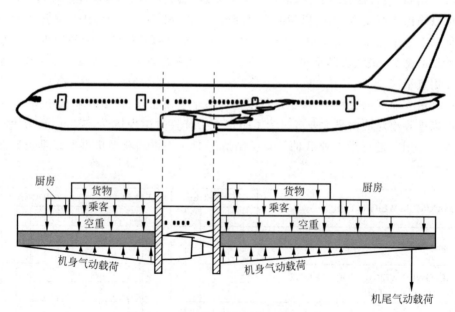

图 6.2.4　飞机机身的悬臂梁结构示意图

由于机体形状所限，不同舱段位置的桁条和横梁分布各不相同。在客舱舱段，乘客的重量通过座椅传递给桁条，桁条又将其传递给横梁；在货舱舱段，货物与地板相接触，货物的重量也会通过地板传递给桁条和横梁。所以，采用桁条和横梁结构的地板承载能力也应当引起注意。

飞机越庞大，需要考虑的限制因素就越多。常见的限制条件主要有：①舱段承载重量限制；②纵向载荷限制；③面积载荷限制；④联合承载重量限制；⑤集装设备承载重量限制。

无论是小型通用飞机还是大型运输飞机，为了确保飞机结构安全，实施装载的人员必须考虑所装载的业载是否会超过以上各类飞机结构的承重极限。对于飞行员,应着重了解纵向载荷限制、面积载荷限制、联合承载重量限制。

纵向载荷也称线性载荷,是指沿机身纵向单位长度地板能够承载的最大重量,单位为 lb/ft 或 kg/m。纵向载荷与接触面积无关,即使具有相同重量的物体的长宽不同,其产生的纵向载荷也会不同,所以纵向载荷与物体摆放的朝向有着密切关系。

面积载荷是指单位面积的地板能够承受的最大重量,单位为 lb/ft² 或 kg/m²。面积载荷与接触面积有关,相同重量的物体,接触面积越大,所产生的面积载荷越小。面积载荷与物体摆放的朝向无关,但是与接触面面积的大小有着密切关系。

无论如何,在进行装载时都需要确保所装载的载量同时满足地板对于纵向载荷和面积载荷的限制。

已知物体 A 和 B 具有相同的形状,长、宽分别为 5m 和 1m,重量均为 300kg,现分别按照横向和纵向两个方向进行摆放,如图 6.2.6 所示。

图 6.2.5　飞机地板下的桁条与横梁

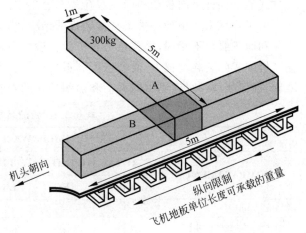

图 6.2.6　物体放置方式对地板的影响

物体 A 在纵向所占的长度为 1m,施加给地板的纵向载荷为 300kg÷1m=300kg/m。物体 B 在纵向所占的长度为 5m,施加给地板的纵向载荷为 300kg÷5m=60kg/m。物体 A 和物体 B 的尺寸相同,所以它们与地板的接触面积也相同,因此,它们施加给地板的面积载荷相等,均为 300kg÷5m²=60kg/m²。

纵向载荷与摆放的方向密切相关,当物体重量和接触面积不变时,一旦摆放方向改变,则纵向载荷就会改变。面积载荷与接触面积有关,当物体重量不变时,只要接触面积不变,则面积载荷不变。

例 6.2.1　已知某飞机地板的最大纵向载荷为 200kg/m,最大面积载荷为 100kg/m²,现有一物体,重量为 600kg,长、宽、高分别为 3m、2m、1m,分别使用如图 6.2.7 所示的 5 种不同方式将其放置在地板上,请问纵向载荷和面积载荷是否符合要求?

解:在放置方式 1 中,纵向载荷为 600kg/m,面积载荷为 300kg/m²;在放置方式 2 中,纵向载荷为 600kg/m,面积载荷为 200kg/m²;在放置方式 3 中,纵向载荷为 300kg/m,面积载荷为 100kg/m²;在放置方式 4 中,纵向载荷为 200kg/m,面积载荷为 200kg/m²;在放置

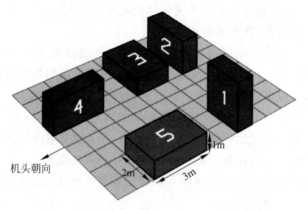

图 6.2.7 同一物体的 5 种不同放置方式

方式 5 中,纵向载荷为 200kg/m,面积载荷为 100kg/m²。这 5 种放置方式中,只有第 5 种放置方式能够保证纵向载荷和面积载荷均符合要求。

由于飞机采用桁条和横梁支撑地板的结构,横梁的疏密使得各个舱段允许的最大纵向载荷和面积载荷不相同,最终造成各个舱位舱段可以承载的最大重量也不相同。在民用运输飞机的实际装载过程中,需要依据制造厂商配套提供表 6.2.1,明确每个舱段的地板承重限制,确保装载过程遵循纵向载荷和面积载荷的限制要求。

表 6.2.1 货舱装载限制

COMPARTMENT	MAXIMUM ALLOWABLE WEIGHT					
	TOTAL WEIGHT		LINEAR LOADING		FLOOR LOADING	
	LB	KG	LB/IN.	KG/IN.	LB/SQ FT	KG/SQ FT
Main Cabin			42.8[a]	19.4[a]	100.0	45.3
Forward Cargo Hold	5002	2269				
B.A. 300 to B.A. 358	1682	763	29.0	13.1	150.0	68.0
B.A. 358 to B.A. 415	855	388	15.0	6.8	150.0	68.0
B.A. 415 to B.A. 500	2465	1118	29.0	13.1	150.0	68.0
Aft Cargo Hold	7648	3469				
B.A. 731 to B.A. 892	5152	2337	32.0	14.5	150.0	68.0
B.A. 892 to B.A. 949	912	414	16.0	7.2	150.0	68.0
B.A. 949 to B.A. 1048	1584	718	16.0	7.2	150.0	68.0

[a] The main cabin allowable load includes the weight of passengers, passenger seats, and passenger carry-on baggage.

除了纵向载荷与面积载荷的限制外,还需要遵循各货舱的舱段承载重量限制。即便已满足舱段承载重量限制的要求,一旦实际装载重量超过了货舱舱段的联合承载重量限制,也不符合装载要求。在进行实际装载时,需要注意这些限制特点,防止出现人为差错。

如图 6.2.8 所示为 B777 飞机的装载通知单局部图。1 号货舱最多能够单独装载 15308kg 的载重量,2 号货舱最多能够单独装载 17780kg 的载重量。如果同时对 1 号和 2 号货舱进行装载,装载总量不得超过 30617kg,小于 1 号和 2 号货舱各自承载重量限制之和 33088kg。此外,部分宽体机型还可能对装载时沿横轴方向的对称性有所要求。

集装设备通常也有承载限制,不同型号的集装设备、同一型号但是放置在不同位置的集

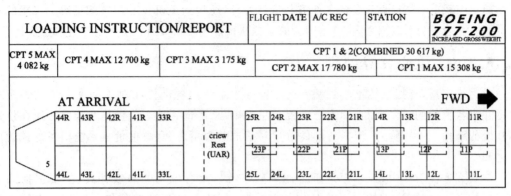

图 6.2.8　B777 装载通知单

装设备,都具有不同的承载限制。这也是影响货舱装载重量的因素之一。制造厂商通常会提供相关集装设备的承载限制说明,以帮助使用者合理装载。

当飞机上需要装载重量重、接触面积小的物体时,如车辆、贵重金属等,为了保证地板不遭受破坏,就需要使用如图 6.2.9 所示的垫板来减小物体产生的面积载荷和纵向载荷。垫板也称为货盘或货板,其特点是重量轻,面积大,通常由质地坚硬的木质或金属材料制成。在使用时,只需将其垫放在重物和地板之间即可,这样一来,在几乎不增加物体重量的前提下增大了物体和地板的接触面积,从而达到减小面积载荷或纵向载荷的目的。

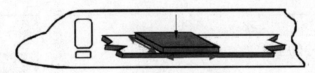

图 6.2.9　垫板使用示意图

例 6.2.2　假设一件货物总重 700kg,长、宽、高分别为 30in、12in、10in。飞机货舱的纵向载荷限制为 10kg/in,面积载荷限制为 50kg/ft^2,为了不超过货舱承重限制,需要使用多大的垫板?

解: 为了不超过面积载荷限制,所需垫板的最小面积应为 $700\text{kg} \div 50\text{kg/ft}^2 = 14\text{ft}^2$,为了不超过纵向载荷限制,所需垫板的最小长度应为 $700\text{kg} \div 10\text{kg/in} = 70\text{in}$,所以为了让飞机货舱运输这件货物而不出现结构损坏,就需要使用面积至少为 14ft^2,且长度至少为 70in 的垫板,所以垫板的宽度为 $14 \times 144 \div 70\text{in} = 28.8\text{in}$。

在上述计算中,忽略了垫板自身的重量,但是在实际装载计算中,垫板的自重不能被忽略,有的垫板自重就有 40kg。故在实际操作中,所采用的垫板尺寸通常会比例题中的更大。任何为了确保飞机地板装载安全而引入的设备均须计入自重。

6.3　重心

重力在物体上的作用点称为重心,在地球引力的作用下,物体的重力作用于重心,并指向地心。对于形状规则、密度分布均匀的单个物体,重心通常位于物体的几何中心,对于飞机这种形状特殊且密度分布不均匀的物体,重心一般不在几何中心处。

航班的载重平衡计算除了最大业务载量计算外,还包括飞机重心位置的计算。飞机的重心位置要求处于安全范围之内,这是因为航空器从性能上要求具有一定的稳定性和操纵性。

6.3.1 重心计算原理

合力矩定理,是指系统重心到基准的力臂等于系统内各部件相对于基准产生的力矩之和再除以各物体的重量之和,即重心位置=总力矩/总重量。重心位置是系统重心所在位置到基准的距离,总力矩是系统内各部件重量对基准的力矩之和,总重量是系统内各部件的重量之和。

在载重平衡工作中,合力矩定理是用来确定飞机重心位置的高效工具,主要包括以下4个步骤:①测得每个重量项到基准的力臂长短;②将各重量项的重量与力臂相乘得到力矩;③将各项力矩相加得到总力矩,将各项重量汇总相加得到总重量;④用总力矩除以总重量,得到飞机重心到基准的平衡力臂。

注意,在测量力臂的过程中,根据制造厂商的推荐或实际需要,基准位置可以被设定在沿飞机纵轴方向的任意位置,只有选定了基准才能够实施计算。

例 6.3.1 如图 6.3.1 所示的平板系统,已知 A 处物体重量 100kg,位于基准右侧 50cm 处,B 处物体重量 100kg,位于基准右侧 90cm 处,C 处物体重量 200kg,位于基准右侧 150cm 处。忽略平板自重,如何确定系统重心的位置?

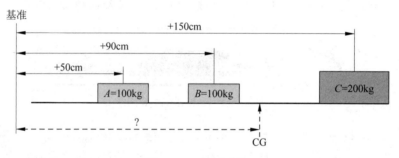

图 6.3.1 平板系统

根据合力矩定理,重心位置=总力矩/总重量=(100×50+100×90+200×150)/(100+100+200)cm=110cm,即平板系统的重心位于基准右侧110cm处。也可以按表6.3.1进行快速计算。

表 6.3.1 确定平板系统的重心位置

项 目	重量/kg	力臂/cm	力矩/(kg·cm)
A	100	50	5000
B	100	90	9000
C	200	150	30000
平板系统	400	110	44000

6.3.2 重心的查找与调整

下面举例说明重心的查找与调整方法。

例 6.3.2 某飞机的导向轮和主轮到基准的距离分别为 133.5cm 和 245.5cm,如图 6.3.2 所示,在导向轮和主轮位置处进行称量后发现,导向轮处的重量为 2322kg,左侧主轮处的重量为 3540kg,右侧主轮处的重量为 3540kg。试确定飞机重心的位置。

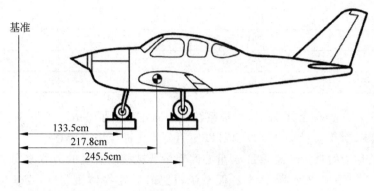

图 6.3.2 由合力矩定理确定飞机的重心位置

解:根据合力矩定理,重心位置=总力矩/总重量=(2322×133.5+3540×245.5+3540×245.5)/(2322+3540+3540)cm=217.8cm,即飞机重心位于基准右侧 217.8cm 处。也可以按表 6.3.2 进行快速计算。

表 6.3.2 确定飞机重心的位置

项 目	重量/kg	力臂/cm	力矩/(kg·cm)
左侧主轮	3540	245.5	869070
右侧主轮	3540	245.5	869070
导向轮	2322	133.5	309987
飞机	9402	217.8	2048127

当系统内部发生重量移动或增减时,系统总力矩和总重量发生变化,系统重心位置也发生变化。

例 6.3.3 如图 6.3.3 所示的平板系统,已知 A 处物体重量 100kg,位于基准右侧 50cm 处,B 处物体重量 100kg,位于基准右侧 90cm 处,C 处物体重量 200kg,位于基准右侧 150cm 处。若将 B 处 20kg 的物体移至 A 处,忽略平板自重,如何确定系统重心位置?

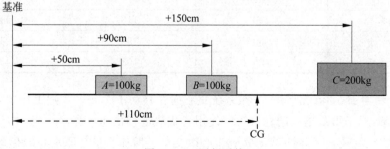

图 6.3.3 平板系统

解:根据合力矩定理,重心位置=总力矩/总重量=(120×50+80×90+200×150)/(120+80+200)cm=108cm,即平板系统重心位于基准右侧 108cm 处。也可以按表 6.3.3

进行快速计算。

表 6.3.3　确定平板系统重心位置

项　目	重量/kg	力臂/cm	力矩/(kg·cm)
原平板系统	400	110	44000
移出	−20	90	−1800
移入	20	50	1000
新平板系统	400	108	43200

20kg 重量从 B 处移至 A 处后,平板系统重心向左移动了 2cm。实际工作中,为了提高计算速度和效率,对于重量移动问题也可以使用公式法进行快速计算。

被移动的重量 / 总重量 ＝ 重心改变量 / 被移动重量的力臂改变量　　(6.3.1)

例 6.3.4　如图 6.3.4 所示的平板系统,已知 A 处物体重量 100kg,位于基准右侧 50cm 处,B 处物体重量 100kg,位于基准右侧 90cm 处,C 处物体重量 200kg,位于基准右侧 150cm 处。若在 B 处新增加 50kg 物体,忽略平板自重,如何确定系统重心位置?

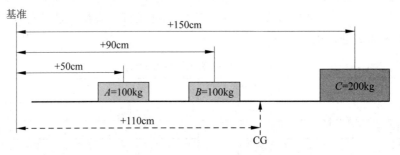

图 6.3.4　平板系统

解：根据合力矩定理,重心位置 ＝ 总力矩/总重量 ＝ (100×50＋150×90＋200×150)/(100＋150＋200)cm ＝ 108cm,即平板系统重心位于基准右侧 108cm 处。也可以按表 6.3.4 快速计算。

表 6.3.4　确定平板系统重心位置

项　目	重量/kg	力臂/cm	力矩/(kg·cm)
原平板系统	400	110	44000
增加	50	90	4500
新平板系统	450	108	48500

在 B 处新增加 50kg 物体后,平板系统重心向左移动了 2cm。实际工作中,为了提高计算速度和效率,对于重量增减问题也可以使用公式法进行快速计算。

增减的重量 / 新的总重量 ＝ 重心改变量 / 增加重量与原重心的距离　　(6.3.2)

在日常运行中,可能面临需要通过调整重量来控制飞机重心的问题,例如,装载结束后发现飞机重心超出许可范围,需要移动人员或物体让飞机的重心回到合理范围内。此时为了将重心调整到所需位置,需要计算出拟移动或增减的重量。

6.3.3 重心包线

每一次执行飞行任务,飞机的重量和重心都会随着装载情况的变化而变化。为了利于准确控制飞机的实际重量和重心,防止错漏,规章要求使用者采用更加有效的工具,即重心包线。无论是小型通用飞机还是大型运输飞机,都需要使用重心包线来对重量平衡计算结果进行检查。

民航局下发的咨询通告《航空器重量与平衡控制规定》(AC-121-FS-2019-027)要求运营人应当为其运行的每架航空器建立适用的重心包线。包线应该包括所有有关的重量与平衡限制,以确保航空器的运行总是在适当的重量与平衡限制中。建立包线时,将考虑旅客、燃油和货物的装载,飞行中旅客、航空器部件和其他装载物体的移动,燃油和其他消耗品的消耗或移动等因素。运营人必须能够证明,在使用了明确说明的合理假设后,航空器在运行时不会超出其经审定的重量与平衡限制。

建立重心包线应首先从重量与平衡限制开始。这些限制在航空器制造(或改装)商提供的重量与平衡手册、型号合格证数据单或类似的批准性文件中可以查到。

重心包线是一个封闭的安全区域,用于约束飞机的重量和重心,如图6.3.5中被粗实线边界围成的区域,其上下边界约束重量,其左右边界约束重心,纵坐标表示重量,横坐标表示力矩。在重心包线上下边界之间,同一水平线上的重量相同;在左右边界之间,同一重心定

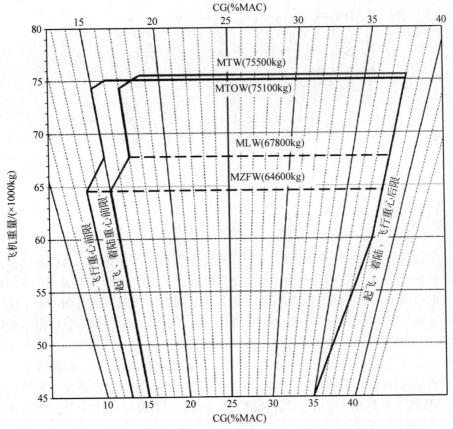

图 6.3.5 某运输类飞机重心包线

位线上的重心相同,但力矩不同。在重心包线图中,一旦由重量和重心确定出的交点超出了边界,就表明当前的装载条件不安全。

重心包线的轮廓与机型有关,制造厂商会对重心包线进行适当削减,使重心包线轮廓发生变化,图 6.3.5 中重心包线的左上角区域受到削减,是基于在大重量和前重心条件下对飞机导向轮承重能力的考虑。重心包线削减使不同重量状态下的飞机重心安全范围出现变化,当图 6.3.5 中的飞机重量超过 64600kg 时,起飞重心前极限开始向后移动,当重量增加至 67800kg 时,重心前极限从 15%MAC 移动至 17%MAC。

图 6.3.6 中的重心包线标记了从点 A 至点 H 共 8 个重量重心交点,其中点 E 的重心最靠前,它位于重心定位线 95in 之前;点 A 最靠近重心前极限,它位于前极限边界上;点 A 和点 C 位置相同,均位于 95in 处;点 D 和点 F 位置相同,均位于 96in 处;点 B 和点 G 位置相同,均位于 100in 处;点 D 和点 E 力矩相同,点 B 和点 G 力矩相同;点 H 力矩最大,点 A 力矩最小;点 C 和点 D 的重量相同;点 B 的重量最重,点 E 的重量较轻;点 B 达到重量上限。

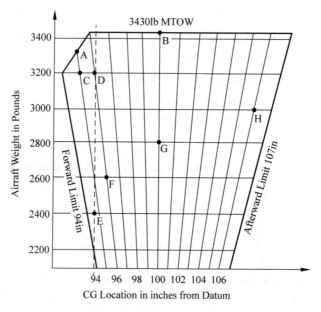

图 6.3.6 某单发活塞飞机重心包线

为了免去已知总力矩计算飞机重心的步骤,便于飞行员在无计算工具的情况下直接通过作图查找重心,有的重心包线图会添加力矩等值线。此外,适航审定取证类别不同的飞机能够完成的机动飞行动作存在差异,需要根据具体使用场景确定飞机类别。为了使同一架飞机在训练或使用中满足不同的场景需要,有些制造厂商会在同一重心包线图中提供多条包线,实际使用时应根据飞机的具体使用场景进行选择。

已知赛斯纳 C172R 飞机当前重量为 2367lb,力矩为 105200lb·in。根据图 6.3.7,从左侧纵坐标重量处作水平线,从下方横坐标力矩处作垂直线,二者交点落在正常类包线范围内,飞机可按照正常类进行使用。若需要把飞机当作实用类使用,则需要至少将重量减少至 2100lb 以下,将力矩减少至 850000lb·in 以下。

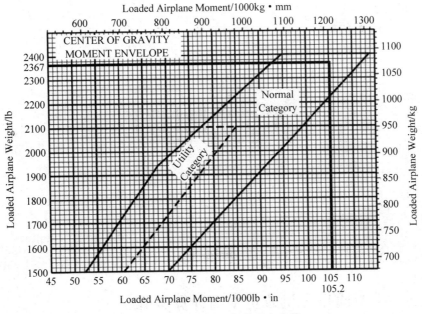

图 6.3.7　C172R 飞机的重心包线

复习思考题

1. 小型通用飞机和大型运输飞机的配平方式有什么差异？
2. 常用来描述飞机重心位置的方式有哪些？
3. 已知某飞机平均空气动力弦长度为 2m，平均空气动力弦前缘位于基准后 12m 处，重心位于 28%MAC 处，求 BA。
4. 焦点与飞机俯仰稳定性的关系是什么？
5. 简答基本空机重量（BEW）、运行空机重量（OEW）、干使用重量（DOW）、使用重量（OW）的区别。
6. 某航班从甲地飞往乙地，已知其干使用重量为 35600kg，至乙地的起飞燃油量为 13800kg，预计航程用油为 5200kg，最大起飞重量为 78000kg，最大着陆重量为 67000kg，最大无油重量为 63000kg。请问该航班最大起飞重量和业载分别为多少？
7. 纵向载荷与面积载荷的区别是什么？
8. 使用合力矩定理确定飞机重心位置的主要步骤有哪些？
9. 飞机总重量为 7800lb，重心位置 81in，重心后极限为 80in。后行李舱力臂为 150in，前行李舱力臂为 30in。为使重心位置符合要求，最少需要将多少重量从后行李舱移至前行李舱？
10. 某飞机的称重结果如下：导向轮处称重为 130lb，右侧主机轮处称重为 1825lb，左侧主机轮处称重为 1865lb。导向轮位于 4ft 处，主机轮位于 10ft 处。MAC 前缘位于 8ft 处，MAC 长 6ft。请问重心位于主轮前多少 ft？将重心位置换算为%MAC 应是多少？

第7章 载重平衡计算

7.1 小型通用飞机载重平衡计算

7.1.1 小型通用飞机载重平衡计算步骤

通用航空是指使用民用航空器从事公共航空运输以外的民用航空活动,包括从事工业、农业、林业、渔业和建筑业的作业飞行,以及医疗卫生、抢险救灾、气象探测、海洋监测、科学实验、教育训练、文化体育等方面的飞行活动。

小型通用飞机通常是按照中国民航规章第 23 部《正常类飞机适航规定》(CCAR-23-R4)进行适航审定的正常类飞机。按设置的最大乘客座位数,将正常类飞机分为 1、2、3 和 4 共 4 个审定等级,按飞行速度将飞机分为低速和高速两个性能等级。等级不同,对飞机性能的要求就不同,与机型配套的重量平衡图表也存在形式上的差异。从事通用航空活动的飞行员和地勤人员不仅要能够识读相关机型的载重平衡信息,确保装载后的重量和重心在手册许可范围内,还要能够在乘客、行李和燃油的重量变动后,查找重心位置,并在重心超限时调整重心位置。合理的重量和重心位置对每个飞行阶段的安全都至关重要。

小型通用飞机载重平衡计算的过程大致可分为以下步骤:

(1) 通过机型配套手册获取机型相关的基本重量、基本重心、重量限制、重心限制、舱位分布和油箱容量等信息。

(2) 了解本次飞行任务的实际装载情况。

(3) 利用简易舱单记录各重量项的重量和重心数据,包括基本空机重量、飞行员、乘客、行李、燃油和压舱物等。

(4) 通过手工计算或查图表得到各重量项的力矩。

(5) 汇总计算得到飞机的总重量和合力矩,并进而得到飞机当前的重心。

(6) 使用重心包线图检查飞机的重量和重心是否超限,可否安全飞行。

(7) 若飞机的重量和重心任一超限,则需要对飞机的装载进行调整,直至二者同时满足要求。如果重量超限,则需要酌情减少行李、燃油或者人员;如果重心超限,则可优先考虑移动重量进行调整,在移动重量无法满足要求时,仍然需要对飞机进行减载或安放压舱物。

小型通用飞机的载重平衡计算一般基于简易舱单图表,常见的方法主要有计算法、查图法和查表法等。不同制造厂商在机型配套手册中提供的重量平衡信息和图表的形式可能存在差异,但均须通过局方的批准。使用者需要熟悉和掌握这些信息和图表才有利于实际操作。

7.1.2 小型通用飞机载重平衡计算方法

小型通用飞机载重平衡计算方法通常有计算法、查图法和查表法。

1. 计算法

在进行正式的重量平衡计算之前,首先应完成基本载重平衡信息的识读。某小型单发活塞飞机的基本载重平衡信息如图 7.1.1 和图 7.1.2 所示。

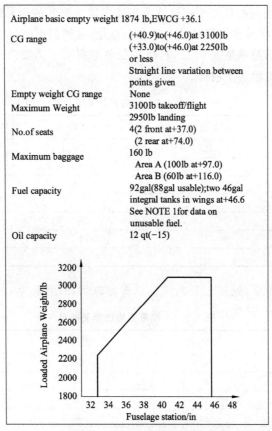

图 7.1.1 某小型单发活塞飞机的基本载重平衡信息 1

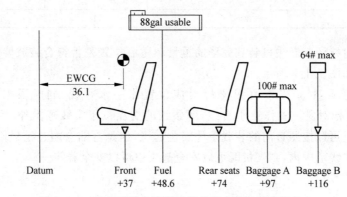

图 7.1.2 某小型单发活塞飞机的基本载重平衡信息 2

由制造厂商提供的信息可知，该飞机的基本空机重量为1874lb，基本空机重心位于+36.1in处。当起飞重量为3100lb时，重心位置位于+40.9in和+46in之间，当起飞重量为2250lb及以下时，重心位置位于+33in和+46in之间。起飞和巡航最大重量为3100lb，着陆最大重量为2950lb。飞机有4个座椅，前排两个位于+37in处，后排两个位于+74in处。飞机最大可容纳160lb行李，其中行李舱A可容纳100lb，位于+97in处，行李舱B可容纳60lb，位于+116in处。飞机可装载92gal燃油，其中可用燃油为88gal，位于+46.6in处。

已知该飞机某次飞行任务的装载条件为：前排左座飞行员重120lb，前排右座乘客重180lb，后排乘客重175lb，加装燃油528lb（88gal），行李舱A放置行李100lb，行李舱B放置行李50lb。使用计算法进行载重平衡计算应先使用固定格式的简易舱单表格，根据各装载项的重量、力臂等数据计算出飞机的总力矩和总重量，再使用重心包线图检查重心的位置。

该飞机配套的简易舱单见表7.1.1。简易舱单罗列出了需要考虑的重量项目，按照实际飞行任务将重量信息填入空白处。

表 7.1.1　空白简易舱单

项目	重量/lb	力臂/in	力矩/(lb·in)
基本空机	1874	36.1	67651.4
前排座椅		37	
后排座椅		74	
燃油		46.6	
行李舱 A		97	
行李舱 B		116	
飞机			

填写完成的简易舱单，见表7.1.2，飞机总重为3027lb，力矩为131800.2lb·in。

表 7.1.2　填写完成的简易舱单

项目	重量/lb	力臂/in	力矩/(lb·in)
基本空机	1874	36.1	67651.4
前排座椅	300	37	11100
后排座椅	175	74	12950
燃油	528	46.6	24604.8
行李舱 A	100	97	9700
行李舱 B	50	116	5800
飞机	3027	43.54	131806.2

使用重心包线图判断飞机装载完毕的重量和重心位置是否符合装载要求，该飞机配套的重心包线图如图7.1.3所示。

根据飞机总重量3027lb，在纵坐标对应位置作一水平线，同时根据飞机重心位置43.54in，在横坐标对应位置作一垂直线，两条线的交点位于实线范围外，但位于虚线范围内。说明该飞机可以按照目前的装载条件安全起飞，但是着陆会超过重量限制。如果两条线的交点位于实线范围内，则飞机既可以安全起飞也可以安全着陆。

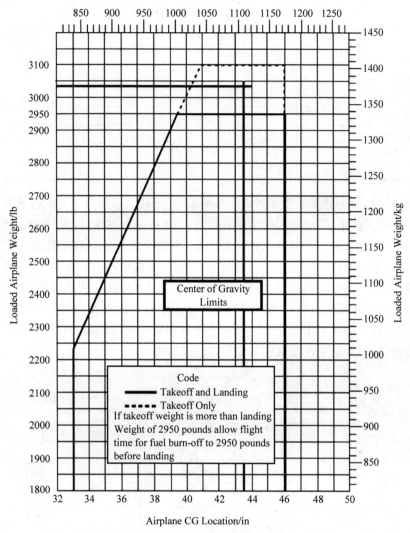

图 7.1.3 某小型通用飞机的重心包线图

2. 查图法

为了让载重平衡计算更加便利,有的制造厂商会在飞机配套的手册中提供重量与力矩的换算图,使计算过程更加简单,同时大幅缩短计算时间,这种方法称为查图法。

由重量与力矩的换算图可以根据重量直接查出对应的力矩,减少力矩计算可能带来的人为错误,大多数重量与力矩换算图和重心包线图的横坐标使用力矩指数。

某小型通用飞机某次飞行任务的装载条件为:前排左座飞行员重120lb,前排右座乘客重180lb,后排乘客重175lb,加装燃油528lb(88gal),行李舱A放置行李100lb,行李舱B放置行李50lb。使用查图法进行载重平衡计算可使用固定格式的简易舱单表格,各装载项重量对应的力矩使用重量与力矩的换算图查找,最后再使用重心包线图检查重心的位置。

该飞机配套的简易舱单见表7.1.3,各装载项重量对应的力矩使用重量与力矩的换算图查找。

表 7.1.3 空白简易舱单

项　　目	重量/lb	力矩指数/(1000lb·in)
基本空机	1874	67.7
前排座椅		
后排座椅		
燃油		
行李舱 A		
行李舱 B		
飞机		

该飞机重量与力矩的换算图如图 7.1.4 所示,该图横坐标使用了力矩指数的形式,对力矩值缩小了 1000 倍,上、下横坐标的单位分别是 kg·mm 和 lb·in,左、右纵坐标重量单位分别是 lb 和 kg。首先查找前排人员产生的力矩,从纵坐标 300lb 刻度处向右作水平线,与"飞行员和前排乘客"斜线相交,从交点处向下作垂线,对应的横坐标刻度值为 11.1,将其记录在简易舱单中对应的空白处。然后查找后排人员产生的力矩,从纵坐标 175lb 刻度处向右作水平线,与"后排乘客或货物"斜线相交,从交点处向下作垂线,对应的横坐标刻度值为 12.9,将其记录在简易舱单中对应的空白处。接下来依次求出燃油、行李舱 A、行李舱 B 对应的力矩指数,并将其记录在简易舱单中对应的空白处。

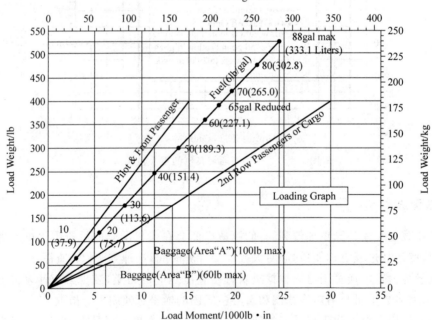

图 7.1.4 重量与力矩换算图

填写完成的简易舱单见表7.1.4,飞机总重为3027lb,力矩指数为131.8。

表7.1.4 填写完成的简易舱单

项　　目	重量/lb	力矩指数/(1000lb·in)
基本空机	1874	67.7
前排座椅	300	11.1
后排座椅	175	12.9
燃油	528	24.6
行李舱A	100	9.7
行李舱B	50	5.8
飞机	3027	131.8

使用重心包线图判断飞机装载完毕的重量和重心位置是否符合装载要求,该飞机配套的重心包线图如图7.1.5所示。

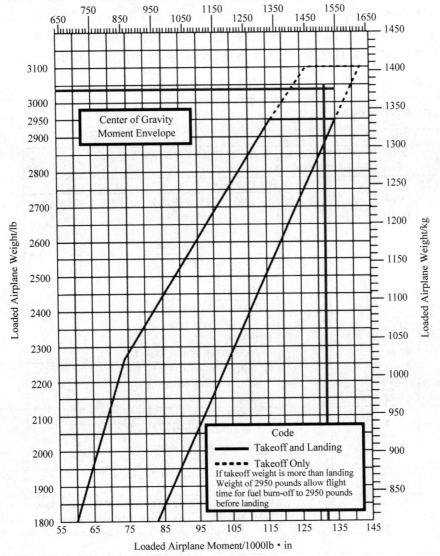

图7.1.5 重心包线图

根据飞机总重量3027lb,在纵坐标对应位置作一水平线,同时根据力矩指数131.8,在横坐标对应位置作一垂直线,两条线的交点位于实线范围外,但位于虚线范围内。说明该飞机可以按照目前的装载条件安全起飞,但是着陆会超过重量限制。如果两条线的交点位于实线范围内,则飞机既可以安全起飞也可以安全着陆。

3. 查表法

查表法同样是为了减少手工计算可能带来的人为错误,使用预先制作的一组表格,每张表格对应一个重量项,可根据重量查出对应的力矩。与查图法相比,查表法的结果更为准确。查表法一般用于多发飞机或多座位数飞机。

塞斯纳 CJ1 飞机的基本空机重量为6422lb,某次飞行任务的装载条件为:座位1机长重170lb,座位2副驾驶重170lb,座位3乘客重170lb,座位4乘客重170lb,座位5乘客重170lb,座位6乘客重170lb,座位7乘客重170lb,有安全带的盥洗室乘客重170lb,无压舱物,前舱行李重218lb,后座舱行李重100lb,尾舱行李重300lb。停机坪加注燃油2300lb,滑行消耗燃油100lb,预计航程消耗燃油800lb。使用查表法进行载重平衡计算可使用固定格式的简易舱单表格,各装载项重量对应的力矩使用重量与力矩表查找,最后再使用重心包线图检查重心位置。

该飞机配套的简易舱单见表 7.1.5,各装载项重量对应的力矩使用重量与力矩表查找。

表 7.1.5 空白简易舱单

PAYLOAD COMPUTATIONS				ITEM	WEIGHT	MOMENT /100	CG	CG LIMIT
'A'	'B'	'C'	'D'	'E'	'F'	'G'	'H'	'I'
ITEM	ARM Inches	WEIGHT Pounds	MOMENT /100	1. BASIC EMPTY WEIGHT Airplane CG=				
OCCUPANTS				2. PAYLOAD				
SEAT 1	131.00			3. ZERO FUEL WEIGHT				
SEAT 2	131.00			(1+2)(Not to exceed				241.58/ 248.78
SEAT 3				maximum zero fuel				
SEAT 4				weight of 8400 pounds)				
SEAT 5				4. FUEL LOADING				
SEAT 6				(Not to exceed 3220				
SEAT 7				pounds)				
BELTED TOILET				5. RAMP WEIGHT(3+4) (Not to exceed 10700 pounds)				
BAGGAGE				6. LESS FUEL FOR TAXIING				
BALLAST	53.62							
NOSE	74.00			7. TAKEOFF WEIGHT(5−6) (Not to exceed maximum of 10600 pounds)				244.14/ 248.78
AFT CABIN	270.70							
TAILCONE	356.50							
CABINET CONTENTS				8. LESS DESTINATION FUEL				
				9. LANDING WEIGHT(7−8) (Not to exceed maximum of 9800 pounds)				243.37/ 248.78
PAYLOAD				Airplane CG=(column 'G'/column 'F')×100 or use CG Envelope Limits Graph				
				Weight and CG for TAKEOFF and LANDING must remain in the approved fight envelope. It is the responsibility of the operator to ensure that all fight conditions and airplane loadings remain in the approved flight envelope.				

该飞机简易舱单大致分为左、右两个区域，左侧区域记录各项商载的重量、力臂、力矩，右侧区域对飞机的各个重量状态进行汇总计算。该飞机的多个位置可放置行李，包括压舱物舱、前舱行李舱、后座舱行李舱和尾舱行李舱。该飞机的最大停机坪重量为10700lb，最大起飞重量为10600lb，对应的重心位置为244.14～248.78in，最大着陆重量为9800lb，对应的重心位置为243.37～248.78in，最大无油重量为8400lb，对应的重心位置为241.58～248.78in。

该飞机的机组与乘客、行李和燃油的重量与力矩表见图7.1.6～图7.1.8，使用对应的重量与力矩表分别查找对应的力矩，将其记录在简易舱单中对应的空白处。

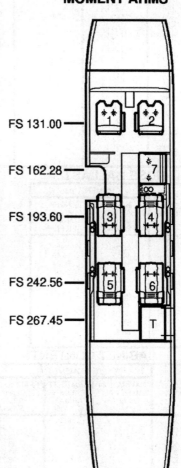

WEIGHT (POUNDS)	SEAT 1 AND SEAT 2 ARM = FS 131.00	SEAT 3 AND SEAT 4 ARM = FS 193.62	SEAT 5 AND SEAT 6 ARM = FS 242.56	SIDE FACE SEAT ARM = FS 162.28	LH BELTED TOILET = FS 267.45
50	65.50	96.81	121.28	81.14	133.73
60	78.60	116.17	145.54	97.37	160.47
70	91.70	135.53	169.79	113.60	187.22
80	104.80	154.90	194.05	129.82	213.96
90	117.90	174.26	218.30	146.05	240.71
100	131.00	193.62	242.56	162.28	267.45
110	144.10	212.98	266.82	178.51	294.20
120	157.20	232.34	291.07	194.74	320.94
130	170.30	251.71	315.33	210.96	347.69
140	183.40	271.07	339.58	227.19	374.43
150	196.50	290.43	363.84	243.42	401.18
160	209.60	309.79	388.10	259.65	427.92
170	222.70	329.15	412.35	275.88	454.67
180	235.80	348.52	436.61	292.10	481.41
190	248.90	367.88	460.86	308.33	508.16
200	262.00	387.24	485.12	324.56	534.90
210	275.10	406.60	509.38	340.79	561.65
220	288.20	425.96	533.63	357.02	588.39
230	301.30	445.33	557.89	373.24	615.14
240	314.40	464.69	582.14	389.47	641.88
250	327.50	484.05	606.40	405.70	668.63
260	340.60	503.41	630.66	421.93	695.37
270	353.70	522.77	654.91	438.16	722.12
280	366.80	542.14	679.17	454.38	748.86
290	379.90	561.50	703.42	470.61	775.61
300	393.00	580.86	727.68	486.84	802.35
310	406.10	600.22	751.94	503.07	829.10
320	419.20	619.58	776.19	519.30	855.84
330	432.30	638.95	800.45	535.52	882.59
340	445.40	658.31	824.70	551.75	909.33

NOTE: UNBELTED TOILET MAY BE INSTALLED ON LH OR RH SIDE. BELTED TOILET IS ON LH SIDE ONLY.

图7.1.6 机组与乘客重量与力矩表

BAGGAGE AND STORAGE COMPARTMENT(S) CONTENTS

WEIGHT (POUNDS)	MOMENT/100		
	NOSE COMPARTMENT ARM = FS 74.00	CABIN COMPARTMENT ARM = FS 270.70	TAILCONE COMPARTMENT ARM = FS 356.50
10	7.40	27.07	35.65
20	14.80	54.14	71.30
30	22.20	81.21	106.95
40	29.60	108.28	142.60
50	37.00	135.35	178.25
60	44.40	162.42	213.90
70	51.80	189.49	249.55
80	59.20	216.56	285.20
90	66.60	243.63	320.85
100	74.00	270.70	356.50
110	81.40		392.15
120	88.80		427.80
130	96.20		463.45
140	103.60		499.10
150	111.00		534.75
160	118.40		570.40
170	125.80		606.05
180	133.20		641.70
190	140.60		677.35
200	148.00		713.00
210	155.40		748.65
220	162.80		784.30
230	170.20		819.95
240	177.60		855.60
250	185.00		891.25
260	192.40		926.90
270	199.80		962.55
280	207.20		998.20
290	214.60		1033.85
300	222.00		1069.50
310	229.40		1105.15
320	236.80		1140.80
325	240.50		1158.63
330	244.20		
340	251.60		
350	259.00		
360	266.40		
370	273.80		
380	281.20		
390	288.60		
400	296.00		

NOSE BALLAST

WEIGHT (POUNDS)	MOMENT/100	
	NOSE BALLAST ARM = FS 53.62	NOSE BALLAST ARM = FS 67.45
5	2.68	3.37
10	5.36	6.75
20	10.72	13.49
30	16.09	20.24
40	21.45	26.98
50	26.81	
60	32.17	
70	37.53	
80	42.90	
90	48.26	
100	53.62	
110	58.98	
120	64.34	

CABINET CONTENTS

WEIGHT (POUNDS)	MOMENT/100		
	NAVIGATION CHART CASE ARM = FS 148.90	ARM REST CABINET ARM = FS 177.50	REFRESHMENT CENTER ARM = FS 155.00
2	2.98	3.55	3.10
5	7.44	8.88	7.75
10	14.89		15.50
15			23.25
20			31.00
25			38.75
30			46.50
35			54.25
39			60.45

BAGGAGE COMPARTMENTS

NOSE COMPARTMENT FS 74.00
NOSE BALLAST FS 53.62
NOSE BALLAST FS 67.45
CABIN COMPARTMENT FS 270.70 SEE NOTE
TAILCONE COMPARTMENT FS 356.50

NOTE: CABIN COMPARTMENT IS NOT APPLICABLE WITH LH BELTED OR UNBELTED TOILET.

NOSE BALLAST IS REQUIRED WITH SINGLE PILOT MISSION ONLY.

NOSE PLACARD WILL LIMIT NOSE COMPARTMENT BAGGAGE.

图 7.1.7 行李重量与力矩表

FUEL LOADING WEIGHT AND MOMENT TABLE

WEIGHT (POUNDS)	MOMENT/100 ARM VARIES (INCH POUNDS)
100	257.92
200	515.90
300	772.92
400	1029.28
500	1286.65
600	1544.64
700	1802.71
800	2059.68
900	2315.43
1000	2570.30
1100	2824.14
1200	3076.80
1300	3328.65
1400	3580.64
1500	3832.80
1600	4085.12
1610	4110.17
1700	4337.38
1723	4395.20
1800	4589.28
1900	4840.82
2000	5092.20
2100	5343.87
2200	5595.48
2300	5847.75
2400	6100.56
2500	6354.00
2600	6607.90
2700	6861.78
2800	7115.64
2900	7369.48
3000	7623.00
3100	7876.48
3200	8129.92
3300	8382.99
3400	8636.00
3446	8752.50

CAUTION

CERTIFIED MAXIMUM USABLE FUEL QUANTITY IS 3220 POUNDS WITH EACH WING FILLED TO THE BOTTOM OF THE FILLER STANDPIPE. DO NOT FILL ABOVE THE STANDPIPE, AS ADEQUATE FUEL EXPANSION VOLUME MAY NOT BE AVAILABLE. FUELING ABOVE THE STANDPIPE MAY RESULT IN AS MUCH AS 3446 POUNDS OF FUEL. CHECK WEIGHT AND BALANCE.

图 7.1.8 燃油重量与力矩表

填写完成的简易舱单见表 7.1.6,该飞机基本空机重量为 6422lb,力矩指数为 16203.0。共有商载 1978lb,力矩指数为 4160.4。无油重量为 8400lb,力矩指数为 20363.4。起飞重量为 10600lb,力矩指数为 25953.2。着陆重量为 9800lb,力矩指数为 23893.5。飞机无油重心、起飞重心和着陆重心位置由合力矩定理计算得到。

表 7.1.6 填写完成的简易舱单

PAYLOAD COMPUTATIONS				ITEM	WEIGHT	MOMENT /100	CG	CG LIMIT
'A'	'B'	'C'	'D'	'E'	'F'	'G'	'H'	'I'
ITEM	ARM Inches	WEIGHT Pounds	MOMENT /100	1. BASIC EMPTY WEIGHT Airplane CG=	6422	16203.0		
OCCUPANTS				2. PAYLOAD	1978	4160.4		
SEAT 1	131.00	170	222.7	3. ZERO FUEL WEIGHT				
SEAT 2	131.00	170	222.7	(1+2)(Not to exceed				
SEAT 3	193.60	170	329.1	maximum zero fuel				241.58
SEAT 4	193.60	170	329.1	weight of 8400 pounds)	8400	20363.4	242.42	248.78
SEAT 5	242.56	170	412.3	4. FUEL LOADING	2300	5847.8		
SEAT 6	242.56	170	412.3	(Not to exceed 3220				
SEAT 7	162.28	170	275.8	pounds)				
BELTED TOILET	267.45	170	254.6	5. RAMP WEIGHT(3+4) (Not to exceed 10700				
BAGGAGE				pounds)	10700	26211.1		
BALLAST	53.62	0	0.0	6. LESS FUEL FOR TAXIING	100	257.9		
NOSE	74.00	218	161.3	7. TAKEOFF WEIGHT(5-6)				
AFT CABIN	270.70	100	270.7	(Not to exceed maximum				244.14/
TAILCONE	356.50	300	1069.5	of 10600 pounds)	10600	25953.2	244.84	248.78
CABINET CONTENTS				8. LESS DESTINATION FUEL	800	2059.7		
				9. LANDING WEIGHT(7-8) (Not to exceed maximum				243.37/
				of 9800 pounds)	9800	23893.5	243.81	248.78
PAYLOAD		1978	4160.4	Airplane CG=(column 'G'/column 'F')×100 or use CG Envelope Limits Graph				
				Weight and CG for TAKEOFF and LANDING must remain in the approved fight envelope. It is the responsibility of the operator to ensure that all fight conditions and airplane loadings remain in the approved flight envelope.				

使用重心包线图判断飞机装载完毕的重量和重心位置是否符合装载要求,该飞机配套的重心包线图如图 7.1.9 所示,重心包线图的横轴为 BA,可对照横轴下方的换算尺将其换算为%MAC。

该飞机无油重心位于 242.42in 处,起飞重心为 244.84in 处,着陆重心位于 243.81in 处,均位于重心安全范围内。

7.2 大型运输飞机载重平衡计算

大型运输飞机的载重平衡图表分为载重表和平衡图,它们既是飞机载重平衡工作的重要控制文档,也是重要的随机业务文件和存档文件。早期的载重平衡图表均由手工填制,随着计算机技术的飞速发展,越来越多的航空公司开始使用电子舱单,但手工填制载重平衡图表仍然是载重平衡工作人员的基本功。对于飞行员和运行控制人员,能够识读载重平衡图表也是一项基本工作要求。载重表和平衡图均须按照规定的格式和要求填制,二者既可以组合使用,也可以独立使用。

CCAR-121.679 条规定,在每架飞机起飞之前,合格证持有人应当制定装载舱单,并对其准确性负责。舱单应当由负责管理飞机舱单和装载的人员,或者被授权的其他合格人员

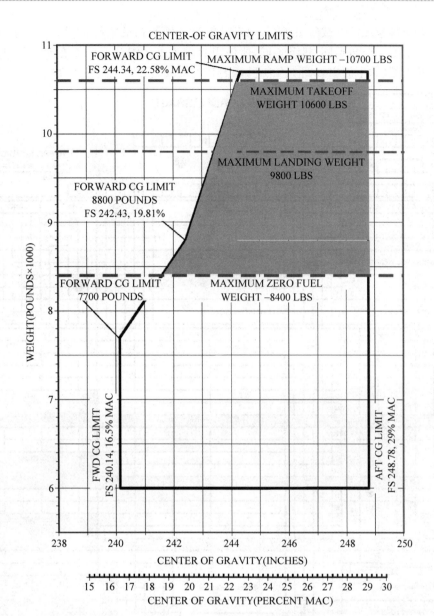

图 7.1.9 CJ1 飞机的重心包线图

制定并签字。机长在收到并核实装载舱单后方可起飞。CCAR-121.697 条规定,装载舱单应当包含飞机在起飞时有关装载情况的信息。CCAR-121.699 条规定,国内、国际定期载客运行的飞机,填写好的装载舱单、签派或者放行单和运行飞行计划的副本应由机长随机携带到目的地,并至少保存 3 个月。CCAR-121.700 条规定了补充运行的装载舱单、飞行放行单、适航放行单、驾驶员航线合格证明和运行飞行计划保存要求。

7.2.1 载重表

载重表主要用于确保在载重平衡过程中飞机重量不超过最大重量限制,并对飞机装载情况进行记录和跟踪。载重表给出了从干使用重量到起飞重量再到着陆重量这一过程中相关各项的重量信息。按实际情况填写该表的过程,就是进行飞机重量计算的过程。

每个航班都应该填制载重表,它可以反映航班装载数据的实际情况。载重表应按照规定格式进行填写。公司不同,机型不同,所使用的载重表在细节上可能有所差异,但主要格式和内容基本相同,下面以如图 7.2.1 所示的某飞机载重表为例进行说明。

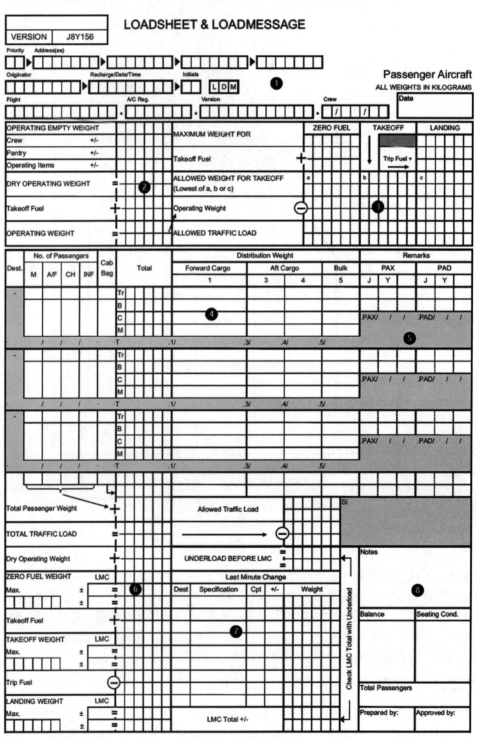

图 7.2.1 某飞机载重表

区域①为表头,包含的信息见表 7.2.1,表头同时对重量的单位做了说明,所有的重量均以 kg 作为单位。具体的电报填写细节需要参考有关业务电报的介绍。

表 7.2.1 区域①包含的信息说明

序号	项 目	说 明
1	Priority	电报等级代号,如急报 QU、平报 QD
2	Address(es)	收电地址(收电部门七字代码),如 CTUTZCA,格式为 AAABBCC。AAA 表示收电单位所在城市或机场的三字代码,BB 表示收电部门的两字代码,CC 表示收电部门所属航空公司的两字代码
3	Originator	发电地址(发电部门七字代码),如 CANTZCZ,格式为 AAABBCC
4	Recharge	执行本次航班任务的航空公司两字代码,如 CZ
5	Date/Time	日期和时间(24h 制),如 120830,格式为 DDHHMM
6	Initials	发电人代号
7	LDM	电报识别代号,LDM 代表载重电报
8	Flight	航班号,如 CZ3403
9	A/C Reg.	飞机注册号,如 B2923
10	Version	客舱舱位布局,如 J8Y156
11	Crew	机组人数,如 3/5/1。格式为驾驶舱机组/客舱机组/附加机组
12	Date	制表日期,如 08JAN99,格式为 DDMMYY

区域②主要用于获得飞机修正后的干使用重量和使用重量。运行空机重量通常是填写载重表的基础,它相当于未修正的干使用重量。实际工作中,航班可能在运行空机重量的基础上出现临时的机组调整或配餐调整等,计入临时调整的重量变化后,飞机重量被称为修正后的干使用重量。区域②包含的信息见表 7.2.2。

表 7.2.2 区域②包含的信息说明

序号	项 目	说 明
1	OPERATING EMPTY WEIGHT	运行空机重量
2	Crew	临时增减的机组成员重量
3	Pantry	临时增减的厨房餐食重量
4	Operating Items	临时增减的运行项目重量
5	DRY OPERATING WEIGHT	修正后的干使用重量
6	Takeoff Fuel	起飞燃油,即停机坪燃油减掉滑行燃油
7	OPERATING WEIGHT	使用重量

忽略临时增减的重量变化对运行空机重量的影响可能会留下隐患,这是由机组和配餐所在位置决定的。机组通常位于飞机机头的驾驶舱,配餐通常位于靠近机头或机尾的厨房,这两处位置距重心的力臂长,即使出现少量的重量增减,也可能会导致较大的力矩变化,从而影响飞机的平衡。

表格中可能出现"+""-""="等数学运算符号,填制时需要根据相应的运算符号进行计算,还可能出现箭头的符号,代表将相应的数据移动到所指向的位置使用。机型不同,该区域的格式也可能不同。

区域③主要通过允许的最大起飞重量和使用重量之差来计算航班的最大业载。使用重量在区域②中已经得到,可以直接调用。允许的最大起飞重量需要根据 3 个限制条件进行推导,在推导出的 a、b、c 中挑选最小的一个作为允许的最大起飞重量,然后进行最大业载计算。使用的最大业载计算方法与 6.2.3 节一致。区域③包含的信息见表 7.2.3。

表 7.2.3　区域③包含的信息说明

序号	项目	说明
1	MAXIMUM WEIGHT FOR ZERO FUEL	最大无油重量
2	MAXIMUM WEIGHT FOR TAKEOFF	最大起飞重量
3	MAXIMUM WEIGHT FOR LANDING	最大着陆重量
4	Takeoff Fuel	起飞燃油
5	Trip Fuel	航程燃油
6	ALLOWED WEIGHT FOR TAKEOFF	最大起飞重量
7	Operating Weight	使用重量
8	ALLOWED TRAFFIC LOAD	最大许可业载

最大许可业载可能受到最大无油重量限制(见表中 a),也可能受到最大起飞重量(见表中 b)或最大着陆重量限制(见表中 c),应使用三个限制中的最小值计算最大许可业载。

区域④反映了乘客、行李、货物、邮件的具体装载情况。乘客数量可以按性别和长幼分别填写,也可以不进行区分,统一按照成人进行填写。该区域可统计各个舱段同一类业载的总量,也可以统计各个舱段全部业载的总量。统计方式简单明了,横纵交叉检验,降低了出错的概率。区域④包含的信息见表 7.2.4。

表 7.2.4　区域④包含的信息说明

序号	项目	说明
1	Dest.	目的地或经停机场 IATA 三字代码
2	No. of Passengers (M、A/F、CH、INF)	乘客数量,可以按性别和长幼分别填写,也可以不进行区分,统一按照成人进行填写
3	Cab Bag	放置于客舱的行李重量
4	Tr(Total)	过站经停的行李、货物、邮件的总重
5	B(Total)	始发站行李总重
6	C(Total)	始发站货物总重
7	M(Total)	始发站邮件总重
8	T(Total)	行李、货物、邮件总重
9	Tr(1,3,4,5)	各舱段过站经停的行李、邮件、货物的重量
10	B(1,3,4,5)	各舱段始发站行李重量
11	C(1,3,4,5)	各舱段始发站货物重量
12	M(1,3,4,5)	各舱段始发站邮件重量
13	.T	过站经停和始发站行李、货物、邮件总重
14	.1/、.3/、.4/、.5/	各舱段行李、货物、邮件总重
15	Distribution Weight	重量分布
16	Forward Cargo	前货舱
17	Aft Cargo	后货舱
18	Bulk	散货舱

区域⑤反映了乘客分布与占座情况。成人乘客按照一人一座考虑,儿童乘客单独购票时按照一人一座考虑,儿童乘客若未购票时不单独占座,婴儿乘客不单独占座。区域⑤包含的信息见表 7.2.5。

表 7.2.5　区域⑤包含的信息说明

序号	项目	说明
1	PAX(J、Y)	不同舱位等级乘客人数,第一行填过站经停乘客人数,第二行填始发站乘客人数。J 为公务舱,Y 为经济舱(有些机型舱位使用 F 表示头等舱,B 表示公务舱)

续表

序号	项目	说明
2	.PAX/	乘客占座情况
3	PAD(J,Y)	可落下的不同舱位等级的过站经停和始发站乘客人数
4	.PAD/	可落下乘客占座情况

区域⑥主要用于计算本次航班的实际无油重量、实际起飞重量、实际着陆重量,检查这三个重量是否超出了最大无油重量、最大起飞重量、最大着陆重量。在填写该区域时,应检查实际重量不超过最大重量,如果不满足,则应该对载重进行调整,并重新填写载重表。区域⑥包含的信息见表7.2.6。

表7.2.6 区域⑥包含的信息说明

序号	项目	说明
1	Total Passenger Weight	乘客总重量
2	TOTAL TRAFFIC LOAD	业载总重量
3	Dry Operating Weight	干使用重量
4	ZERO FUEL WEIGHT	无油重量
5	Max.(ZERO FUEL WEIGHT)	最大无油重量
6	LMC	最后一分钟修正
7	Takeoff Fuel	起飞燃油
8	TAKEOFF WEIGHT	起飞重量
9	Max.(TAKEOFF WEIGHT)	最大起飞重量
10	Trip Fuel	航程燃油
11	LANDING WEIGHT	着陆重量
12	Max.(LANDING WEIGHT)	最大着陆重量

民航局下发的咨询通告《航空器重量与平衡控制规定》(AC-121-FS-2019-027)为运营人描述了用以确定乘客和行李重量的4种方法,分别是按标准平均重量、根据调查数据确定的平均重量、按座位数分级的平均重量和实际重量。使用平均重量是经常选用的方法,这种方法消除了很多潜在的与相对较轻物体重量有关的误差源。

对运营人所用乘客重量进行调查的数据结果显示,我国按照CCAR-121部运行的航空运营人采用的成年乘客平均重量多为75kg。根据对航空运营人的调查及我国第四次《国民体质监测公报》的有关数据确定,其中假设成年乘客中男性和女性各占50%,不区分夏季和冬季。在不考虑机型和所飞航线特殊性及季节等情况的前提下,使用75kg作为成人标准平均乘客重量,其中包含手提行李和个人物品的重量,见表7.2.7。

表7.2.7 标准平均乘客重量(境内运行)

标准平均乘客重量	每位乘客重量/kg
成年乘客平均重量	75
儿童平均重量(满2周岁但不满12周岁)	38
婴儿平均重量(不满2周岁)	10

区域⑦主要用于计算最后一分钟修正(LMC)。最后一分钟修正是指乘客、行李、货物、邮件出现临时性、突发性的增减或调整,这些更改需要记录,以防止飞机出现重量或重心位置超限的现象。工作中常常会出现乘客迟到或临时取消旅行计划等情况,这些情况可能在载重表填写完毕才出现,引入最后一分钟修正能够准确跟踪飞机的重量信息,同时又不会因

频繁重新填写载重表带来额外的工作负担。

允许发生最后一分钟修正的载量也存在限制，一旦限制被突破，当前的载重表即作废，需重新填写。只有当最后一分钟修正在限制范围内时，才能够忽略给起飞配平带来的影响，当前的载重表无须重新填写。飞行员和配载人员应对最后一分钟修正高度重视，遵守公司规定，对已出现的变动进行核实和确认，防止造成飞机重量或重心位置超限，以及重心位置大幅度移动，影响起飞配平。区域⑦包含的信息见表 7.2.8。

表 7.2.8　区域⑦包含的信息说明

序号	项目	说明
1	Allowed Traffic Load	允许的最大业载
2	UNDERLOAD BEFORE LMC	最后一分钟修正前的缺载
3	Dest	修正项的目的地
4	Specification	修正项的描述说明
5	Cpt	修正项的舱位
6	+/−	修正项的增减
7	Weight	修正项的重量
8	LMC Total +/−	修正项总重量
9	Check LMC Total with Underload	检查修正项是否超出缺载

区域⑧主要用于填写补充信息、注意事项、飞机平衡信息、乘客占座情况、签字等内容。补充信息和注意事项没有固定的格式，主要用于填写需要特别说明或特别注意的事项和内容。例如，特殊乘客的座位及其行李数量和放置位置，特殊货物的装载重量、数量和放置位置，飞机重心是否特别靠前或靠后等。区域⑧包含的信息见表 7.2.9。

表 7.2.9　区域⑧包含的信息说明

序号	项目	说明
1	Si	补充信息
2	Notes	注意事项
3	Balance	飞机平衡信息，如无油重心、起飞重心、着陆重心、起飞配平
4	Seating Cond.	乘客占座情况
5	Total Passengers	实际登机的乘客总人数，需 LMC 的变化
6	Prepared by	填表人签名
7	Approved by	审核人签名

要完成载重表的填写，就需要仔细阅读载重表中的内容，理解各项从属关系，并注意"+""−""="和"→"等辅助计算符号。

已知某航班的具体装载情况见表 7.2.10。

表 7.2.10　某航班的具体装载情况

序号	项目	内容
1	航班基本信息	中国东方航空，MU9191，飞机注册号 B-919A，舱位布局 J8Y156，计划于 2023 年 9 月 19 日 9:19 起飞，从 SHA 飞往 PEK，机组人数 2/6/0
2	干使用重量及修正信息	运行空机重量 42000kg，临时增加机组 1 人，重量 80kg
3	重量限制信息	最大起飞重量 75100kg，最大着陆重量 67800kg，最大无油重量 64600kg
4	燃油信息	起飞燃油 10000kg，航程燃油 6000kg

续表

序号	项目	内容
5	乘客信息	乘客107人,其中成人100人,儿童5人,婴儿2人,头等舱乘客4人,经济舱乘客103人
6	行李、货物、邮件信息	行李500kg,位于4号货舱;货物2500kg,其中500kg位于4号货舱,2000kg位于1号货舱;邮件500kg,位于1号货舱
7	最后一分钟修正	Y舱增加1名成人

填写完成的载重表如图7.2.2所示。

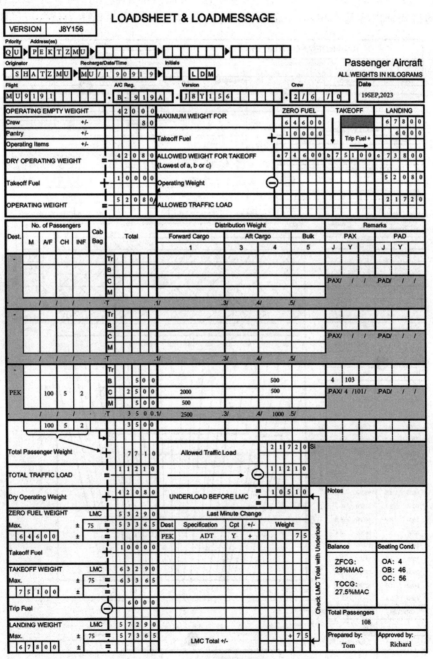

图7.2.2 填写完成的载重表

公司不同,机型不同,所使用的载重表在细节上可能有所差异。

7.2.2 平衡图

平衡图主要用于获取飞机的重心位置和配平信息,同时确保飞机的无油重心、起飞重心和着陆重心在安全范围内。

每次航班飞行执行的任务不同,乘客、行李、货物、邮件的装载条件不同,加装的燃油量也不同,所以每次航班必须重新查找并计算飞机的重心位置和配平信息。查找平衡图的过程就是计算总力矩的过程。公司不同,机型不同,所使用的平衡图在细节上可能有所差异,但主要的格式和内容基本相同,下面以图 7.2.3 所示的某飞机平衡图为例进行说明。

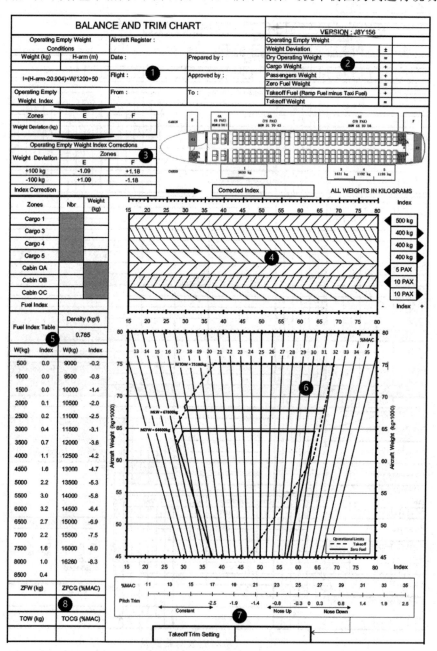

图 7.2.3 某飞机平衡图

区域①为表头，包含的信息见表 7.2.11，表头主要用于记录航班基本信息，填制完成的平衡图需要制图人和机长对内容进行确认后签名交接。

表 7.2.11 区域①包含的信息说明

序号	项目	说明
1	Aircraft Register	飞机注册号
2	Date	日期
3	Prepared by	制图人签名
4	Flight	航班号
5	Approved by	批准人签名
6	From	出发地
7	To	目的地

区域②主要用于重量计算，当平衡图与载重表同时使用时，不能因为载重表中已有相关重量的信息而省略此处重量信息的填写。填写该处重量信息有两个目的：一是进一步检查各重量之间的关系，从而防止差错；二是便于后续在重心包线图中查找重心位置时使用。区域②包含的信息见表 7.2.12。

表 7.2.12 区域②包含的信息说明

序号	项目	说明
1	Operating Empty Weight	运行空机重量
2	Weight Deviation	重量调整
3	Dry Operating Weight	修正后的干使用重量
4	Cargo Weight	行李、货物、邮件总重量，此处是指货舱中装载的全部业载
5	Passengers Weight	乘客总重量
6	Zero Fuel Weight	无油重量
7	Takeoff Fuel（Ramp Fuel minus Taxi Fuel）	起飞燃油，即停机坪燃油减去滑行燃油
8	Takeoff Weight	起飞重量

区域③主要是对运行空机指数进行修正。根据飞机的运行空机重量和运行空机重心位置计算得到运行空机指数。不同机型的指数方程不同，在运行空机指数的基础上修正重量调整带来的影响，可得到修正后的干使用指数。E 舱和 F 舱分布于机头处和机尾处，距离飞机重心的力臂较长，即使微小的重量变化也会对运行空机指数带来较大的影响，所以需要专门进行修正。E 舱位于机头，增加重量将使得重心位置前移，指数减小；减少重量将使得重心后移，指数增大。区域③包含的信息见表 7.2.13。

表 7.2.13 区域③包含的信息说明

序号	项目	说明
1	Weight(Operating Empty Weight Conditions)	运行空机重量
2	H-arm(Operating Empty Weight Conditions)	运行空机重心力臂
3	Operating Empty Weight Index	运行空机指数
4	Weight Deviation	重量调整
5	Index Correction	指数修正量
6	Corrected Index	修正后干使用指数

在对 E 舱和 F 舱进行指数修正时，表中所列出的修正量是表中对应的重量调整所造成的变化量，即在 E 舱每增加 100kg，指数减小 1.09；在 F 舱每增加 100kg，指数增加 1.18。

区域④用于计算业载指数的修正。在干使用重量的基础上增加业载,飞机的重量就成为无油重量,对应的指数就是无油指数。可以认为,无油指数是在干使用指数的基础上修正了客舱和货舱载量影响后得到的指数。在修正客舱和货舱载量的影响时,需要根据箭头和箭头中的数字,使用画线法得到指数修正量。箭头代表画线的方向,箭头中的数字代表画线移动的基本单位。CARGO 1 所对应的箭头指向左,是因为该舱段位于机身前部,增加重量会使重心前移,总力矩指数减小,所以应向左画线修正,箭头中的数字为 500kg,表示每 500kg 业载应向左画一格。各舱段的画线修正反映了该舱段载量增加后对飞机总力矩指数的影响。各舱段对飞机总力矩指数的影响是独立的。填写货舱业载重量和客舱乘客人数时,需要检查是否超过飞机布局图中的限制。区域④包含的信息见表 7.2.14。

表 7.2.14 区域④包含的信息说明

序号	项目	说明
1	Zones	舱段
2	Nbr	人数
3	Weight	重量
4	Index(15~80)	指数刻度尺,在平衡图中多次出现,具有相同的刻度比例,便于制图人定位
5	Cargo(1,3,4,5)	货舱舱段,填写时不能超出飞机舱段示意图中相应舱段允许装载的最大重量
6	Cabin(OA,OB,OC)	客舱舱段,填写时不能超出飞机舱段示意图中相应舱段允许装载的最大人数

区域⑤用于修正燃油指数。若是在无油重量的基础上增加起飞燃油,飞机的重量就成为了起飞重量,对应的指数为起飞指数,即起飞指数是在无油指数的基础上修正了起飞燃油带来的影响后得到的。燃油指数修正是通过查找燃油指数修正表得到的,使用起飞燃油的重量即可查得起飞燃油修正量。有些机型还会使用燃油指数修正曲线查找修正量,部分机型携带的油量较多,燃油指数修正还会考虑燃油密度的变化,以减少修正误差。

区域⑥是重心包线。在修正了业载和起飞燃油对飞机指数的影响后,得到飞机的无油指数和起飞指数,结合区域②计算得到的无油重量和起飞重量,就可以通过重心包线来查找飞机的无油重心和起飞重心。已知重量和指数,可以查找对应的重心位置,反之,已知重量和重心位置,也可以反查对应的指数。

区域⑦是配平刻度尺。当在重心包线中确定出起飞重心的位置后,可在配平刻度尺上根据飞机起飞重心位置查得对应的起飞配平值。

区域⑧是表尾。表尾是对计算结果的汇总和记录,表尾处主要填写飞机的无油重量、无油重心、起飞重量和起飞重心,重量、重心和配平信息需要由机组在起飞之前通过控制显示组件(CDU)输入飞行管理系统(FMS)中。

已知某航班的具体装载情况见表 7.2.15。

表 7.2.15 某航班的具体装载情况

序号	项目	内容
1	航班基本信息	中国东方航空,MU9191,飞机注册号 B-919A,舱位布局 J8Y156,计划于 2023 年 9 月 19 日,从 SHA 飞往 PEK
2	干使用重量及修正信息	运行空机重量 42000kg,空机重心平衡力臂 21.1m,临时增加机组 1 人,位于 E 舱,重量 80kg
3	燃油信息	起飞燃油 10000kg,航程燃油 6000kg
4	乘客信息	乘客 107 人,其中成人 100 人,儿童 5 人,婴儿 2 人,头等舱乘客 4 位,经济舱乘客 103 位,其中 OA 舱占座 4 位,OB 舱占座 50 位,OC 舱占座 51 位

续表

序号	项 目	内 容
5	行李、货物、邮件信息	行李500kg,位于4号货舱；货物2500kg,其中500kg位于4号货舱,2000kg位于1号货舱；邮件500kg,位于1号货舱

填写完成的平衡图如图7.2.4所示。

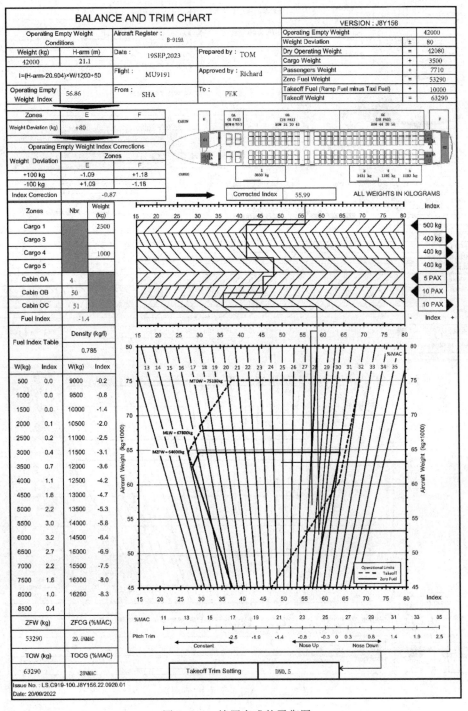

图 7.2.4 填写完成的平衡图

公司不同,机型不同,所使用的平衡图在细节上可能有所差异,空客 A320 飞机的平衡图如图 7.2.5 所示,其燃油指数修正见表 7.2.16,波音 B737 飞机的平衡图如图 7.2.6 所示。

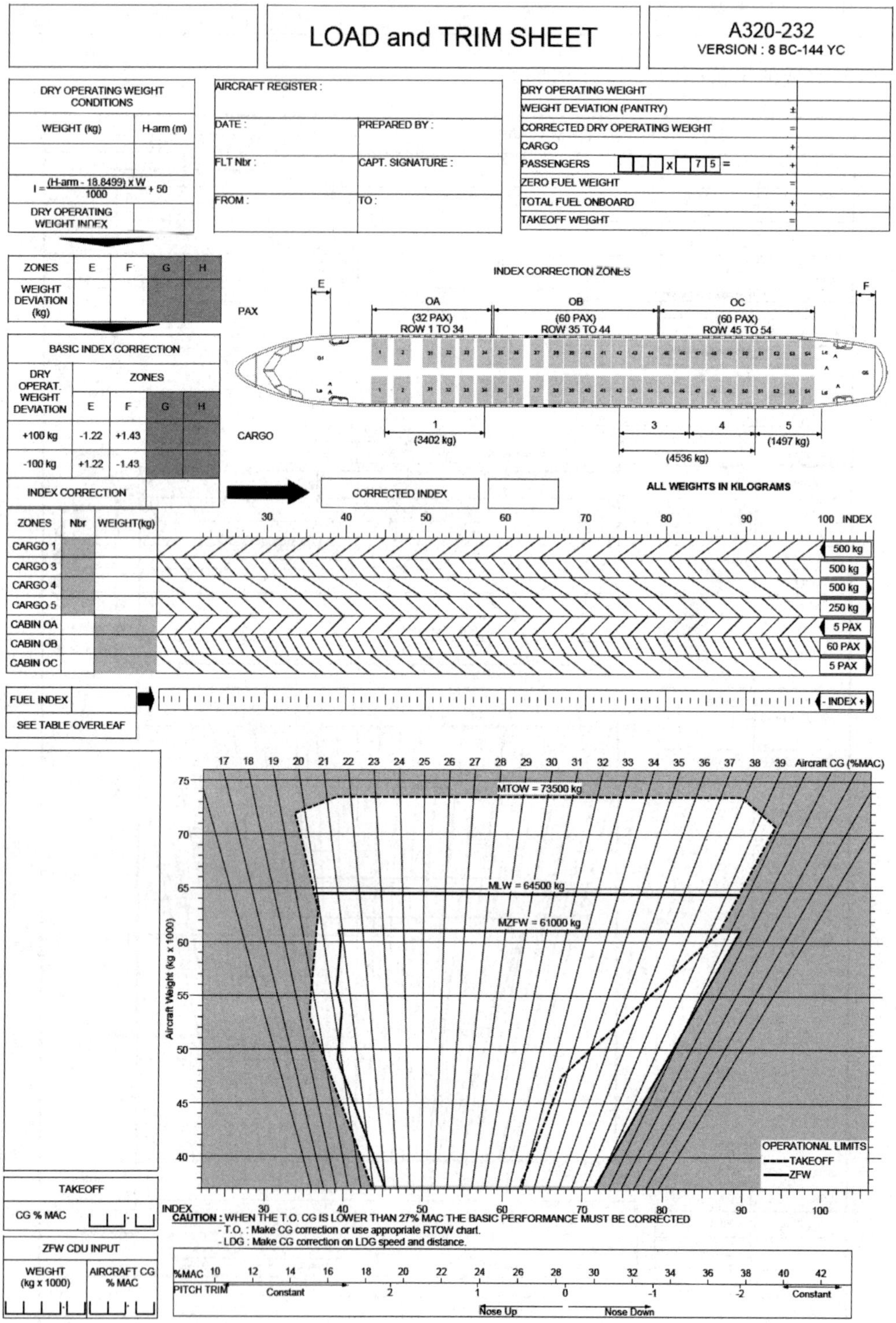

图 7.2.5 A320 飞机的平衡图

表 7.2.16　A320 飞机平衡图燃油指数修正

WEIGHT/kg	DENSITY/(kg/l)	
	0.780	0.785
500	−1	−1
1000	−1	−1
1500	−2	−2
2000	−2	−2
2500	−3	−3
3000	+2	+2
3100	+1	+1
3200	+1	+1
3300	+1	+1
3400	+1	+1
3500	+1	+1
4000	+1	+1
4500	+0	+0
5000	+0	+0
5500	−1	−1
6000	−1	−1
6500	−2	−2
7000	−2	−2
7500	−2	−2
8000	−3	−3
8500	−3	−3
9000	−3	−3
9500	−3	−3
10000	−3	−3
10500	−3	−3
11000	−3	−3
11500	−2	−2
12000	−2	−2
12500	−2	−2
13000	−2	−2
13500	−3	−3
14000	−4	−4
14500	−5	−4
15000	−5	−5
15500	−6	−6
16000	−7	−7
16500	−8	−8
17000	−8	−8
17500	−9	−9
18000	−10	−10
18500	−11	−11
FULL	−11	−11

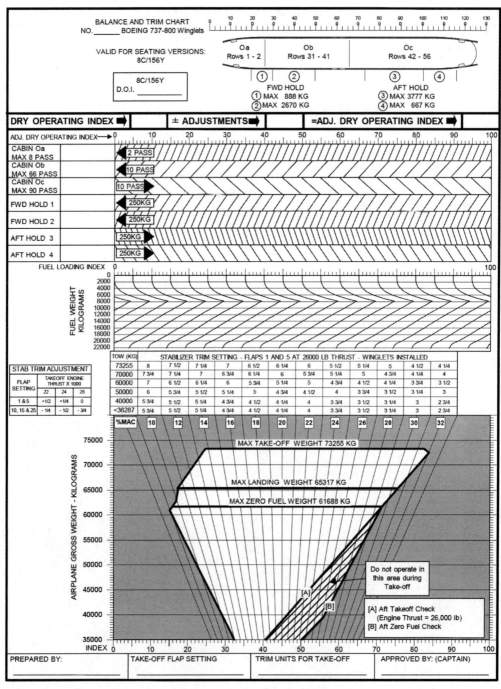

图 7.2.6 B737 飞机的平衡图

7.2.3 电子舱单

随着民用航空业务和计算机技术的飞速发展,越来越多的航空公司开始采用计算机离港系统(DCS)作为运务工作的支持平台,飞机载重平衡属于离港系统支持的业务功能之一。

离港系统主要提供乘客办理登机、登机控制、载重平衡三大部分功能,其中载重平衡功能由计算机配载与重量平衡(LDP)子系统实施。离港系统将传统填制纸质手工舱单的模式进行了电子化,减轻了载重平衡人员的工作强度,提高了重量、重心控制工作的效率,也使得这一过程更加规范,便于管理。

以电子格式输出的载重平衡表就是电子舱单,电子舱单的格式遵循国际航空运输协会(IATA)制定的 AHM517 标准和 AHM518 标准。中国民航信息集团有限公司离港系统和航空公司运行控制系统生成的电子舱单在格式上存在微小差异,某航班电子舱单如图 7.2.7 所示。

```
QD PEKXXCA
.CTURRSZ 251123
LOADSHEET        CHECKED       APPROVED       EDNO
ALL WEIGHTS IN KG                             01

FROM/TO FLIGHT           A/C REG  VERSION   CREW    DATE     TIME
KMG CTU CZ3472/25MAY     B2941    J8Y148    4/4/0   25MAY01  1923

                         WEIGHT   DISTRIBUTION
LOAD IN COMPARTMENTS     531      1/0 2/0 3/37 4/494 0/0
PASSENGER/CABIN BAG      10463    139/1/0   TTL 140   CAB 0
MAX TRAFFIC PAYLOAD      13923    PAX       6/140
TOTAL TRAFFIC LOAD       10994    BLKD      2/8
DRY OPERATING WEIGHT     33090
ZERO FUEL WEIGHT ACTUAL  44084    MAX 48307   ADJ
----------------------
TAKE OFF FUEL            7319
TAKE OFF WEIGHT  ACTUAL  51403    MAX 61235   ADJ
----------------------
TRIP FUEL                2623
LANDING WEIGHT  ACTUAL   48780    MAX 51709  L  ADJ
----------------------
BALANCE AND SEATING CONDITIONS       LAST MINUTE CHANGES
DOI      38.29    DLI    43.79 DEST SPEC  CL/CPT + - WEIGHT
LIZFW    44.61 MACZFW   19.36
LITOW    41.39 MACTOW   17.63
LILAW    41.12 MACLAW   17.54
                DLMAC   19.54
STAB TO  4.7 MID
SEATING
OA/4 OB/44 OC/50 OD/42
UNDERLOAD BEFORE LMC        2929       LMC TOTAL + -
LOADMESSAGE AND CAPTAINS INFORMATION BEFORE LMC
BW       33090     KGS BI    38.29
TZFW/CTU        33727     KGS
```

图 7.2.7 某航班电子舱单

该电子舱单逐行释义见表 7.2.17。

表 7.2.17 电子舱单逐行释义

行数	释义			
行 1	QD PEKRRCA			
	电报等级代号 收电地址			
行 2	.CTURRSZ 251123			
	发电人地址 发电日期和时刻			
行 3	LOADSHEET	CHECKED	APPROVED	EDNO
	舱单	复核人	批准人	打印版次
行 4	ALL WEIGHTS IN KG	01		
	所有重量均使用千克作为单位	第 1 版		

续表

行数	释义					
行 5	FROM/TO	FLIGHT	A/C REG	VERSION	CREW	DATE　TIME
行 6	KMG CTU	CZ3472/25MAY	B2941	J8Y148	4/4/0	25MAY01　1923
	航段	航班号	飞机注册号	座位布局	机组	执行日期　执行时间
行 7	WEIGHT　　　　　DISTRIBUTION					
	重量　　　　　业载分布					
行 8	LOAD IN COMPARTMENTS　531　1/0 2/0 3/37 4/494 0/0					
	货舱装载　　　　　　　　总量　　各个舱段装载信息					
行 9	PASSENGER/CABIN BAG　10463　139/1/0 TTL 140 CAB 0					
	乘客/客舱行李　　　　总重　成人/儿童/婴儿　总人数　行李件数					
行 10	MAX TRAFFIC PAYLOAD 13923　PAX 6/140					
	最大业载重量　　　　　　各级舱位占座乘客数量					
行 11	TOTAL TRAFFIC LOAD　10994　BLKD 2/8					
	实际业载重量　　　　　各级舱位被锁座位数量					
行 12	DRY OPERATING WEIGHT 33090					
	干使用重量					
行 13	ZERO FUEL WEIGHT ACTUAL　44084　MAX 48307　ADJ					
	实际无油重量　　　　　　最大无油重量　修正					
行 14	TAKE OFF FUEL 7319					
	起飞燃油					
行 15	TAKE OFF WEIGHT ACTUAL　51403　MAX 61235　ADJ					
	实际起飞重量　　　　　　最大起飞重量　修正					
行 16	TRIP FUEL 2623					
	航程燃油					
行 17	LANDING WEIGHT ACTUAL　48780　MAX 51709　L　ADJ					
	实际着陆重量　　　　　　最大着陆重量　限制　修正					
行 18	BALANCE AND SEATING CONDITIONS　LAST MINUTE CHANGES					
	平衡和占座情况　　　　　　　　　最后一分钟修正					
行 19	DOI 38.29　DLI 43.79　DEST　SPEC　CL/CPT　＋－　WEIGHT					
	干使用指数　固定负载指数　到达站　变更项目　等级　增减　修正重量					
行 20	LIZFW 44.61　MACZFW 19.36					
	无油指数　　无油重心%MAC					
行 21	LITOW 41.39　MACTOW 17.63					
	起飞指数　　起飞重心%MAC					
行 22	LILAW 41.12　MACLAW 17.54					
	着陆指数　　着陆重心%MAC					
行 23	DLMAC 19.54					
	固定负载重心%MAC					
行 24	STAB TO 4.7 MID					
	起飞配平值					
行 25	SEATING					
	乘客分布					

续表

行数	释　义
行 26	OA/4　　OB/44　　OC/50　　OD/42
	各舱段乘客分布
行 27	UNDERLOAD BEFORE LMC　　2929　　LMC TOTAL　＋　－
	最后一分钟修正前剩余业载　　　　　最后一分钟修正总重量
行 28	LOADMESSAGE AND CAPTAINS INFORMATION BEFORE LMC
	最后一分钟修正前的装载信息和机长信息
行 29	BW 33010 KGS　　　　BI 38.29
	基重　　　　　　　　基重指数
行 30	TZFW/CTU 33090 KGS
	过站无油重量

复习思考题

1. 小型通用飞机载重平衡计算通常有哪几种方法？

2. 已知 DA42 飞机空机重量为 1450kg，对应的力矩为 3488kg·m，前排飞行员重量为 160kg，后排乘客重量为 150kg，前行李舱行李重量为 10kg，客舱行李重量为 15kg，标准行李舱行李重量为 20kg，主油箱燃油重量为 150kg，根据装载条件填写附录 7.1.1 和附录 7.1.2，并判断装载是否符合要求。

3. 民航局下发的咨询通告《航空器重量与平衡控制规定》(AC-121-FS-2019-027)为运营人提供了哪几种用以确定乘客和行李重量的方法？境内运行的标准平均乘客重量是多少？

4. 某航班的航班号为 CA1234，飞机注册号为 B-6219，舱位布局为 8 个头等舱座位和 120 个经济舱座位。计划起飞时间为 2024 年 11 月 22 日 17：00，从 PEK 飞往 CTU，驾驶舱机组 2 人，客舱机组 6 人，附加 0 人。飞机基重 42750kg，机组临时增加 1 人，按 80kg 计，MTOW＝70000kg，MLW＝62500kg，MZFW＝57500kg，起飞燃油 10000kg，航程燃油 6000kg，乘客共计成人 80 人，每人按 75kg 计，儿童 4 人，每人按 38kg 计，行李共计 1000kg，位于 4 号货舱，货物共计 1200kg，位于 4 号货舱，邮件 1500kg，位于 1 号货舱，关舱门前发生最后一分钟修正为 Y 舱增加 2 名儿童乘客。根据以上条件填写附录 7.2.1 的载重表。

5. 某航班飞机的干使用重量为 43100kg，干使用重心为＋18.966m，临时在 F 区厨房增加一辆餐车，重量为 150kg，1 号货舱装载量为 2000kg，3 号货舱装载量为 1000kg，4 号货舱装载量为 3000kg，散货舱装载量为 750kg，客舱 OA 占座旅客人数为 8 人，客舱 OB 占座旅客人数为 50 人，客舱 OC 占座旅客人数为 40 人，起飞燃油为 10000kg。根据以上条件填写附录 7.2.2 的平衡图。

6. 试解读附录 7.2.3 中电子舱单的各项信息。

第8章

飞行计划基础

8.1 飞行计划简介

为了保证航班飞行安全和提高运输的经济性,在每次执行航班飞行之前,需要根据具体的气象资料、航行情报、机场和备降机场状况、飞机状况、机载设备情况、航行规则,按照有关规章规定和运行限制来制订飞行计划,以确定本次航班的飞行剖面、可携带的商载、飞行所需的燃油量和飞行时间。

制订飞行计划主要包括以下几方面的工作:

(1) 确定最大起飞重量和最大着陆重量。最大起飞重量和最大着陆重量是确定商载的重要依据,也是进行飞行时间和加油量计算的必要数据。

(2) 确定飞行剖面中各段的高度和速度。根据具体机型的实际性能和条件确定各航段的最佳高度和速度,从而达到节省燃油的目的。

(3) 燃油计划计算。根据选定的飞行剖面,计算各阶段的飞行时间和所需燃油,进而得到此次航班的总飞行时间和总油量。

(4) 给出相关航路资料,包括航路点的位置、经纬度、导航设备的电台频率、各航路点的代号、各航段的航向和距离等。

(5) 其他相关数据。对于特殊情况下的飞行,如二次放行,还需要给出二次放行点。

通过制订飞行计划,可以得到合适的加油量,选择有利的飞行航线、巡航高度和飞行速度,以及采取二次放行、利用燃油差价等方法,提高航空公司的经济效益。同时,在制订飞行计划时,会充分考虑航班执飞机型的性能限制、机场和航路限制、气象资料、航行情报等对飞行的影响,从而确保飞行安全。此外,飞行计划能对飞机进行及时、合理的调配,以减少飞机本身原因造成的航班延误,提高航班的正点率。因此,制订飞行计划对保障航空公司的效益、安全、正点率都具有重要意义。

飞行计划的制订,是机长和签派人员的共同责任,CCAR-121.531条明确规定,机长和飞行签派员应当对飞行的计划、延迟和签派或者放行是否遵守涉及民航管理的规章和合格证持有人的运行规范共同负责。每次航班的飞行计划由机长和机组人员具体实施,机长和机组人员应对飞行计划的制订了如指掌,做到心中有数,这样才能保证航班的安全性和经济性。

8.2 飞行计划的制订流程

飞行计划的一般制订流程包括以下步骤：

（1）航空器适航限制分析。首先分析飞机的故障保留情况是否符合 MEL、CDL 条款的规定；其次对通信、导航及应急救生设备进行分析；最后查看维护记录。

（2）机组天气标准检查。首先是机组成员的配备是否满足相关规章要求，如果拟飞航线是特殊机场、复杂航线，还必须满足公司特殊机场的运行要求；其次是检查机组飞行时间及值勤时间是否符合规定；最后是机长检查天气标准。

（3）航行资料分析。对航班所涉及机场、航路的航行资料进行分析，核对航行通告中是否有相关变更内容。

（4）天气资料分析。根据航线的天气实况及预报、重要天气图和高空风图，查看是否有危险天气现象。

（5）备降机场的选择。根据相关规章要求选择备降机场。

（6）航行要素分析。综合分析航路图、仪表进近图、进/离场图、最新的航行通告等因素确定最优航路。

（7）航路资料查找。针对所选航路，查找航路点、航段长度、磁航向、航路代号等。

（8）航路资料总结。根据航路资料，分别计算出飞行任务阶段和储备阶段的总航程、平均磁航向；根据高度层分配表及高空风资料确定最优巡航高度；根据所选高度层，确定高空风向、风速、气温及 ISA 偏差。

（9）简易飞行计划的制订。根据已知的商载，按飞行剖面求出所需燃油量和时间。这是飞行计划的主要内容，也是本章的主要内容。

（10）详细飞行计划的制订。计算上升、巡航和下降各个阶段及各航路点之间所需的燃油和时间。计算过程涉及多次（重）迭代（如航程燃油、备降燃油的计算）。

（11）准备签派放行单及 FPL 报。

8.3 飞行计划剖面

飞行计划剖面是指飞机在垂直平面内的飞行轨迹图，是飞行计划计算的依据和基础，按照 CCAR-121-R8 规章运行的典型飞行剖面由两个部分组成，分别是飞行任务部分和储备部分，如图 8.3.1 所示。

8.3.1 飞行任务部分

此部分用于计算飞行任务部分的时间和燃油，其中阶段（2）～（6）计算的时间和燃油为航程时间和航程燃油。

（1）滑出阶段。该阶段按选定的滑行时间计算滑行的耗油量。滑行时间长短按指定机场的进出交通量确定，小机场滑进、滑出时间可短一些，大机场则要长一些。

（2）起飞阶段。该阶段从松刹车开始，沿着跑道加速，离地上升到高于起飞表面 450m（1500ft），完成从起飞到航路构型的转变，并加速至初始航路爬升速度。通常起飞阶段的飞

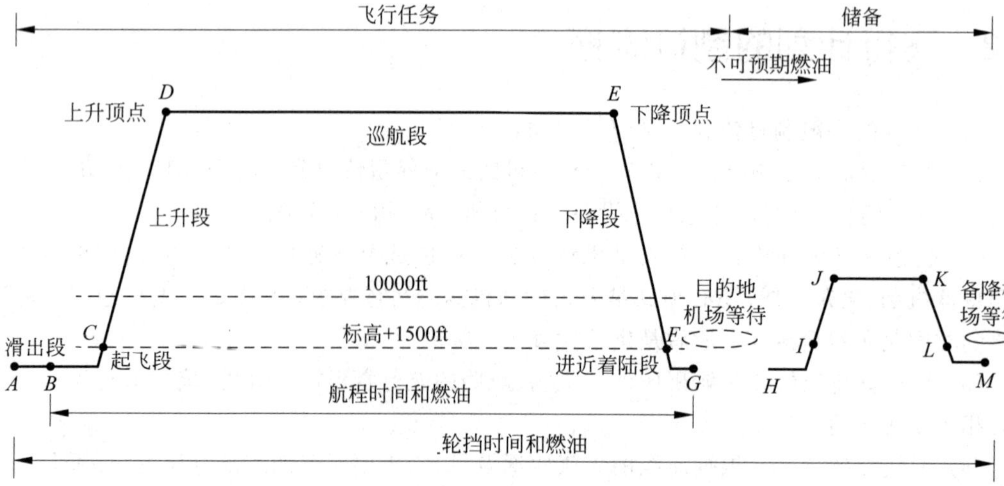

图 8.3.1　飞行剖面示意图

行时间和燃油消耗量是一并给出的,并列入使用手册的爬升性能表中。由于该阶段经过的水平距离与整个航程相比很短,故计算中可忽略不计。

(3) 航路爬升。该阶段从距地 450m(1500ft) 到初次巡航高度。低速爬升与高速爬升相比需要较少的燃油和较长的飞行时间。通常建议使用燃油消耗较少的低速爬升。爬升段要考虑风的影响,考虑从机场气压高度到巡航高度之间风速的变化规律,通常取爬升顶点处风速的 50% 作为爬升段的平均风速。

(4) 巡航段。该阶段从爬升顶点到下降顶点。总的来说,喷气客机的巡航高度越高,燃油消耗量越小。但飞行计划中应按航班的实际巡航高度进行计算,不同的飞行重量有不同的远航高度,而实际巡航高度还要考虑其他一些因素。此外,要确定巡航的速度,通常按长航程巡航速度或要求的固定马赫数计算。巡航中应按实际风速、风向计算风的影响。

(5) 下降段。该阶段从下降顶点到开始进近点 450m(1500ft)。与爬升阶段相同,要确定下降的速度和 Ma 数,通常建议使用最小燃油消耗的下降速度。风的影响和爬升一样,取巡航终点处风速的 50% 作为下降段的平均风速。

(6) 进近着陆。该阶段从 450m(1500ft) 开始进近到着陆接地。进近着陆消耗的燃油量通常由有关手册给出。

(7) 滑入段。该阶段与滑出阶段相似。

此外,还有用于计算不可预期燃油的目的地机场等待段,不可预期燃油主要是为补偿不可预见因素所需的燃油。

8.3.2　储备部分

此部分用于计算储备部分的储备燃油。储备燃油由四部分构成:

(1) 备降燃油或改航燃油。从目的地机场飞到最远备降机场所需的燃油,由复飞、爬升、巡航、下降和进近着陆几段组成,计算的方法与飞行任务部分相似。

(2) 最后储备燃油。对于活塞式发动机飞机,是以等待速度在机场上空 450m(1500ft) 高度上按标准条件飞行 45min 所需的油量;对于涡轮发动机飞机,是以等待速度在机场上空 450m(1500ft)高度上按标准条件飞行 30min 所需的油量。

(3) 不可预期燃油。不可预期燃油主要是为了补偿不可预见因素导致的额外燃油消耗,如导航误差、航路天气预报误差、空中交通延误等。

(4) 酌情携带的燃油。根据公司的具体情况规定的燃油要求。

8.3.3 轮挡时间和燃油

波音公司定义的轮挡时间和燃油是指飞行任务部分的时间和燃油,即从起飞机场滑出到目的地机场滑入所经历的时间和消耗的燃油。而空客公司定义的轮挡时间和燃油包含了飞行任务部分和储备部分的时间和燃油,即从起飞机场滑出到备降机场滑入所经历的时间和消耗的燃油。本书采用空客公司定义的轮挡时间和燃油。

8.4 航空器运行管理规则

8.4.1 飞行计划保存

根据 CCAR-121.699 条和 CCAR-121.700 条的规定,国内、国际定期载客运行和补充运行的飞行计划的原始文件和副本,合格证持有人应当在主运行基地保存至少 3 个月,以便监管部门进行审查和核查。这有助于确保飞行计划的合规性和可追溯性,同时也是保障飞行安全的重要措施。

8.4.2 巡航高度和飞行高度层

航空器驾驶员按仪表飞行规则巡航平飞时,必须保持空中交通管制指定的高度或者飞行高度层。根据 CCAR-91.369 条的规定,飞行高度层根据标准大气压条件下的假定海平面计算,真航线角从航线起点和转弯点量取,并按照以下标准划分:

(1) 真航线角在 0°~179°范围内,飞行高度 900~8100m,每隔 600m 为一个高度层;飞行高度 8900~12500m,每隔 600m 为一个高度层;飞行高度在 12500m 以上,每隔 1200m 为一个高度层。

(2) 真航线角在 180°~359°范围内,飞行高度 600~8400m,每隔 600m 为一个高度层;飞行高度 9200~12200m,每隔 600m 为一个高度层;飞行高度在 13100m 以上,每隔 1200m 为一个高度层。

8.4.3 起飞和着陆的最低天气标准

按目视飞行规则飞行时,根据 CCAR-91.351 条的规定,其最低天气标准为:在修正海平面气压高度 3000m(含)以上,能见度不小于 8000m;在修正海平面气压高度 3000m 以下,能见度不小于 5000m;离云的水平距离不小于 1500m,垂直距离不小于 300m。另外,在运输机场空域之外且航空器速度较小或者该区域发生相撞的可能性很小,在修正海平面气压高度 900m(含)以下或者离地高度 300m(含)以下(以高者为准),如果在云体之外,能目视地面,则允许航空器驾驶员在飞行能见度不小于 1600m 的条件下按目视飞行规则飞行。

在运输机场空域修正海平面气压高度 3000m 以下,允许实施特殊目视飞行规则,根据

CCAR-91.353 条的规定,其天气最低标准和条件为:得到空中交通管制的许可;云下能见;能见度至少 1600m;驾驶员达到 CCAR-61 部仪表飞行资格要求,且航空器安装了符合航空器飞行手册对夜间飞行的最低设备要求,否则只能昼间飞行。

航空器驾驶员在民用机场按仪表飞行规则起飞时,根据 CCAR-91.365 条的规定,气象条件必须等于或者高于公布的该机场仪表飞行规则起飞最低天气标准。在未公布起飞最低天气标准的机场,应当使用下列最低天气标准:

(1) 对于单发或者双发的飞机,机场跑道能见度至少为 1600m。

(2) 对于双发以上的飞机,机场跑道能见度至少为 800m。

如果驾驶涡轮动力飞机的机长在该型别飞机上担任机长的飞行时间不足 100h,根据 CCAR-91.533 条的规定,其最低下降高度或者决断高度和能见度最低标准应当是在局方公布的最低标准之上增加 30～800m。但对于用作备降机场的机场,该标准不低于该机场规定的云底高度和能见度最低标准即可。

执行公共航空运输的大型飞机按照仪表飞行规则起飞时,根据 CCAR-121.667 条的规定,报告的天气条件不得低于合格证持有人运行规范的规定。如果合格证持有人的运行规范没有规定该机场的起飞最低标准,则使用的起飞最低标准不得低于民航局为该机场制定的起飞最低标准。对于没有制定起飞最低标准的机场,可以使用下列最低起飞标准:

(1) 对于双发飞机,能见度为 1600m。

(2) 对于三发或者三发以上飞机,能见度为 800m。

如果在某型别飞机上担任机长时间未达到 100h 的新机长在进行仪表飞行规则着陆时,根据 CCAR-121.669 条的规定,需要在合格证持有人运行规范中正常使用机场、临时使用机场或者加油机场规定的最低下降高度或者决断高度和着陆能见度最低标准的基础上,分别增加 30m(100ft) 和 800m(1/2mi) 或者等效的跑道视程。对于用作备降机场的机场,最低下降高度或者决断高度和能见度最低标准则无须增加数值,但着陆时的最低天气标准不得小于 90m(300ft) 和 1600m(1mi)。

8.4.4 备降机场的选择

备降机场是指当飞机不能或不宜飞往预定着陆机场或在该机场着陆时,可以飞往的另一个预先指定并满足相关要求的机场。备降机场包括起飞备降机场、航路备降机场和目的地备降机场。起飞机场也可以作为该次飞行的航路或目的地备降机场。

1. 起飞备降机场的选择

起飞备降机场是指当飞机在起飞后较短时间内需要着陆而又不能使用原起飞机场时,能够进行着陆的备降机场。如果起飞机场的气象条件满足起飞标准和着陆最低标准,则无须指定起飞备降机场。如果起飞机场的气象条件满足起飞标准,但低于该机场的着陆最低标准,应当按照 CCAR-121.637 条的规定为该机场选择备降机场:

(1) 对于双发飞机,备降机场与起飞机场的距离不大于飞机使用一发失效时的巡航速度在静风条件下飞行 1h 的距离。

(2) 对于三发或者三发以上的飞机,备降机场与起飞机场的距离不大于飞机使用一发失效时的巡航速度在静风条件下飞行 2h 的距离。

2. 目的地备降机场的选择

目的地备降机场是指当飞机不能或者不宜在预定着陆机场着陆时能够着陆的备降机场。根据CCAR-121.639条、641条和642条的规定,按照仪表飞行规则进行国内定期载客运行、国际定期载客运行和补充运行时,应该为每座目的地机场至少选择一座备降机场。对于国内定期载客运行,当目的地机场和第一备降机场的天气条件预报都处于边缘状态时,还需要再指定至少一座备降机场。

但是,对于与运行控制中心之间建立了独立可靠的通信系统进行全程监控的国内定期载客运行或国际定期载客运行,或者对于国外航路上的补充运行,在下列情况下可以不选择目的地备降机场:

(1) 对于国内定期载客运行和国际定期载客运行,目的地机场有独立可用的多条跑道,且其中一条跑道的仪表进近程序处于可用状态。

(2) 对于国际定期载客运行或补充运行,目的地机场无可用备降机场,且装载的燃油(包括最后储备燃油)能够使飞机以正常燃油消耗率在目的地机场上空飞行2h。

(3) 对于国内定期载客运行,天气实况报告、预报或者两者的组合表明,在飞机预计到达目的地机场时刻前后至少1h的时间范围内,该机场的天气条件满足以下要求:

① 机场云底高度至少在公布的最低仪表进近最低标准的最低下降高度(或者决断高度)之上450m(1500ft),或者在机场标高之上600m(2000ft),取其中的较高值。

② 机场能见度至少为5000m。

(4) 对于预定飞行不超过6h的国际定期载客运行,天气实况报告、预报或者两者的组合表明,在飞机预计到达目的地机场时刻前后至少1h的时间范围内,该机场的天气条件满足以下要求:

① 机场云底高度符合下列两个条件之一: a. 如果该机场需要并准许盘旋进近,则至少在最低的盘旋进近最低下降高度之上450m(1500ft); b. 至少在公布的仪表进近最低标准的最低下降高度或者决断高度之上450m(1500ft),或者机场标高之上600m(2000ft),取其中的较高者。

② 机场能见度至少为5000m(或3mi),或者高于目的地机场所用仪表进近程序最低的适用能见度最低标准3200m(或2mi)以上,取其中的较大者。

8.4.5 备降机场的最低天气标准

当飞机到达所选备降机场时,其天气条件应该等于或者高于该备降机场的最低天气标准。根据CCAR-121.643条的规定,当某机场被用作备降机场时,其最低天气标准应当在该机场的最低运行标准上至少增加下列数值:

(1) 对于至少有一套可用进近设施的机场,其进近设施能提供直线非精密进近程序、直线类精密进近程序或直线Ⅰ类精密进近程序,或在适用时可以由仪表进近程序改为盘旋机动,最低下降高度或者决断高度增加120m(400ft),能见度增加1600m(1mi)。

(2) 对于至少有两套能够提供不同跑道直线进近的可用进近设施的机场,其进近设施能提供直线非精密进近程序、直线类精密进近程序或直线Ⅰ类精密进近程序,应选择两个服务于不同适用跑道的进近设施,在相应直线进近程序的决断高度或最低下降高度较高值上增加60m(200ft),在能见度较高值上增加800m(1/2mi)。

(3) 对于至少有一套Ⅱ类精密进近程序的机场,云高不得低于90m(300ft),能见度或跑道视程不得低于1200m(3/4mi)。

(4) 对于至少有一套Ⅲ类精密进近程序的机场,云高不得低于60m(200ft),能见度不得低于800m(1/2mi),或云高不得低于60m(200ft),跑道视程不得低于550m(1800ft)。

8.5 航空器加油量规定

燃油是安全完成航班飞行任务的基础,每次航班飞行任务所需的加油量要依据有关规章规定的燃油政策来确定。航班起飞前机长和签派员必须确认飞机的加油量能够满足计划的飞行任务部分和储备部分的耗油量。

8.5.1 燃油计算条件

为了确保飞行安全,制订飞行计划时,计算的所需加油量通常是指不可用燃油之外的燃油。根据CCAR-91.347条的规定,在进行目视飞行规则条件下的所需燃油和滑油量计算时,至少需要考虑3个因素:

(1) 预报的气象条件。
(2) 预期的空中交通管制航路和交通延误。
(3) 释压程序(如适用),或者在航路上一发失效时的程序。

对于执行公共航空运输任务的大型飞机,根据CCAR-121.663条,计算所需燃油应当考虑的因素为:

(1) 风和其他天气条件预报。
(2) 飞机的预计重量。
(3) 航行通告。
(4) 气象实况报告或气象实况报告与预报的组合。
(5) 空中交通服务程序、限制及预期的延误。
(6) 延迟维修项目和/或构型偏离的影响。
(7) 空中释压和航路上一发失效的情况。
(8) 可能延误飞机着陆的任何其他条件。

8.5.2 燃油计算政策

CCAR-91、CCAR-135均要求飞机驾驶员在目视飞行规则或仪表飞行规则条件下开始飞行前,均需考虑风和预报的气象条件,在飞机上装载足够的燃油。

对于目视飞行规则,CCAR-91.347条、CCAR-135.145条规定,飞机上装载的燃油能够保证飞机飞到第一个预定着陆点着陆,并且此后按正常的巡航速度至少还能够飞行30min(昼间)或者45min(夜间)。

对于仪表飞行规则,CCAR-91.357条、CCAR-135.189条规定,飞机上装载的燃油能够保证飞机:

(1) 飞到目的地机场着陆。

(2) 从目的地机场飞到备降机场着陆。

(3) 在完成上述飞行之后,还能以正常的巡航速度飞行 45min。

对于执行公共航空运输的大型飞机,根据 CCAR-121.657 条的规定,飞机必须携带足够的可用燃油以安全地完成计划的飞行并从计划的飞行中备降。飞行前对所需可用燃油的计算必须包括:

(1) 滑行燃油,即起飞前预计消耗的燃油量。

(2) 航程燃油,即允许飞机从起飞机场或从重新签派或放行点飞到目的地机场着陆所需的燃油量。

(3) 不可预期燃油,即为补偿不可预见因素所需的燃油量。根据航程燃油方案使用的燃油消耗率计算,它占计划航程燃油 10% 的所需燃油,但在任何情况下不得低于以等待速度在目的地机场上空 450m(1500ft)高度上按标准条件飞行 15min 所需的燃油量。

(4) 备降燃油,即允许飞机在目的地机场复飞,并能在距目的地机场最远的备降机场进近并着陆。

(5) 最后储备燃油,即使用到达目的地备降机场,或者不需要目的地备降机场时,到达目的地机场的预计着陆重量计算得出的燃油量。对于涡轮发动机飞机,以等待速度在机场上空 450m(1500ft)高度上按标准条件飞行 30min 所需的油量。

(6) 酌情携带的燃油,即合格证持有人决定携带的附加燃油。

根据上述燃油量要求,结合飞行剖面,可以画出飞行剖面上各阶段的燃油量示意图,如图 8.5.1 所示。

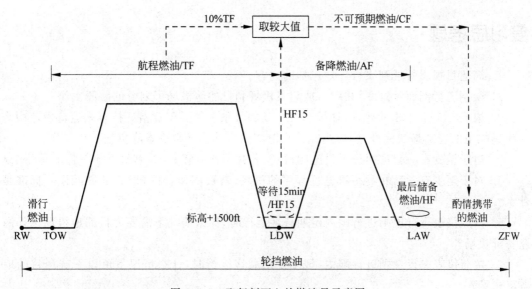

图 8.5.1 飞行剖面上的燃油量示意图

此外,针对旅客座位数(不包括机组座位)30 座及以下,或最大商载 3400kg 及以下的运输类飞机实施的载货或者不定期载客飞行,CCAR-135.351 条要求飞机应当携带可以安全完成计划飞行和改航所需的足够可用的燃油,飞行前对所需可用燃油的计算应当包含:

(1) 滑行燃油,即考虑到起飞机场的当地条件和辅助动力装置(APU)的燃油消耗,起飞前预计消耗的燃油量。

(2) 航程燃油，即允许飞机从起飞机场或者从重新放行点飞到目的地机场着陆所需的燃油量。

(3) 不可预期燃油，即为补偿不可预见因素所需的燃油量。根据航程燃油方案使用的燃油消耗率计算，占计划航程燃油或者飞行中重新放行点 5% 的所需燃油，但在任何情况下不得低于以等待速度在目的地机场上空 450m(1500ft) 高度上按标准条件飞行 5min 所需的燃油量。

(4) 目的地备降机场燃油，即有目的地备降机场时，该燃油能够使飞机在目的地机场复飞，并能够在距目的地机场最远的备降机场进近并着陆。无目的地备降机场时，所需燃油量能够使飞机在目的地机场上空 450m(1500ft) 高度上按标准大气条件飞行 15min。如果预定着陆机场是一座孤立机场时，对于活塞式发动机飞机，所需燃油量是飞行 45min 的所需燃油量与巡航高度层上消耗的计划飞行时间的 15% 所需燃油量之和（包括最后储备燃油）或者飞行 2h 所需的燃油量，取其中的较小者；对于涡轮发动机飞机，所需燃油量能够使飞机以正常巡航燃油消耗在目的地机场上空飞行 2h（包括最后储备燃油）。

(5) 最后储备燃油，即使用到达目的地备降机场，或者不需要目的地备降机场时，到达目的地机场的预计重量计算得出的燃油量。对于活塞式发动机飞机，为按照局方规定的速度和高度条件飞行 45min 所需的燃油量；对于涡轮发动机飞机，为以等待速度在机场上空 450m(1500ft) 高度上按标准大气条件飞行 30min 所需的燃油量。

(6) 额外燃油，即所需燃油的补充。

(7) 酌情燃油，即机长自行决定携带的额外燃油。

复习思考题

1. 简述目视飞行规则飞行计划包括的内容。
2. 绘制飞行剖面示意图，并列出从起飞机场到目的地机场可划分的航段。
3. 根据 CCAR-121 的要求，如果起飞机场的气象条件低于合格证持有人运行规范中为该机场规定的着陆最低标准，则应当在什么范围内为其选择起飞备降机场？
4. 对于至少有一套可用进近设施的机场，若被用作备降机场，其最低天气标准是什么？
5. 对于至少有一套 II 类精密进近程序的机场，若被用作备降机场，其最低天气标准是什么？
6. 按照仪表飞行规则进行国内定期载客运行时，什么情况下需要为目的地机场选择两座备降机场？
7. 按照仪表飞行规则进行国内/国际定期载客运行时，什么情况下可以不选择目的地备降机场？
8. 目的地备降机场应当满足的天气条件是什么？
9. 简述仪表飞行规则补充运行的目的地备降机场的选择要求。
10. 简述仪表飞行规则补充飞行可以不选择目的地备降机场的条件。
11. 根据 CCAR-121 的要求，在计算加油量时需要考虑哪些因素？
12. 简述使用最大起飞全重超过 5700kg 的多发飞机实施的定期载客运输飞行的加油量要求。

第9章

飞行计划制作

9.1 航线风计算

9.1.1 平均风速与平均温度

计算平均风速和平均温度时,只需计算相应数值的代数平均值即可。

例 9.1.1 求下列风速和温度的平均风向、风速及温度。

300°/30kn	−28℃	240°/36kn	−29℃
230°/50kn	−29℃	260°/20kn	−30℃
200°/70kn	−31℃	280°/32kn	−32℃

解:
平均风向:$(300°+240°+230°+260°+200°+280°)/6=252°$
平均风速:$(30\text{kn}+36\text{kn}+50\text{kn}+20\text{kn}+70\text{kn}+32\text{kn})/6=40\text{kn}$
平均温度:$(-28℃-29℃-29℃-30℃-31℃-32℃)/6=-30℃$

9.1.2 当量风速与当量温度

用简易飞行计划图表计算航程飞行时间和所需燃油时,对整个航路上的风速和温度只能用一个风速分量和温度来表示。如果已知各航段上的风速和温度,则可以使用当量风速和当量温度作为整条航线上的风速和温度,使用当量风速和当量温度确定的空中距离和燃油与分段确定的空中距离和燃油相差很小。

当量风速是根据航路长度进行加权的平均风速,可以表示为

$$\text{WS}_\text{E} = \frac{\sum_i L_i \text{WS}_i}{\sum_i L_i} \qquad (9.1.1)$$

式中,WS_E 为当量风速;L_i 为第 i 个航段的地面距离;WS_i 为第 i 个航段的风速。

同理,当量温度可以表示为

$$T_\text{E} = \frac{\sum_i L_i T_i}{\sum_i L_i} \qquad (9.1.2)$$

式中，T_E 为当量温度；T_i 为第 i 个航段的温度，是该航段两个端点气温的算术平均值，T_i 也可以是第 i 个航段上的温度与标准大气温度之差，此时，T_E 代表与标准大气温度的差。

例 9.1.2 如图 9.1.1 所示，从 A 到 B 分为 4 个航段，各航段的距离分别为 104km、347km、529km、687km。各段风速的分量为 -106km/h、-111km/h、-116km/h 和 -120km/h。求 A 到 B 的航路当量风速。

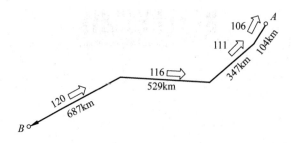

图 9.1.1　A 到 B 航段示意图

解：
$$\mathrm{WS}_E = \frac{-106 \times 104 - 111 \times 347 - 116 \times 529 - 120 \times 687}{104 + 347 + 529 + 687}\mathrm{km/h} = -116\mathrm{km/h}$$

例 9.1.3 在如图 9.1.1 所示的航路中，各段温度分别为 -28℃、-30℃、-32℃ 和 -29℃。求 A 到 B 的航路当量温度。

解：
$$T_E = \frac{-28 \times 104 - 30 \times 347 - 32 \times 529 - 29 \times 687}{104 + 347 + 529 + 687}℃ = -30℃$$

9.1.3　空中距离和地面距离换算

空中距离和地面距离的换算方法主要有查表法、查图法和计算法。

1. 查表法

一部分机型的使用手册中提供了换算表格，具体用法已在本书巡航性能章节中做了介绍。

2. 查图法

一部分机型的使用手册中提供了换算曲线，如图 9.1.2 所示。在已知真速和风速的前提下，可以查出地面距离对应的空中距离。

3. 计算法

最常见的空中距离和地面距离的换算公式为

$$\mathrm{NAM} = \frac{\mathrm{NGM} \times \mathrm{TAS}}{\mathrm{TAS} \pm \mathrm{WS}} \tag{9.1.3}$$

式中，NAM 为空中距离；NGM 为地面距离；TAS 为真空速；WS 为风速，顺风取正号，逆风取负号。

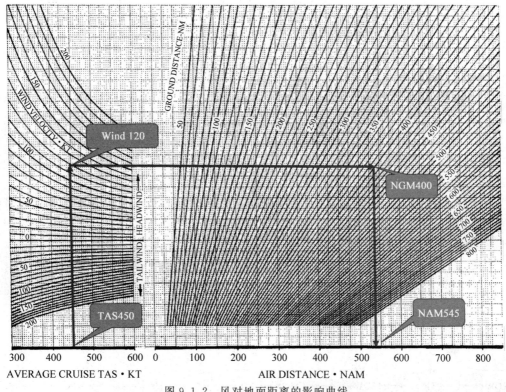

图 9.1.2　风对地面距离的影响曲线

例 9.1.4　两机场的航线距离为 400n mile，如飞机平均巡航的真空速为 450kn，巡航时的平均风速为逆风 120kn，求空中距离。

解：

$$NAM = \frac{400 \times 450}{450 - 120} \text{n mile} = 545 \text{n mile}$$

在只给定时间的条件下，空中距离和地面距离的换算公式为

$$NGM = NAM + \left(\frac{t}{60} \times WS\right) \tag{9.1.4}$$

式中，NGM 为地面距离；NAM 为空中距离；t 为时间，min；WS 为风速，顺风取正号，逆风取负号。

例 9.1.5　一架飞机上升 6min 所经过的空中距离是 30 n mile，风速分量是逆风 10n mile/h，计算地面距离。

解：

$$NGM = 30 \text{n mile} + \left[\frac{6}{60} \times (-10)\right] \text{n mile} = 29 \text{n mile}$$

波音公司的性能工程师手册还给出了风速对航线爬升和下降距离影响的经验公式：

$$NGM = NAM \times \frac{TAS \pm WS/2}{TAS} \tag{9.1.5}$$

式中，NAM 为空中距离；NGM 为地面距离；TAS 为真空速；WS 为风速，顺风取正号，逆风取负号。

9.2 飞行计划计算逻辑

飞行计划的计算一般有两种情况：一种是给定起飞重量，根据飞行剖面计算航班的耗油量，从而确定该航班所能携带的商载；另一种是已知商载，按飞行剖面要求合理计算航班的耗油量，从而确定实际的起飞重量。不论采用哪种计算顺序，都应该保证起飞重量不大于最大起飞重量，着陆重量不大于最大着陆重量，无油重量不大于最大无油重量，以及所加总油量不超过油箱的容量。同时，为保守起见，假定整个飞行中的不可预期燃油不会被消耗。

图 9.2.1 是已知起飞重量的飞行计划计算示意图。图中，A 代表起飞机场，B 代表目的地机场，C 代表备降机场。可按下列顺序确定飞行计划：

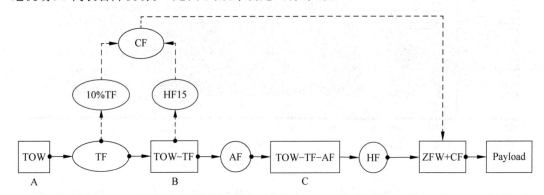

图 9.2.1　已知起飞重量的飞行计划计算示意图

(1) 计算航程燃油及航时。根据起飞重量(TOW)计算出航程燃油(TF)和航时。

(2) 计算不可预期燃油。①计算航程燃油的 10%，即 10%TF；②取飞机在目的地机场的着陆重量 TOW－TF 计算在目的地机场等待 15min 的燃油 HF15；③取 10%TF 和 HF15 的较大值为不可预期燃油(CF)。

(3) 计算备降燃油及备降时间。根据飞机在目的地机场的着陆重量 TOW－TF 求备降燃油(AF)和备降时间。

(4) 计算最后储备燃油。取飞机在备降机场的着陆重量 TOW－TF－AF 计算最后储备燃油(HF)。

(5) 计算滑行燃油等其他燃油。

(6) 将上述结果相加得到所需总燃油量。

图 9.2.2 是已知商载的飞行计划计算示意图，可按下列顺序确定飞行计划：

(1) 计算最后储备燃油。将无油重量(ZFW)、不可预期燃油(CF)的重量相加，计算最后储备燃油(HF)。由于此时不知道航程燃油和飞机在目的地机场的重量，因此无法获取不可预期燃油，而只能假设一个初始值，如取初始值 0。

(2) 计算备降燃油及备降时间。根据飞机在备降机场的着陆重量 ZFW＋CF＋HF 求备降燃油(AF)和备降时间。

(3) 计算航程燃油及航时。根据飞机在目的地机场的重量 ZFW＋CF＋HF＋AF 计算

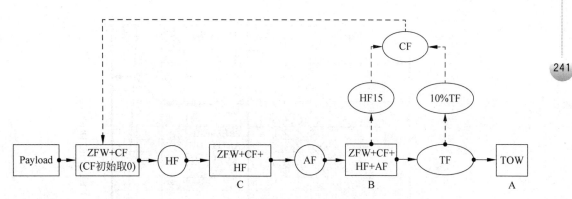

图 9.2.2 已知商载的飞行计划计算示意图

出航程燃油(TF)和航时。

(4) 计算不可预期燃油。①计算航程燃油的 10%，即 10%TF；②取飞机在目的地机场的着陆重量 ZFW+HF+CF+AF 计算在目的地机场等待 15min 的燃油 HF15；③取 10%TF 和 HF15 的较大值为不可预期燃油(CF)。

(5) 由于步骤(4)计算的不可预期燃油与假设的初始值不等，因此需要迭代计算，将步骤(4)得到的不可预期燃油代入步骤(1)，重复步骤(1)~步骤(4)，直到步骤(1)和步骤(4)的不可预期燃油值近似相等为止。

(6) 计算滑行燃油等其他燃油。

(7) 将上述结果相加得到所需总燃油量。

9.3 简易飞行计划

9.3.1 简易飞行计划图表

一般飞机的使用手册中都提供了一套简易飞行计划计算图表，用于手工确定某个已知地面航程所需的航程燃油和航时。需要说明的是，图表中的航时和所需燃油是指从松刹车起直到目的地机场(或备降机场)接地所需的时间和燃油。下面通过几个示例来介绍图表的一些特殊用法。

1. 辅助线法

在计算航程或备降燃油时，如果无法获知飞机重量直接进行查图，此时，可以根据图表中的重量状态与重量关系："起飞重量=目的地机场着陆重量+航程燃油"或"目的地机场着陆重量=备降机场着陆重量+备降燃油"，在图上作辅助线计算燃油。

例 9.3.1 已知航程为 735n mile，逆风风速为 50kn，巡航高度为 37000ft，起飞重量为 66000kg，根据图 9.3.1 求航程燃油。

解：由于题目中已知的是起飞重量，但该图右边是按着陆重量确定的，因此不能使用起飞重量直接查图，需要根据"起飞重量=目的地机场着陆重量+航程燃油"作一条辅助线 AB，在该辅助线段上任意一点对应的着陆重量与航程燃油之和都等于 66000kg。由此，可用图示法求出航程燃油为 5000kg。

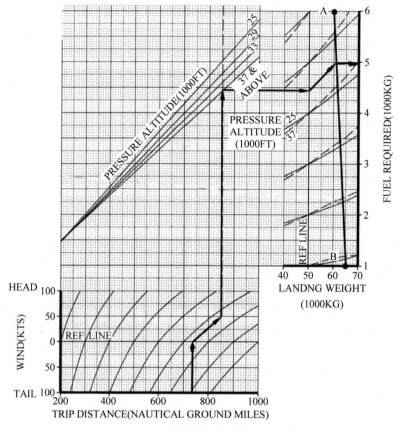

图 9.3.1 航程燃油及航时计算示意图

例 9.3.2 已知航程为 3625n mile,逆风风速为 25kn,温度为 ISA+10℃,阶梯巡航,起飞重量为 75600kg,根据图 9.3.2 求航程所需燃油及所需航时。

解：由于题目中已知的是着陆重量,但该图是按着陆重量确定的,因此不能使用起飞重量直接查图,需要根据"起飞重量=目的地机场着陆重量+航程燃油"作一条辅助线 AB,在该辅助线段上任意一点对应的起飞重量与航程燃油之差都等于 75600kg,由此可求出航程所需燃油为 20600kg。继续查图可得所需航时为 8.5h。

例 9.3.3 已知航程为 273n mile,逆风风速为 25kn,起飞重量为 58000kg,根据图 9.3.3 求目的地机场到备降机场的航程燃油。

解：由于题目中已知的是起飞重量,但该图是按着陆重量来确定航程燃油的,因此不能直接查图,需要根据"起飞重量=着陆重量+备降燃油"作一条辅助线 AB,在该辅助线段上任意一点对应的着陆重量与航程燃油之和都等于 58000kg。显然,由于航程较短,航程燃油也较少,所作辅助线 AB 基本与 55t 着陆重量线相重合。因此,当航程较短时(如备降航程),为了方便起见,可以不作辅助线,把所给定的起飞重量适当减少一定数值作为着陆重量来查图即可。对于本例,可按 55000kg 来查图,得到的备降油量约为 2000kg。

2. 最后储备燃油的计算

计算最后储备燃油时,通常已知的是开始等待或结束等待时飞机的重量。由于等待过

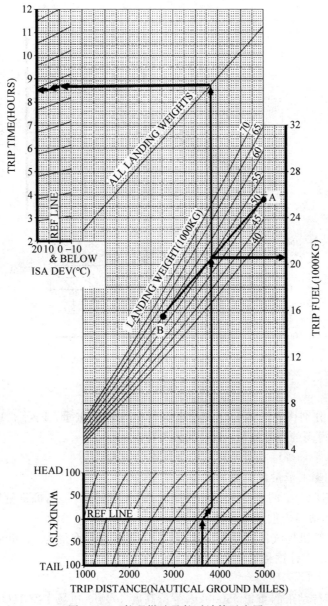

图 9.3.2 航程燃油及航时计算示意图

程中,飞机的重量会随燃油的消耗而改变,燃油流量又会随飞机重量的变化而变化,因此燃油流量是一个变量。为了较为精确地计算最后储备燃油,应该使用等待过程中飞机的平均重量来确定燃油流量,计算过程如下:

(1) 根据等待高度、开始等待或结束等待时的重量,查表计算所对应的燃油流量。

(2) 计算平均等待重量 W_m。

已知开始等待重量为

$$W_m = W_{start} - (HT \times FF_{start})/2 \tag{9.3.1}$$

已知结束等待重量为

$$W_m = W_{end} + (HT \times FF_{end})/2 \tag{9.3.2}$$

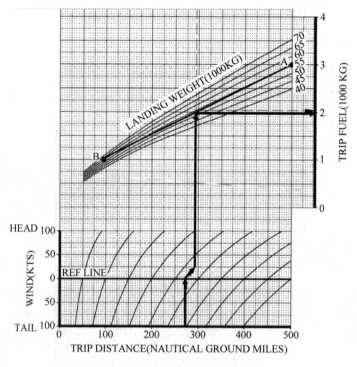

图 9.3.3 备降燃油计算示意图

式中，W_{start}、W_{end} 分别代表开始等待和结束等待时飞机的重量；FF_{start}、FF_{end} 分别代表根据 W_{start} 和 W_{end} 得到的燃油流量；HT 代表等待时间。

（3）查表计算平均等待重量所对应的平均燃油流量。

（4）根据平均燃油流量计算最后储备燃油量。

计算不可预期燃油中的等待 15min 燃油时，由于时间较短，飞机重量变化不大，可直接将着陆重量作为平均等待重量来计算。

例 9.3.4 已知机场气压高度为 3500ft，等待结束时的重量为 55000kg，等待航线为跑马场形，根据表 9.3.1 计算最后储备燃油。

解：

（1）先按照等待结束的重量 55000kg、等待高度 5000ft(机场上空 1500ft)查表得到燃油流量 $FF_{end}=2000$kg/h。

（2）计算平均等待重量 W_m：

$$W_m = W_{end} + (FF_{end} \times HT)/2 = 55000\text{kg} + \frac{2000 \times 30/60}{2}\text{kg} = 55500\text{kg}$$

（3）根据平均等待重量查表得平均燃油流量 FF_m：

$$FF_m = 2000\text{kg} + \frac{55500-55000}{60000-55000} \times (2160-2000)\text{kg/h} = 2016\text{kg/h}$$

（4）计算最后储备燃油 HF：

$$HF = FF_m \times HT = 2016 \times \frac{30}{60}\text{kg} = 1008\text{kg}$$

表 9.3.1 波音 737-800 空中等待燃油流量

PRESSURE ALTITUDE (FT)	TOTAL FUEL FLOW(KG/HR) WEIGHT(1000KG)									
	85	80	75	70	65	60	55	50	45	40
41000							1970	1790	1600	1420
35000			2600	2400	2220	2030	1860	1710	1540	1370
30000	2910	2720	2540	2360	2190	2010	1840	1700	1540	1400
25000	2860	2680	2500	2320	2150	1990	1840	1720	1570	1420
20000	2850	2680	2520	2360	2210	2050	1890	1730	1600	1450
15000	2900	2740	2570	2410	2240	2080	1920	1770	1640	1480
10000	2920	2760	2600	2440	2280	2120	1960	1800	1680	1530
5000	2950	2790	2630	2470	2320	2160	2000	1850	1700	1580
1500	3000	2840	2680	2520	2370	2210	2060	1910	1750	1640

This table includes 5% additional fuel for holding in a racetrack pattern.

3. 重量差异的燃油修正

有些图表给出的燃油量是基于飞机在目的地机场或备降机场的某一参考着陆重量计算的，如果已知条件给出的实际着陆重量与之不同则需要修正。根据空中距离和巡航高度可查得燃油修正系数，再乘以实际着陆重量与参考着陆重量的差值即可获得燃油修正量。

例 9.3.5 已知 ARJ21-700 飞机在目的地机场的着陆重量为 34000kg，航程为 1200n mile，巡航速度为 $Ma0.78$，无风，温度为 ISA，空调引气打开，防冰关。根据表 9.3.2，计算巡航高度为 FL330 的航程燃油。

解：

（1）由于无风，因此空中距离等于地面距离，即 1200n mile，再根据巡航高度为 FL330，可以得到航时为 170min，油耗为 5748kg。

（2）由于在目的地机场的着陆重量为 34000kg，不等于表中基准重量 33000kg，因此需要修正由于重量差异带来的燃油误差。根据空中距离 1200n mile，FL330 的油耗修正量为 66kg/1000kg，故油耗修正量为 66×(34－33)＝66kg。

（3）巡航高度为 FL330 的航程燃油为：5748＋66＝5814kg。

表 9.3.2 ARJ21-700 从松刹车到目的地机场着陆的飞行计划

从松刹车到目的地机场着陆的飞行计划						
爬升：250KT/280KT/M.75-巡航：M.78-下降：M.75/280KT/250KT						
进场着陆：104KG（4 分钟）						
目的地机场着陆重量：33000KG 空调引气打开，防冰关		ISA CG＝17%			油耗/KG 时间/MIN	
空中 距离(NM)	飞行高度层				油耗修正量/(KG/1000KG)	
	330	350	370	390	FL330 FL350	FL370 FL390
900	4397 130.2	4232 131.1	4102 131.7	4040 131.9	49	79
950	4621 136.8	4444 137.8	4307 138.4	4242 138.6	52	84
1000	4845 143.5	4658 144.5	4512 145.2	4444 145.3	54	89

续表

从松刹车到目的地机场着陆的飞行计划
爬升：250KT/280KT/M.75-巡航：M.78-下降：M.75/280KT/250KT
进场着陆：104KG(4 分钟)

目的地机场着陆重量：33000KG 空调引气打开,防冰关				ISA CG=17%	油耗/KG 时间/MIN	
空中距离(NM)	飞行高度层				油耗修正量/(KG/1000KG)	
	330	350	370	390	FL330 FL350	FL370 FL390
1050	5070 150.1	4871 151.2	4718 151.9	4647 152.1	57	95
1100	5295 156.7	5086 157.9	4925 158.6	4852 158.8	60	100
1150	5521 163.4	5300 164.6	5133 165.3	5057 165.5	63	105
1200	5748 170	5516 171.3	5341 172.1	5263 172.2	66	109
1250	5974 176.6	5732 178	5550 178.8	5470 179	69	115
1300	6202 183.3	5948 184.7	5760 185.5	5679 185.7	72	116
1350	6430 189.9	6165 191.4	5971 192.3	5888 192.5	75	122
1400	6658 196.5	6383 198.1	6183 199	6098 199.2	78	128
1450	6887 203.2	6601 204.8	6395 205.7	6308 205.9	82	132

发动机短舱防冰打开,机翼防冰关闭,$\Delta_{油耗}=+1.5\%$
发动机短舱防冰打开,机翼防冰打开,$\Delta_{油耗}=+4.5\%$
每高于 ISA 1℃,油耗增加 $0.003[KG/(℃/NM)] \times \Delta ISA(℃) \times$ 空中距离(NM)

9.3.2 简易飞行计划综合实例

例 9.3.6 已知起飞机场标高 1640ft,目的地机场标高 37ft,备降机场标高 492ft；起飞机场至目的地机场的距离为 800n mile,巡航高度为 33000t,顺风风速为 20kn；目的地机场至备降机场的距离为 350n mile,逆风风速为 25kn,航线温度 ISA+10℃。波音 737-800 飞机的起飞重量为 66000kg,采用长航程巡航。试用简易飞行计划图表(附录 9.3.1、附录 9.3.2、表 9.3.1)计算起飞总油量(不考虑迭代)。

解：

由于本例已知飞机的起飞重量,因此采用正序计算。根据图 9.2.1 所示过程,应先求出航程燃油,然后求出不可预期燃油,之后再求备降燃油和最后储备燃油。由于整个飞行过程中不可预期燃油没有被消耗,因此,也可以先求出航程燃油,再求备降燃油和最后储备燃油,最后求不可预期燃油。计算过程如下：

(1) 计算航程燃油及航时。利用附录9.3.1可得航程燃油为4650kg,航时为1.95h。

(2) 计算不可预期燃油。在目的地机场开始等待的重量为66000－4650＝61350kg；在目的地机场开始等待的高度为37ft＋1500ft＝1537ft；利用表9.3.1可得在目的地机场等待15min的燃油量为563kg。将此燃油与航程燃油的10％,即与465kg相比,取较大值,可得不可预期燃油为563kg。

(3) 计算备降燃油及备降时间。根据飞机在目的地机场的着陆重量61350kg,利用附录9.3.2得备降燃油为2550kg,备降时间为1h。

(4) 计算最后储备燃油。根据备降机场的着陆重量61350kg－2550kg＝58800kg,在备降机场的等待高度492ft＋1500ft＝1992ft,利用表9.3.1可以得到最后储备燃油1075kg。

(5) 综合上述结果得到所需总燃油量为：4650kg＋563kg＋2550kg＋1075kg＝8838kg。

例9.3.7 已知A320飞机的无油重量为60000kg,航程为1800n mile,巡航速度为$Ma0.78$,巡航高度为FL310,逆风风速为40kn,温度为ISA,目的地机场压力高度为0ft,备降距离为200n mile,备降巡航高度为FL200,无风,备降机场压力高度为3500ft,温度为ISA,等待速度为绿点速度。利用附录9.3.3～附录9.3.6计算起飞总油量(不考虑迭代)。

解：

由于本例已知飞机的无油重量,因此采用反序计算。根据图9.2.2所示过程,应先求出最后储备燃油,再求备降燃油、航程燃油,最后求不可预期燃油。由于整个飞行过程中不可预期燃油没有被消耗,因此,在计算最后储备燃油时应先将无油重量加上不可预期燃油,这里可以先假设为0。过程如下：

(1) 计算最后储备燃油。等待结束时的重量即为无油重量60000kg,在备降机场的等待高度3500ft＋1500ft＝5000ft,根据附录9.3.3可以得到最后储备燃油为1102kg。

(2) 计算备降燃油。备降结束重量为60000kg＋1102kg＝61102kg,无风时,空中距离等于地面距离,即200n mile。根据附录9.3.4得备降燃油为1626kg,备降时间为40min。

(3) 计算航程燃油和航时。根据附录9.3.5先将地面距离转换为空中距离,即1979n mile,飞机在目的地机场的着陆重量为60000kg＋1626kg＋1102kg＝62728kg。根据附录9.3.6可得航程燃油为12168kg,航时为4h32min(计算中空中距离取1979n mile≈1975n mile)。

(4) 计算不可预期燃油。航程燃油的10％为1217kg；在目的地机场开始等待的重量为62728kg；在目的地机场的等待高度为0ft＋1500ft＝1500ft；利用附录9.3.3可得在目的地机场等待15min的燃油量为585kg。由此可得不可预期燃油为1217kg。

(5) 起飞总油量为12168kg＋1217kg＋1626kg＋1102kg＝16113kg。

例9.3.8 已知ARJ21-700飞机在备降机场的实际着陆重量为32000kg,起飞机场至目的地机场的航程为1800n mile,巡航方式为远程巡航,巡航高度为FL350,顺风风速为50kn,温度为ISA＋5℃,起飞机场和目的地机场的压力高度均为0ft,备降距离为260n mile,备降巡航高度为FL200,无风,备降机场压力高度为3500ft,温度为ISA＋5℃,空调引气打开、发动机短舱防冰打开、机翼防冰关闭,以等待速度等待,滑行时间14min,APU使用时间10min,APU发电机和APU引气均接通。利用附录9.3.7～附录9.3.11计算总油量(不考虑迭代)。

解：

由于本例已知飞机在备降机场的实际着陆重量,即图9.2.2中C处的值(不可预期燃油可先假设为0），因此可先用该重量计算出最后储备燃油，再用该重量计算备降燃油，最后求航程燃油、不可预期燃油；也可以先用该重量计算备降燃油，再求航程燃油、不可预期燃油，最后用该重量计算出最后储备燃油（注意本题的计算顺序与例9.3.7的异同）。过程如下：

（1）计算最后储备燃油。开始等待时的重量即为32000kg，在备降机场的等待高度为3500ft+1500ft=5000ft，根据附录9.3.7可以得到最后储备燃油694kg，根据发动机短舱防冰打开、机翼防冰关闭及ISA+5℃，修正后为720kg。

（2）计算备降燃油。备降机场的实际着陆重量为32000kg，无风时，空中距离等于地面距离，即260n mile。根据附录9.3.8可得备降燃油为1569kg，备降时间为54.3min，修正温度、发动机短舱防冰打开后备降燃油为1603kg。

（3）计算航程燃油和航时。根据附录9.3.9先将地面距离转换为空中距离，即1584n mile，飞机在目的地机场的着陆重量为32000kg+1603kg=33603kg。根据附录9.3.10可得航程燃油为7151kg，航时为230.4min，修正温度、发动机短舱防冰打开后航程燃油为7318kg。

（4）计算不可预期燃油。航程燃油的10%为732kg；在目的地机场的重量为33603kg；在目的地机场的等待高度为0ft+1500ft=1500ft；利用附录9.3.7可得在目的地机场等待15min的燃油量为392kg。由此可得不可预期燃油为732kg。

（5）计算滑行燃油。根据附录9.3.11可知，ARJ21-700滑出阶段燃油流量为9kg/min，所以滑行燃油需要9×14kg=126kg。

（6）根据附录9.3.11可知，ARJ21-700在APU发电机和APU引气均接通的情况下，APU的燃油流量为2.1kg/min，所以APU在地面工作10min的燃油量：2.1×10kg=21kg。

（7）起飞总油量为：720kg+1603kg+7318kg+732kg+126kg+21kg=10520kg。

9.4 特殊飞行计划

9.4.1 二次放行飞行计划

根据CCAR-121.657规定的燃油量要求，对所需可用燃油的计算必须包括：

滑行燃油、航程燃油、不可预期燃油、备降燃油、最后储备燃油以及酌情携带的燃油。

其中，不可预期燃油是考虑到领航误差、航路气象预报误差及空中交通延误等诸多不确定性因素所加的油量。随着领航设备和技术、空中交通管制设备和技术的改进、气象预报准确性的提升，在实际运行过程中需要使用不可预期燃油的可能性大大减少。因此，远程航班在目的地机场着陆后，飞机上会剩余较多燃油。以A330-343为例，由北京飞至悉尼，航程燃油量为69t左右，不可预期燃油量约为6.9t，如果能将这部分燃油尽量少加，则可以大大增加业载，每吨业载如果按13名旅客计算，带来的收入是相当可观的；即使没有业载可加，也可以减小飞机的起飞重量，这可以使巡航所耗油量减少，同样也会带来经济效益。

如何既能减少航线不可预期燃油，又不违反有关飞行放行规定，还能提高经济性呢？解决的方法就是二次放行。飞机越大，航线越长，航线不可预期燃油越多，利用二次放行所能获得的效益就越大。

1. 二次放行的基本思想

设某航线的正常航路为起飞机场 A，最终目的地机场为 B，备降机场为 E。在 B 之前选择一座可用机场 C 作为该航班的初始目的地机场，并为其选择备降机场 D，如图 9.4.1 所示。

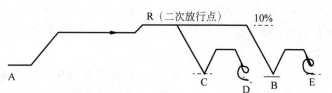

图 9.4.1 二次放行示意图

在起飞前准备过程中，可根据 CCAR-121.657 条按目标机场为 C、备降机场为 D 的条件来计算加油量。在飞机飞行过程中，与地面签派人员通过机载设备对航班进行全程监控，在 A—C 航路下降点或稍前一点选择一个二次放行点 R 检查油量。如所剩油量足以满足由二次放行点 R 飞至最终目的地机场 B 并备降 E 所需的航程燃油、不可预期燃油、备降燃油及最后储备燃油，则可以不在初始目标机场 C 着陆，而是在二次放行点 R 再次放行至最终目的地机场 B，否则应在初始目的地机场 C 着陆，补充燃油后再飞往最终目的地机场 B。

由于 A—C 的距离小于 A—B 的距离（设两座备降机场距离相差不大），所以采用二次放行的方法，起飞油量可以减小，这就可以增加商载或减小起飞重量，至于增加多少商载和经济效益，则取决于 C 及 R 的位置，也与两座备降机场的远近有关。

综上所述，二次放行的主要思想就是如何合理地利用一般不会被消耗的不可预期燃油作为由二次放行点到最终目的地机场所需的燃油。

下面以一个例子进一步说明二次放行的思想。

以波音 747-200 为例，飞行剖面如图 9.4.1 所示，设起飞重量为 760000lb，A—B 的航程为 5000n mile，下降点到目的地机场的距离为 100n mile，初始目的地机场和最终目的地机场到各自备降机场的距离相同，均为 200n mile，则计算结果见表 9.4.1。

表 9.4.1 使用二次放行与不使用二次放行的各项油量　　　　单位：klb

项　目	不使用二次放行 A—B 备降 E	使用二次放行	
		A—C 备降 D	R—B 备降 E
起飞重量	760	760	—
在二次放行点的总重	—	—	0.509
航程燃油	274	254.9	23
备降燃油	15	15.3	15.3
最后储备燃油	9.9	10.2	10.2
不可预期燃油	27.4	25.49	5.3
起飞燃油	326.3	305.89	—
干使用重量	356	356	356
业载	77.7	98.11	98.11

由表 9.4.1 可见,从 A 初次放行到 C 的飞行中,如航线不可预期燃油未被消耗,则在 R 点还剩不可预期燃油 25.49klb,由 R 点到 C 的航程燃油为 254.9klb+23klb−274klb=3.9klb,由 C 备降 D 的备降燃油为 15.3klb,在 D 的最后储备燃油为 10.2klb,总计剩余燃油 54.89klb;而由 R 点继续飞至 B 所需航程燃油为 23klb,不可预期燃油为 5.3klb,B 备降 E 所需备降燃油为 15.3klb,在 E 所需最后储备燃油为 10.2klb,总计所需燃油为 53.8klb。因此,在二次放行点 R 的剩余燃油大于从 R 点继续飞至 B 所需的燃油,可以从二次放行点 R 直飞最终目的地机场 B。

由表 9.4.1 还可以看出,在相同的起飞重量下,不使用二次放行的起飞燃油为 326.3klb,而使用二次放行后起飞燃油会大大减少,为 305.89klb,使业载增加了 98.11klb−77.7klb=20.41klb,增加了 26%,如无业载可增加,则起飞重量可以减少,消耗的燃油也随之减少,这也会产生经济效益,但不如增加业载的效益大。

2. 二次放行点的选择

二次放行飞行计划充分利用了不可预期燃油,增加了商载,从而提高了航空公司的效益。但二次放行所能增加的商载和能节省的燃油与二次放行点的选择及初始目的地机场和备降机场的位置有关。下面分不同情况加以讨论:

(1) 初始目的地机场 C 在 A 到 B 的航路上,备降机场相同。

如图 9.4.1 所示,设起飞机场 A 到初始目的地机场 C 的航程燃油为 TF_{AC},不可预期燃油为 CF_{AC},备降燃油为 AF_{CD},最后储备燃油为 HF_D;起飞机场 A 到最终目的地机场 B 的航程燃油为 TF_{AB},不可预期燃油为 CF_{AB},备降燃油为 AF_{BE},最后储备燃油为 HF_E;起飞机场 A 到二次放行点 R 的航程燃油为 TF_{AR},不可预期燃油为 CF_{AR};二次放行点 R 到初始目的地机场 C 的航程燃油为 TF_{RC},不可预期燃油为 CF_{RC};二次放行点 R 到最终目的地机场 B 的航程燃油为 TF_{RB},不可预期燃油为 CF_{RB}。

二次放行飞行计划需要计算两个加油量,TOF_1 和 TOF_2,取二者的较大值作为实施二次放行的加油量。TOF_1 是根据规章规定的燃油量要求计算由起飞机场 A 到初始目的地机场 C 备降 D 的加油量,可表示为

$$TOF_1 = TF_{AC} + CF_{AC} + AF_{CD} + HF_D$$

TOF_2 是计算由起飞机场 A 飞到最终目的地机场 B 备降 E 的加油量,但该油量不包括起飞机场 A 到二次放行点 R 的不可预期燃油,可表示为

$$TOF_2 = TF_{AB} + CF_{RB} + AF_{BE} + HF_E \tag{9.4.1}$$

对于给定的起飞机场 A、最终目的地机场 B 及其备降机场 E,TOF_2 仅取决于二次放行点 R 的位置。当二次放行点 R 在起飞机场 A 到初始目的地机场 C 中间某点时,TOF_1 仅取决于 C 的位置,若 R 在飞过 C 之后的 CB 段中间,则 TOF_1 取决于 C 和 R 的位置。现在暂且只考虑 R 在 A 到 C 且取为到 C 的下降点的情况,此时 C 一旦确定,R 也被确定。

设 L_{AB} 为起飞机场 A 到最终目的地机场 B 的航程,L_{AC} 为起飞机场 A 到初始目的地机场 C 的航程,L_{AR} 为起飞机场 A 到二次放行点 R 的距离,下降段为 2%～5%L_{AB},TOF_1 和 TOF_2 随初始目的地机场 C 的位置的变化规律如图 9.4.2 所示。当 $L_{AR}=0$ 时,意味着 R 到 B 的距离等于 L,此时 $CF_{RB}=CF_{AB}$,TOF_2 等于按标准飞行计划计算得到的由 A 到 B 备降 E 的燃油量 TOF。随着 L_{AR} 的增加,R 到 B 的距离减小,CF_{RB} 随之减少。当 L_{AR} 接

近 L_{AB} 时,CF_{RB} 约等于 0,TOF_2 等于在 TOF 的基础上扣除了不可预期燃油 CF_{AB}。随着 L_R 的增加,L_{AC} 也增加,TOF_1 随之增加,当 L_{AC} 增加到 L_{AB} 时,$TOF_1 = TOF$。

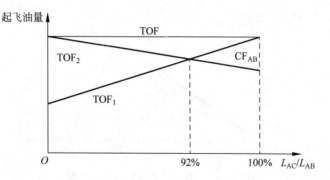

图 9.4.2 TOF_1 和 TOF_2 的变化

由此可见,当 C 靠近 A 时,$TOF_1 < TOF_2$,需按 TOF_2 加油;当 C 靠近 B 时,$TOF_1 > TOF_2$,需按 TOF_1 加油。因此,所需的起飞总油量随着 L_{AC} 的增加先减小后增加,当 $TOF_1 = TOF_2$ 时,加油量最小。在备降距离、备降航段航路风、气温相同时,初始目的地机场 C 选在距起飞机场约 92% L_{AB} 处最好,此时二次放行点则在距起飞机场 (87%～90%)L_{AB}(下降段取 (2%～5%)L_{AB})处。这点可粗略地证明如下:

假设初始目的地机场 C 在 A—B 的航路上,由 $TOF_1 = TOF_2$ 可知

$$TF_{AC} + CF_{AC} + AF_{CD} + HF_D = TF_{AB} + CF_{RB} + AF_{BE} + HF_E \quad (9.4.2)$$

由于 C 在 A—B,设 C—B 的航程燃油为 TF_{CB},式(9.4.2)可改写为

$$TF_{AC} + CF_{AC} + AF_{CD} + HF_D = TF_{AC} + TF_{CB} + CF_{RB} + AF_{BE} + HF_E \quad (9.4.3)$$

当初始目的地机场 C 和最终目的地机场 B 到它们的备降场 D、E 的距离相同时,近似假设它们的备降燃油和最后储备燃油相同,即 $AF_{CD} = AF_{BE}$,$HF_D = HF_E$,因此有

$$CF_{AC} = TF_{CB} + CF_{RB} \quad (9.4.4)$$

假设不可预期燃油为航程燃油的 10%,式(9.4.4)可改写为

$$TF_{AC} \times 10\% = TF_{CB} + TF_{RB} \times 10\% \quad (9.4.5)$$

假设耗油量与飞行距离成正比,令 L_{CB} 表示 C—B 的距离,则

$$L_{AC} \times 10\% = L_{CB} + L_{RB} \times 10\%$$
$$L_{AC} \times 10\% = (L_{AB} - L_{AC}) + (L_{AB} - L_{AC} + L_{RC}) \times 10\% \quad (9.4.6)$$

假设下降段距离 $L_{RC} = (2\% \sim 5\%)L_{AB}$,则可得

$$L_{AC} = (91.8\% \sim 92.1\%)L_{AB} \quad (9.4.7)$$

从计算结果可以看出,下降段距离的长短对初始目的机场最佳位置的影响很小。本书以下取下降段距离为 5%L_{AB},初始目的地机场的最佳位置为 92%L_{AB},因此,二次放行点在距起飞机场大约 87% 总航程处起飞油量最少,业载增加最多。如果二次放行点到最终目的地机场的不可预期燃油为等待 15min 的油量,则该不可预期燃油会增加,这样起飞机场到初始目的地的不可预期燃油也必须增加,因此,二次放行点和初始放行机场的位置还会向最终目的地机场略微移动一些。

若将少加的不可预期燃油全部改为业载 ΔP_L,则在备降段及等待中耗油增加,多耗的油一般为 ΔP_L 的 4% 或更多(取决于备降距离的远近),因此,可多加的业载 ΔP_L 应使 $\Delta P_L \times$

$104\% = 87\% \times CF_{AB}$,即 $\Delta P_L = 83.6\% \times CF_{AB}$。当二次放行点的位置大于或小于 $87\%L_{AB}$ 处时,ΔP_L 都要减少,其变化如图 9.4.3 所示。

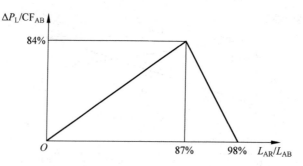

图 9.4.3 利用二次放行的业载增量

实际航线并非一条直线,更多的是如图 9.4.4 所示的折线,当 C 在 A—B 的航路上且 C 和 B 的备降距离相同时,上述结论同样成立。需要注意的是,上述结论是由 CCAR-121-R8 的加油量规定决定的,与机型无关。但它只对于业载受最大起飞重量限制的情况是正确的,对于受最大着陆重量限制及不利用二次放行时业载受油箱容量限制的情况是不对的。

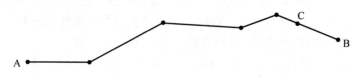

图 9.4.4 实际航线示意图

(2) 初始目的地机场 C 在 A—B 的航路上,但距 A 太近(设备降距离相同)。

如果仍将二次放行点 R' 放到 A 和 C 之间,由图 9.4.5 可知,需要按 TOF_2 来加油。由于 TOF_2 比 TOF_1 大得多,因此在 C 的着陆重量可能超过最大着陆重量,同时由于 $L_{AR'}/L_{AB}$ 较小,从图 9.4.6 也可以看出能增加的业载较少。对于这种情况,可以将二次放行点 R 放到 C 和 B 之间,按图 9.4.7(a) 所示的过程(A—C—R—C)来做初次放行计划,算出起飞油量 TOF_1,二次放行点选在使 $L_{AC}+L_{CR}+L_{RC}=92\%L_{AB}$ 处。这相当于将二次放行点 R 放到了 A 和 C' 之间,按 A—C—R—C' 来做初次放行计划,如图 9.4.7(b) 所示。在这种情况下,由于 $L_{AR}/L_{AB}<87\%$,初始放行需要按 TOF_2 加油,能增加的业载按 L_{AR}/L_{AB} 从图 9.4.3 中查出。

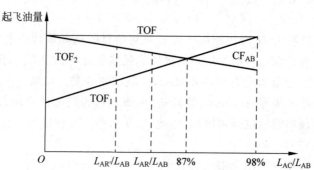

图 9.4.5 二次放行点位置对起飞油量的影响

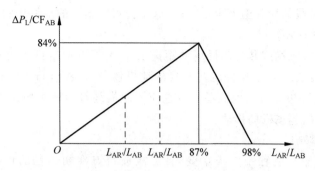

图 9.4.6　二次放行点位置对业载的影响

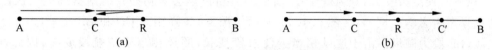

图 9.4.7　初始目的地机场距起飞机场太近时,二次放行点的位置

(3) 初始目的地机场 C 在 A—B 的航路上,但 B 太近(备降距离相同)。

由图 9.4.5 可知,这种情况需按 TOF_1 来加油。此时,可把初始目的地机场的下降点作为二次放行点 R,按图 9.4.8 所示的过程(A—R—C)来做初次放行计划,算出起飞油量 TOF_1,能增加的业载按 L_{AR}/L_{AB} 从图 9.4.3 中查出。由于 $TOF_1 > TOF_2$,在二次放行点剩余油量大于二次放行所需油量,把二次放行点 R 向 A 移动,虽可能使在 R 点的剩余油量等于二次放行所需油量,但由于 TOF_1 不变(L_{AC} 不变),因此,不能更多地增加业载。

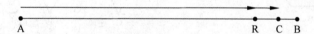

图 9.4.8　初始目的地机场距最终目的地机场太近时二次放行点的位置

(4) 最初目的地机场 C 不在 A—B 的航路上(备降距离相同)。

对于这种情况,需要在 A—B 的航路上假定一个二次放行点 R,使 $L_{AR}+L_{RC}=92\%L_{AB}$,按 A—R—C 做初次放行计划(图 9.4.9),计算 TOF_1,按 L_{AR}/L_{AB} 根据图 9.4.3 确定可增加的业载。

对于实际航线,由于各航段的风向、温度等不同,也可能找不到合适的初始目的地机场,所选的二次放行点也不一定是"最佳"的,所以一般情况下算出的 TOF_1 和 TOF_2 不等,即在二次放行点的剩余油量一般不等于所需燃油。如 $TOF_1 > TOF_2$,即剩余油量大于所需燃油,则起飞燃油等于 TOF_1。如 $TOF_1 < TOF_2$,即在二次放行点剩余油量少于所需油量,这时要通过加额外油量的方法,使起飞油量 TOF_1 增加到 TOF_2,从而避免在初始目的地机场着陆。

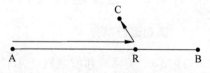

图 9.4.9　初始目的地机场不在 A—B 的航路上

3. 备降距离、风和温度对初始目的地机场的影响

以上讨论是在备降距离相等,不考虑风和温度影响的条件下得出的结论。实际上备降

距离往往不等、各航段的风和温度也不相同,这也会对初始目的地机场的选择带来影响。

(1) 备降距离的影响。

如果最终目的地机场到其备降机场的距离 L_{BE} 大于设初始目的地机场到其备降机场的距离 L_{CD},此时按 $92\%L_{AB}$ 来确定初始目的地机场,在二次放行点飞往最终目的地机场的燃油就不足,这时,初始目的地机场的位置应该向最终目的地机场移动;反之,初始目的地机场的位置应该向起飞机场移动。

(2) 航路风的影响。

如果航路风在整个航程中大小不变,且二次放行点在初始目的地机场之前,则风对初始目的地机场及二次放行点的选择没有什么影响。然而实际上航路风沿航路是变化的,逆风等于使航段变长,顺风等于使航段变短,所以风会对初始目的地机场及二次放行点的选择产生影响。例如,在图 9.4.10 所示情况下,备降距离 CD 和 BE 相等,但 CD 段为逆风,BE 段为顺风。由于逆风相当于使航段变长,顺风相当于使航段变短,因此,CD 段的等效距离大于 BE 段,初始目的地机场或二次放行点的位置应向起飞地机场靠近一些。对于二次放行点在初始目的地机场以前,在二次放行点前后的航路风速分量变化比较大的情况下,选择初始目的地机场和二次放行点时也应考虑风的影响。例如,在接近最终目的地机场的航段上,如果顺风风速分量明显增大,初始目的地机场和二次放行点应更靠近起飞机场一些。

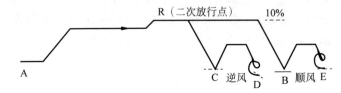

图 9.4.10 备降航段风向示意图

(3) 温度的影响。

由于温度的高低对耗油量的影响不大,所以即使航路各段的温度 ISA 偏差不同,温度的变化对选择二次放行点的影响也是很小的,可以忽略不计。

9.4.2 延程运行飞行计划

1. 延程运行简介

1953 年,美国联邦航空局(FAA)规定,双发飞机在航路上任何一点一发失效后都必须在 60min 内飞抵一座可用的备降机场(改航机场)着陆,即"60min 备降"原则。其目的是把一发失效后另一发再发生故障的概率降低到可接受的水平。"60min 备降"原则限制了双发飞机的飞行区域,可能使飞行距离增加,耗油量增加,难以进行越洋和极地飞行。随着飞机的不断改进、可靠性的不断提高及飞机维护和运行管理能力的提高,为充分发挥双发飞机的性能潜力,有必要修改"60min 备降"原则的要求,将 60min 备降时间延长,即"延程运行"。延程运行(extended range operations,ETOPS)是指在飞机计划运行的航路上至少存在一点到任一延程运行可选备降机场的距离超过飞机在标准条件下静止大气中以经批准的一台发动机不工作时的巡航速度飞行 60min 对应的飞行距离(以两台涡轮发动机作为动力的飞机)或超过180min对应的飞行距离(以多于两台涡轮发动机作为动力的载客飞机)的运行。

延程运行主要应用于诸如穿越沙漠、海洋和极地这类可选备降机场较少的航线。例如图9.4.11所示的内罗毕至科伦坡航线,如果没有延程运行能力,则意味着飞机需要选择靠海岸线的航线飞行,保证可用备降机场在规定范围内,以确保安全;如果有适当的延程运行能力,则可以由内罗毕直飞科伦坡。

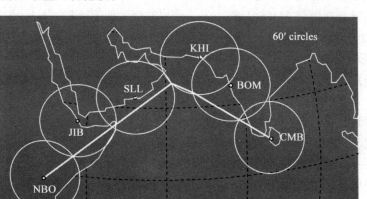

图9.4.11　内罗毕至科伦坡航线示意图(无延程运行能力)

延程运行的目的是在保证高水平安全性的前提下为航空承运人谋取更多利益,使双发飞机不受"60min备降"原则限制,与三发和四发飞机一样续航。通过延程运行,航空公司可以根据自己的条件开辟更多的直飞航线,或者有更多的备降机场可供选择,给航空公司带来更大的效益。同时,对于某个航班来说,既可以选择飞行时间最短的航路飞行,也可以选择更有利风向的航路飞行,以提高航班的经济性。此外,旅客也可以获得更短的旅行时间和更经济的票价。因此,延程运行已成为航空公司日常运营中的重要工作。

2. 延程运行的相关术语

(1) 门限时间(threshold time):在标准条件下,静止大气中以经批准的一台发动机不工作时的巡航速度飞行60min对应的飞行航程(以时间表示)(以两台涡轮发动机作为动力的飞机)或180min对应的飞行航程(以时间表示)(以多于两台涡轮发动机作为动力的载客飞机)。

(2) 延程运行可选备降机场(suitable ETOPS alternate):对于特定延程运行航线,不考虑当时的临时状况,列入合格证持有人运行规范的可选航路备降机场。这些机场必须满足CCAR-121.197条规定的着陆限制要求。它可能是下列两种机场之一:a.经审定适合大型飞机公共航空运输承运人所用飞机运行的,或等效于其运行所需安全要求的机场,但不包括只能为飞机提供救援和消防服务的机场;b.对民用开放的可用的军用机场。

(3) 延程运行指定备降机场(designated ETOPS alternate):列入了合格证持有人的运行规范并且考虑到当时的状况,在签派或飞行放行时预计可以供延程运行改航备降使用的,在签派或飞行放行中指定的航路备降机场。这一定义适用于飞行计划,并不限制机长在最终改航备降决策时根据实际情况选择其他的备降机场。

(4) 延程运行区域(ETOPS area)：对于以两台或两台以上涡轮发动机作为动力的飞机，延程运行区域是超过其门限时间才能抵达一个延程运行可选备降机场的区域。

(5) 延程运行航线(ETOPS route)：指计划航路上，包括灵活航路，至少有一点处于延程运行区域中的航线。在这样的航线上实施延程运行需要获得局方的批准，并在运行规范中列明。特定的延程运行航线是通过起飞机场和目的地机场及两者之间的航路确定的。

(6) 延程运行航段(ETOPS segment)：计划航路上处于延程运行区域中的部分。一条延程运行航线上可能存在多段延程运行航段。每一段延程运行航段都是由前后两个延程运行指定备降场确定的。

(7) 延程运行进入点(ETOPS entry pint，EEP)：延程运行航路上延程运行航段的进入点。

(8) 延程运行等时点(ETOPS equal-time point，ETP)：延程运行航路中的一点，考虑到预计飞行高度和预报风的影响，自该点以经批准的一台发动机不工作的巡航速度飞向相邻两个延程运行指定备降机场的计划飞行时间是相等的。

(9) 延程运行退出点(ETOPS exit point，EXP)：延程运行航路上延程运行航段的退出点。

(10) 批准的最大改航时间(maximum authorized diversion time)：经局方批准在合格证持有人运行规范中列明的延程运行可使用的最大改航时间。在计算最大改航时间所对应的飞行距离时，假设飞机在标准条件下的静止大气中以经批准的一台发动机不工作的巡航速度飞行。对于某特定机身发动机组合，批准的最大改航时间对应的是经局方批准的最大改航距离。

(11) 最早预计到达时刻(earliest ETA)：对于每一座延程运行指定的备降机场，假设飞机飞抵前一个相关等时点，然后以经批准的一台发动机不工作的巡航速度直线飞抵该机场的时刻。

(12) 最晚预计到达时刻(latest ETA)：对于每一座延程运行指定的备降机场，假设飞机飞抵下一个相关等时点，然后以经批准的一台发动机不工作的巡航速度直线飞抵该机场的时刻。

(13) 指定备降机场的改航备降关注时间段：从最早预计到达时刻开始至最晚预计到达时刻的时间范围。

(14) 燃油关键点(fuel critical point)：在延程运行航线各等时点中，所需临界燃油量大于根据正常备份油量计算出的飞行计划中在该点的预计剩余燃油量且差值最大，或者所需临界燃油量等于或小于根据正常备份油量计算出的飞行计划中在该点的预计剩余燃油量且差值最小，这样的点被称为燃油关键点。

(15) 临界燃油量(critical fuel)：假设飞机在燃油关键点一台发动机失效，按照合格证持有人延程运行临界燃油量的相关要求，飞抵延程运行指定备降机场所需的最少燃油量。

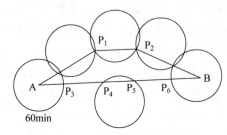

图9.4.12　延程运行航线示意图

下面以图9.4.12所示的航线示意图来加深理解这些术语。对于双发飞机，60min对应的圆圈即为门限时间，圆圈以外的区域为延程运行区域。如果飞机没有被允许做延程运行,则其运行必须被限制在圆圈范围内,即采用 A—P_1—P_2—B 的航线,而不能采用 A—B 的直飞航线。欲开辟 A—B 的直飞航线,必须申请延程运行。如被批准,则航线 A—B 为延程运行航线,该航线包括两个延程运行航段 P_3—P_4 和 P_5—P_6,从 A 飞往 B,P_3、P_5 为延程运行进入点,P_4、P_6 为延程运行退出点;从 B 飞往 A,P_6、P_4 为延程运行进入点,P_5、P_3 为延程运行退出点。

3. 延程运行指定备降机场的要求

延程运行飞行计划需要列出延程运行的等时点(ETP)和备降机场。关于延程运行的等时点将在下面讨论,本节主要给出延程运行指定备降机场的要求。

(1) 在飞机系统部分或全部失效时,始终有合适的航路备降机场可供选择。在延程运行指定备降机场的关注时间段内,天气条件不得低于运行最低标准,且风和跑道道面的条件允许飞机在一台发动机失效或其他系统失效的情况下安全进近和着陆。如果某机场的其他条件符合要求,仅仅是 PCN 值略低于 ACN 值,该机场可以接受作为备降机场。

(2) 签派或飞行放行时,在延程运行指定备降机场的关注时间段内,延程运行指定备降机场预报的天气条件不得低于延程运行备降机场最低标准,见表 9.4.2。如果不同时作为延程运行指定备降机场,起飞机场和目的地机场不需要达到延程运行指定备降机场的天气最低标准。

表 9.4.2 延程运行指定备降机场的天气最低标准

进近设施配置	云 高	能 见 度
对于至少有一套可用进近设施的机场,其进近设施能提供直线非精密进近程序、直线类精密进近程序或直线Ⅰ类精密进近程序,或在适用时可以从仪表进近程序改为盘旋机动	最低下降高度(MDH)或者决断高度(DH)增加 120m(400ft)	着陆最低能见度增加 1600m(1mi)
对于至少有两套能够提供不同跑道直线进近的可用进近设施的机场,其进近设施能提供直线非精密进近程序、直线类精密进近程序或直线Ⅰ类精密进近程序(应选择两套服务于不同适用跑道的进近设施)	在相应的直线进近程序的决断高度(DH)或最低下降高度(MDH)较高值上增加 60m(200ft)	在着陆最低能见度较高值上增加 800m(1/2mi)
对于至少有一套Ⅱ类精密进近程序的机场	云高不得低于 90m(300ft)	着陆最低能见度不得低于 1200m(3/4mi),或跑道视程(RVR)不得低于 1200m(4000ft)
对于至少有一套Ⅲ类精密进近程序的机场	云高不得低于 60m(200ft)	着陆最低能见度不得低于 800m(1/2mi),或跑道视程(RVR)不得低于 550m(1800ft)

(3) 飞机起飞后，延程运行指定备降机场的天气预报必须达到运行的最低标准。

(4) 飞机经过延程运行进入点之后，如果延程运行指定备降机场的天气条件低于运行最低标准，不要求修改飞行计划。机组和签派员应当实时关注其他延程运行可选备降机场的可用性，并做出恰当的决策。

(5) 对于对运行有特殊限制的机场，如果合格证持有人无法满足其要求，则不应将其作为延程运行指定备降机场。

4. 等时点

等时点(ETP)是延程运行航路中的一点，考虑到预计飞行高度和预报风的影响，自该点以经批准的一台发动机不工作的巡航速度飞向相邻两个延程运行指定备降机场的计划飞行时间是相等的。由于风的影响，等时点一般不在两座机场的中点。

(1) 等时点公式。

等时点的计算是基于飞机前往目的地机场和返回起飞机场的地速计算的。用于计算的真空速取决于飞机的飞行状态：由起飞机场飞往等时点为全发状态；由等时点继续飞往目的地机场或由等时点返回起飞机场为一发失效状态。

如图 9.4.13 所示，起飞机场 A 距目的地机场 B 的航程为 D；从等时点 ETP 返回起飞机场 A 的距离(该距离也等于起飞机场 A 到等时点 ETP 的距离)为 X，地速为 v_A；从等时点 ETP 到目的地机场 B 的距离为 $D-X$，地速为 v_B。根据从等时点前往目的地机场的时间和返回起飞机场的时间相等，可以推导出起飞机场到等时点的距离：

$$\frac{X}{v_A} = \frac{D-X}{v_B} \tag{9.4.8}$$

即

$$X = \frac{Dv_A}{v_A + v_B} \tag{9.4.9}$$

如果要计算从起飞机场到等时点的时间，则用 X 除以由起飞机场到等时点的地速 v_{ETP} 即可，但要注意，此时用于计算的真空速为全发状态的真空速；如果要计算从等时点返回起飞机场(或继续飞往目的地机场)的时间，则用 X 除以 v_A(或用 $D-X$ 除以 v_B)即可，但要注意，此时用于计算的真空速为一发失效后的真空速。

图 9.4.13 等时点计算图

例 9.4.1 已知从起飞机场到目的地机场的距离为 2500n mile，风速为顺风 30kn，某双发飞机全发飞行时的真空速为 470kn，一发失效后真空速降为 420kn。试计算：①等时点距起飞机场的距离；②从起飞机场到等时点的时间及从等时点到起飞机场的时间。

解：

① 由于航路为顺风风速 30kn，则从等时点返回起飞机场为逆风风速 30kn，因此，$v_A = 420\text{kn} - 30\text{kn} = 390\text{kn}$，$v_B = 420\text{kn} + 30\text{kn} = 450\text{kn}$。因此，起飞机场到等时点的距离，即等时点距起飞机场的距离为

$$X = \frac{2500 \times 390}{390 + 450}\text{n mile} = 1160.71\text{n mile}$$

② 由于从起飞机场到等时点为全发飞行，顺风风速为 30kn，因此，地速为 470kn+30kn=500kn，从起飞机场到等时点的时间为

$$1160.71\text{n mile}/500\text{kn} = 2.32\text{h}$$

从等时点返回起飞机场为一发失效状态飞行，逆风风速为 30kn，因此，地速 $v_A = 420\text{kn} - 30\text{kn} = 390\text{kn}$，从等时点到起飞机场的时间为

$$1160.71\text{n mile}/390\text{kn} = 2.98\text{h}$$

例 9.4.2 已知起飞机场 A 到航路点 B 的距离为 1400n mile，航线角为 60°，航路风速矢量为 300°/50kn；航路点 B 到目的地机场 C 的距离为 900n mile，航线角为 130°，航路风速矢量为 250°/30kn。某双发飞机全发飞行时的真空速为 470kn，一发失效时的真空速为 420kn。试计算：①等时点距起飞机场的距离；②从起飞机场到等时点的时间及从等时点到起飞机场的时间。

解：

根据航路信息先画出示意图，如图 9.4.14 所示。对于这种两航段的情况，不能采用上述公式直接计算等时点的位置，需要根据从等时点返回起飞机场的时间与继续飞往目的地的时间相等这一特点来计算。由于不知道等时点在哪个航段，因此可以先计算出从 B 点分别到起飞机场和目的地机场的时间，如果时间相等，等时点就是 B 点；如果时间不相等，则等时点在时间较长的航段上。

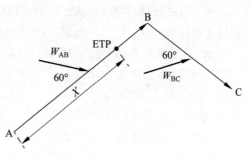

图 9.4.14 "A—B—C"航段示意图

① 由图 9.4.14 可以看出，飞机从 B 飞往 A 为逆风，处于一发失效状态，其地速为

$$420\text{kn} - 50 \times \cos60°\text{kn} = 395\text{kn}$$

飞机从 B 飞往 C 为顺风，处于一发失效状态，其地速为

$$420\text{kn} + 30 \times \cos60°\text{kn} = 435\text{kn}$$

因此，飞机从 B 飞往 A 的时间为

$$1400\text{n mile}/395\text{kn} = 3.54\text{h}$$

飞机从 B 飞往 C 的时间为

$$900\text{n mile}/435\text{kn} = 2.07\text{h}$$

由于 B—A 的时间比 B—C 的时间长，因此等时点肯定在 A—B 航段上。假设等时点 ETP 距离起飞机场 A 的距离为 X，从等时点 ETP 返回起飞机场 A 的时间与继续飞往航路点 B，再飞往目的地 C 的时间相等。

飞机从 ETP 飞往 B 为顺风,处于一发失效状态,其地速为
$$420\text{kn}+50\times\cos60°\text{kn}=445\text{kn}$$
则有
$$\frac{X}{395\text{kn}}=\frac{1400\text{n mile}-X}{445\text{kn}}+2.07\text{h}$$
$$X=1091.49\text{n mile}$$

因此,等时点距起飞机场的距离为 1091.49n mile。

② 由于从起飞机场 A 到等时点 ETP 为全发飞行,顺风,因此,其地速为 $470\text{kn}+50\times\cos60°\text{kn}=495\text{kn}$,从起飞机场到等时点的时间为
$$1091.49\text{n mile}/495\text{kn}=2.21\text{h}$$

从等时点 ETP 返回起飞机场 A 为一发失效状态飞行,逆风,因此,其地速为 $420\text{kn}-50\times\cos60°\text{kn}=395\text{kn}$,从等时点到起飞机场的时间为
$$1091.49\text{n mile}/395\text{kn}=2.77\text{h}$$

(2) 延程运行无风时等时点的确定。

在做延程运行飞行计划时需要确定到相邻的两个航路备降机场的等时点 ETP。在延程运行航路中,考虑到预计飞行高度和预报风的影响,自等时点以经批准的一台发动机不工作的巡航速度飞向相邻两座延程运行指定备降机场的计划飞行时间相等。无风时的等时点就是到相邻两座航路备降场距离相等的点,在有风的情况下,等时点的位置必须根据风的影响来修正。下面简要介绍无风情况下等时点的确定方法。

首先,以备降机场为圆心,以最大改航距离为半径画圆确定运行区域。如图 9.4.15(a)所示,分别以备降机场 C_1、C_2、C_3、C_4 为圆心,最大改航距离为半径画出运行区域(图中的实线圆圈)。

其次,两个圆重叠圆弧部分的弦长与航线的交叉点即为等时点。连接备降机场 C_1 和 C_2 运行区域的两个交点,如图 9.4.15(b)中虚线所示,该虚线与航线的交点即为备降机场 C_1 和 C_2 的等时点 ETP_1。

最后,重复第二步确定出所有等时点。如图 9.4.15(c)所示,连接备降机场 C_2 和 C_3 运行区域的两个交点,连线与航线的交点为备降机场 C_2 和 C_3 的等时点 ETP_2;连接备降机场 C_3 和 C_4 运行区域的两个交点,连线与航线的交点为备降机场 C_3 和 C_4 的等时点 ETP_3。

5. 延程运行飞行计划

延程运行飞行计划首先要做出正常飞行计划,可以是标准飞行计划或二次放行飞行计划,算出总油量和允许业载及在各等时点的剩余油量,然后再确定临界燃油量,考虑临界燃油量的目的是要保证在改航时有足够的油量能飞到航路中的指定备降机场。

由燃油关键点飞到指定备降机场所需的油量即为临界燃油量。燃油关键点通常是但不总是延程运行航段内的最后一个等时点,这取决于延程运行区域内备降机场的布局和各备降机场的天气状况。值得注意的是,最后一个等时点未必是最后两座备降机场之间的等时点,所以必须通过仔细计算确定燃油关键点。

确定燃油关键点时,需要对每个等时点计算从该等时点飞往最近两座延程运行指定备降机场所需的油量,计算时必须考虑以下 3 种假定情况,并取最大值:

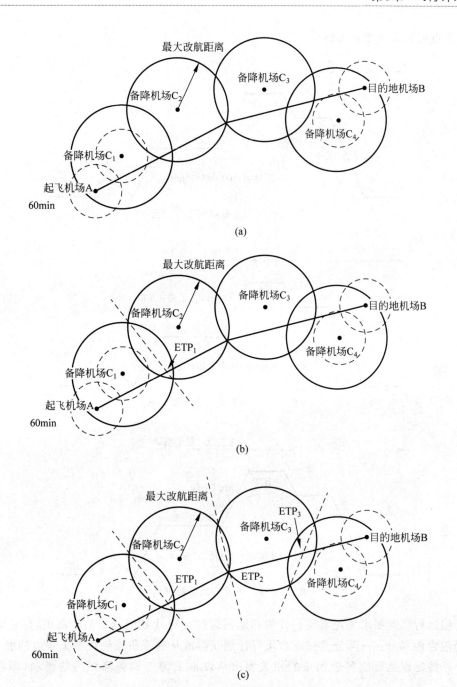

图 9.4.15 等时点计算示意图
(a) 等时点计算第一步;(b) 等时点计算第二步;(c) 等时点计算第三步

(1) 座舱释压,全发工作,飞行剖面如图 9.4.16 所示。
(2) 座舱释压,一发失效,飞行剖面如图 9.4.17 所示。
(3) 一发失效飘降,飞行剖面如图 9.4.18 所示。

在计算的各等时点所需燃油量中,如果大于正常飞行计划计算的在该点的预计剩余燃油量且差值最大,或者等于或小于正常飞行计划计算的在该点的预计剩余燃油量且差值最小,则该点可确认为燃油关键点。

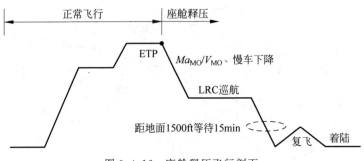

图 9.4.16　座舱释压飞行剖面

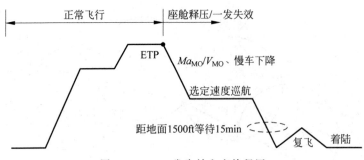

图 9.4.17　一发失效和座舱释压

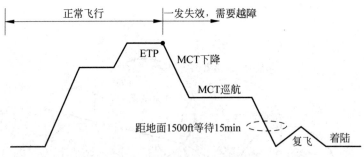

图 9.4.18　一发失效飘降剖面

延程运行燃油要求为正常飞行计划和延程运行飞行计划两者中的较高值,延程运行飞行计划包含两部分:一部分是按正常飞行计划获得的从起飞机场到燃油关键点的燃油;另一部分是按延程运行临界燃油量的相关要求从燃油关键点到备降机场的燃油,即临界燃油量。

如图 9.4.19 所示,在各等时点处,正常飞行计划计算的预计剩余燃油量均大于其所需的临界燃油量,但 ETP_4 的差值最小,因此,该点为燃油关键点。由于此点临界燃油量小于该点按正常飞行计划算出的剩余油量,表明原计划油量足够,无须增加燃油。

又如图 9.4.20 所示,在 ETP_2 处所需的临界燃油量大于正常飞行计划计算的预计剩余燃油量,因此,该点为燃油关键点。同时,由于此点临界燃油量超过该点按正常飞行计划算出的剩余油量,表明原来油量不足,应增加起飞油量,直到该点剩余油量等于临界燃油量。

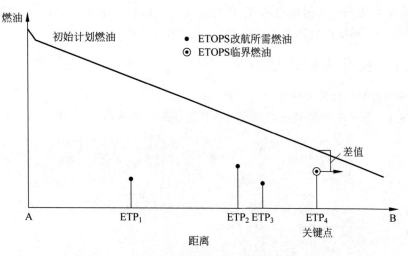

图 9.4.19　延程运行燃油（原计划油量足够）

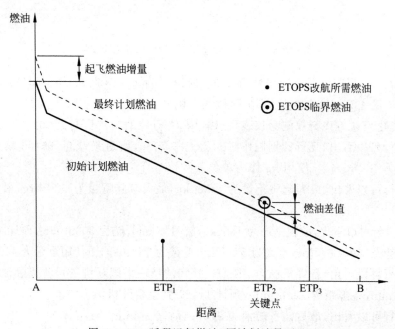

图 9.4.20　延程运行燃油（原计划油量不足）

9.5　计算机飞行计划

由于手工制作飞行计划计算量大、计算时间长、计算误差大，同时飞行计划的制订需要查阅许多资料，如机场数据、机型数据和气象数据等，因此手工制作详细的飞行计划比较困难，而解决这一问题的途径就是采用计算机飞行计划（computer flight plan，CFP）制作软件。目前，计算机飞行计划制作软件较多，主要有美国 Jeppesen 公司开发的 JetPlanner 软件、Sabre 公司开发的 Sabre 软件及德国汉莎公司开发的 Lido 软件。

关于计算机飞行计划的输出格式，各航空公司可以自己定义，故即使是使用相同的软件，输出的飞行计划格式也不完全一样，内容上也稍有差别。

9.5.1 标准飞行计划

下面举例说明用软件制作标准飞行计划的方法。

例 9.5.1 图 9.5.1 是某公司标准飞行计划截取的部分内容（JetPlanner 软件制作）。

图 9.5.1 标准飞行计划（ZBHH 飞往 ZBAA）

从第 1 行可以看出，飞行计划号为 8100，航班号为×××7281，由 ZBHH（呼和浩特白塔国际机场）飞往 ZBAA（北京首都国际机场），机型为 A320，计算成本指数 30，性能指数 F（基于燃油优化），航班飞行规则为仪表飞行规则，飞行计划制作日期为 2020 年 9 月 10 日。

从第 2 行可以看出，飞行计划制作时刻为上午 7:30，航班预计起飞时间为上午 10:00，飞机注册号为 B××××，使用 kg 作为单位。

从第 3 行可以看出，最大起飞重量为 73500kg，最大着陆重量为 64500kg，最大无油重量为 61000kg。

从第 4、5 行可以看出，航程燃油为 1865kg，航时 47min，航程 303n mile，预计 10:47 到达，实际起飞重量为 59237kg，着陆重量为 57372kg，业载为 13000kg，干使用重量为 41244kg。

从第 6 行可以看出，备降机场为 ZBHH（呼和浩特白塔国际机场），备降燃油为 1616kg，备降时间 35min，备降距离 224n mile，预计 11:27 到达备降机场上空。

从第 7 行可以看出，最后储备燃油为 970kg，时间 30min。

从第 8 行可以看出，不可预期燃油取 15min 等待燃油为 542kg。

从第 9 行可以看出，酌情携带的燃油为 0。

从第 10 行可以看出，滑行燃油也为 0。

从第 11 行可以看出，总油量为 4993kg，总时间为 2h8min。

例 9.5.2 图 9.5.2 是某公司标准飞行计划截取的部分内容（JetPlanner 软件制作）。

从第 1 行可以看出，飞行计划制作时间为 17:46，航班号为×××××，预计起飞时间为 22:05，计算成本指数为 20。

从第 2 行可以看出，本次航班由 ZGGG（广州白云国际机场）飞往 ZLLL（兰州中川国际机场），备降 ZLXY（西安咸阳国际机场）。

从第 3 行可以看出，地面距离为 1177n mile，航路平均风速逆风 23kn，最大颠簸指数为

```
1   COMPUTED 1746Z         FLGT NO            ETD   2205Z      CALC CI   20/F
2   ROUTE    ZGGG-ZLLL     ALTNAPT ZLXY       PROGS 1512UK    DATE
    ------------------------------------------------------------------------
3   GND DIST 1177          WIND COMP M023                MXSH 06/P444
4   AIR DIST 1245          ISA P03
    ------------------------------------------------------------------------
5   TRK ZGGG-ZLLL:
6   ZGGG.SUMIB W24 OSNOV G586 QP B330 ELKAL W179 OMBON B330 BESMI.ZLLL

7   FL PROFILE
8   TAS 459  FL  321/UDOXO 341/CDX    321
    ------------------------------------------------------------------------
9   AIRCRAFT DATA:
10           SEL/AGHK   IFR         ENGINE CFM56-5B       APD P01.7 PCT
11  A/C TYPE A320-214               SHARKLETS

12  BOW         AV PL       ZFW         TAXIW       TOW         LW
13  043045A     016221      059266      071603      071253      063598
14  043045M     019455      062500      077400      077000      066000
    ------------------------------------------------------------------------

15             FUEL    TIME   DIST
16  TRIP   ZLLL   007655  02/50  1177
17  ALT    ZLXY   002005  00/49  0324
18  FRESV  FUEL   001086  00/30  (RF 1300)
19  CONT   FUEL   000541  00/15
20  REQ    FUEL   011287  04/24
21  TXIAPU FUEL   000350
22  XTR    FUEL   000700  00/19  (CXTR 100/DXTR 300/FXTR 300)
23  TTL    FUEL   012337  04/43
```

图 9.5.2　标准飞行计划(ZGGG 飞往 ZLLL)

6,出现在 P444 航路点处。

从第 4 行可以看出,空中距离为 1245n mile,ISA 偏差为 ISA+3。

从第 5、6 行可以看出,航路为 ZGGG. SUMIB W24 OSNOV G586 QP B330 ELKAL W179 OMBON B330 BESMI. ZLLL。

第 7、8 行给出了飞行真空速和巡航高度的信息。

第 9～11 行给出了与飞机相关的信息。

第 12～14 行分别给出了干使用重量、业载、无油重量、滑行重量、起飞重量和着陆重量,其中"A"代表实际重量,"M"代表最大重量。由此可见,干使用重量为 43045kg;业载为 16221kg,最大业载为 19455kg;无油重量为 59266kg,最大无油重量为 62500kg;滑行重量为 71603kg,最大滑行重量为 77400kg;起飞重量为 71253kg,最大起飞重量为 77000kg;着陆重量为 63598kg,最大着陆重量为 66000kg。

第 15～23 行为油量部分,可以看出,此次飞行的航程燃油为 7655kg,航时为 2h50min,航程为 1177n mile;备降燃油为 2005kg,飞行时间为 49min,航程为 324n mile;最后储备燃油为 1086kg,时间为 30min;不可预期燃油为 541kg,时间为 15min;启动滑行燃油为 350kg;酌情携带燃油为 700kg;总起飞油量为 12337kg。

例 9.5.3　图 9.5.3 是某公司标准飞行计划截取的部分内容(Lido 软件制作)。

从第 1 行可以看出,重量单位为 kg。

从第 2 行可以看出,该飞机的预计滑行重量为 68489kg,预计起飞重量为 68337kg,预计

```
                 ALL WEIGHTS IN KILOS
ETXW  068489  ETOW  068337  ELDW  064500  EZFW  059378  EPLD  015634
MTXW  073900  MTOW  073500  MLDW  064500  MZFW  061000  APLD  .....
----------  ----------  ----------  ----------  ----------  ----------
TARGET ARRIVAL FUEL         5122KGS

DEST ZYTX          003837   0128
CONT FUEL MIN      000596   0015
ALTN ZYCC          001826   0043
FINL RESV          001200   0030
ADDN FUEL          000000   0000
DISC FUEL          001500   0035
TKOF FUEL          008959   0331
TAXI OUTF          000152   0010
LOAD FUEL          009111   0341

CONT FUEL IS CNFMD IN ANY CASE NOT LESS THAN 15 MIN HLD FUEL AT DEST 15 MIN
HLD FUEL AT DEST IS 596 KG

ADDN FUEL INCLUDES: 0
DISC FUEL INCLUDES: OPN 1500
```

图 9.5.3　标准飞行计划(ZYJM 飞往 ZYTX)

着陆重量为 64500kg，预计无油重量为 59378kg；预计业载为 15634kg。

从第 3 行可以看出，最大滑行重量为 73900kg，最大起飞重量为 73500kg，最大着陆重量为 64500kg，最大无油重量为 61000kg。

从该飞行计划的油量部分可以看出，在目的地着陆时的剩余油量为 5122kg，此次飞行的目的地为 ZYTX(沈阳桃仙国际机场)，航程燃油为 3837kg，航时为 1h28min；不可预期燃油为 596kg；备降机场为 ZYCC(长春龙嘉国际机场)，备降燃油为 1826kg，飞行时间为 43min；最后储备燃油为 1200kg，时间为 30min；附加燃油为 0kg；酌情携带的燃油为 1500kg，飞行时间为 35min；总起飞油量为 8959kg，时间为 3h31min；滑行燃油为 152kg，时间为 10min；总油量为 9111kg，时间为 3h41min。

例 9.5.4　图 9.5.4 是某公司标准飞行计划截取的部分内容(Sabre 软件制作)。

```
ACFTTYPE  A330-243   TRENT772C
TAXI OUT  250

PERFORMANCE SUMMARY
CLIMB-2E300M80   CRUISE-2EC140   DESCENT-2EM80300
IDLE/PERF -0.3/-0.5

AIRCRAFT PERFORMANCE ALL STRUCTURE LIMITED WEIGHTS IN KGS:
MTAXIW 233900  MTOW 233000  MLDW 182000  MZFW 170000  OEW 123049
TAXIWT 164212  BRWT 163962  LDGWT151771  ZFWT 141924  PLD  18875

NAV DATA ----FEB23MAR23/23
FMS ROUTE - CTU  PEK/002
ZUUU GUR9Y GURET W233 AGULU W81 NSH G212 AMVOG W61 NUDKU W56 DUGEB
DUG8YA ZBAA

FLT RELEASE   XXX XXXX    ZUUU/ZBAA    25FEB23

              FUEL   TIME  CORR   BRWT       LDGWT     ZFWT      REGN
DEST ZBAA    12191  02.23   ....  163962     151771    141924    BXXXX
CONT  5 %     1495  00.19   ....  (MIN CONT   1495)
DEST HOLD        0  00.00   ....  AVG W/C P011    ISA DEV M001
ALTERNATE     3492  00.38   ....  ZBSJ FL 301   209  373  W/C P 9
FNL RESERVE   2600  00.30   ....
REQD         19778  03.50   ....
EXTRA ALT      710  00.10
EXTRA DST     1550  00.20  (CPT     0 DSP     0 FOD     0 MAN 1550)
TAXI OUT       250
TOTAL        22288  04.20
```

图 9.5.4　标准飞行计划(ZUUU 飞往 ZBAA)

由图 9.5.4 可以看出，飞机机型为 A330-243，发动机型号为 TRENT772C，该航班号为 ×××　××××，飞机注册号为 B××××，于 2023 年 2 月 25 日执行由 ZUUU(成都双流国际机场)飞往 ZBAA(北京首都国际机场)，备降 ZBSJ(石家庄正定国际机场)的飞行任务，航路为 ZUUU GUR9Y GURET W233 AGULU W81 NSH G212 AMVOG W61 NUDKU W56 DUGEBDUG8YA ZBAA,航路平均风速顺风 11kn,ISA-1。

上升程序为 300/0.8,下降程序为 0.8/300,采用成本指数 40 巡航。

该飞机的滑行重量为 164212kg,最大滑行重量为 233900kg;起飞重量为 163962kg,最大起飞重量为 233000kg;着陆重量为 151771kg,最大着陆重量为 182000kg;无油重量为 141924kg,最大无油重量为 170000kg;业载为 18875kg,干使用重量为 123049kg。

从该飞行计划的油量部分可以看出,此次飞行的航程燃油为 12191kg,航时为 2h23min;不可预期燃油为 1495kg;目的地机场等待燃油和时间均为 0;备降燃油为 3492kg,飞行时间为 38min;最后储备燃油为 2600kg,时间为 30min;酌情携带的燃油到目的地机场为 1550kg,到备降机场为 710kg;总起飞油量为 22288kg。

9.5.2 二次放行飞行计划

下面举例说明二次放行飞行计划的制作方法。

例 9.5.5 图 9.5.5 是某公司二次放行飞行计划截取的部分内容(JetPlanner 软件制作)。

由图 9.5.5 可以看出,该航班由 CYVR(温哥华国际机场)飞往 ZYTX(沈阳桃仙国际机场),备降机场为 ZSQD(青岛流亭国际机场),二次放行点是 JMU,初始放行机场是 ZYHB(哈尔滨太平国际机场),备降机场是 ZYCC(长春龙嘉国际机场)。

```
NONSTOP COMPUTED 0223Z  FOR ETD 1700Z  PROGS  1918NWS  B6518E  KGS
XXXX AIRLINES                          CALLSIGN:  XXXX

        MTOW  233000      MLW  182000      MZFW  170000      OPCG

        PLAN        0947            0948            0949
        PD/RCLR     CYVR/ZYTX       JMU/ZYTX        CYVR/ZYHB
                    FUEL TIME DIST  FUEL TIME DIST  FUEL TIME DIST
        PA ZYTX     056677 0949 4542 004635 0112 0512 ZYHB 051990 0908 4220
        AL ZSQD     007564 0122 0478 007457 0123 0478 ZYCC 003392 0036 0180
        HLD         002311 0030      002263 0030      002342 0030
        RES         005668 0068      001202 0015      005200 0063
        B/RC                         050873 0838
        ETOP        000000 0000      000000 0000      000000 0000
        XTR         002100 0027      002100 0028      005606 0111
        TXI         001100           001100           001100
        TOT         075420 1317      069630 1226      069630 1228
```

图 9.5.5 二次放行飞行计划(CYVR 飞往 ZYTX)

从该飞行计划的油量部分可以看出,该飞行计划由 0947、0948 和 0949 三个子计划构成。其中,0947 是按标准飞行计划计算的油量;0948 为由二次放行点到最终目的地机场 ZYTX 的油量,其中,B/RC 代表由起飞机场到二次放行点的航程燃油;0949 为由起飞机场 CYVR 到初始放行机场 ZYHB 的油量。分别将 0948 和 0949 计划中 ETOP 行之前的燃油相加可得,0948 所需燃油较多,因此,0949 计划的 XTR(额外燃油)补充了更多的燃油,从而使 0948 和 0949 的总油量相同。对比 0947 和 0948 还可以看出,采用二次放行的方式可以少加 5790kg 的燃油。

例 9.5.6 图 9.5.6 是某公司二次放行飞行计划截取的部分内容(JetPlanner 软件

制作)。

由图 9.5.6 可以看出,该航班由 LKPR(布拉格鲁济涅机场)飞往 ZUUU(成都双流国际机场),备降机场为 ZLXY(西安咸阳机场),二次放行点是 XIXAN,初始放行机场是 ZLIC(银川河东国际机场),备降机场是 ZLXY(西安咸阳机场)。

```
PLAN        0688              0689              0690
PD/RCLR     LKPR/ZUUU         XIXAN/ZUUU        LKPR/ZLIC
            FUEL TIME DIST    FUEL TIME DIST    FUEL TIME DIST
PA ZUUU     052873 0907 4312  003704 0057 0187 ZLIC 049699 0839 4091
AL ZLXY     005762 0105 0421  005681 0105 0421 ZLXY 004418 0053 0313
HLD         002323 0030       002282 0030            002281 0030
RES         004789 0055       001291 0015            004456 0052
B/RC                          048371 0811
ETOP        000000 0000       000000 0000            000000 0000
XTR         002200 0028       002200 0029            002676 0035
TXI         000500            000500                 000500
TOT         068447 1205       064029 1127            064030 1129
```

图 9.5.6 二次放行飞行计划(LKPR 飞往 ZUUU)

从该飞行计划的油量部分可以看出,该飞行计划由 0688、0689 和 0690 三个子计划构成。其中,0688 是按标准飞行计划计算的油量;0689 为由二次放行点到最终目的地机场 ZUUU 的油量,其中,B/RC 代表由起飞机场到二次放行点的航程燃油;0690 为由起飞机场 LKPR 到初始放行机场 ZLIC 的油量。分别将 0689 和 0690 计划中 ETOP 行之前的燃油相加可得,0689 所需燃油较多,因此,0690 计划的 XTR(额外燃油)需要补充更多的燃油,以使 0689 和 0690 的总油量相同。对比 0688 和 0689 还可以看出,采用二次放行的方式可以少加 4418kg 的燃油。

9.5.3 延程运行飞行计划

下面举例说明延程运行飞行计划的制作方法。

例 9.5.7 图 9.5.7 是某公司延程运行飞行计划截取的部分内容(Sabre 软件制作)。

```
ACFTTYPE    A330-343       TRENT772C
TAXI OUT    250

PERFORMANCE SUMMARY
CLIMB-2E300M80   CRUISE-2ECI40   DESCENT-2EM80300
IDLE/PERF -1.0/-1.0

AIRCRAFT PERFORMANCE ALL STRUCTURE LIMITED WEIGHTS IN KGS:
MTAXIW 242900  MTOW 242000  MLDW 187000  MZFW 171000  OEW 128741
TAXIIWT 241442 BRWT 241192  LDGWT172227  ZFWT 157739  PLD 28998

NAV DATA ---JAN11FEB23/23
FMS ROUTE - PEK SYD/A01
ZBAA RUS8YD RUSDO W45 IPLEV B458 DADGA W37 OMBEB R473 WYN W18 TAMOT
B330 CH GRUPA V5 SABNO A583 ZAM A461 AMN R340 AGETA UH201 SCO H12
BOREE BORE3P YSSY

FLT RELEASE   XXX  XXX    ZBAA/YSSY    16JAN23
              FUEL    TIME    CORR    BRWT     LDGWT      ZFWT       REGN
DEST YSSY     68965   11.17   ....    241192   172227     157739     BXXXX
CONT 5 %      3448    00.41   ....    (MIN CONT   1610)
DEST HOLD     0       00.00           AVG W/C M003    ISA DEV P08
ALTERNATE     6720    01.11   ....    YBBN FL 200   413   379   W/C M12
FNL RESERVE   2800    00.30   ....
ETP/BU        0       00.00
REQD          81933   13.39   ....
EXTRA ALT     820     00.10
EXTRA DST     700     00.08  (CPT    0 DSP    0 FOD    0 MAN  700)
TAXI OUT      250
TOTAL         83703   13.57
```

图 9.5.7 延程运行飞行计划(ZBAA 飞往 YSSY)

由图9.5.7可以看出,该飞行计划的油量部分与标准飞行计划大致相同,但多了ETP/BU这一行,其燃油和时间均为0,由此可见,此航线在各等时点处按标准飞行计划计算的预计剩余燃油量均大于其所需的临界燃油量,因此无须增加燃油。

复习思考题

1. 求下列风速和温度的平均风向、风速及温度。

270°/25	−26℃	240°/35	−29℃
250°/30	−27℃	270°/25	−25℃
230°/40	−30℃	260°/20	−28℃

2. A—B分为4个航段,各航段距离分别为110km、380km、600km、650km,各航段风速的分量分别为100km/h、90km/h、120km/h和110km/h,温度分别为−27℃、−32℃、−29℃和−30℃,求A—B的航路当量风速和当量温度。

3. 两座机场航线距离为1600n mile,飞机的平均真空速为500kn,风速为逆风风速100kn,试求空中距离。

4. 一架飞机上升14min所经过的空中距离是90n mile,风速分量是逆风20n mile/h,试计算地面距离。

5. 简述已知起飞重量,确定航班耗油量及所能携带的商载的飞行计划的制作过程。

6. 简述已知商载,确定航班耗油量及所能携带的商载的飞行计划的制作过程。

7. 已知ARJ21-700飞机在备降机场的无油重量为31000kg,起飞机场至目的地机场的航程为1700n mile,巡航方式为远程巡航,巡航高度为FL350,顺风风速为40kn,温度为ISA+5℃,起飞机场和目的地机场的压力高度均为0ft,备降距离为240n mile,备降巡航高度为FL200,无风,备降机场压力高度为1500ft,温度为ISA+2℃,空调引气打开,发动机短舱防冰打开、机翼防冰关闭,以等待速度等待,滑行时间14min,APU使用时间10min,APU发电机和APU引气均接通。试利用附录9.3.7~附录9.3.11计算起飞总油量(不考虑迭代)。

8. 简述详细飞行计划的一般制订过程。

9. 分析航路风、备降距离对二次放行点最佳位置的影响。

10. 简述二次放行的基本思想及实施的基本方法。

11. 根据下图所示的延程运行航线,对于双发飞机,指出门限时间、延程运行区域、延程运行航段、延程运行进入点、延程运行退出点。

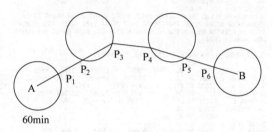

题11图

12. 根据下图所示三航段航路,计算一发失效的 ETP。

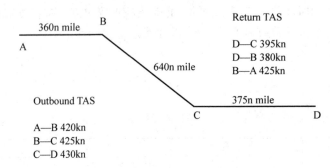

Outbound TAS
A—B 420kn
B—C 425kn
C—D 430kn

Return TAS
D—C 395kn
D—B 380kn
B—A 425kn

Route	TAS	Wind Component	Groundspeed	Distance	Time
Outbound					
A—B	420	+30	450	360	48
B—C	425	+55	480	640	80
C—D	430	+20	450	375	50
Return					
D—C	395	−20	375	375	60
C—B	380	−60	320	640	120
B—A	425	−25	400	360	54

题 12 图

13. 简述延程运行飞行计划的制订过程。

14. 根据下列飞行计划截图回答问题:

(1) 指出机型及发动机型号、航班号、起飞机场、目的地机场、备降机场、成本指数、航路平均风速及 ISA 偏差。

```
ACFTTYPE   A350-941P    TRENTXWB84
TAXI OUT   500

PERFORMANCE SUMMARY
CLIMB-2EM82     CRUISE-2EC140     DESCENT-2EM82DSC
IDLE/PERF -1.3/-1.3

AIRCRAFT PERFORMANCE ALL STRUCTURE LIMITED WEIGHTS IN KGS:
MTAXIW 280900  MTOW 280000  MLDW 207000  MZFW 195700  OEW 141121
TAXIWT 245333  BRWT 244833  LDGWT192446  ZFWT 181341  PLD  40220

NAV DATA ——MAR23APR20/23
FMS ROUTE - CDG PEK/001
LFPG NURM5A NURMO UN874 VEKIN UN873 ADUTO VICOT JUIST DOSUR KOTAM
EVONA P862 NETNA TUKMA P989 OBIBA P997 AKUGI T635 SADER T580 ADMUR
G117 XV R229 BA R104 GINOM Y655 INTIK A575 LHT B458 BIKUT W69 GUVBA
RW01 GUV9ZA ZBAA

FLT RELEASE    XXX XXXX    LFPG/ZBAA    11APR23
               FUEL   TIME   CORR    BRWT      LDGWT    ZFWT     REGN
DEST ZBAA     52387  09.14   ....   244833    192446   181341   BXXXX
CONT 5 %       2620  00.28   ....   (MIN CONT   1553)
DEST HOLD         0  00.00   ....   AVG W/C P026   ISA DEV P000
ALTERNATE      3516  00.37   ....   ZSJN FL 236    201  394  W/C P 1
FNL RESERVE    2700  00.30   ....
REQD          61223  10.49   ....
EXTRA ALT       789  00.10
EXTRA DST      1480  00.16 (CPT    0 DSP    0 FOD    0 MAN 1480)
TAXI OUT        500
TOTAL         63992  11.15
```

题 14 图

(2) 指出该飞机的最大滑行重量、最大起飞重量、最大着陆重量、最大无油重量、干使用重量、实际滑行重量、起飞重量、着陆重量、无油重量、业载重量。

(3) 指出此次飞行的航程燃油/航时、不可预期燃油、目的地机场等待燃油/时间、备降燃油/时间、最后储备燃油/时间、到目的地机场酌情携带的燃油、到备降机场酌情携带的燃油、总起飞油量。

第10章 空中交通服务飞行计划

10.1 飞行计划的内容

10.1.1 目视飞行规则飞行计划

与飞行计划相关的民航规章为《一般运行和飞行规则》(CCAR-91-R4)。根据 CCAR-91.349 条的规定,如本机场空域符合目视气象条件,可以在本机场按目视飞行规则飞行;如当前气象报告或者当前气象报告和气象预报的组合表明本机场、航路和目的地的天气符合目视气象条件,可以按照目视飞行规则进行航路飞行。目视飞行规则飞行计划必须包括以下内容:

(1) 该航空器国籍登记号和无线电呼号(如需要);
(2) 该航空器的型号,或者如编队飞行,每架航空器的型号及编队的航空器数量;
(3) 机长的姓名和地址,或者如编队飞行,编队指挥员的姓名和地址;
(4) 起飞地点和预计起飞时间;
(5) 计划的航线、巡航高度(或者飞行高度层)及在该高度的航空器真空速;
(6) 第一个预定着陆地点和预计飞抵该点上空的时间;
(7) 装载的燃油量(以时间计);
(8) 机组和搭载航空器的人数;
(9) 局方和空中交通管制要求的其他任何资料。

当批准的飞行计划生效后,航空器机长拟取消该飞行时,必须向空中交通管制机构报告。

10.1.2 仪表飞行规则飞行计划

根据 CCAR-91.359 条的规定,除经空中交通管制同意外,仪表飞行规则飞行计划的内容除了上述目视飞行规则飞行计划的内容,如果有备降机场,则飞行计划的内容应该包括备降机场。

10.2　ICAO 飞行计划的提交

根据《民用航空飞行动态固定格式电报管理规定》(MH/T 4007—2012),民用航空器飞行计划的提交要求主要有:

(1) 航空器营运人及其代理人获得相关预先飞行计划批复后方可提交飞行计划。提交飞行计划的内容应当与预先飞行计划的批复一致。

(2) 航空器营运人及其代理人应当于航空器预计撤轮挡时间 2h30min 前提交飞行计划。遇有特殊情况,经与计划受理单位协商,最迟不晚于航空器预计撤轮挡时间前 75min 提交飞行计划。国内航空器营运人执行国内飞行任务不得早于预计撤轮挡时间前 24h 提交飞行计划;航空器营运人执行其他任务不得早于预计撤轮挡时间前 120h 提交飞行计划。航空器营运人及其代理人不得为同一飞行活动重复提交飞行计划。

(3) 当航空器飞行计划变化时,航空器营运人及其代理人应当于航空器预计撤轮挡时间前 45min 提交飞行计划修改,并应在最后通知的预计撤轮挡时间后 3h30min 内提交飞行计划修改。对于已经拍发修改领航计划(CHG)的飞行计划,不再重新提交新的飞行计划,管制单位不再拍发新的领航计划报(FPL)。

(4) 当已拍发 FPL 的飞行计划需要取消或者预计需要取消时,航空器营运人及其代理人应当及时提交取消申请。需要时,可重新提交新的飞行计划,由管制单位再次拍发 FPL。

(5) 当航空器飞行计划预计或者已经推迟 30min 以上时,航空器营运人及其代理人应当立即提交飞行计划延误情况。

10.3　ICAO 飞行计划的内容

飞行计划表的内容应当包括飞行任务的性质、航空器呼号、航班号、航空器型号、机载设备、真空速或马赫数、起飞机场、预计起飞时间、巡航高度层、飞行航线、目的地机场、预计飞行时间、航空器国籍和登记标志、航空器携油量、备降机场等。其格式如图 10.3.1 所示。

填写飞行计划表时,必须遵守《民用航空飞行动态固定格式电报管理规定》规定的要求。当报类代号填写 FPL 时,为领航计划报,是根据航空器运营人或其代理人提交的飞行计划数据,由运营人拍发给沿航路有关空中交通服务单位的电报。

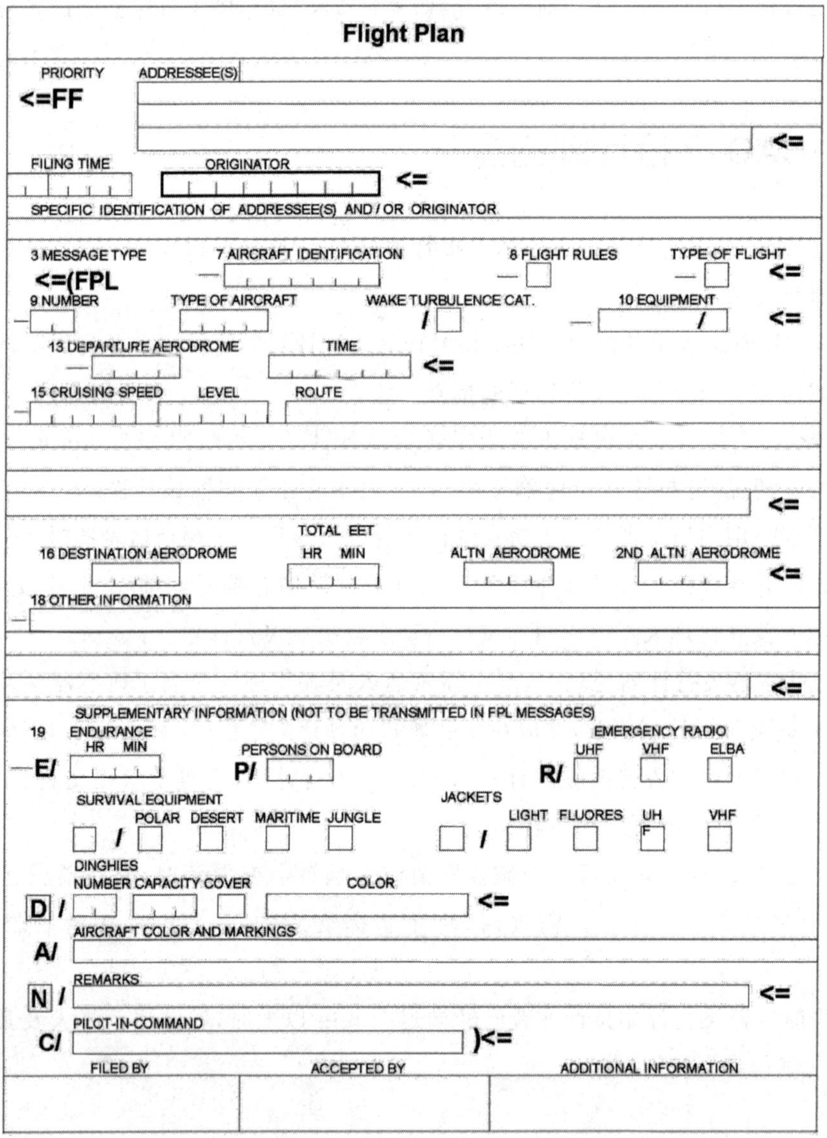
Flight Plan

PRIORITY ADDRESSEE(S)
<=FF
<=
FILING TIME ORIGINATOR
<=
SPECIFIC IDENTIFICATION OF ADDRESSEE(S) AND/OR ORIGINATOR

3 MESSAGE TYPE 7 AIRCRAFT IDENTIFICATION 8 FLIGHT RULES TYPE OF FLIGHT
<=(FPL — — — <=
9 NUMBER TYPE OF AIRCRAFT WAKE TURBULENCE CAT. 10 EQUIPMENT
— / — / <=
13 DEPARTURE AERODROME TIME
— <=
15 CRUISING SPEED LEVEL ROUTE
—
<=
TOTAL EET
16 DESTINATION AERODROME HR MIN ALTN AERODROME 2ND ALTN AERODROME
<=
18 OTHER INFORMATION
—
<=

SUPPLEMENTARY INFORMATION (NOT TO BE TRANSMITTED IN FPL MESSAGES)
19 ENDURANCE EMERGENCY RADIO
HR MIN PERSONS ON BOARD UHF VHF ELBA
—E/ P/ R/
SURVIVAL EQUIPMENT JACKETS
POLAR DESERT MARITIME JUNGLE LIGHT FLUORES UHF VHF
/ /
DINGHIES
NUMBER CAPACITY COVER COLOR
D / <=
AIRCRAFT COLOR AND MARKINGS
A/
REMARKS
N / <=
PILOT-IN-COMMAND
C/)<=
FILED BY ACCEPTED BY ADDITIONAL INFORMATION

图 10.3.1 ICAO 飞行计划表

10.4 ICAO 飞行计划的识读

10.4.1 编组构成

固定格式的空中交通服务电报的报文内容应由若干个规定的数据编组(以下简称“编组”)按固定顺序排列构成;不应随意缺省,每个编组由按顺序排列的几个不同内容的数据项目或一个单项数据构成,之间应以空格或“/”隔开。表 10.4.1 列出了编组号及其所对应的数据类型。

表 10.4.1　编组号及其所对应的数据类型

编组号	数据类型	编组号	数据类型
3	电报类别、编号和参考数据	15	航路
5	紧急情况说明	16	目的地机场和预计总飞行时间、目的地备降机场
7	航空器识别标志和SSR模式及编码	17	落地机场和时间
8	飞行规则及种类	18	其他情报
9	航空器数目、机型和尾流等级	19	补充情报
10	机载设备与能力	20	搜寻和救援告警情报
13	起飞机场和时间	21	无线电失效情报
14	预计飞越边界的数据	22	修订

对于领航计划报(FPL)，其编组构成如图 10.4.1 所示，图中的"→"符号用于指示组成各种报文的编组构成次序，在实际报文填写中不出现。

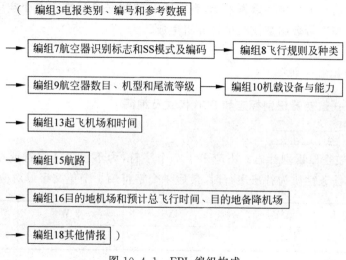

图 10.4.1　FPL 编组构成

10.4.2　结构和标点

领航计划报(FPL)报文内容结构和标点的主要要求如下：

(1) 用"("表示空中交通服务报文的开始，其后为各编组，如(FPL…。

(2) 除第一编组(编组 3)外，在其他编组中，均应用一连字符"-"表示该编组开始，且只应在该编组开始时使用一次，其后为各数据项，如-STS/ALTRV HEAD。

(3) 各编组之间不应有空格，如-A332/H-SDE3FGHIJ4J5M1RWY/LB1D1。

(4) 应用一个反括号")"表示空中交通服务报文数据结束，如…PBN/A1B1C1D1L1)。

(5) 每个编组由一个或几个不同内容的数据项构成时，中间应以空格或"/"隔开，如-A332/H。

(6) 使用两种结构的数据框代表不同类型的数据项。数据框格式 1：▢▢▢，这种封闭型数据框表示该数据项由固定数量的字符构成，此示例表示该数据项中含有 3 个字符。

数据框格式 2：□▭，这种开放型数据框表示该数据项由非固定数量的字符构成，此示例表示该数据项中含有任意数量的字符。

10.4.3 编组内容

1. 编组 3——电报类别、编号和参考数据

格式：[A] [B] [C]

数据项 A：报类代号，用 3 个字母表示，对于领航计划报，应填入 FPL。该电报等级为 FF，加急报。

数据项 B：电报号码。用 1~4 个字母表示发报的空中交通服务单位，后随斜线"/"，后随 1~4 个字母表示收报的空中交通服务单位，后随 3 个数字，表示所发电报的顺序号。

数据项 C：参考数据。用 1~4 个字母后随斜线"/"，后随 1~4 个字母，后随 3 个数字，表示对 B 项回复的顺序号。

编组 3 通常情况下只包括数据项 A，数据项 B 和数据 C 只能在 2 个空中交通服务单位的计算机系统之间进行数据交换时由计算机生成。

示例：

—FPL 表示领航计划报。

2. 编组 7——航空器识别标志和 SSR 模式及编码

格式：-[A]/[B][C]

数据项 A：航空器识别标志。不应多于 7 个字符，为不包含连字符或符号的字母或数字。当该航空器任务性质为补班飞行时，最后 1 个字符用 1 个英文字母对应替代，表示为：

| 0-Z | 1-Y | 2-X | 3-W | 4-V |
| 5-U | 6-T | 7-S | 8-R | 9-Q |

航空器识别标志包括两类：

（1）国际民用航空组织分配给航空器运营人的三字代号后随飞行任务的编号作为航空器识别标志，如 KLM511、CCA1501、CES510W（CES5103 的补班）、CSN303Z（CSN3030 的补班）。

（2）航空器的注册标志，如 B2332、ELAKO、4QBCD、N2567GA：

① 无线电话联络时航空器所使用的呼号仅包括此识别标志，如 OOTEK，或将国际民用航空组织航空器运营人电话代号置于其前，如 SABENA OOTEK；

② 航空器未装有无线电设备。

数据项 B：SSR 模式。用字母 A 表示"数据项 C"的 SSR 模式。

数据项 C：SSR 编码。用 4 位 8 进制数字表示由空中交通服务部门指定给航空器的 SSR 编码。

示例：

—HDA901 表示港龙航空 901 航班；

—CES510U 表示东航 5105 的补班。

3. 编组 8——飞行规则及种类

格式：-AB

数据项 A：飞行规则。用一个字母表示为：

I——整个飞行准备按照仪表飞行规则运行；

V——整个飞行准备按照目视飞行规则运行；

Y——飞行先按照仪表飞行规则运行，后随对飞行规则的一个或多个相应修改；

Z——飞行先按照目视飞行规则运行，后随对飞行规则的一个或多个相应修改。

注：如果使用字母 Y 或 Z，计划改变飞行规则的各个航路点应按编组 15 的要求填写。

数据项 B：飞行种类。用一个字母表示为：

S——定期的航空运输飞行；

N——非定期的航空运输飞行，包括旅客包机飞行、货包机飞行；

G——通用航空飞行，包括播种飞行、公务飞行、人工降雨飞行、护林飞行、农化飞行、物理控矿飞行等；

M——军用运输飞行；

X——其他飞行，包括熟练飞行、校验飞行、调机飞行、试飞飞行、专机、急救等。

示例：

—VG 表示目视飞行规则通用航空飞行；

—IS 表示仪表飞行规则定期运输飞行。

4. 编组 9——航空器数目、机型和尾流等级

格式：-[A][B]/[C]

数据项 A：航空器数目（如多于一架）。此单项应仅用于多架航空器编队飞行中，用 1 位或 2 位数字表示航空器架数。

数据项 B：航空器机型。用 2～4 个字符，按国际民航组织文件 8643 号《航空器机型代码》的规定填写，如无指定的代号或在飞行中有多种机型，则填写"ZZZZ"；如使用字母 ZZZZ，则应在编组 18"TYP/"数据项中填入航空器的具体机型。

数据项 C：尾流等级。用一个字母表示航空器的最大许可起飞重量：H 为重型（≥136t），M 为中型（大于 7t 小于 136t），L 为轻型（≤7t）。

示例：

—B738/M 表示波音 737-800/中型机；

—B744/H 表示波音 747-400/重型机。

5. 编组 10——机载设备与能力

机载设备与能力主要由"在飞机上存在的相关可用设备""与机组成员资格能力相符的设备和能力"及"经过有关当局授权使用的"3 种元素组成。

格式：-[A]/[B]

数据项 A：无线电通信、导航及进近设备与能力。应填入 1 个字母表示：

N——航空器未载有无线电通信、导航、进近设备或此类设备不工作；

S——航空器载有标准的通信、导航、进近设备并可工作。

如果使用字母"S",除非有关的空中交通服务当局规定了其他设备的组合,否则甚高频无线电话、全向信标接收机和仪表着陆系统都应视为标准设备。

填入"N"或"S"和(或)表 10.4.2 中一个或多个字符(建议按英文字母先后顺序排列),表示可以工作的通信、导航、进近设备与能力。

表 10.4.2 机载设备

字符	表示内容	字符	表示内容
A	GBAS 着陆系统	J7	管制员与驾驶员数据链通信、FANS 1/A、卫星通信(铱星)
B	LPV(星基增强系统的垂直引导进近程序)	K	微波着陆系统
C	罗兰 C	L	仪表着陆系统
D	测距仪	M1	空中交通管制无线电话、卫星通信(国际海事卫星组织)
E1	飞行管理计算机、航路点位置报告、航空器通信寻址与报告系统	M2	空中交通管制无线电话(多功能运输卫星)
E2	数据链飞行情报服务、航空器通信寻址与报告系统	M3	空中交通管制无线电话(铱星)
E3	起飞前放行、航空器通信寻址与报告系统	O	全向信标台
F	自动定向仪	P1~P9	保留给所需通信性能
G	全球导航卫星系统	R	获得 PBN 批准
H	高频、无线电话	T	塔康
I	惯性导航	U	特高频无线电话
J1[a]	管制员与驾驶员数据链通信、航空电信网、甚高频数据链模式 2	V	甚高频无线电话
J2	管制员与驾驶员数据链通信、FANS 1/A、高频数据链	W	获得缩小垂直间隔批准
J3	管制员与驾驶员数据链通信、FANS 1/A、甚高频数据链模式 4	X	获得最低导航性能规范批准
J4	管制员与驾驶员数据链通信、FANS 1/A、甚高频数据链模式 2	Y	有 8.33kHz 频道间距能力的甚高频
J5	管制员与驾驶员数据链通信、FANS 1/A、卫星通信(国际海事卫星组织)	Z	携带的其他设备或能力
J6	管制员与驾驶员数据链通信、FANS 1/A、卫星通信(多功能运输卫星)		

填写数据项 A 时应注意:

① 如果使用字母 R,应在编组 18 中的 PBN/代码之后,填入能够满足基于性能的导航水平。对特定航段、航路和(或)区域适用基于性能导航的指导材料载于《基于性能导航手册》(Doc 9613 号文件)。

② 如果在编组 10A 中有 W 项,则编组 18 中不能有 STS/NONRVSM,且如果在编组 18 中有 STS/NONRVSM,则编组 10A 项中不能有 W。

③ 如果使用字母"Z",则应在第 18 项注明所载的其他设备,并视情况冠以 COM/、

NAV/和（或）DAT/。

④ 如果使用字母"G"，则应在编组 18 中的 NAV/代码之后注明任何 GNSS 外部增强的类型，其间用空格隔开。

数据项 B：监视设备与能力。用表 10.4.3～表 10.4.6 中 1 个或最多 20 个字符来描述可用的机载监视设备与能力。

表 10.4.3　二次监视雷达 A 和 C 模式

字符	表 示 内 容
N	没有应答机
A	应答机 A 模式（4 位数，4096 个编码）
C	应答机 A 模式（4 位数，4096 个编码）和应答机 C 模式

表 10.4.4　二次监视雷达 S 模式

字符	表 示 内 容
S	应答机 S 模式，具有气压高度和航空器识别能力
P	应答机 S 模式，具有气压高度，但没有航空器识别能力
I	应答机 S 模式，具有航空器识别能力，但无气压高度发射信号能力
X	应答机 S 模式，没有航空器识别和气压高度能力
E	应答机 S 模式，具有航空器识别、气压高度发射信号和超长电文（ADS-B）能力
H	应答机 S 模式，具有航空器识别、气压高度发射信号和增强的监视能力
L	应答机 S 模式，具有航空器识别、气压高度发射信号、超长电文（ADS-B）和增强的监视能力

表 10.4.5　广播式自动相关监视

字符	表 示 内 容
B1	具有专用 1090MHz 广播式自动相关监视"发送"能力的广播式自动相关监视
B2	具有专用 1090MHz 广播式自动相关监视"发送"和"接收"能力的广播式自动相关监视
U1	使用 UAT 广播式自动相关监视"发送"能力
U2	使用 UAT 广播式自动相关监视"发送"和"接收"能力
V1	使用 VDL 模式 4 广播式自动相关监视"发送"能力
V2	使用 VDL 模式 4 广播式自动相关监视"发送"和"接收"能力

表 10.4.6　契约式自动相关监视

字符	表 示 内 容
D1	具有 FANS 1/A 能力的契约式自动相关监视
G1	具有航空电信网能力的契约式自动相关监视

填写数据项 B 时应注意：

① 在表 10.4.3 和表 10.4.4 中，"A""C""E""H""I""L""P""S""X"应只填写其一。

② 在表 10.4.5 中，"B1""B2"只能出现一个，不应同时出现；"U1""U2"只能出现一个，不应同时出现；"V1""V2"只能出现一个，不应同时出现。

示例：

——ADE3RV/EB1 表示机载设备有：GBAS 着陆系统、测距仪、起飞前放行航空器通信寻址与报告系统、获得 PBN 批准、甚高频无线电话。监视设备与能力有：应答机 S 模式，具有航空器识别、气压高度发射信号和超长电文（ADS-B）能力，并具有专用 1090MHz 广播式自动相关监视"发送"能力的广播式自动相关监视。

6．编组 13——起飞机场和时间

格式：- [A][B]

数据项 A：起飞机场，使用国际民航组织规定的四字地名代码，如果该机场无四字地名代码，则用 ZZZZ 表示，此时，应在编组 18 "DEP/"数据项中填入起飞机场名称和位置或航路的第一个点或者无线电信标标记。如果在空中申报飞行计划，则用"AFIL"表示；如果使用"AFIL"，应在编组 18 "DEP/"数据项中填入可提供补充飞行数据的空中交通服务单位。

数据项 B：时间（UTC），用 4 位数字表示。在起飞前所发的 FPL 报中，填入起飞机场的预计撤轮挡时间（estimated off-block time）；按数据项 A 中的"AFIL"表示，从空中申报飞行计划的，应填写该计划适用的第一个航路点的实际或预计飞越时间。

示例：

—ZSSS2035 表示起飞机场为虹桥机场，预计撤轮挡时间为 20：35；

—AFIL1625 表示空中申报飞行计划，第一个航路点的实际或预计飞越时间为 16：25。

7．编组 15——航路

格式：- [A][B]（空格）[C]

数据项 A：巡航速度（最多 5 个字符），飞行中第一个或整个巡航航段的真空速，按表 10.4.7 表示。

表 10.4.7　巡航速度或马赫数

字　符	表　示　内　容
"K"后随 4 位数字	真空速，单位为千米每小时（km/h），示例：K0830
"N"后随 4 位数字	真空速，单位为海里每小时（n mile/h），示例：N0485
"M"后随 3 位数字	最近的 1%马赫单位的马赫数，示例：M082（当有关 ATS 单位有规定时使用）

数据项 B：巡航高度层（最多 5 个字符），所飞航路的第一个或整个航段计划的巡航高度层按表 10.4.8 表示。

表 10.4.8　巡航高度层

字　符	表　示　内　容
"M"后随 4 位数字	表示以 10m 为单位的海拔高度，示例：M0840
"S"后随 4 位数字	表示以 10m 为单位的标准米制飞行高度层，示例：S1130
"A"后随 3 位数字	表示以 100ft 为单位的海拔高度，示例：A045、A100
"F"后随 3 位数字	表示以 100ft 为单位的飞行高度层，示例：F085、F330
"VFR"	表示不受管制的目视飞行规则飞行

数据项 C：航路（ATS route）。以空格隔开的表 10.4.9 中列出的 7 个类别的数据项，无论次序如何，都能够准确地说明可行的航路情况，必要时应加上若干个"c"项，每项之前应有空格，见表 10.4.9。

表 10.4.9　航　路

数据项	表 示 内 容
c1	标准离场航线代号,即从起飞机场到拟飞的已确定航路的第一个重要点的标准离场航路代号,其后可随以"c3"或"c4"。若无法确定将使用的标准离场航线,应不加"c1"
c2	空中交通服务航路代号,其后仅随以"c3"或"c4"
c3	重要点,包括航路加入点、航路退出点、航路转换点、航路和标准进离场航线之间的连接点、空中交通管制单位规定的强制性位置报告点等
c4	重要点、巡航速度或马赫数、申请的巡航高度层;距一重要点的方位和距离:重要点的编码代号后随 3 位数字,表示相对该点的磁方位度数,再随以 3 位数字表示距离该点的海里数。在高纬度地区,如有关当局确定参考磁方位度数不可行,可使用真方位度数。为使数位正确,需要时插入"0",如距全向信标台(VOR)"DUB"40n mile,磁方位 180°的一点,以"DUB180040"表示
c5	简字,表示如下: DCT——当下一个预飞点是在指定航路以外时,用 DCT 表示,除非这些点是用地理坐标或方位及距离表示。 VFR——在飞过某点后改为目视飞行规则(仅可跟随"c3"或"c4")。 IFR——在飞过某点后改为仪表飞行规则(仅可跟随"c3"或"c4")。 T——表明航空器的申报航路被压缩,压缩部分应在其他数据中或以前发的领航计划中查找。使用时,T 应是航路编组的结尾
c6	巡航爬高(最多 28 个字符)。在字母 c 后随一斜线"/",然后填入计划开始巡航爬高点,后随一斜线"/",然后按数据项 A 填写在巡航爬高期间应保持的速度,随以两个高度层(按数据项 B 表示),以确定在巡航爬高期间拟占用的高度夹层,或预计巡航爬升至其以上高度层,后随以"PLUS",其间不留空格
c7	标准进场航线代号,即从规定航路退出点到起始进近定位点标准进场航线的代号。若无法确定将使用的标准进场航线,应不加"c7"

本编组中使用"DCT"时应注意以下问题:

① 在设定有标准进离场航线的机场,在航线航路与标准进离场航线间连接点的前后不应填写"DCT"。当所飞机场没有标准进离场航线与航路相连时,在航线航路加入点之前或退出点之后,可使用"DCT"。

② 当飞往下一点的飞行路线是在指定航路以外时,用"DCT"连接下一点;在没有连接点的两条航路之间转换时,一条航路的退出点和另一条航路的加入点之间可以使用"DCT",除非连接飞行路线的点都是用地理坐标或方位及距离表示。

③ 当空中交通服务部门有要求时,应使用"DCT"。

本编组中填写"标准进离场航线"时应注意以下内容:

空中交通服务航路包括航线、航路、标准离场航线(SID)和标准进场航线(STAR)等。通常情况下,航路与标准进、离场航线是相连接的。在设有标准进、离场航线的机场,空中交通管制部门会适时向飞行员指定适当的标准进、离场航线,或通报实时雷达引导等,这些在领航计划报中是无法确定的。在这种情况下,按照国际民航组织有关文件(Doc4444)中的相关说明,在航线航路和标准进、离场航线间连接点的前后填写标准进、离场航线是不恰当的。因为这样不能准确地表述航路情况,也会与空中交通管制部门的要求相违背。

示例:

——K0882S1010 表示巡航真空速为 882km/h,巡航高度为 10100m;

——M082F310 表示巡航马赫数为 Ma0.82,巡航高度为 31000ft。

8. 编组16——目的地机场和预计总飞行时间、目的地备降机场

格式：- [A][B](空格)[C]

数据项A：目的地机场，使用国际民航组织规定的四字地名代码。如果该机场没有四字地名代码，则填入字母"ZZZZ"，此时，在编组18"DEST/"数据项中直接填入目的地机场名称或位置。然后，不留空格填写预计飞行总时间。

数据项B：预计总飞行时间(total estimated elapsed time)，用4位数字表示经过的总时间。从空中申报飞行计划的航空器，预计总飞行时间是指从飞行计划适用的第一航路点开始计算的预计时间至飞行计划终止点的预计时间。

数据项C：目的地备降机场(alternate aerodrome)。必要时空格后可再填入1座备降机场，最多可填2座备降机场，使用国际民航组织规定的目的地备降机场四字地名代码。如果该机场没有四字地名代码，则填入字母"ZZZZ"，此时，在编组18"DEST/"数据项中填写目的地备降机场名称或位置。

示例：

—ZSPD0200 ZSHC 表示目的地为上海浦东国际机场，预计飞行时间2h，备降杭州萧山机场。

—ZBAA0230 ZBTJ ZYTL 表示目的地为首都机场，预计飞行时间2h30min，备降天津滨海国际机场，第2备降机场为大连国际机场。

9. 编组18——其他情报

格式1：- [A]

格式2：- [ ](空格)[ ](空格)[ ][ ]

本编组无任何信息时，按格式1在数据项A中填入数字"0"。本编组有信息时，按格式2，根据表10.4.10中的先后次序，随以一斜线"/"填写有关情报。在各数据项中只能出现一次斜线"/"，且不应再出现其他标点符号，数据项间以空格隔开，若某个数据项无内容，则该项应省略，并且避免重复使用某个数据项，针对某个数据项有多条信息时，应用同一个数据项标识符，并用空格分隔各条信息。

表 10.4.10　其他情报

数据项	表示内容
STS/	只有下述内容可以填写在STS/后面，如有两种以上情况需要特别说明的，应以空格分开。其他原因则填写到RMK/后。 ALTRV：按照预留高度运行的飞行； ATFMX：有关空中交通服务当局批准豁免空中交通流量管理措施的飞行； FFR：灭火； FLTCK：校验导航设施的飞行检测； HAZMAT：运载有害材料的飞行； HEAD：国家领导人性质的飞行； HOSP：医疗当局公布的医疗飞行； HUM：执行人道主义任务的飞行； MARSA：军方负责管理的军用航空器最低安全高度间隔飞行，用以标明飞行时效时，要求编组9的飞机数量大于1架；用以标明从一个特定点开始时，在编组18的RMK项后紧跟航空器标识和进入作业区的时间； MEDEVAC：与生命攸关的医疗紧急疏散； NONRVSM：不具备缩小垂直间隔能力的飞行，准备在缩小垂直间隔空域运行； SAR：从事搜寻与援救任务的飞行； STATE：从事军队、海关或警察服务的飞行

续表

数 据 项	表 示 内 容
PBN/	表示区域导航和/或所需导航性能的能力,只能填写指定的字符内容,最多8个词条,不超过16个符号,词条之间不用空格。 区域导航规范: A1 RNAV 10(RNP 10) B1 RNAV 5 所有允许的传感器 B2 RNAV 5 全球导航卫星系统 B3 RNAV 5 测距仪/测距仪 B4 RNAV 5 甚高频全向信标/测距仪 B5 RNAV 5 惯性导航或惯性参考系统 B6 RNAV 5 罗兰 C C1 RNAV 2 所有允许的传感器 C2 RNAV 2 全球导航卫星系统 C3 RNAV 2 测距仪/测距仪 C4 RNAV 2 测距仪/测距仪/IRU D1 RNAV 1 所有允许的传感器 D2 RNAV 1 全球导航卫星系统 D3 RNAV 1 测距仪/测距仪 D4 RNAV 1 测距仪/测距仪/IRU 所需导航性能规范: L1 RNP 4 O1 基本 RNP 1 所有允许的传感器 O2 基本 RNP 1 全球导航卫星系统 O3 基本 RNP 1 测距仪/测距仪 O4 基本 RNP 1 测距仪/测距仪/IRU S1 RNP APCH S2 具备 BAR-VNAV 的 RNP APCH T1 有:RF 的 RNP AR APCH(需要特殊批准) T2 无:RF 的 RNP AR APCH(需要特殊批准) 如 PBN/后面出现 B1、B5、C1、C4、D1、D4、O1 或 O4,则 10A 编组应填入 I; 如 PBN/后面出现 B1 或 B4,则 10A 编组应填写 O 和 D,或 S 和 D; 如 PBN/后面出现 B1、B3、B4、C1、C3、C4、D1、D3、D4、O1、O3 或 O4,则 10A 编组应填写 D; 如 PBN/后面出现 B1、B2、C1、C2、D1、D2、O1 或 O2,则 10A 编组应填写 G
NAV/	除 PBN/规定之外,按有关 ATS 单位要求,填写与导航设备有关的重要数据。在此代码项下填入全球导航卫星增强系统,两个或多个增强方法之间使用空格。 注 1:NAV/GBAS SBAS
COM/	按有关 ATS 单位要求,填写 10A 中未注明的通信用途或能力
DAT/	按有关 ATS 单位要求,填写 10A 中未注明的数据用途或能力
SUR/	按有关 ATS 单位要求,填写 10B 中未注明的监视用途或能力

续表

数 据 项	表 示 内 容
DEP/	如在编组 13 中填入"ZZZZ",则应在此填入起飞机场英文全称、拼音全称或其他代号。如果在编组 13 中填入 AFIL,则应填入可以提供飞行计划数据的 ATS 单位的四字地名代码。对于相关的航行资料汇编未列出的机场,按以下方式填写位置: 以 4 位数字表示纬度数的十位数和个位数分数,后随"N"(北)或"S"(南);再随以 5 位数字,表示经度数的十位数和个位数分数,后随"W"(东)或"W"(西)。为使数位正确,需要时插入"0",例如,4620N07805W(11 位字符)。 距最近重要点的方位和距离表示如下:重要点的编码代号,后随 3 位数字表示相对该点的磁方位度数,再随以 3 位数字表示距离该点的海里数。在高纬度地区,如有关当局确定参考磁方位度数不可行,可使用真方位度数。为使数位正确,需要时插入"0",如果航空器从非机场起飞,填入第一个航路点(名称或经纬度)或无线电指点标
DEST/	如在编组 16 数据项 A 中填入"ZZZZ",则在此填入目的地机场的名称和位置。对于相关航行资料汇编未列出的机场,按上述 DEP/的规定以经纬度填入机场位置或距最近重要点的方位和距离
DOF/	飞行计划执行日期(起飞日期)(YYMMDD,其中 YY 表示年,MM 表示月,DD 表示日)
REG/	当与编组 7 的航空器识别标识不同时,填入航空器的国籍、共同标识和登记标识
EET/	由地区航行协议或有 ATS 当局规定的重要点或飞行情报区边界代号和起飞至该点或飞行情报区边界累计的预计实耗时间,由一个或多个字符串组成。每个字符串包括 2～5 个字母、数字、字符或一个地理坐标,后随一个 4 位数的时间,为 0000～9959(即 0～99h,0～59min)。 注 2:EET/CAP0745 XYZ0830 EET/EINN0204
SEL/	经装备的航空器的选择呼叫编码
TYP/	如在编组 9 中填入了"ZZZZ",则在本数据项填入航空器机型,必要时不留空格,前缀航空器数目,其间用一个空格隔开。 注 3:TYP/2F15 5F5 3B2
CODE/	按有关 ATS 当局要求的航空器地址(以 6 位 16 进制字符的字母代码形式表示)。 注 4:F00001 是国际民航组织管理的具体模块中所载的最小航空器地址
DLE/	航路延误或等待,填入计划发生延误的航路重要点,随后用时分(小时分钟)4 位数表示延误时间。航路重要点应与编组 15 数据项 C 中的一致,如果不一致,应进入错误信息处理过程。 注 5:DLE/MDG0030
OPR/	当与编组 7 的航空器识别标识不同时,填入航空器运行机构的 ICAO 代码或名称
ORGN/	如果无法立即识别飞行计划发报人,填入有关空中交通服务当局要求的发报人的 8 字母 AFTN 地址或其他相关联络细节。 在某些地区,飞行计划接收中心会自动插入 ORGN/识别符和发报人的 AFTN 地址,并限定在 8 个字符内
PER/	按有关 ATS 单位的规定,使用《空中航行服务程序——航空器的运行》(PANS-OPS,Doc 8168 号文件)第Ⅰ卷《飞行程序》规定的 1 位字母,填写航空器性能数据。 注 6:A 类指示空速小于 169km/h(91n mile/h); B 类指示空速 169～224km/h(91～121n mile/h); C 类指示空速 224～261km/h(121～141n mile/h); D 类指示空速 261～307km/h(141～161n mile/h); E 类指示空速 307～391km/h(161～211n mile/h); H 类为关于直升机的特殊要求

续表

数据项	表示内容
ALTN/	如在编组 16 数据项 C 中填入"ZZZZ",则在此填入目的地备降机场的名称。对于相关的航行资料汇编未列出的机场,按上述 DEP/的规定以经纬度填入机场位置或距最近重要点的方位和距离
RALT/	按 Doc7910 号文件《地名代码》的规定填入航路备降机场的 ICAO 4 字代码,或如果未分配代码,则填入航路备降机场名称。对于相关的航行资料汇编未列出的机场,按上述 DEP/的规定以经纬度填入机场位置或距最近重要点的方位和距离
TALT/	按 Doc 7910 号文件《地名代码》的规定填入起飞备降机场的 ICA0 4 字代码,或如果未分配代码,则填入起飞备降机场名称。对于相关的航行资料汇编未列出的机场,按上述 DEP/的规定以经纬度填入机场位置或距最近重要点的方位和距离
RIF/	至修改后的目的地机场的航路详情,后随该机场的国际民航组织四字代码。 注 7:RIF/ DTA HEC KLAX RIF/ESP G94 CLA YPPH
RMK/	有关 ATS 单位要求的或机长认为对提供 ATS 有必要的任何明语附注,有别于"STS/"项中填写的内容。如果使用非标准的标识符,应在 RMK/后填写,并且如果在非标准标识符和随后的文本之间有"/"时,应删除该符号。 下列内容应为统一的标注: ACAS Ⅱ 或 TCAS——RMK/ACAS Ⅱ 或 RMK/TCAS; 极地飞行——RMK/P0LAR; 不具备 RVSM 能力的航空器获批在 RVSM 空域运行——RMK/APVD N0NRVSM; 返航——RMK/RETURN; 备降——RMK/ALTffiNATE。 CPL 报中"PMK/"数据项中应体现返航、备降的目的地机场,原目的地机场原因说明,如"RETURN""ALTERNATE ZHHH DEU ZSSS RWY"

注:若某个数据项无内容,则该项省略。

示例:
—0 表示无任何信息;
—STS/HUM PBN/B1D1 NAV/GBAS SBAS 表示执行人道主义任务的飞行,具有 RNAV 5 所有允许的传感器和 RNAV 1 所有允许的传感器的 PBN 能力,全球导航卫星增强系统 GBAS 和 SBAS。

10. 编组 19——补充情报

格式 2:-[ ](空格)[ ](空格)[ ]…[ ]

本编组包括一连串可获得的补充情报,数据项间由空格分开。按表 10.4.11 中的先后次序,随以一斜线"/"填写有关情报。若某个数据项无内容,则该数据项省略。

表 10.4.11 补充情报

数据项	表示内容
E/	续航能力,后随 4 个数字,表示以小时数和分钟数给出的飞机续航能力
P/	机上总人数。当相应的空中交通服务机构有要求时,用 1~3 位数字表示机上总人数(包括乘客和机组)。如果在提交申请时不知道总数,则输入 TBN
R/	无线电,后随以下一个或多个字母,其间无空格:U 表示特高频 243.0MHz,V 表示甚高频 121.5MHz,E 表示紧急示位信标

续表

数据项	表 示 内 容
S/	救生设备,后随以下一个或多个字母,其间无空格:P 表示极地救生设备,D 表示沙漠救生设备,M 表示海上救生设备,J 表示丛林救生设备
J/	救生衣,后随以下一个或多个字母,其间无空格:L 表示救生衣配备有灯光;F 表示救生衣配备有荧光素;U 表示救生衣配备无线电特高频电台,使用 243.0MHz 频率;V 表示救生衣配备无线电甚高频电台,使用 121.5MHz 频率
D/	救生艇,后随以下一个或多个内容,其间用 1 个空格分开:2 位数字表示救生艇的数目,3 位数表示所有救生艇可载总人数,C 表示救生艇有篷子;用 1 个英文单词表求救生艇的颜色(如 RED 表示红色)
A/	飞机的颜色和标志,后随以下一个或多个明语内容,其间用 1 个空格分开:航空器的颜色,重要标志(包括航空器注册标志)
N/	附注,后随以明语,以示所载任何其他救生设备及其他有用的附注
C/	后随以机长姓名

示例:

—E/0745 R/VE S/M J/L D/2 8 C YELLOW 表示续航能力 7h45min,有甚高频及紧急示位信标、海上救生设备,救生衣配备有灯光,配有 2 艘有篷黄色救生艇,可载 8 人。

10.4.4 示例

下面以一个例子来理解 FPL 报中各参数的含义。

(FPL-CCA1532-IS

—A332/H-SDE3FGHIJ4J5M1RWY/LB1D1

—ZSSS2035

—K0859S1040 PIKAS G330 PIMOL A593 BTO W82 DOGAR

—ZBAA0153 ZBYN

—STS/HEAD PBN/A1B2B3B4B5D1L1 NAV/ABAS REG/ B6513 EET/ZBPE0112 SEL/KMAL PER/C RIF/FRT N640 ZBYN RMK/ACAS II)

说明:

领航计划报

—航空器识别标志 CCA1532 -仪表飞行、正班

—机型 A330-200/重型机

—机载有标准的通信、导航、进近设备且工作正常;测距仪;起飞前放行和航空器通信寻址与报告系统(ACARS);自动定向仪;全球导航卫星系统;高频无线电话;惯性导航设备;管制员与驾驶员数据链通信(CPDLC)、FANS 1/A、甚高频数据链模式 2;管制员与驾驶员数据链通信(CTOLC)、FANS 1/A、卫星通信(国际海事卫星组织);空中交通管制无线电话(国际海事卫星组织);获得 PBN 批准;获得缩小垂直间隔批准;有 8.33kHz 间隔的甚高频;S 模式应答机,具有航空器识别、气压高度发射信号、超长电文(ADS-B)和增强的监视能力,具有专用 1090MHz 广播式自动相关监视"发送"能力的广播式自动相关监视;具有 FANS 1/A 能力的契约式自动相关监视。

—起飞机场为上海虹桥国际机场,起飞时间为 20:35(UTC)。

——巡航速度为 859km/h，巡航高度为 10400m；航路构成 PIKAS G330 PIMOL A593 BT0 W82 D0GAR。

——目的地机场为北京首都国际机场、预计总飞行时间 1h53min；目的地备降机场为太原武宿国际机场。

——其他情报：国家领导人性质的飞行；PBN 的能力为 A1B2B3B4B5D1L1；全球导航卫星增强系统 ABAS；航空器登记标志 B6513；起飞至 ZBPE 飞行情报区边界的预计飞行时间为 1h12min；航空器选呼编码 KMAL；航空器进近类别 C；至修改后的目的地机场的航路详情 FRT N640 ZBYN；机上载有 ACAS Ⅱ 防撞设备。

复习思考题

1. 《民用航空飞行动态固定格式电报管理规定》对民用航空器飞行计划的提交时间有什么要求？
2. 国内航班的飞行计划保存时间为多长？
3. 简述 ICAO 飞行计划中应包含的内容。
4. 翻译下列 FPL 报：

(FPL-CSN3427-IS

——A321/M-SDE1E2E3FGHIRWY/LB1

——ZGGG1045

——K0861S0920 YIN G586 QP B330 ELKAL W179 XYO W25 FJC

——ZUUU0201 ZUCK

——PBN/A1B1C1D1L1O1S1 NAV/ABAS REG/B6267 EET/ZPKM0058 SEL/BPAS OPR/CHINA SOUTHERN RMK/ACAS II)

5. 翻译下列 FPL 报：

(FPL-CXA802-IS

——B788/H-SADE1E2E3FGHIJ1J2J4J5M1RWY/LB1D1

——YSSY0130

——N0480F380 DCT RIC H202 AGETA R340 IGOPO/M085 F380 R340 … A470 TEBON

——ZSAM0900 ZSFZ ZGSZ

——PBN/A1B1C1D1L1O1S2 DOF/160818 REG/B2761 EET/YBBB0015 WAAF0406 RPHI0549 VHHK0803 ZGZU0825 ZSHA0838 SEL/CEDM CODE/780D76 OPR/XIAMEN AIRLINES RALT/YBBN YPDN RPMD ZSAM RIF/SAN W4 CIA CIA1 RPLL RMK/ACAS II ETOPS 120 MINS)

参 考 文 献

[1] 陈治怀.飞机性能工程[M].北京:中国民航出版社,1993.
[2] 刘晓明,苏彬,孙宏.飞行性能与计划[M].2版.成都:西南交通大学出版社,2003.
[3] 孙宏,罗凤娥,文军.运营飞行计划[M].成都:电子科技大学出版社,2004.
[4] 陈治怀,谷润平,刘俊杰.飞机性能工程[M].北京:兵器工业出版社,2006.
[5] 孙宏,文军.航空公司生产组织与计划[M].成都:西南交通大学出版社,2008.
[6] 林彦,郝勇,林苗.民航配载与平衡[M].北京:清华大学出版社,2011.
[7] 厂兴国,陈昌荣.民航运输机飞行性能与计划[M].北京:清华大学出版社,2012.
[8] 白杰.运输类飞机适航要求解读:第1卷 性能试飞[M].北京:航空工业出版社,2013.
[9] 傅职忠,谢春生,王玉.飞行计划[M].北京:中国民航出版社,2013.
[10] 丁松滨.飞行性能与飞行计划[M].北京:科学出版社,2013.
[11] 赵克良,傅职忠.民用飞机设计及飞行计划理论[M].上海:上海交通大学出版社,2014.
[12] 余江.高原/复杂地形机场和航线运行的飞机性能分析[M].2版.成都:西南交通大学出版社,2015.
[13] 万青,张辉,郭玉涛.飞机载重平衡[M].2版.北京:中国民航出版社,2015.
[14] 向小军.飞机性能[M].大连:大连海事大学出版社,2016.
[15] 蒙泽海.飞机飞行性能试飞[M].北京:航空工业出版社,2018.
[16] 赵志强,徐骏驰,张惠中,等.试飞技术[M].北京:中国民航出版社,2019.
[17] 陈红英.飞机性能工程[M].大连:大连海事大学出版社,2019.
[18] 王岳.飞行性能与计划[M].北京:中国民航出版社,2020.
[19] 王可,肖艳平,刘志强.重量平衡与飞行计划[M].2版.成都:西南交通大学出版社,2020.
[20] 余江.飞行性能与运行[M].成都:西南交通大学出版社,2021.
[21] 周成刚,揭裕文,张彤.试飞性能[M].北京:中国民航出版社,2022.
[22] 彼得·J.斯瓦顿(Peter J. Swatton).飞行员手册之飞机性能理论与实践[M].张子健,龚喜盈,杨会涛,译.北京:航空工业出版社,2016.
[23] 安东尼奥·菲利普利(Antonio Filippone).先进飞机飞行性能[M].郁新华,张琳,林宇,等译.北京:国防工业出版社,2022.
[24] 默罕默德·H.萨德拉伊(Mohammad H. Sadraey).飞机飞行性能计算[M].王海涛,等译.北京:国防工业出版社,2022.
[25] 中国民用航空局.航线运输驾驶员执照理论考试知识点(飞机)[Z].2017.
[26] 中国民用航空局.民用航空器驾驶员合格审定规则(CCAR-61-R4)[EB/OL].[2016-03-28]. http://www.caac.gov.cn/XXGK/XXGK/MHGZ/201606/P020170726545863941265.pdf.
[27] 中国民用航空局.运输类飞机适航规定(CCAR-25-R4)[EB/OL].[2016-03-17]. http://www.caac.gov.cn/XXGK/XXGK/MHGZ/201606/P020160622405532063536.pdf.
[28] 中国民用航空局.一般运行和飞行规则(CCAR-91-R4)[EB/OL].[2022-01-04]. http://www.caac.gov.cn/XXGK/XXGK/MHGZ/202202/P020220209518466960506.pdf.
[29] 中国民用航空局.大型飞机公共航空运输承运人运行合格审定规则(CCAR-121-R8)[EB/OL].[2024-04-13]. http://www.caac.gov.cn/XXGK/XXGK/MHGZ/202404/P020240415603456188073.pdf.
[30] 中国民用航空局.小型商业运输和空中游览运营人运行合格审定规则(CCAR-135-R4)[EB/OL].[2022-01-04]. http://www.caac.gov.cn/XXGK/XXGK/MHGZ/202202/P020220209520305332225.pdf.
[31] 中国民用航空局.飞机航线运营应进行的飞机性能分析(AC-121FS-006)[EB/OL].[2001-12-24]. http://www.caac.gov.cn/XXGK/XXGK/GFXWJ/201608/P020160831527418872359.pdf.
[32] 中国民用航空局.航空器空重和重心控制(AC-121-68)[EB/OL].[2005-08-10]. http://www.caac.

gov. cn/XXGK/XXGK/GFXWJ/201511/P020151103346479501697. pdf.

[33] 中国民用航空局.民用航空机场运行最低标准制定与实施准则(AC-97-FS-2011-01)[EB/OL].[2011-04-19]. http://www. caac. gov. cn/XXGK/XXGK/GFXWJ/201511/P020151103346838125414. pdf.

[34] 中国民用航空局.飞机起飞一发失效应急程序和一发失效复飞应急程序制作规范(AC-121-FS-2014-123)[EB/OL].[2014-12-16]. http://www. caac. gov. cn/XXGK/XXGK/GFXWJ/201511/P020151103347460888039. pdf.

[35] 中国民用航空局.地面结冰条件下的运行(AC-121-50R2)[EB/OL].[2024-11-04]. http://www. caac. gov. cn/XXGK/XXGK/GFXWJ/202411/P020241107381115811321. pdf.

[36] 中国民用航空局.高原机场运行(AC-121-FS-2015-21R1)[EB/OL].[2015-11-02]. http://www. caac. gov. cn/XXGK/XXGK/GFXWJ/201601/P020160126521292986985. pdf.

[37] 中国民用航空局.中国民用航空规章第121部运行规范内容(AC-121-FS-2019-001R4)[EB/OL].[2019-04-18]. http://www. caac. gov. cn/XXGK/XXGK/GFXWJ/201904/P020190426411632941273. pdf.

[38] 中国民用航空局.延程运行和极地运行(AC-121-FS-2019-009R2)[EB/OL].[2019-04-28]. http://www. caac. gov. cn/XXGK/XXGK/GFXWJ/201905/P020190603400871263937. pdf.

[39] 中国民用航空局.航空器重量与平衡控制规定(AC-121-FS-135)[EB/OL].[2019-04-28]. http://www. caac. gov. cn/XXGK/XXGK/GFXWJ/201905/P020190603400871263937. pdf.

[40] 中国民用航空局.航空承运人不可预期燃油政策优化与实施指南(AC-121-FS-136)[EB/OL].[2019-10-22]. http://www. caac. gov. cn/XXGK/XXGK/GFXWJ/201910/P020191030624000959961. pdf.

[41] 中国民用航空局.航空承运人特殊机场的分类标准及运行要求(AC-121-FS-17R2)[EB/OL].[2020-04-07]. http://www. caac. gov. cn/XXGK/XXGK/GFXWJ/202004/P020200428655163797816. pdf.

[42] 中国民用航空局.航空承运人湿跑道和污染跑道运行管理规定(AC-121-FS-33R1)[EB/OL].[2021-11-26]. http://www. caac. gov. cn/XXGK/XXGK/GFXWJ/201511/P020151103346755336266. pdf.

[43] 中国民用航空局.民用航空飞行动态固定格式电报管理规定(AP-93-TM-2012-01)[EB/OL].[2012-10-08]. http://www. caac. gov. cn/XXGK/XXGK/GFXWJ/201511/P020151103347123064309. pdf.

[44] 国际民航公约.航空器运行(附件6)[Z].2022.

附录 A 相关图表

附录 7.1.1 DA-42 NG 飞机简易舱单

CALCULATION OF LOADING CONDITION	DA 42 NG (Example)		Your DA 42 NG	
	Mass [kg] [lb]	Moment [kgm] [in.lb]	Mass [kg] [lb]	Moment [kgm] [in.lb]
1. Empty mass (from Mass and Balance Report)	1450 *3197*	3488.0 *302,747*		
2. Front seats Lever arm: 2.30m (*90.6in*)	160 *353*	368.0 *31,982*		
3. Rear seats Lever arm: 3.25m (*128.0in*)	0 *0*	0.0 *0,0*		
4. Nose baggage compt. Lever arm: 0.60m (*23.6in*)	0 *0*	0.0 *0,0*		
5. Cabin baggage compt. Lever arm: 3.89m (*153.1in*)	10 *22*	38.9 *3,368*		
6. Baggage extension Lever arm: 4.54m (*178.7in*)	8 *18*	36.3 *3,217*		
7. Standard baggage compartment Lever arm: 3.65m (*143.7in*)	0 *0*	0.0 *0,0*		
8. Short baggage extension (if OÄM 42-207 is carried out) Lever arm: 3.97m (*156.3in*)	0 *0*	0.0 *0,0*		
9. De-icing fluid (if only OÄM 42-160 is installed; see NOTE on previous page) (1.1kg/liter) (*9.2lb/US gal*) Lever arm: 1.00m (*39.4in*)	27.5 *61*	27.5 *2,403*		

续表

CALCULATION OF LOADING CONDITION	DA 42 NG (Example)		Your DA 42 NG	
	Mass [kg] [lb]	Moment [kgm] [in. lb]	Mass [kg] [lb]	Moment [kgm] [in. lb]
10. De-icing fluid (if OÄM 42-160 AND OÄM 42-203 are installed; see NOTE on previous page) (1.1kg/liter) (9.2lb/US gal) Lever arm: 4.52m (178.0in)	0 *0*	0.0 *0.0*		
11. Total mass & total moment with empty fuel tanks (Total of 1. through 10.)	1655.5 *3651*	3958.7 *343,717*		
12. Usable fuel, main tanks (0.84kg/liter) (7.01lb/US gal) Lever arm: 2.63m (103.5in)	159 *351*	418.2 *36,329*		
13. Usable fuel, auxiliary tanks (if installed) (0.84kg/liter) (7.01lb/US gal) Lever arm: 3.20m (126.0in)	84 *185*	268.8 *23,310*		
14. Total mass & total moment with fuel & de-icing fluid (Total of 11. through 13.)	1898.5 *4187*	4645.5 *403,356*		

附录 7.1.2　DA-42 NG 飞机各装载项重量力矩图

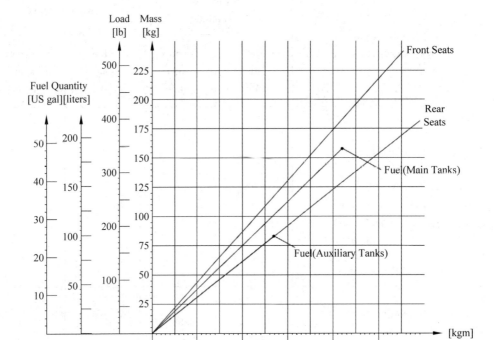

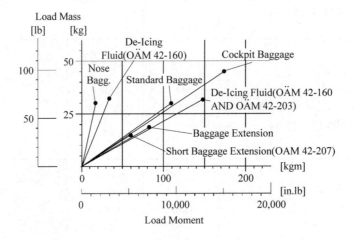

附录 7.2.1 某飞机载重表

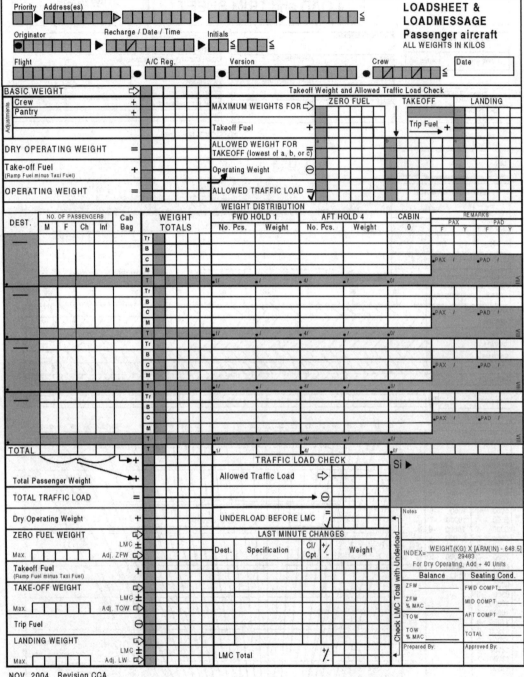

附录 7.2.2 A320-214 飞机平衡图

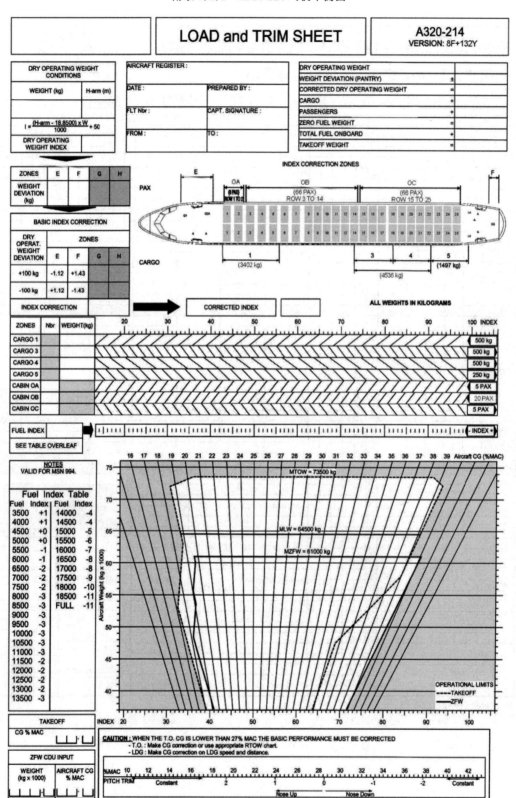

附录7.2.3　某航班电子舱单

QD CGOLSYA
. CGORRIE CZ/100224
CAAC-CZ
LOADSHEET   CHECKED   APPROVED   EDNO
ALL WEIGHTS IN KG   02
FROM/TO FLIGHT   A/C REG   VERSION CREW DATE   TIME
CGO KMG CZ3491/10MAY12 B2583 C8Y130 2/6/0 10MAY12 1024
                    WEIGHT   DISTRIBUTION
LOAD IN COMPARTMENTS   1822   1/467 2/720 3/626 4/9 0/0
PASSENGER/CABIN BAG   10133   135/0/1 TTL136 CAB 0
MAX TRAFFIC PAYLOAD   14646   PAX 8/127
TOTAL TRAFFIC LOAD   11955   BLKD 0/1
DRY OPERATING WEIGHT   32547
ZERO FUEL WEIGHT ACTUAL 44502   MAX   48307   ADJ
TAKE OFF FUEL   10414
TAKE OFF WEIGHT ACTUAL 54916   MAX   61235   ADJ
TRIP FUEL   5898
LANDING WEIGHT ACTUAL 49018   MAX   51709 L ADJ
BALANCE AND SEATING CONDITIONS   LAST MINUTE CHANGES
DOI 37.67 DLI 31.92   DEST SPEC CL/CPT＋－ WEIGHT
LIZFW 41.16 MACZFW 17.61
LITOW 39.81 MACTOW 16.95
LILAW 37.75 MACLAW 16.00
        DLMAC   11.78
FLAP 1 AND 5   STAB TO   4.9 MID
FLAP 15   STAB TO   3.9 MID
SEATING
0A/8 0B/61 0C/66
UNDERLOAD BEFORE LMC   2691   LMC TOTAL＋－
LOADMESSAGE AND CAPTAINS INFORMATION BEFORE LMC
BW 32547 KGS   BI 37.67
TZFW/CTU   32856 KGS

附录 9.3.1 波音 737-800 航时和燃油（长航程巡航）

Long Range Cruise Trip Fuel and Time
200 to 1000 NM
Based on 280/.78 climb and .78/280/250 descent

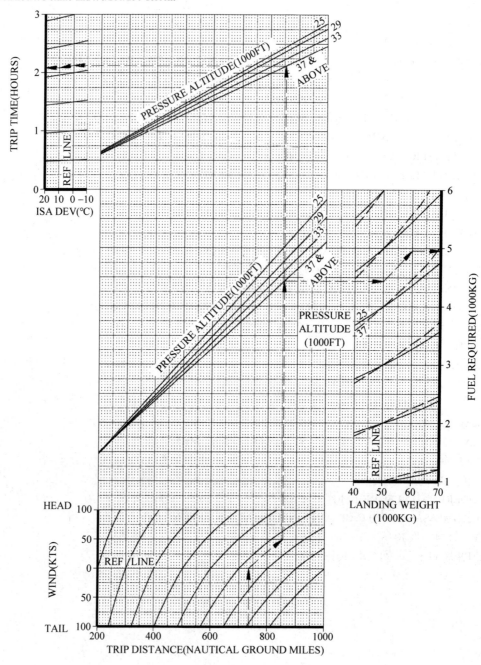

附录 9.3.2 波音 737-800 短程飞行航时和燃油（长航程巡航）

Long Range Cruise Short Trip Fuel and Time
Based on 280/.78 climb, cruise at short trip cruise altitude and .78/280/250 descent

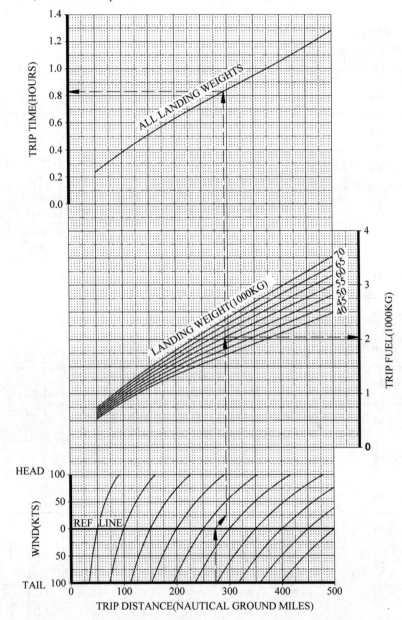

附录 9.3.3 空客 A320 空中等待燃油流量

RACE TRACK HOLDING PATTERN-GREEN DOT SPEED

MAX. CRUISE THRUST LIMITS CLEAN CONFIGURATION NORMAL AIR CONDITIONING ANTI-ICING OFF					ISA CG=33.0%		N1/% FF/(kg/h/ENG)	
WEIGHT/1000kg	FL15	FL50	FL100	FL140	FL180	FL200	FL220	FL250
46	45.6 890	47.9 873	51.1 839	54.0 813	57.5 794	58.9 789	60.6 787	63.5 784
48	46.5 926	48.9 908	52.1 871	55.1 844	58.4 828	59.9 823	61.7 821	64.7 818
50	47.4 962	49.8 940	53.0 901	56.2 876	59.4 861	61.0 859	62.8 855	65.8 851
52	48.3 997	50.6 971	53.9 931	57.3 908	60.3 896	62.0 892	63.9 889	66.7 884
54	49.2 1033	51.4 1002	54.9 963	58.3 942	61.3 931	63.0 926	65.0 924	67.7 916
56	50.1 1065	52.5 1033	55.8 994	59.1 975	62.2 964	64.0 960	66.1 955	68.6 949
58	50.8 1097	52.9 1063	56.8 1026	59.9 1008	63.2 997	65.1 994	66.9 988	69.5 982
60	51.5 1128	53.7 1094	57.7 1059	60.7 1043	64.1 1031	66.1 1026	67.7 1021	70.4 1016
62	52.2 1158	54.5 1125	58.7 1092	61.6 1078	65.1 1065	66.9 1058	68.6 1054	71.2 1049
64	52.9 1189	55.3 1156	59.4 1126	62.4 1110	66.0 1097	67.7 1091	69.4 1087	71.2 1084
66	53.6 1219	56.1 1188	60.1 1159	63.2 1143	67.0 1129	68.5 1124	70.3 1120	72.9 1119
68	54.3 1250	56.9 1221	60.9 1193	64.1 1176	67.7 1162	69.3 1157	71.1 1154	73.7 1155
70	55.0 1282	57.8 1254	61.6 1228	64.9 1210	68.4 1195	70.1 1191	71.8 1188	74.6 1192
72	55.8 1314	58.6 1287	62.3 1261	65.7 1243	69.2 1228	70.8 1224	72.5 1223	75.4 1230
74	56.5 1347	59.4 1321	63.1 1294	66.6 1275	69.9 1262	71.6 1258	73.3 1258	76.1 1269
76	57.2 1380	60.2 1355	63.8 1327	67.4 1307	70.6 1296	72.3 1292	74.0 1295	76.9 1309
78	58.0 1413	60.8 1389	64.5 1360	68.2 1339	71.3 1330	73.0 1328	74.8 1332	77.6 1350
LOW AIR CONDITIONING $\Delta FF=-0.3\%$	ENGINE ANTI ICE ON $\Delta FF=+5\%$		TOTAL ANTI ICE ON $\Delta FF=+9\%$		PER 1° ABOVE ISA $\Delta FF=+0.3\%$		STRAIGHT LINE $\Delta FF=-5\%$	

附录 9.3.4　空客 A320 备降航时和燃油（长航程巡航）

ALTERNATE PLANNING FROM DESTINATION TO ALTERNATE AIRPORT
GO-AROUND：100kg-CLIMB：250kn/300kn/M.78-CRUISE：LONG RANGE
DESCENT：M.78/300kn/250kn-V_{MC} PROCEDURE：80kg（4min）

REF. LDG. WT AT ALTERNATE=55000kg NORMAL AIR CONDITIONING ANTI-ICING OFF			ISA CG=33.0%				FUEL CONSUMED(kg) TIME(h. min)		
AIR DIST. /NM	FLIGHT LEVEL						CORRECTION ON FUEL CONSUMPTION /(kg/1000kg)		
	100	120	140	160	180	200	FL100 FL120	FL140 FL160	FL180 FL200
20									
40	522 0.12						2		
60	676 0.16	659 0.16	660 0.16				3	4	
80	831 0.19	807 0.20	802 0.20	801 0.19	805 0.19		5	5	5
100	986 0.23	955 0.23	943 0.23	937 0.23	934 0.23	937 0.22	6	5	6
120	1140 0.27	1103 0.27	1085 0.27	1072 0.26	1064 0.26	1061 0.26	7	6	7
140	1296 0.31	1251 0.31	1227 0.30	1208 0.30	1193 0.30	1185 0.29	8	7	8
160	1451 0.34	1400 0.34	1369 0.34	1344 0.33	1323 0.33	1309 0.33	9	8	9
180	1606 0.38	1548 0.38	1511 0.37	1480 0.37	1452 0.36	1434 0.36	10	9	10
200	1762 0.42	1697 0.42	1653 0.41	1616 0.40	1582 0.40	1559 0.40	11	10	11
220	1918 0.46	1846 0.45	1796 0.44	1752 0.44	1712 0.43	1684 0.43	12	11	12
240	2074 0.49	1995 0.49	1938 0.48	1889 0.47	1842 0.47	1809 0.46	13	12	12
260	2231 0.53	2144 0.53	2081 0.51	2025 0.51	1972 0.50	1934 0.50	14	13	13
280	2387 0.57	2294 0.56	2224 0.55	2162 0.54	2103 0.54	2059 0.53	15	14	14
300	2544 1.00	2443 1.00	2367 0.59	2299 0.57	2233 0.57	2184 0.57	16	15	15
320	2701 1.04	2593 1.04	2510 1.02	2436 1.01	2354 1.01	2310 1.00	17	16	16
340	2858 1.08	2743 1.07	2653 1.06	2573 1.04	2494 1.04	2435 1.04	18	16	17
360	3014 1.12	2893 1.11	2796 1.09	2710 1.08	2625 1.08	2561 1.07	19	17	18
380	3171 1.15	3043 1.14	2940 1.13	2847 1.11	2756 1.11	2687 1.11	20	18	19
400	3329 1.19	3193 1.18	3084 1.16	2984 1.15	2886 1.15	2813 1.14	21	19	20
420	3486 1.23	3343 1.22	3227 1.20	3122 1.18	3018 1.18	2939 1.17	22	20	21
440	3643 1.26	3494 1.25	3371 1.23	3259 1.22	3149 1.22	3065 1.21	23	21	22
460	3801 1.34	3644 1.29	3515 1.27	3397 1.25	3280 1.25	3192 1.24	24	22	23
480	3959 1.34	3795 1.32	3659 1.30	3534 1.28	3412 1.29	3318 1.28	25	23	24
500	4117 1.37	3946 1.36	3803 1.34	3672 1.32	3543 1.32	3445 1.31	27	24	25
LOW AIR CONDITIONING ΔFUEL=-0.5%			**ENGINE ANTI ICE ON** ΔFUEL=+3%				**TOTAL ANTI ICE ON** ΔFUEL=+6.5%		

附录 9.3.5 地面距离/空中距离转换表

GROUND DIST. /NM	AIR DISTANCE/NM						
	TAIL WIND		WIND COMPONENTS/kt			HEAD WIND	
	+150	+100	+50	0	−50	−100	−150
10	7	8	9	10	11	13	15
20	15	16	18	20	23	26	30
30	22	25	27	30	34	39	45
40	30	33	36	40	45	51	60
50	37	41	45	50	56	64	75
100	75	82	90	100	113	129	150
200	150	164	180	200	225	257	300
300	225	245	270	300	338	386	450
400	300	327	360	400	450	514	600
500	375	409	450	500	563	643	750
1000	750	818	900	1000	1125	1286	1501
1500	1125	1227	1350	1500	1688	1929	2251
2000	1500	1636	1800	2000	2248	2572	3001
2500	1875	2045	2250	2500	2813	3215	3752
3000	2250	2454	2700	3000	3375	3858	4502
3500	2624	2863	3150	3500	3938	4501	5252
4000	2999	3272	3600	4000	4500	5144	6003
4500	3374	3681	4050	4500	5063	5787	6753
5000	3749	4090	4500	5000	5626	6430	7503

FUP23 A320211 M565AIPIP 3410 03301 000011 0250300 .7800 00000 0 0300350 0 0 77 64 45 61 18590 FCOM-O-03-50-002-001

附录 9.3.6 空客 A320 航时和燃油（长航程巡航）

FLIGHT PLANNING FROM BRAKE RELEASE TO LANDING
CLIMB: 250kt/300kt/M.78-CRUISE: M.78-DESCENT: M.78/300kt/250kt
IMC PROCEDURE: 120kg (6min)

REF. LANDING WEIGHT=55000kg NORMAL AIR CONDITIONING ANTI-ICING OFF							ISA CG=33.0%			FUEL CONSUMED/kg TIME(h·min)		
AIR DIST. /NM	FLIGHT LEVEL									CORRECTION ON FUEL CONSUMPTION /(kg/(1000kg))		
	290	310	330	350	370	390				FL290 FL310	FL330 FL350	FL370 FL390
1450	9059 3.21	8630 3.23	8259 3.24	7959 3.26	7758 3.26	7704 3.26				49	66	103
1475	9210 3.25	8773 3.26	8395 3.27	8089 3.29	7885 3.30	7832 3.30				49	67	105
1500	9361 3.28	8917 3.29	8531 3.31	8220 3.32	8013 3.33	7944 3.33*				50	68	107
1525	9512 3.31	9060 3.33	8668 3.34	8351 3.36	8141 3.37	8074 3.37*				51	70	109
1550	9664 3.34	9203 3.36	8804 3.37	8481 3.39	8268 3.40	8205 3.40*				52	71	111
1575	9815 3.38	9347 3.39	8940 3.41	8612 3.42	8396 3.43	8336 3.43*				53	72	113
1600	9967 3.41	9490 3.42	9077 3.44	8744 3.46	8525 3.47	8457 3.47*				53	73	115
1625	10119 3.44	9634 3.46	9214 3.47	8875 3.49	8653 3.50	8598 3.50*				54	74	117
1650	10271 3.47	9778 3.49	9351 3.51	9006 3.52	8782 3.53	8730 3.53*				55	76	119
1675	10423 3.51	9922 3.52	9488 3.54	9138 3.56	8910 3.57	8862 3.57*				56	77	121
1700	10575 3.54	10066 3.59	9625 3.57	9270 3.59	9039 4.00	8993 4.00*				57	78	123
1725	10727 3.57	10210 3.59	9762 4.01	9402 4.02	9168 4.03	9125 4.03*				58	79	125
1750	10880 4.00	10354 4.02	9900 4.04	9534 4.06	9298 4.07	9257 4.07*				59	81	127
1775	11032 4.04	10499 4.05	10038 4.07	9667 4.09	9427 4.10	9390 4.10*				59	82	129
1800	11185 4.07	10643 4.09	10176 4.11	9800 4.12	9558 4.13	9522 4.13*				60	83	131
1825	11337 4.10	10788 4.12	10314 4.14	9933 4.16	9689 4.17	9655 4.17*				61	84	133
1850	11490 4.13	10932 4.15	10452 4.17	10066 4.19	9820 4.20	9788 4.20*				62	85	135
1875	11643 4.17	11077 4.19	10590 4.21	10199 4.22	9951 4.24	9921 4.23*				63	87	137
1900	11796 4.20	11222 4.22	10729 4.24	10333 4.26	10082 4.27	10054 4.27*				64	88	139
1925	11949 4.23	11367 4.25	10867 4.27	10466 4.29	10214 4.30	10188 4.30*				65	90	141
1950	12102 4.26	11512 4.28	11006 4.30	10600 4.33	10346 4.34	10321 4.33*				66	91	144
1975	12255 4.30	11658 4.32	11145 4.34	10734 4.36	10478 4.37	10455 4.37*				66	92	146
2000	12408 4.33	11803 4.35	11283 4.37	10868 4.39	10610 4.40	10589 4.40*				67	94	148
2025	12562 4.36	11948 4.38	11423 4.40	11002 4.43	10742 4.44	10723 4.44*				68	95	150
2050	12716 4.40	12094 4.42	11562 4.44	11137 4.40	10875 4.47	10858 4.47*				69	97	152
2075	12869 4.43	12240 4.45	11701 4.47	11271 4.49	11088 4.50	10992 4.50*				70	98	155

LOW AIR CONDITIONING ΔFUEL=−0.5%	ENGINE ANTI ICE ON ΔFUEL=+2%	TOTAL ANTI ICE ON ΔFUEL=+4.5%

* 代表该机型只有通过阶梯巡航方式才能实现在该高度层处的 LRC 巡航。

附录 9.3.7 ARJ21-700 等待数据表

等待-等待速度					
最大巡航推力限制 光洁构型 空调引气打开，防冰关闭		ISA		NI(%) FF(KG/H/ENG)	马赫数 IAS(KT) TAS(KT)

重量 (1000KG)	飞行高度层				
	15	50	100	140	180
27	49.3　0.266 581　171 175	51.3　0.286 622　173 186	55.2　0.318 569　175 203	58.6　0.348 569　178 219	61.3　0.356 547　168 221
29	50.6　0.278 673　179 183	53.0　0.298 659　180 194	57.0　0.330 612　182 211	60.6　0.362 608　185 228	63.2　0.370 587　174 229
31	52.1　0.288 710　185 190	54.6　0.308 682　186 200	58.8　0.344 653　190 220	62.3　0.374 647　191 235	65　0.382 625　180 237
33	53.6　0.298 746　192 196	56.2　0.320 719　193 208	60.5　0.356 691　196 227	64.1　0.388 688　198 244	67.9　0.428 694　202 265
35	55.1　0.308 781　198 203	57.8　0.330 760　220 215	62.1　0.368 730　203 235	65.9　0.402 731　205 262	69.7　0.446 741　211 276
37	56.5　0.318 813　205 209	59.3　0.340 793　206 221	63.6　0.378 771　208 241	67.5　0.416 777　213 262	71.4　0.464 792　220 287
39	57.9　0.326 851　210 215	60.7　0.350 826　212 228	65.1　0.390 812　215 249	69.0　0.430 823　220 270	73.0　0.482 843　228 298
41	59.3　0.336 884　216 221	62.1　0.360 863　218 234	66.6　0.402 860　222 257	70.4　0.444 869　227 279	74.4　0.496 890　235 307
43	60.5　0.344 916　222 226	63.4　0.370 901　224 241	68.0　0.414 904　229 264	71.9　0.460 919　236 289	75.8　0.512 941　243 317

发动机短舱防冰打开、机翼防冰关闭，ΔFF＝＋2.2%；
发动机短舱防冰打开、机翼防冰打开，ΔFF＝＋21%；
每高于 ISA 1℃，ΔFF＝＋0.3%；
当速度低于 Ma0.4 时，飞机仪表不显示马赫数，请按照空速指示飞行

附录 9.3.8 ARJ21-700 备降计划数据表

从目的地机场到备降机场的备降计划

复飞：113.4KG-爬升：250KT-巡航：远程-下降：250KT-进场着陆：104KG

备降机场着陆重量：33000KG 空调引气打开，防冰关			ISA CG=17%			油耗（KG） 时间（MIN）		
空中距离 (NM)	飞行高度层					油耗修正量(KG/(1000KG))		
	100	120	140	160	180	200	FL100 FL120	FL140 FL160	FL180 FL200
100	805 26.6	794 26.1	785 25.6	— —	— —	— —	9	8	—
120	925 30.8	911 30.3	898 29.7	886 29.3	— —	— —	11	10	—
140	1046 35.1	1029 34.4	1012 33.7	996 33.2	984 32.6	972 32.1	13	12	12
160	1169 39.5	1147 38.6	1126 37.7	1106 37.1	1091 36.4	1075 35.8	15	13	13
180	1291 43.8	1265 42.7	1240 41.8	1216 41.1	1197 40.2	1178 39.5	16	15	15
200	1413 48.1	1383 46.9	1355 45.8	1326 45.0	1304 44.0	1280 43.2	18	17	17
220	1535 52.3	1501 51.0	1469 49.8	1439 48.7	1411 47.8	1383 46.9	20	19	18
240	1658 56.6	1620 55.1	1584 53.8	1549 52.6	1518 51.5	1487 50.6	22	20	20
260	1781 60.9	1739 59.3	1699 57.7	1661 56.5	1626 55.3	1590 54.3	24	22	21
280	1903 65.2	1858 63.4	1814 61.7	1772 60.4	1733 59.0	1693 58.0	26	24	23
300	2030 69.4	1980 67.1	1929 65.7	1883 64.3	1841 62.8	1797 61.6	28	25	25
320	2154 73.6	2100 71.1	2045 69.7	1995 68.1	1949 66.5	1901 65.3	30	27	26
340	2278 77.9	2220 75.2	2161 73.7	2106 72.0	2057 70.3	2005 69.0	32	29	28
360	2402 82.1	2340 79.2	2276 77.7	2218 75.9	2167 73.7	2109 72.7	34	30	31
380	2526 86.2	2460 83.3	2392 81.6	2330 79.7	2275 77.4	2211 76.3	35	32	32
400	2651 90.4	2581 87.3	2509 85.6	2443 83.6	2384 81.1	2316 79.9	37	35	34
420	2775 94.7	2700 91.3	2623 89.5	2554 87.4	2493 84.9	2420 83.6	40	36	37
440	2900 98.9	2821 95.6	2740 93.4	2666 91.2	2600 88.5	2525 87.2	41	37	37
460	3025 103.1	2942 99.3	2857 97.3	2779 95.1	2709 92.2	2629 90.8	43	39	39
480	3150 106.9	3063 103.2	2973 101.3	2891 98.9	2818 95.9	2734 94.5	45	41	40
500	3275 111.1	3185 107.2	3090 105.2	3004 102.8	2927 99.6	2839 98.2	47	42	42

发动机短舱防冰打开、机翼防冰关闭，Δ油耗=+1.9%；
发动机短舱防冰打开、机翼防冰打开，Δ油耗=+3.3%；
每高于 ISA 1℃，油耗增加 0.003(KG(℃/NM))×ΔISA(℃)×空中距离(NM)

附录 9.3.9　地面距离/空中距离转换表

飞行高度层大于 FL270 时

地面距离(NM)	空中距离(NM)						
	远程巡航						
	顺风			风速(KT)			逆风
	+150	+100	+50	0	−50	−100	−150
500	352	391	439	500	581	694	861
600	423	469	527	600	697	831	1029
700	495	548	615	700	813	968	1198
800	566	627	703	800	928	1105	1366
900	637	706	791	900	1044	1242	1534
1000	708	784	879	1000	1160	1380	1703
1100	779	863	967	1100	1275	1517	1871
1200	849	941	1055	1200	1391	1656	2044
1300	921	1020	1143	1300	1507	1792	2211
1400	992	1099	1231	1400	1622	1929	2378
1500	1063	1178	1319	1500	1738	2065	2545
1600	1135	1257	1408	1600	1853	2201	2710
1700	1206	1336	1496	1700	1968	2337	2877
1800	1278	1415	1584	1800	2084	2473	3042
1900	1350	1494	1673	1900	2199	2609	3207
2000	1422	1573	1761	2000	2314	2744	3371

附录 9.3.10 ARJ21-700 航程计划数据表

从松刹车到目的地机场着陆的飞行计划

爬升：250KT/280KT/M.75-巡航：远程巡航-下降：M.75/280KT/250KT

进场着陆：104KG（4 分钟）

目的地机场着陆重量：33000KG 空调引气打开,防冰关		ISA CG=17%				油耗(KG) 时间(MIN)		
空中距离(NM)	飞行高度层						油耗修正量(KG/(1000KG))		
	290	310	330	350	370	390	FL290 FL310	FL330 FL350	FL370 FL390
1500	7251 235	7055 225.5	6856 224.1	6703 219	6576 214.8	6523 212.8	123	127	152
1550	7492 240.5	7286 232.8	7079 231.1	6921 225.8	6791 221.4	6731 219.5	127	131	151
1600	7734 247.1	7518 239.9	7304 238.2	7141 232.5	7006 228	6948 226.2	132	135	158
1650	7977 253.8	7750 247	7530 245.2	7363 239.1	7222 234.7	7166 232.8	136	139	166
1700	8221 260.4	7984 254.1	7756 252.2	7584 245.8	7439 241.3	7385 239.5	141	142	175
1750	8466 267	8218 261.2	7983 259.2	7807 252.3	7653 248.4	7602 246.1	146	147	179
1800	8711 271.3	8453 268.3	8209 266.2	8030 258.4	7872 255.1	7825 252.6	145	151	189
1850	8957 278.3	8687 275.3	8439 273.2	8249 266	8091 261.8	8048 259.9	151	149	202
1900	9025 285.3	8924 282.4	8661 280.6	8474 272.6	8311 268.4	8270 266.5	155	152	207
1950	9454 292.2	9161 289.5	8899 287	8701 278.6	8531 275.3	8497 272.8	160	157	216
2000	9704 299.1	9399 296.5	9132 293.7	8929 285.2	8753 281.9	8724 279.5	165	161	224

发动机短舱防冰打开,机翼防冰关闭,△油耗＝＋2.0%
发动机短舱防冰打开,机翼防冰打开,△油耗＝＋3.5%
每高于 ISA 1℃,油耗增加 0.003(kg/(℃/NM))×△ISA(℃)×空中距离(NM)

附录 9.3.11 ARJ21-700 发动机及 APU 油耗

发动机油耗

飞行阶段	时间（MIN）	燃油流量（KG/MIN）
滑出	9	9
滑入	5	9
起飞至 1500ft	1.5	95

APU 油耗（KG/MIN）			
高度（ft）	APU 引气和 APU 发电机接通	APU 发电机接通	APU 引气接通
0	2.1	1.6	1.9
5000	1.9	1.4	1.7
10000	1.8	1.3	1.6
15000	1.7	1.1	1.4
20000	1.5	1.2	1.2
25000	—	1.1	—
30000	—	1	—
35000	—	0.9	—

附录 B 中国民航飞机性能工作历程

一、从"0"到"1",在探索中前进

1982年以前,中国民航零散地做了一些飞机性能工作,如曾制定过三叉戟飞机的起飞重量表,后来绘制了几种机型的侧风限制图,制订了部分国内、国际航线飞行计划,印刷成册后下发,供飞行员和航站调度员使用。期间,中国民航专科学校(现中国民航大学)机械系开设了与飞行性能相关的课程。

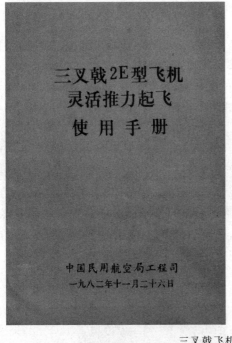 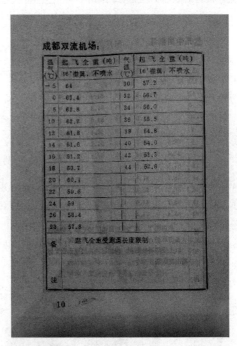

三叉戟飞机起飞使用手册

1982年,民航总局通过《下发各型飞机航线飞行油量规定的通知》(82民航航字第97号),下发了波音707、伊尔62、三叉戟、伊尔18、子爵、安24、伊尔14所有国内、地区航线的飞行计划,其中包括航程油量、航程时间、可达最远备降机场等。以此为标志,中国民航飞机性能工作从此正式拉开了序幕。

1983年,民航总局派出了航行司俞大刚同志和各管理局的一名调度员赴美国波音公司学习飞行签派性能。同年,中国民航研究了使用波音707飞机执飞拉萨的可行性后,决定使用波音707替代伊尔18飞机运行拉萨航线。

1985年,国防科工委航空气动力协作攻关办公室飞行力学专业组主持编写了《飞机飞行性能计算手册》,在面向军用飞机飞行性能设计、计算与试验研究的同时,也面向民用飞机

飞行性能设计，以满足民用运输类飞机适航性条例的要求。该书由飞行力学杂志社出版。

《飞机飞行性能计算手册》

1985年，民航总局派出局机关、北京管理局、中国民航学院、中国民航飞行专科学校等单位的18名飞机性能工程人员赴美国参加了波音公司举办的飞机性能工程理论培训。同年，中国民航学院开设了飞机性能专业，迄今为止共举办了3届（1985年、1986年、1988年），所开设的课程除"飞机空气动力学""飞行性能（飞行力学）"外，还增加了"飞行计划与装载配平""飞机性能软件"等。

1986年，中国民航开始强调飞机性能的重要性，由北京管理局王再兴局长带队，与航行司俞大刚、北京管理局陈亨宝和马超共四人赴香港国泰航空公司的飞机性能工程管理部门进行了为期一周的考察，对飞机性能的工作内容、机构设置、管理办法进行了深入细致的了解，形成了《赴国泰航空公司考察飞机性能工程管理工作的总结报告》[(86)京培训字第068号]，民航将飞机性能工作提至议事日程。此后，民航总局开始批复飞机在机场使用的起飞重量表和在航线使用的飞行计划（飞行油量），制定各机型的小时燃油定额。

1987年，中国民航学院完成了"B737-200起飞性能计算研究"，编制了"B737-200/JT8D-17A起飞性能计算软件"。

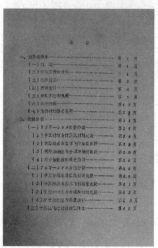

《微型计算机飞行计划计算软件技术总结报告》

1988年,国际航空公司完成了B737、B767计算机飞行计划研制课题。

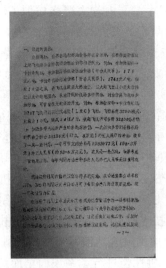

《微型计算机制订燃油差价工作总结》

1983—1986年,国防科工委航空气动力协作攻关办公室组织640所、603所、601所、611所、630所、320厂、172厂和89954部队在各单位已有的军民机性能计算程序的基础上,综合编制了"飞机飞行性能计算通用程序",简称GAPP,1988年获得航空工业科技进步三等奖。上海飞机设计研究所使用该程序先后完成了AE100及麦道飞机的性能计算分析。

1990年,民航总局在中国民航学院召开了全民航第一次飞行性能研讨会,并下发了《民航飞机性能管理工作研讨会议纪要》(民航局发〔1990〕565号),要求航空公司设立飞机性能机构。

飞机性能管理工作研讨会资料

1991年,中国民航学院完成了"民用飞机选型程序研究"课题。该项目包括飞机分析、机场与航线分析、经济与财务分析等内容,同时提供了航线分析计算软件及利用层次分析法的排序软件,初步形成了比较科学的飞机选型程序与方法,用以帮助决策者科学决策。

1991年,中航西飞与西北工业大学编制的"民机适航性能计算程序"获得航空部科技成果三等奖。该程序系国内首次严格按照CCAR-25部相关要求研制,应用于MA60飞机的适航验证计算,保证了飞机的顺利取证。

1992年,B757-200取代B707投入拉萨航线运营,为了使双发飞机得以在拉萨机场运行,中国民航和波音公司做了大量深入细致的工作,在模拟机上进行了数十次试飞,并使用B757-200飞机实地进行了单发起降、复飞等项目的演示飞行。

1993年,波音公司与国内航空公司、民航局及业内机构开展合作,开始为航空专业人员提供培训,又于1995年派驻了技术支援团队在国内开展飞机性能等技术培训,后于2011年成立波音中国服务中心。所开展的培训和服务主要包括:基础性能理论、高级性能培训、性能软件培训(BPS、BCOP、PET、OPT等)、机型性能培训(针对航务人员的性能课程)、机组性能培训(针对飞行员的性能课程)、载重平衡基础理论、载重平衡高级培训(舱单设计、货机装载等)及各类技术研讨会(高原、污染跑道、货机运行等)和航务运行大会。

1993年,中国民航学院编写了中国民航飞机性能领域的经典教材《飞机性能工程》,从理论的角度对飞机性能进行了系统而全面的讲述,作者陈治怀,由中国民航出版社出版。

《飞机性能工程》教材

1994年,民航总局机关进行了行政体制改革,撤销航行司,飞机性能管理职能转交给新成立的飞行标准司航务管理处。同年,B757-200飞机在世界上海拔最高的邦达机场(标高4334m)进行了调研飞行,对飞行程序、单发处置、起飞重量进行了验证。

1995年,民航总局飞行标准司下发了《关于严格管理飞机加油量的通知》(MD-FS-95-020),要求飞行机组严格执行公司起飞油量规定,不准在舱单之外私下多加油。同年,四川航空在国内首次引进空客A320飞机,使得国内相关人员深入认识到起飞构型优化、灵活温度选择、成本指数设置等性能方法的益处,初始性能评估工作逐渐成为提升航空公司运营品质的重要手段。

1997年,空客公司和航材集团合作成立了华欧航空培训中心,2015年更名为华欧航空培训有限公司,是空客在中国成立的原厂训练机构。自成立以来,开展了较多系统和专业的飞行运行支援及培训工作。针对性能工程师开展了性能工程师软件(PEP)的学习和特殊运行问题(EOSID、氧气、飘降和ETOPS)的分析方案研究等项目,针对飞行签派人员开展了空客运行文件（AFM、FCOM、MMEL、ACAP）使用、空客计算式飞行计划和跑道分析项目，针对载重平衡工程师开展了检查飞机运行重量、重心限制和载重配平表单计算等项目。

1997年，中国民航飞行学院在派员赴天津参加波音公司举办的飞机性能工程理论培训之后，首次面向飞行专业编写了《飞行性能与计划》教材，主要完成者为刘晓明、苏彬、孙宏。

《飞行性能与计划》教材

二、迈入新世纪，催生新气象

2000年，中国民航学院和国际航空公司合作，完成了"计算机飞行计划"项目，该系统利用导航数据库、高空气象预报、飞机性能数据库制作计算机飞行计划。这是20世纪90年代曾被广泛使用的"民航飞机通用飞行计划程序"的网络版，并集成了导航数据库和实时航路风。

2000年，民航总局飞行标准司下发了《关于制定起飞一发失效应急程序的通知》（AC-FS-2000-2），要求航空公司为地形复杂的机场制作起飞一发失效应急程序。此后，南方航空北方公司完成了A321、MD82、MD90昆明巫家坝机场起飞一发失效应急程序。同年，在北京召开了全民航第二次飞机性能研讨会，并下发了《民航飞机性能工程工作研讨会会议纪要》（总局飞发〔2000〕9号）。

2001年，民航总局飞行标准司下发了《飞机航线运营应进行的飞机性能分析》（AC-121FS-006），要求航空公司开辟新航线时，进行完整的飞机性能分析。咨询通告同时提出，对于新建和改扩建机场，要充分考虑起飞一发失效应急程序的制作问题，特别是净空条件复杂、起降两端障碍物较多的机场（场址）。此后，机场新建时不但考虑了飞行程序设计，而且开始关注飞机性能分析及起飞一发失效应急程序设计，从源头上为机场建成后航空公司的运行提供保障。

2003年,民航总局飞行标准司和空中交通管理局在成都、拉萨联合举办了全民航第三次飞机性能技术研讨会,并下发了《"飞机性能技术研讨会"会议纪要》(总局飞发〔2003〕10号)。在该研讨会上,初步形成了民航飞机性能发展的系统思路,并发布了"航线运营飞机性能分析报告"。

2003年,上海飞机设计研究所将GAPP中的民机性能计算部分独立,引入最新修正案要求,完成了GAPP2.0开发。随着ARJ21飞机的研制取证,又于2008年完成了GAPP2.1版本的完善工作。

2003年,中国民航学院编写了《飞行计划与装载配平》教材,该书详细阐述了各类飞行计划的原理和计算方法,并介绍了装载配平图表的原理及常见图表的填写、绘制方法,作者傅职忠,由中国三峡出版社出版。

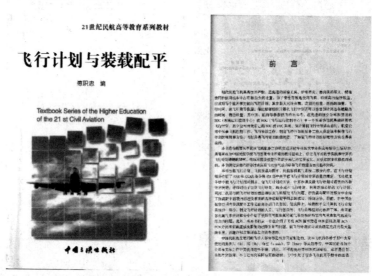

《飞行计划与装载配平》教材

2004年,民航总局飞行标准司转发了南方航空北方公司使用《大连周水子机场28号跑道起飞增加起飞重量方案》纪实。从2003年8月20日到12月10日的113天时间里,南方航空北方公司使用大连机场28号跑道起飞一发失效应急程序,共获得经济效益424.28万元,使大家充分认识到抓飞行安全,也可以为航空公司带来可观的经济效益。

2004年10月28—29日,民航总局在成都召开了"高原机场运行管理和保障研讨会",时任副局长的王昌顺作了重要讲话。本次会议在全国民航范围内第一次全面、系统地总结了中国民航50多年的高原飞行运行及管理经验,并在全民航范围内共享。

2005年,民航总局开展了安全生产十大专项整治,将"高原和地形复杂机场起飞一发失效应急程序不全"的问题列为第五项。从此,起飞一发失效应急程序的制定工作在全民航普遍开展起来。

2006年,中国民航飞行学院编写了《高原/地形复杂机场和航线运行的飞机性能分析》。该书是专门针对高原及地形复杂机场的运行编著的教材,作者余江,由西南交通大学出版社出版。

《高原/复杂地形机场和航线运行的飞机性能分析》教材

2007年,飞行标准司下发了《航空承运人高原机场运行管理规定》(AC-121-21),明确了高原机场的准入条件、高原机场的运行要求,并要求强化对高原机场运行的补充运行合格审定和持续监督检查。

2007年,民航总局、FAA和波音公司三方联合举办了"飞行性能规章标准和监督监察研讨会",该研讨会的主要任务是:充分借鉴国外先进的飞行性能管理经验,使我国民航飞行性能工作在保留自己特点的前提下逐步与国际接轨。

2008年,在北京召开了"全国民航航务管理处长会议",在会上非正式发布了"中国民航飞机性能发展蓝图"。描述了拟建设的中国民航飞机性能系统体系,待解决的重点议题。同年,飞行标准司、空中客车公司、民航大学、飞行学院联合举办了"飞机性能工程师初级培训"项目签约仪式,编写了全英文培训课件,在两个民航院校间轮流举办培训,提升了行业院校的师资能力,为中国民航培养了大量飞机性能人才。

2009年,民航局飞行标准司下发了《特殊机场的分类标准及运行要求》(AC-121-2009-17R1),对CCAR-121部第469条"机场的特殊区域、航路和机场合格要求"中的特殊机场进行了进一步解释并为航空承运人确定特殊机场名单及在特殊机场运行提供了指导。该通告后于2020年更新为《航空承运人特殊机场的分类标准及运行要求》(AC-121-FS-17R2)。此外,还下发了《航空承运人湿跑道和污染跑道运行管理规定》(AC-121-FS-2009-33),对湿滑跑道运行要求进行了细化和解释。既为湿跑道和污染跑道运行与管理提供了指导,也为审批和监察提供了依据。该通告后于2021年更新为《航空承运人湿跑道和污染跑道运行管理规定》(AC-121-FS-33R1)。同年,南方航空试运行了自行研发的国内首个实时起飞性能计算系统(CALTOW),飞行员在驾驶舱通过ACARS网络可以实时计算起飞性能数据,突破了传统查阅纸质限重表的局限。

2010年,西飞民机公司在新舟700飞机研制过程中,与中国民航飞行学院共同编制了"直接运营成本分析软件",此后陆续于2014年、2018年编制了"航线网络与机队规划分析软件""污染道面起飞着陆性能分析软件",在新舟700飞机研制阶段的经济性分析中起到了重要作用。

2011年,民航局飞行标准司、空中客车公司、民航大学、飞行学院再次联合举办了"飞机性能工程师中级培训"项目签约仪式,对飞机性能工程师的业务能力提出了更高的要求,也指出了民航院校飞机性能培训走国际化道路的发展方向。

三、进入新时代,开启新征程

2014年,民航局飞行标准司修订下发了《飞机起飞一发失效应急程序和一发失效复飞应急程序制作规范》(AC-121-FS-2014-123),增加了一发失效复飞应急程序的制作规范,统一了相关障碍物的超障评估方法,特别考虑了转弯过程中飞机性能的损失,增加了RNP飞行程序的一发失效应急程序制作规范。同年,中国民航飞行学院受中国商飞委托,攻关编制了"ARJ21-700飞机客户化性能软件",填补了该领域的国内空白。相关成果于2020年获得中国航空运输协会民航科学技术三等奖。

2015年,ARJ21-700飞机在成都航空开展试运行,并于次年转为正式运行。针对ARJ21-700飞机的航班航前性能评估工作,均采用该机型配套性能软件完成。

2017年,为给飞机性能从业人员发展提供指导,民航局飞行标准司贾建卿同志从飞机性能工作范畴制作了飞机性能工作梯级发展示意表。

飞机性能工作梯级发展示意表

级别	工作重点	服务对象	发展定位
初级	计算、分析、设计	公司	专业
中级	分析、设计、授课	民航	行业
高级	设计、授课、研发	国家	产业

2017年,中国民航飞行学院首次面向飞行专业编写了《重量平衡与飞行计划》教材,主要完成者为王可、肖艳平、刘志强。

《重量平衡与飞行计划》教材

2018年,时任民航局副局长的李健在"拉萨贡嘎机场公共RNP AR程序验证试飞总结会"上进行了主要讲话。会议主要围绕强化新技术应用为民航运行提质增效和进一步做好高高原机场运行管理展开,并专门指出高高原机场运行要进一步强化和细化客舱释压、航路飘降、一发失效的起飞和着陆飞机性能分析,并将相应成果以清晰的图形和简洁的文字提供给飞行员,以便于理解和使用。

2019年,民航局飞行标准司下发了《航空器重量与平衡控制规定》(AC-121-FS-135),对航空运营人重量与平衡控制和管理工作提供了指南,并为局方开展日常监管提供了依据。同年,飞行标准司下发了《航空承运人不可预期燃油政策优化与实施指南》(AC-121-FS-136),为航空承运人申请和使用符合要求的优化的燃油政策提供了指导,并为局方批准和实施监督检查提供了指南。

2022年,东方航空着手引入由国内厂商自主研制的5D计算机飞行计划系统(EasyGo),在长期由欧美供应商垄断的计算飞行计划系统方面迈出了由等效备份逐步实现国产替代的步伐。该系统获得2021年中国航空运输协会民航科学技术二等奖。

2022年,中国民航飞行学院再次受中国商飞委托,攻关编制了"C919飞机客户化性能软件"。该软件作为不可或缺的交付项之一,助力C919飞机顺利完成东方航空首批用户交付的阶段工作。

2022年,中国民航大学和中国民航科学研究院等单位合作研制成功了面向多领域的飞机性能参数优化平台,有力地支持国产飞行管理系统研制、机场航行服务和航空公司运行等多领域的工作需要,并获得中国航空运输协会民航科学技术二等奖。

2022年年底,东方航空与中国商飞成功完成了C919的接收与交付。作为该机型的首发用户,东方航空做了大量准备工作,除了常规机场和航线适应性分析外,还就该机型重量和设备选型、总温限制管控、基重指数计算发布、飞行计划底层数据初始化、调机和商业运行保障等方面严格作业流程和标准,确保了交付运行安全,并就该机型PES性能软件功能优化、PES性能软件计算速度、FCOM手册飘降章节内容优化、起降环境包线扩展、湿跑道起飞限重、MEL和CDL性能调整等方面提出了合理建议,持续推进C919运行优化。

2023年9月22日,民航局飞行标准司受邀参加了空客公司在云南丽江举办的"空中客车高原运行研讨会"。会上,贾建卿同志做了题为"中国民航高原运行概述"的演讲,介绍了中国民航从2004年10月28日首次召开"高原机场运行管理和保障研讨会"以来,对高原机场运行开展的系统管理历程,以及高原/高高原机场定义的由来及演变;分享了中国民航高高原运行的管理经验,将高高原机场运行的主要困难提炼为"天气瞬息万变、地形崎岖复杂、性能严重衰减、操纵异常困难",并给出了"躲天气、绕地形、算性能、练操纵"的应对措施。

展望未来,中国民航飞机性能工作需要继往开来,不断满足民航高质量发展的需要,飞机性能从业人员将奋发有为、砥砺前行,为谱写交通强国民航新篇章添砖加瓦,作出新贡献。

(以上《中国民航飞机性能工作历程》由中国民用航空局飞行标准司航务管理处贾建卿等人整理编写,因年代久远,时间跨度较长,不免存在错、漏、忘,真心希望热心读者批评指正,提出修正意见和建议,以便不断补充完善。)

附录 C 缩写词汇

符　号	全　　称	含　义
1st Seg	first segment	第一航段
2nd Seg	second segment	第二航段
3rd Seg	third segment	第三航段
A/C	air condition	空调引气
A/I	anti-ice	防冰引气
AC	advisory circular	咨询通告
Acc	acceleration	加速度
ACN	aircraft classification number	飞机等级序号
ACR	aricraft classification rating	飞机分类等级
ADT	adult	成人
AEO	all engine operating	全发工作
AFM	aircraft flight manual	飞机飞行手册
AID	air idle thrust	空中慢车推力
AP	auto pilot	自动驾驶
ASD	$ASD_{(N-1)}$	一发失效中断起飞距离
	$ASD_{(N)}$	全发工作中断起飞距离
	$ASD_{(N-1\ dry)}$	一发失效干跑道中断起飞距离
	$ASD_{(N\ dry)}$	全发工作干跑道中断起飞距离
	$ASD_{(N-1\ wet)}$	一发失效湿跑道中断起飞距离
	$ASD_{(N\ wet)}$	全发工作湿跑道中断起飞距离
ASDR	accelerate distance required	中断起飞距离
ASDA	accelerate distance available	可用加速停止距离
ATC	air traffic control	空中交通管制
ATIS	automatic terminal information service	自动终端信息服务
AUW	all up weight	全重
BA	balance arm	平衡力臂
BEW	basic empty weight	基本空机重量
BR	break release	松刹车
BRP	break release point	松刹车点
BW	basic weight	基本重量
CAAC	civil aviation administration of china	中国民用航空局
CAS	calibrated air speed	校正空速
CCAR	china civil aviation regulation	中国民用航空规章
CDL	configuration deviation list	构型缺损清单
CDU	control display unit	控制显示单元
CG	center of gravity	重心

续表

符号	全称	含义
CI	cost index	成本指数
CONF	configuration	构型
CPT	compartment	舱段
CWY	clear way	净空道
DCS	departure control system	离港系统
Dec	deceleration	减速度
DISA	deviation of international standard atmosphere	温度偏差
DOC	direct operating cost	直接运营成本
DOW	dry operating weight	干使用重量
EAS	equivalent air speed	当量空速
EASA	European Union Aviation Safety Agency	欧洲航空安全局
ECAM	electronic centralized aircraft monitoring	飞机电子集中监控（系统）
EGT	exhaust gas temperature	发动机排气温度
EOSID	engine out standard instrument departure	起飞—发失效应急程序
EPR	engine pressure ratio	发动机推力比
ETOPS	extended range operations	延程运行
FAA	Federal Aviation Administration	美国联邦航空局
FADECs	full authority digital engine control systems	全权数字发动机控制系统
FAR	Federal Aviation Regulations	美国联邦航空条例
FCOM	flight crew operating manual	飞行机组操作手册
FF	fuel flow	燃油流量
Final Seg	final segment	最后航段
FLEX	flexible temperature	灵活温度
FMC	flight management computer	飞行管理计算机
FMGC	flight management and guidance computer	飞行管理与引导计算机
FPL	flight planning	飞行计划
FFPM	filed flight plan message	领航计划报
GA	go-around thrust	复飞推力
GID	ground idle thrust	地面慢车推力
GNSS	global navigation satellite system	全球导航卫星系统
GoC	gradient of climb	上升梯度
GoD	gradient of descent	下降梯度
GS	ground speed	地速
IAS	indicated air speed	指示空速
IATA	international air transport association	国际航空运输协会
ICAO	International Civil Aviation Organization	国际民用航空组织
IDLE	IDLE thrust	慢车推力
IOC	indirect operating costs	间接运营成本
ISA	International Standard Atmosphere	国际标准大气
JAA	Joint Aviation Authorities	欧洲联合航空局
JAR	Joint Aviation Requirements	欧洲联合航空条例
JAR_OPS	OPS Joint Aviation Requirements for Operations	欧洲联合航空运行条例

续表

符　号	全　　称	含　义
LDA	landing distance available	可用着陆距离
LDP	load planning and weight balance	配载与重量平衡
LeMAC	leading edge of MAC	平均空气动力弦前缘
LMC	last minute change	最后一分钟修正
LO	lift off	离地
LOP	lift off point	离地点
LRC	long range cruise	长航程巡航
LW/LAW	landing weight	着陆重量
MAC	mean aerodynamic chord	平均空气动力弦
MCDU	multipurpose control & display unit	多功能控制显示组件
MCL	maximum continuous thrust	最大连续推力
MCR	maximum cruise thrust	最大巡航推力
MCT	maximum continuous thrust	最大连续推力
MEL	minimum equipment list	最低设备清单
MLE	maximum mach for landing gear extended	最大起落架放下马赫数
MLO	maximum mach for landing gear operating	最大起落架收放马赫数
MLW	maximum landing weight	最大着陆重量
MMO	maximum mach operating number	最大操作马赫数
MRC	maximum range cruise	最大航程巡航
MRW	maximum ramp weight	最大停机坪重量
MTOW	maximum takeoff weight	最大起飞重量
MZFW	maximum zero fuel weight	最大无油重量
N_1	engine low pressure rotor speed	低压轴转速
N_2	engine high pressure rotor speed	高压轴转速
NAIP	national aeronautical information publication	国家航空信息出版物
NAM	nautical air mile	空中距离
ND	navigation display	导航显示器
NGM	nautical ground mile	地面距离
OAT	outside air temperature	环境大气温度
Obs	obstacle	障碍物
OEI	one engine inoperative	一发失效
OEW	operating empty weight	运行空机重量
OW	operating weight	使用重量
PA	pressure altitude	气压高度
PBE	protective breathing equipment	防护性呼吸保护装置
PCN	pavement classification number	道面等级序号
PCR	pavement classification rating	道面分类等级
PFD	primary flight display	主飞行显示器
PMC	power management control	动力管理控制单元
QNH	query normal height	修正海压高度
QRH	quick reference handbook	快速参考手册
RAIM	receiver autonomous integrity monitoring	接收机自主完好性监控

续表

符号	全称	含义
REV	reverse thrust	反推推力
RNAV	area navigation	区域导航
RNP	required navigation performance	所需导航性能
RoC	rate of climb	上升率
RoD	rate of descent	下降率
RVR	runway visual rang	跑道视程
RVSM	reduced vertical separation minimum	缩小最小垂直间隔
RW	ramp weight	停机坪重量
RWY	runway	跑道
SAR	specific air range	空中燃油里程
SFC	specific fuel consumption	燃油消耗率
SGR	specific ground range	地面燃油里程
SI	special instruction	补充信息
SID	standard instrument departure	标准仪表离场程序
SOP	standard operating procedure	标准操作程序
SR	specific range	燃油里程
SWY	stop way	停止道,也称安全道
TAS	true air speed	真空速
TEMAC	trailing edge of MAC	平均空气动力弦后缘
TEMP	temperature	温度
THS	trimmable horizontal stabilizer	可配平水平安定面
TO	takeoff thrust	起飞推力
TOD	$TOD_{(N-1)}$	一发失效起飞距离
	$TOD_{(N)}$	全发工作起飞距离
	$TOD_{(N-1\ dry)}$	干跑一发失效起飞距离
	$TOD_{(N\ dry)}$	干道面全发工作起飞距离
	$TOD_{(N-1\ wet)}$	湿道面一发失效起飞距离
TODR	takeoff distance required	所需起飞距离
TODA	takeoff distance available	可用起飞距离
TOGA	takeoff/go-around	起飞/复飞推力
TOR	$TOR_{(N-1)}$	一发失效起飞滑跑距离
	$TOR_{(N)}$	全发工作起飞滑跑距离
	$TOR_{(N-1\ dry)}$	干跑道一发失效起飞滑跑距离
	$TOR_{(N\ dry)}$	干跑道全发工作起飞滑跑距离
	$TOR_{(N-1\ wet)}$	湿跑道一发失效起飞滑跑距离
	$TOR_{(N\ wet)}$	湿跑道全发工作起飞滑跑距离
TORR	takeoff run distance required	所需起飞滑跑距离
TORA	takeoff run distance available	可用起飞滑跑距离
TOW	takeoff weight	起飞重量
T_{REF}	reference temperature	参考温度
V_1	decision speed	决断速度

续表

符　号	全　称	含　义
V_{15}	15ft speed	15ft 速度
V_{1bal}	balanced V_1	平衡 V_1
V_{1max}	maximum V_1	最大 V_1 速度
V_{1min}	minimum V_1	最小 V_1 速度
$V_{1\,MCG}$	V_1 limited by V_{MCG}	受 V_{MCG} 限制的 V_1 速度
V_2	takeoff safety speed	起飞安全速度
$V_{2\,min}$	minimum V_2	起飞最小安全速度
V_B	brake on speed	刹车生效速度
V_{EF}	engine failure speed	发动机失效速度
V_{FE}	maximum speed for flap extended	最大襟翼放下速度
V_{FTO}	final takeoff speed	最后起飞速度
V_{GO}	minimum continued takeoff speed	继续起飞最小速度
V_{LE}	maximum speed for landing gear extended	最大起落架放下速度
V_{LO}	maximum speed for landing gear operating	最大起落架收放速度
$V_{LO\,EXT}$	maximum speed for landing gear extending	最大放起落架速度
V_{LOF}	lift off speed	离地速度
$V_{LOF(N)}$	lift off speed(AEO)	全发工作离地速度
$V_{LOF(N-1)}$	lift off speed(OEI)	一发失效离地速度
$V_{LO\,RET}$	maximum speed for landing gear retraction	最大收起落架速度
V_{MBE}	maximum brake energy speed	最大刹车能量速度
V_{MC}	minimum control speed	最小操纵速度(多指 V_{MCA})
V_{MCA}	minimum air control speed	最小空中操纵速度
V_{MCG}	minimum ground control speed	最小地面操纵速度
V_{MO}	maximum operating speed	最大操作速度
V_{MU}	minimum unstick speed	最小离地速度
$V_{MU(N)}$	minimum unstick speed(AEO)	最大离地速度(全发工作)
$V_{MU(N-1)}$	minimum unstick speed(OEI)	最大离地速度(一发失效)
V_R	rotation speed	抬轮速度
V_{REF}	reference landing speed	着陆进场参考速度
V_S	stalling speed	失速速度
V_{S1g}	1g stalling speed	1g 失速速度
V_{SR}	reference stall speed	失速参考速度
V_{STOP}	maximum accelerate stop speed	中断起飞最大速度
V_{TIRE}	maximum tire speeds	最大轮胎速度
WBM	weight and balance manual	重量和平衡手册
WS	wind speed	风速
ZFW	zero fuel weight	无油重量